¿Tiempo de cosecha?

Desafíos y oportunidades del sector agrícola en Centroamérica y la República Dominicana

Editores
Sebastián Auguste y
Osmel Manzano

Banco Interamericano de Desarrollo

© Banco Interamericano de Desarrollo, 2012. Todos los derechos reservados.

Las opiniones expresadas en este libro pertenecen a los autores y no necesariamente reflejan los puntos de vista del BID.

**Catalogación en la fuente proporcionada por la
Biblioteca Felipe Herrera del
Banco Interamericano de Desarrollo**

¿Tiempo de cosecha? Desafíos y oportunidades del sector agrícola en Centroamérica y la República Dominicana / Sebastián Auguste y Osmel Manzano, editores.

    p. cm.
    Incluye referencias bibliográficas.
    ISBN: 978-1-59782-147-6

1. Agriculture—Central America. 2. Agriculture—Dominican Republic. 3. Agriculture and state—Central America. 4. Agriculture and state—Dominican Republic. I. Auguste, Sebastián. II. Manzano, Osmel, 1971–. III. Inter-American Development Bank.

S476.A1 T54 2012

Para mayor información sobre las publicaciones del BID, dirigirse a:

Pórtico Bookstore
1350 New York Ave., N.W.
Washington, D.C. 20005
Estados Unidos de América

Teléfono: (202) 312-4186
Correo electrónico: portico.sales@fceusa.com

La producción de esta publicación estuvo a cargo del Departamento de Países de Belice, Centroamérica, México, Panamá y la República Dominicana.

Contenido

Agradecimientos vii

Prefacio ix
Alain de Janvry

Introducción xix
Sebastián Auguste y Osmel Manzano

Capítulo 1. Enfoque metodológico 1
Sebastián Auguste y Osmel Manzano
    Por qué se requiere contar con un marco general 1
    El proceso de crecimiento 4
    Las políticas públicas 15
    Lecciones aprendidas 20
    Referencias 22

Capítulo 2. El sector agropecuario desde la óptica regional 25
Sebastián Auguste y Osmel Manzano
    El sector agrícola en Centroamérica 26
    Factores restrictivos y coadyuvantes 52
    Consideraciones finales 72
    Referencias 75
    Anexos 78

Capítulo 3. Costa Rica 101
Carlos Pomareda
    Evolución reciente del sector agropecuario de Costa Rica 102
    Restricciones y factores coadyuvantes al crecimiento 106
    Retornos a la inversión 110
    Capacidad de apropiación 120

Políticas públicas e instituciones 131
Conclusiones 146
Referencias 148
Anexo 152

Capítulo 4. El Salvador 153
Eduardo Zegarra
El sector agropecuario de El Salvador 154
La dinámica de las exportaciones 164
Restricciones al crecimiento 168
Políticas públicas e instituciones 179
Conclusiones 189
Referencias 193

Capítulo 5. Guatemala 195
Bismarck Pineda, Lisardo Armando Bolaños Fletes,
Erasmo A. Sánchez Ruiz, Mario Adolfo Cuevas Méndez
El sector agropecuario de Guatemala 197
Restricciones al crecimiento 206
Retornos a la inversión 213
Capacidad de apropiación 219
Restricciones en cadenas específicas 221
Políticas públicas e instituciones 229
Conclusiones 246
Referencias 250

Capítulo 6. Honduras 257
Eduardo Zegarra y Sebastián Auguste
El sector agropecuario: crecimiento y estructura
productiva 258
Restricciones al crecimiento de la agricultura hondureña 271
Políticas públicas e instituciones 288
Conclusiones 296
Referencias 299

Capítulo 7. Nicaragua 303
Selmira Flores, Ivonne Acevedo y Adelmo Sandino
El sector agropecuario de Nicaragua 303

Restricciones al crecimiento 312
Políticas públicas e instituciones.. 332
Conclusiones 347
Referencias 352

Capítulo 8. La República Dominicana 357
Eduardo Zegarra
El sector agropecuario de la República Dominicana 358
Restricciones al crecimiento 375
Políticas públicas e instituciones.. 391
Conclusiones 402
Referencias 411

Agradecimientos

Este libro es el producto de la Red de Centros "Diagnóstico del sector y la política agrícola en Belice, Centro América, Panamá y República Dominicana", coordinada desde la Oficina del Asesor Económico Regional del Departamento de País para Belice, Centroamérica, México, Panamá y República Dominicana del Banco Interamericano de Desarrollo.

Su publicación no hubiera sido posible sin el aporte de muchas personas a las que debemos reconocimiento por sus comentarios y su colaboración en la elaboración de los diferentes capítulos. En particular queremos agradecer a Alain de Janvry, asesor académico del proyecto, por su dedicación y valiosos aportes, y a Ana María Cuesta, quien no sólo hizo un excelente trabajo de asistente de investigación, sino que aportó valiosos comentarios a lo largo de todo el proyecto. Adicionalmente, queremos extender nuestro agradecimiento a todos los participantes de los seminarios realizados en diciembre de 2008 en Washington, D.C. y en marzo de 2009 en San José de Costa Rica dentro del marco del IV Congreso ALEAR, en el cual se realizó un módulo especial sobre política agropecuaria en Centroamérica donde fueron expuestos los distintos trabajos de la red. Una mención especial merecen los participantes que expusieron en estos congresos y colaboraron activamente en todo el proceso: Carlos Pomareda, Eduardo Zegarra, Erasmo A. Sánchez Ruiz y Selmira Flores

Finalmente, queremos agradecer a Miriam Perez-Fuente por todo su apoyo logístico, tanto para la red de centros como para la elaboración de este libro, y al equipo de edición y diseño de esta publicación: Luciana Del Gizzo, Claudia M. Pasquetti y Sandra Reinecke.

Prefacio[1]
Alain de Janvry

El mundo de la agricultura está cambiando radicalmente y ello debe ser motivo de atención de los ministros de Agricultura y otras partes interesadas de Centroamérica y la República Dominicana en el sector. Entre los cambios sustanciales se encuentra el reciente acuerdo comercial RD-CAFTA concertado con los Estados Unidos de América, que básicamente elimina, salvo en el caso de algunos productos sensibles, la protección comercial; el surgimiento de nuevos mercados de productos de alto valor y calidad; cambios estructurales profundos en las cadenas de valor y en las ventas minoristas de alimentos a través de la expansión de los supermercados; efectos acelerados del cambio climático; una escasez de agua cada vez mayor y el empobrecimiento del suelo. Los cambios provocan tanto la necesidad de adaptarse (a fin de evitar consecuencias nefastas), como la oportunidad de aprovechar nuevas fuentes de crecimiento para la agricultura de la región.

Todo esto sucede en un contexto en el cual las dinámicas oportunidades de mercado están siendo captadas por un pequeño sector de productores altamente emprendedor y por firmas de agronegocios, pero en el cual muchos productores tradicionales siguen rezagados y sumidos profundamente en la pobreza. En consecuencia, la heterogeneidad constituye un factor clave del sector y tratarla en la política agrícola es fundamental, no sólo para lograr la reducción de la pobreza y la desigualdad sino también para alcanzar eficacia en los resultados de las políticas.

---

[1] El presente prefacio tiene por objeto dar cuenta de los debates sostenidos por el equipo que participó en el proyecto del BID "Diagnóstico del sector y la política agrícola en Centroamérica y la República Dominicana", en su reunión celebrada en Costa Rica, el 19 de marzo de 2009. No obstante, sólo quedan reflejadas en él las opiniones del autor.

Existe también una fuerte presión sobre los recursos naturales, con inversiones a largo plazo que no bastan para mantener la productividad de la tierra y una respuesta decreciente de la oferta a la tecnología. Por lo tanto, con una expansión de tipo horizontal en vías de desaparecer, abordar la cuestión de la productividad de la tierra como una fuente clave del crecimiento es crucial.

En general, el crecimiento del sector agrícola en la región no ha sido brillante, más bien ha sido inferior a su potencial y se observa que algunos países han logrado mejores resultados que otros, con Costa Rica claramente a la cabeza de la lista. Es necesario que los interesados entablen diálogos amplios a nivel nacional y regional con miras a lograr un consenso acerca del programa de políticas en materia de crecimiento agrícola. Estos diálogos deben estar fundados en diagnósticos exhaustivos sobre las cuestiones de política que se abordarán en la región. Con el presente prefacio y el proyecto del BID correspondiente —junto a contribuciones importantes de muchos otros en la región, entre ellos, el Instituto Interamericano de Cooperación para la Agricultura (IICA) y la Unidad Regional de Asistencia Técnica (RUTA)—, se propone contribuir a este esfuerzo.

Compendio de la agricultura en Centroamérica y la República Dominicana

A continuación se describe el compendio de una política agrícola orientada al crecimiento en Centroamérica y la República Dominicana. Si bien en la actualidad se está prestando mucha atención a las respuestas a corto plazo ante las crisis alimentaria y financiera (con un enfoque primordial centrado en los consumidores urbanos), la gestión de estas crisis debe guardar conformidad con una perspectiva del crecimiento en el sector agrícola y la reducción de la pobreza rural a mediano y largo plazo.

La región es rica en recursos para la agricultura con entornos agroecológicos muy diversos; posee un potencial considerable en agricultura, que se encuentra subutilizado, tanto para sustituir importaciones a medida que aumentan los precios de los alimentos como para exportaciones no tradicionales o las tradicionales de alta calidad. No obstante, no se están aprovechando esas oportunidades. Existen sectores altamente competitivos de exportaciones no tradicionales y de calidad, pero siguen siendo pequeños. Mientras que la expansión de tipo horizontal en gran medida ya se ha agotado en la región, el sector ha mostrado un progreso tecnológico moderado, con elevados diferenciales en términos de ganancias de productividad potencial, oportunidades para introducir nuevos productos de alto valor, añadir valor a la poscosecha y potencial para entrar a nuevos mercados. Los cambios climáticos y el agotamiento de los recursos confieren un carácter de urgencia a la obtención de mejoras de productividad y a la introducción de sistemas agrarios más resistentes.

Detrás de las oportunidades no aprovechadas y los retrasos para adaptarse a los cambios existen varias restricciones que deben ser tenidas en cuenta. Entre ellas cabe mencionar: i) **una marcada heterogeneidad** entre productores, ya que los pequeños productores continúan excluidos del acceso a mercados lucrativos, a instituciones de apoyo y a servicios públicos que les permitan entrar en el mercado y lograr competitividad; ii) **una iniciativa empresarial limitada** para emprender nuevas actividades, debido tanto a una capacitación profesional insuficiente como a la falta de un entorno de inversiones que apoye la posibilidad de asumir riesgos en la inversión privada; iii) una **inversión pública** inadecuada, y la falta de asociaciones público-privadas que apoyen la inversión particular en actividades nuevas, ya que gran parte del gasto del Estado destinado a la agricultura se desvía hacia subsidios al sector privado; iv) **organizaciones corporativas** particulares con cobertura insuficiente, servicios incompletos para sus miembros y escasa presencia en los diálogos de políticas, y v) **una gobernanza de la agricultura** que no ha logrado adaptarse del todo tras el choque de políticas de ajuste estructural, con el consecuente déficit en la prestación de servicios públicos y la calidad en el proceso de formulación de políticas.

El resultado de este proceso es una brecha importante entre el crecimiento agrícola potencial y el real en la región. Aún no se han examinado en su totalidad las restricciones que enfrenta el sector, así como tampoco se han aprovechado todas las oportunidades presentes. El objetivo de este prefacio, y del proyecto del BID, es resaltar aquellas cuestiones de política que deben abordarse en el nuevo contexto que enfrenta la agricultura.

Advertencia

La agricultura cumple varias funciones en el ámbito del desarrollo. Entre ellas, cabe destacar la contribución en el crecimiento del producto interno bruto (PIB) (tanto de forma directa como a través de los efectos de vinculación con otros sectores), la reducción de la pobreza y de la disparidad rural-urbana, la preservación de los recursos (en particular el agua) y la prestación de servicios ambientales. Estas funciones están interrelacionadas y tienen muchas complementariedades, lo que implica tomar decisiones sobre complejas relaciones contrapuestas. Por lo tanto, la forma de acelerar el crecimiento no puede examinarse con independencia de estos otros aspectos.

En este caso, el proceso de reflexión consiste en examinar las oportunidades y las limitaciones propias del crecimiento. Sin embargo, esta información debe proporcionarse en forma de aportes para los diálogos sobre políticas, donde los demás aspectos del vínculo que existe entre la agricultura y el desarrollo se tomen explícitamente en consideración en el marco del diseño de políticas que tratan la gama completa de complementariedades y soluciones de compromiso, en relación con las funciones de la agricultura y con miras a conseguir los objetivos sociales de la política. Dado que el crecimiento es un tema complejo, conviene por un momento analizarlo por separado, como se hace en el presente documento, pero con el único propósito de volver a observarlo en el marco de sus interacciones con otros sectores de la economía y otras funciones de desarrollo.

¿Por qué resulta eficiente abordar la heterogeneidad en las políticas?

El sector agrícola en la región es notablemente heterogéneo, con una amplia fracción de pequeños productores de agricultura familiar (a menudo, pueblos indígenas) y otra de grandes explotaciones comerciales que contrata mano de obra. Relajar restricciones y aprovechar las oportunidades exige un apoyo diferencial de políticas para cada subsector. En consecuencia, el suministro de políticas diferenciadas será una medida eficiente. No obstante, a menudo la heterogeneidad se considera más desde el punto de vista del impacto normativo que del diseño de políticas. Cabe citar a modo de ejemplo que los servicios financieros para pequeños productores y agricultores comerciales más grandes son claramente distintos.

Una política que examine las necesidades relativas a los servicios financieros de la agricultura (ahorros, créditos, seguros y transacciones) debe ofrecer una gama diversa de opciones que estos subgrupos puedan utilizar de forma diferencial. **Dadas las condiciones estructurales predominantes en Centroamérica y la República Dominicana, reconocer la heterogeneidad en la formulación de políticas es no sólo fundamental para la equidad y la reducción de la pobreza, sino también como fuente importante para mejorar la eficiencia.**

La función principal de la iniciativa empresarial en una agricultura nueva

El mundo de la agricultura evoluciona rápidamente: globalización, sofisticadas cadenas de valor integradas y con oportunidades de contratación, nuevas opciones tecnológicas, servicios financieros complejos y un contexto donde hay mayor escasez y se está más expuesto a las perturbaciones. Así pues, la iniciativa empresarial es la llave del éxito para esta nueva agricultura. Sin embargo, la capacitación en el ámbito de la gestión empresarial y el empleo para funciones complejas en materia de agricultura y comercialización son lamentablemente inadecuados en la región. El ambiente de negocios carece de aspectos fundamentales, tales como las oportunidades para compartir el riesgo, el cumplimiento de leyes relativas a contratos, el acceso a la información fiable, las agrupaciones (*clustering*) destinadas a asimilar los efectos provechosos de la competencia y la asociación con los sectores públicos para actividades que permitan contar con externalidades positivas y servir de aprendizaje para otros. Si bien se sabe que la inversión en capital humano en las zonas rurales es increíblemente baja, **también se necesita invertir en la creación de iniciativa empresarial y de un entorno de inversiones idóneo para la agricultura y la agroindustria si se pretende aprovechar las oportunidades y hacer frente a las limitaciones.**

El punto de mira en una demanda eficaz

La principal revolución actual en la agricultura se encuentra más en la demanda que en la producción. Se trata de los supermercados, de requerimiento de alimentos más seguros y sanos, de sabores nuevos y de inquietudes ambientales y sociales sobre cómo se producen los alimentos. Las inversiones en el sector deben dejarse conducir por la demanda. Sin embargo, esta es difícil de capturar en mercados altamente competitivos, con nuevas exigencias fitosanitarias, reconocimiento de la calidad y etiquetado. En este ambiente, los pequeños productores fácilmente pueden quedar marginados de abastecer a los supermercados nacionales así como excluidos de las cadenas de valor.

En la agricultura globalizada actual, entender la demanda efectiva, promover la demanda internacional de productos nacionales, y adaptar la oferta nacional a los mercados dinámicos y emergentes

constituyen los principios básicos de la competitividad. Sin embargo, las políticas agropecuarias siguen prestando demasiada atención al lado de la oferta, en lugar de empezar con la identificación de la demanda y la gestión, de modo que pueda traducirse en cadenas de valor e inversiones eficaces en la respuesta a la oferta.

Reforzar la capacidad de apropiación en la agricultura

En la Metodología de Diagnóstico de Crecimiento (MDC) de Hausmann, Rodrik y Velasco (2005) se hace especial hincapié en el hecho de que los altos y posibles retornos sociales puedan ser anulados por la baja capacidad de apropiación privada. Una fuente importante de la falta de esta capacidad en la región es el estado sumamente precario y contradictorio de los derechos de propiedad en relación con la tierra. Es probable que la mitad de las tierras no estén registradas, se hallen en proceso de cambio de titulación o se encuentren en sectores de reforma agraria con conflictos de propiedad que no se han resuelto, y asignaciones incompletas.

Los derechos precarios sobre la tierra limitan sobremanera la inversión fija en mejoras de la tierra (por ejemplo, en los sistemas de riego que son fundamentales para cultivos de alto valor) y debilitan el mercado de alquiler de tierras por temor a que queden en manos de los arrendatarios. Ello mantiene suelos con cultivos de productividad baja y también mucho terreno sin cultivar. **Por lo tanto, a fin de traer la revolución del elevado valor agregado a la región a gran escala se requieren avances rápidos para garantizar la seguridad del acceso a la tierra.** La forma de hacerlo es bastante conocida y comprende, entre otros recursos, el uso de nuevas herramientas como GPS y registros electrónicos. En consecuencia, es primordial en los diálogos de políticas que exista un reconocimiento del problema, así como de los enormes costos de oportunidad que conlleva la inacción.

La investigación, el desarrollo y la ampliación de mejoras en la productividad

A la luz de las políticas de ajuste estructural, se han realizado esfuerzos importantes para reconstruir un sistema de innovación agropecuaria. No obstante, el gasto público que se destina a la agricultura y a la investigación agrícola es bajo. La pequeña escala de los países reclama una mayor cooperación regional para poder sufragar los elevados costos fijos de investigación y desarrollo en materia de agricultura. Esto es de importancia fundamental. La expansión de tipo horizontal se ha agotado, y el empobrecimiento del suelo y la escasez del agua han disminuido los rendimientos y han provocado una respuesta de la oferta menos elástica.

Además, a excepción de Costa Rica, la productividad total de los factores (PTF) no se ha lucido. La PTF, los nuevos cultivos y las formas innovadoras de reducir los costos de producción, y la vulnerabilidad son fundamentales para el crecimiento agrícola. **A fin de que la región asimile las oportunidades y haga frente al número cada vez mayor de limitaciones, deberá darse prelación a una mayor inversión más eficiente en los sistemas de innovación agrícola.** Asimismo, deberá examinarse meticulosamente cómo se hará esto y deberán evaluarse las lecciones aprendidas de las experiencias innovadoras de toda la región para conocer sus efectos. Parte de la solución consistirá en hacer participar a las universidades locales de gran calidad (que son elementos valiosos en la región) y contar con la cooperación regional, que facilitan de manera excepcional la integración y la Política Agrícola Centroamericana (PACA).

Abordar la vulnerabilidad de los riesgos no asegurados como una fuente de la falta de capacidad de apropiación

La región siempre se ha considerado de alto riesgo debido a que está expuesta a los tornados del Caribe. La frecuencia de fenómenos climáticos extremos ha ido en aumento y se prevé un empeoramiento. En consecuencia, abordar la vulnerabilidad debe considerarse un tema básico. Ello requiere sistemas agrarios más resistentes, una mejor regulación del agua e instrumentos para hacer frente a los riesgos que puedan asumirse en la producción, así como también la adopción de nuevas formas de seguros contra riesgos meteorológicos con una base lo suficientemente baja que permita su adquisición de forma particular y que a su vez sea rentable. La vulnerabilidad a los shocks que no están asegurados es un fuerte desaliento para la inversión en nuevas oportunidades y también es una fuente de nuevos efectos, malos e irreversibles. **Es fundamental para la eficiencia y la protección social que la agenda regional sobre políticas preste mayor atención a la vulnerabilidad.**

¿Se está descapitalizando el sector agropecuario de la región?

Con el agotamiento de una expansión de tipo horizontal, resulta indispensable el mantenimiento de los suelos. Sin embargo, la degradación de tierras es generalizada. Las políticas agrícolas actuales invitan a tal descapitalización. No se dispone de financiamiento a largo plazo para inversiones considerables en la materia. Además, los derechos de propiedad precarios no favorecen este tipo de inversiones. Los programas de conservación de suelos, como el Plan Sierra en República Dominicana, no se han seguido aplicando con esa perspectiva. Tampoco se están investigando ni introduciendo suficientemente formas nuevas de agricultura sostenible. El riesgo es que los retornos a corto plazo de las nuevas oportunidades no perduren. No obstante, debido a la gama de funciones que desempeña, la agricultura es fundamental para el desarrollo de la región. Es muy pronto para pensar que se han encontrado fuentes sustitutas de crecimiento y medios de subsistencia. **Por lo tanto, asegurar la sostenibilidad de la fertilidad de los suelos es crucial y requiere inversiones a largo plazo que actualmente no se fomentan.**

La acción colectiva destinada a la productividad, el poder del mercado y una voz en materia de políticas

Es de público conocimiento que la agricultura de pequeñas explotaciones no puede ser competitiva sin organizaciones de productores sólidas. Estas son necesarias para prestar servicios a los miembros; concertar acuerdos con supermercados y la agroindustria (para los cuales las economías de escala y la posibilidad de rastreo son fundamentales); adquirir poder de mercado a la hora de negociar precios con compradores monopsónicos y lograr representación en los foros sobre políticas a escala nacional e internacional. Costa Rica tiene organizaciones corporativas fuertes y la región cuenta con organizaciones consolidadas en lo que respecta a algunas de sus exportaciones tradicionales como el café.

Sin embargo, la mayoría de los pequeños productores, pese a haber logrado éxitos muy valiosos en programas concretos, tales como el Proyecto Alianzas Productivas del Banco Mundial y la Fundación Ágil de Guatemala, y otras actividades tradicionales de alto valor no están protegidos. **Deberán realizarse esfuerzos importantes a favor de**

cooperativas y organizaciones corporativas, a fin de brindar apoyo a los pequeños productores y ayudarlos a adquirir la competitividad en mercados nuevos mediante el acceso a fondos institucionales para el desarrollo. No se puede lograr competitividad ni una gobernanza eficaz en materia de agricultura sin una fuerte representación de los intereses de los productores, sean grandes o pequeños.

Gobernabilidad para la agricultura

Si bien la agricultura es una actividad privada, se trata de un sector con muchas deficiencias de mercado y funciones de seguridad alimentaria que exigen una fuerte intervención pública. No obstante ello, la gobernanza para la agricultura sigue siendo muy insuficiente, necesita modificarse y resulta difícil precisar su enfoque: no hay programas simples disponibles. Las políticas deficientes y las reformas rezagadas, los servicios públicos inadecuados y una regulación insuficiente son todos productos de una gobernanza pobre. Esto se aplica a nivel nacional y local, como resultado de la descentralización.

En la actualidad, las asociaciones público-privadas son esenciales para lograr la competitividad, pero ello requiere un Estado con competencias nuevas para colaborar con el sector privado y establecer las reglas. La política agrícola debe coordinarse con la de otros sectores y con la macroeconomía. No puede ser más objeto de un esfuerzo sectorial aislado ni someterse simplemente a macropolíticas. En consecuencia, a fin de que tenga éxito, el diseño para el sector agropecuario de formas de gobierno eficaces es fundamental y ello conlleva experimentar con formas nuevas de instituciones públicas así como también implementar formas exitosas. La capacitación en el desarrollo de competencias nuevas necesarias para una gobernanza modernizada para la agricultura es la llave del éxito. **Mejorar la gobernanza para la agricultura es la tarea más importante y más urgente para que la región pueda hacer frente a nuevas limitaciones y para asimilar las oportunidades que se presenten.**

Introducción

Sebastián Auguste y Osmel Manzano

Existen argumentos encontrados sobre el desempeño del sector agrícola en Centroamérica. Por una parte, se piensa que el sector tiene potencial para el crecimiento, sobre todo luego de la firma del Tratado de Libre Comercio entre Estados Unidos, Centroamérica y la República Dominicana (DR-CAFTA, por sus siglas en inglés), acuerdo que ratifica una tendencia hacia una mayor integración comercial regional, lo que presenta la oportunidad de acceder al mercado norteamericano. Por otro lado, se habla al mismo tiempo de una crisis del sector, de la incapacidad para abastecer la demanda interna de alimentos, y de la dependencia de las importaciones de ciertos productos esenciales como los granos básicos. El aumento de los precios de los alimentos ha desatado el debate sobre la seguridad alimentaria y sobre la conveniencia de profundizar un patrón de especialización de cara al mercado externo.

Independientemente de la validez de ambas visiones, lo que ambos fenómenos han puesto en evidencia es que, para muchos países de la región, la política agropecuaria no estuvo durante mucho tiempo entre las prioridades de la agenda de la política económica. Esta situación ha cambiado drásticamente en los últimos dos años. La crisis ha puesto presión sobre los gobiernos de la región para que revisen su política agrícola, necesidad que de hecho ya era manifiesta desde la firma misma del DR-CAFTA.

Este renovado interés en la política agrícola plantea numerosos interrogantes de política económica. ¿Tienen los países de la región lugar para incrementar la producción agropecuaria a través de ganancias de productividad? ¿Qué factores restringen la productividad en la región? ¿Qué políticas son necesarias para desarrollar el sector y aprovechar el nuevo contexto de altos precios internacionales? ¿Qué políticas se precisan para mejorar la inserción de los productos agrícolas en los mercados internacionales y en particular en Estados Unidos? ¿Deben los países de la región especializarse en productos con alta inserción internacional, siguiendo el patrón de especialización que surge del DR-CAFTA, o se debe priorizar el autoabastecimiento? ¿Qué rol debe jugar en las políticas la seguridad alimentaria? ¿Es el actual diseño de políticas e instituciones agrícolas el adecuado para lograr una mayor competitividad del sector?

Con estos interrogantes como motivación, el Banco Interamericano de Desarrollo (BID) organizó una red de trabajos sobre el sector agropecuario en la región. Para ello, se diseñó un esquema metodológico que fusiona aspectos de dos redes de centro realizadas recientemente por el Departamento de Investigación del BID. Una de ellas (Competitividad y Crecimiento en Latinoamérica y el Caribe) analizó las restricciones al crecimiento en varios países de América Latina y el Caribe siguiendo el esquema de Diagnóstico del Crecimiento propuesto por Hausmann, Rodrik y Velasco (2005). La experiencia recabada en dicha red sugirió que el enfoque metodológico, si bien muestra diversas limitaciones, resulta muy útil para tener una visión general de la economía y para poder organizar una jerarquía de prioridades sobre las medidas a implementar para eliminar las restricciones. Esta priorización permite utilizar en forma eficiente los recursos limitados (financieros, humanos y de capital político) que cuentan los gobiernos para implementar políticas y reformas, apuntándose a aquellas medidas de política que tengan el mayor impacto en el crecimiento. La segunda red (Políticas de Desarrollo Productivo en Latinoamérica y el Caribe), en cierta forma, complementa a la anterior al analizar cómo se deciden e implementan en los países de la región las políticas microeconómicas del tipo industrial que permiten expandir la capacidad productiva de sus economías.

A partir de la combinación de ambos enfoques, se solicitaron estudios que en primer lugar examinaran, desde la óptica del productor agropecuario, cuáles eran los inconvenientes y las oportunidades para mejorar la competitividad y su desarrollo, siguiendo un enfoque como el propuesto por Hausmann, Rodrik y Velasco (2005), pero adaptado al sector agropecuario. En segundo lugar, se pidió un estudio de cadenas o productos seleccionados, para ilustrar con casos concretos cómo estas restricciones y oportunidades operan en la realidad de cada país. En tercer lugar, se solicitó un análisis crítico de las políticas y las intervenciones de los gobiernos, para entender qué están haciendo, cómo esas medidas se ajustan a las restricciones encontradas y qué medidas de política surgen como recomendaciones.

Este libro resume los resultados de los estudios individuales realizados por cada consultor para Costa Rica, El Salvador, Guatemala, Honduras, Nicaragua y República Dominicana. El primer capítulo presenta los aspectos metodológicos. Aquí cabe mencionar que la adaptación de la Metodología de Diagnóstico de Crecimiento (MDC) no es lineal y que la experiencia recabada en el presente estudio muestra que es difícil encuadrar al sector en dicho marco. Las particularidades sectoriales requieren un modelo distinto, que lamentablemente no está disponible. El esfuerzo en este capítulo ha sido adaptar el enfoque lo más posible y señalar sus ventajas y limitaciones. Se espera honestamente que el capítulo sea lo suficientemente inspirador para que otros investigadores logren desarrollar un marco analítico que supere el actual.

El segundo capítulo realiza un análisis regional donde se compara la situación actual y la evolución de los países desde un contexto de comparación internacional. Este capítulo no busca identificar las restricciones, sino simplemente sentar las bases y poner en contexto a cada país para que luego los análisis individuales puedan fluir más fácilmente. En el resto de los capítulos se presentan los resúmenes de los estudios individuales, donde la sección de análisis de cadenas productivas, que ilustra cómo las políticas son diseñadas e implementadas en cada país, no fueron incluidas por limitaciones de espacio. Cada capítulo fue redactado siguiendo un esquema común de tres secciones: análisis general del sector, identificación de las principales restricciones al crecimiento económico y análisis de las políticas sectoriales.

Esperamos que el presente libro sea lo suficientemente motivante para generar un debate amplio y profundo sobre las políticas agropecuarias de los países de la región, y que finalmente esto se traduzca en políticas y procesos de decisiones de políticas apropiadas que permitan un desarrollo equilibrado del sector.

CAPÍTULO 1

Enfoque metodológico
Sebastián Auguste y Osmel Manzano

Por qué se requiere contar con un marco general

Existen numerosos estudios que analizan el sector agropecuario en América Latina y el Caribe. A menudo estos trabajos se concentran en un producto en particular o en aspectos específicos del sector agropecuario (como el de difusión tecnológica). Estos esfuerzos son sumamente útiles pero dan una visión fragmentada del sector. Si se quiere pensar en la política agropecuaria en general, resulta conveniente contar con un marco metodológico abarcador que examine toda el área, para de esta forma determinar prioridades.

El sector agropecuario no es uno más de la economía, y tiene implicancias en aspectos tales como seguridad alimentaria, externalidades extrasectoriales y aspectos distributivos. Este trabajo no pretende cubrir todos estos aspectos, sino más bien centrarse en el proceso de crecimiento sectorial, y entender cuáles son los factores que lo restringen, así como también los factores coadyuvantes. Con esto no se quiere negar la existencia de otros objetivos que no sean el crecimiento sectorial sino que la elección parte de una necesidad empírica de focalizar el estudio. Así, se entiende que estos objetivos son fijados por fuera del sector agropecuario y que tienen incidencia en el proceso de crecimiento. En este trabajo se determina si dichos objetivos están afectando o no el proceso de crecimiento del sector, sin evaluar si los costos en términos de un menor crecimiento se justifican por beneficios extrasectoriales.

El sector agropecuario se encuentra directamente ligado a la producción de alimentos. A menudo surge en los países la controversia sobre seguridad alimentaria, entendida como la capacidad de un país para autoabastecerse de alimentos. Este objetivo puede estar en contraposición con el objetivo de crecimiento sectorial, ya que al quererse estimular los cultivos relacionados con el consumo interior de alimentos es posible que se desaprovechen oportunidades de negocios en otros productos más rentables. En estos casos, y para ponerlo en términos técnicos, podría ser que los precios de mercado no concuerden con los precios sombra, que deberían incluir este objetivo de autoabastecimiento.

En una economía abierta donde se permite importar alimentos libremente el objetivo de autoabastecimiento parece tener poca razonabilidad económica. La seguridad alimentaria puede obtenerse con mecanismos alternativos que no implican forzar la producción interna de los alimentos que se consumen. De todos modos, es importante destacar que este objetivo ha estado presente históricamente en el diseño de las políticas sectoriales de los países de la región y la evidencia parece mostrar que ha sido contradictorio con la explotación de las oportunidades de negocio del sector.

Costa Rica, el país que muestra el mejor desempeño, tanto en términos de valor agregado generado por hectárea como en términos de crecimiento económico, es precisamente el país que más decididamente se volcó a abandonar los requisitos de autoabastecimiento, intensificando su comercio internacional, eliminando las distorsiones internas, focalizándose en aquellos productos con fuerte demanda internacional y pasando a importar alimentos básicos, como cereales, en forma más intensiva. Por otro lado, los eventos recientes acaecidos en Guatemala[1] muestran que no se puede abandonar por completo el objetivo de la seguridad alimentaria.

En lo que respecta a este estudio, entendemos dicho propósito como un objetivo impuesto por fuera del sector, como una decisión de política económica, acertada o no, que puede afectar los precios relativos de los productos. En este análisis sobre el desarrollo del agro se hace foco en el crecimiento económico, entendido como la capacidad del sector agropecuario para generar en forma sostenible un mayor ingreso, sin tener en cuenta consideraciones de seguridad alimentaria. Si un país introduce distorsiones que restringen el crecimiento sectorial con el fin

---

[1] En 2009, el gobierno de Guatemala decretó el Estado de Calamidad Pública por la grave crisis alimentaria que estaba afectando a más de 50.000 familias y, según cifras oficiales, se registraron más de 400 muertes por inanición.

de alcanzar este objetivo, así será remarcado en este estudio: como una restricción sectorial, con el propósito de hacer explícitos los costos de esta política; queda en manos de los gobiernos locales evaluar si tiene sentido pagar dicho costo o si hay otras alternativas menos costosas para garantizar la seguridad alimentaria.

Un segundo aspecto relacionado con el agro lo constituyen las externalidades hacia adentro y hacia afuera del sector. Aquellas que lo afecten, como el manejo sostenible de la tierra, influyen directamente en el crecimiento sectorial. Si hoy un país alcanza un mayor crecimiento con prácticas no sostenibles, se están minando las posibilidades futuras y por ende se perjudica el crecimiento de largo plazo. En cuanto a las externalidades extrasectoriales, el agro puede causar externalidades positivas, gracias a los servicios ambientales que es capaz de brindar, así como también externalidades negativas asociadas con la contaminación que provocan ciertas prácticas agropecuarias (por ejemplo, el uso de pesticidas y fertilizantes). Estas externalidades no quedan registradas en el crecimiento sectorial.

Por otro lado, focalizarse pura y exclusivamente en un sector puede dar una visión distorsionada; lo que es bueno para el sector puede ser malo para el país: un sector puede crecer mucho pero producir fuertes costos agregados. Por estas razones, lo que se intenta analizar es la capacidad para generar crecimiento y su contribución a la economía, más que el puro crecimiento del producto sectorial. En los estudios de cada país esto se trató en general en forma descriptiva más que cuantitativa. El foco de los trabajos estuvo más bien puesto en el crecimiento sectorial, por lo que cuando se observaron restricciones impuestas por fuera del sector motivadas por aspectos ambientales u otras externalidades, el procedimiento consistió en analizar cómo operaban estas restricciones. Nuevamente, el objetivo es hacer explícitos los costos en términos de crecimiento sectorial, sin que esto implique que sea beneficioso para el país en su conjunto erogar dichos costos (por ejemplo, si las externalidades negativas los superan).

Finalmente, a menudo el sector agropecuario es considerado como un medio de redistribuir ingresos, a través de un reparto más homogéneo del factor tierra. Este ha sido históricamente un factor importante en la región y numerosos países han llevado a cabo reformas agrarias en las décadas de 1970 y 1980 con fines principalmente redistributivos. En la región el sector agropecuario se caracteriza por la coexistencia de emprendimientos empresarios y de agricultura de autosubsistencia. Todos los países muestran elevados índices de ruralidad y una población rural con mayores niveles de pobreza que la media nacional, por lo que es entendible que en el sector primen los objetivos redistributivos. Sin embargo, la política redistributiva excede al sector y constituye un objetivo de la política nacional. El reparto de la propiedad de la tierra es uno de los mecanismos posibles, pero no el único ni el más eficiente para lidiar con los problemas distributivos y la pobreza. En este estudio focalizado en el crecimiento sectorial las políticas de tenencia de la tierra se analizan como factores que restringen o coadyuvan al crecimiento sectorial, sin cuestionar si son deseables o no desde la óptica nacional. Al igual que en el caso de los objetivos anteriores, aquí se intenta establecer si existen costos significativos y se deja en manos de la política nacional determinar si vale la pena pagar dichos costos o si existen mecanismos alternativos más eficientes.

En tanto la realidad del sector en Centroamérica muestra una gran heterogeneidad, se analiza en estas páginas cómo las restricciones impactan en forma diferencial en los distintos productores. Es probable que la falta de instituciones públicas dedicadas a la difusión de tecnología, por ejemplo, no sea una restricción operativa para grandes productores, pero que sí lo sea para los pequeños productores en autosubsistencia. Con esto se intenta identificar los factores que restringen a los distintos productores en forma diferencial, ya que en países con elevada población rural y pequeños propietarios en situación de pobreza implementar políticas que favorezcan a estos productores no sólo tiene un impacto en el crecimiento sectorial, sino que también tiene un impacto significativo en la reducción de la pobreza.

El proceso de crecimiento

El proceso de crecimiento del sector agropecuario tiene diversas particularidades que han sido tratadas en la bibliografía especializada (Timmer, 1988).

Entre estos aspectos cabe destacar:

- La función de producción utiliza intensivamente el factor tierra y el clima, y ambos factores muestran una dispersión regional, lo que genera una gran heterogeneidad.

- Los productos se caracterizan por su marcada estacionalidad, condicionada por los ciclos biológicos atados a los cambios estacionales, y son perecederos, por lo que el sector requiere la movilización de insumos y productos en períodos concentrados de tiempo.
- Por depender del clima, los agricultores están sujetos a un alto riesgo covariado (los productores de una zona reciben el mismo shock). Este riesgo es difícil de enfrentar con mecanismos de aseguramiento local o informal, dada su naturaleza covariada, y se requieren mecanismos de manejo del riesgo a nivel más agregado o mercados de aseguramiento relativamente más desarrollados pero costosos.

Igualmente, en condiciones de libre mercado la agricultura tiende a enfrentar una mayor volatilidad de precios que otros sectores productivos, básicamente por su propia estacionalidad y las mayores probabilidades de eventos adversos en la oferta, y su configuración espacial y temporal. La capacidad de los productores para manejar estos riesgos depende de la capacidad de almacenar los productos, lo que no es posible en todos los casos, o bien de la existencia de mecanismos de cobertura (como futuros u opciones), que no siempre están disponibles en las economías en desarrollo.

En cuanto a los procesos productivos y al uso de factores agropecuarios, esta actividad enfrenta un conjunto de incentivos bastante complejos, que desafían los diversos modos de organización productiva de tipo familiar, individual o empresarial. Históricamente, la producción familiar ha sido predominante en muchas partes del mundo, debido a las ventajas de este tipo de producción para el manejo de incentivos al trabajo, a las pocas economías de escala y a las dificultades para mecanizar completamente las actividades. Salvo en el caso de algunos productos como el azúcar, los cereales y la soya extensiva, la mecanización es poco eficiente y se genera una alta demanda de mano de obra. Y si bien la producción familiar está en mejores condiciones para aprovechar ciertas ventajas laborales, también enfrenta mayores dificultades para resolver problemas de coordinación y escala en los procesos posteriores a la cosecha y la comercialización.

Por ello, lo común en las agriculturas de países en desarrollo es que muestren un alto nivel de heterogeneidad en tipos de agricultores, formas de organización, articulación con mercados de productos y factores, y diversos niveles tecnológicos. Además, debido a la dispersión, es también común que exista una importante heterogeneidad territorial en la actividad, con lo cual los "promedios nacionales" brindan muy poca información sobre las dinámicas específicas de productos, productores y territorios.

La contribución del sector al crecimiento económico de un país

Dadas las características especiales señaladas anteriormente, este es un sector que tiende a perder importancia en el crecimiento de la economía a medida que se genera mayor desarrollo. Parte de esta tendencia se explica por la llamada Ley de Engel, según la cual los consumidores asignan una menor proporción de sus crecientes presupuestos al consumo de alimentos. En este contexto, es esperable que la contribución directa de la agricultura al crecimiento vaya disminuyendo en el tiempo con el desarrollo de un país.

El tema de la contribución indirecta es más controversial y depende mucho del tipo y de la profundidad de la relación de la agricultura con el resto de los sectores. En principio, cuanto mayores sean las interrelaciones y la intensidad de los flujos en la matriz insumo-producto, mayores impactos indirectos tendrá el crecimiento agrícola en el crecimiento del conjunto de la economía (y viceversa). Los encadenamientos hacia delante y hacia atrás de la agricultura pueden ser una fuente fundamental de crecimiento sostenible de las economías en desarrollo.

Sin embargo, en los países en desarrollo las relaciones entre la agricultura y el resto de los sectores tiende a ser débil en la medida en que los otros sectores pueden aprovechar el comercio exterior (importaciones) para acceder a alimentos e insumos más baratos y poder generar un mayor crecimiento agregado. No es por eso extraño encontrar países con un alto crecimiento agregado pero bajo o nulo crecimiento agropecuario, ya que el primero no necesita en forma crucial del segundo para ocurrir. Es por eso importante analizar la evolución de este tipo de interrelación entre la agricultura y el resto de la economía para ubicar si tal desconexión ocurre o no en el tiempo.

No obstante, esta situación no es fatídica. También abre la posibilidad (oportunidad) de que el sector agropecuario utilice las exportaciones a mercados dinámicos como mecanismo de expansión y modernización. En este caso, la agricultura de un país puede obtener ventajas comparativas y competitivas en ciertos productos, lo cual requiere importantes capacidades empresariales y provisión adecuada de bienes públicos, entre ellos: sanidad e inocuidad agropecuaria, información de mercado, coordinación entre agentes de las cadenas y adecuados canales de financiamiento de las actividades exportadoras. Las demandas institucionales para aprovechar adecuadamente estas oportunidades no son despreciables para los países en desarrollo.

Las fuentes de crecimiento

El crecimiento del valor agregado del sector agropecuario puede deberse tanto a una mayor acumulación de factores de producción (principalmente tierra, por ejemplo si se ha expandido la frontera agrícola, y capital, si el sector se ha vuelto más capital-intensivo), como a ganancias en productividad. La experiencia internacional muestra que el sector ha tendido a volverse más capital-intensivo (maquinarias más sofisticadas), pero el principal motor del crecimiento ha residido en las ganancias de productividad generadas, entre otros factores, por nuevas variedades de cultivos, cambios en la forma de sembrar (por ejemplo, la siembra directa), uso de semillas mejoradas (incluidos productos transgénicos), fertilizantes, utilización de herbicidas, etc.

El sector agropecuario presenta la particularidad de ser intensivo en un factor de producción que es relativamente fijo: la tierra. Por ende, en el agro la capacidad de crecimiento de lago plazo está más relacionada con la productividad que con la acumulación de factores, ya que el factor fijo tierra pone límites a la acumulación. El análisis de la productividad es necesario pero no suficiente para entender el desarrollo sectorial. En última instancia, lo que importa es la capacidad de generar ingresos y que estos ingresos crezcan. Por esta razón, los precios (relativos) tienen un rol importante. El sector puede generar más ingresos si cambia su superficie sembrada hacia productos cuyos precios estén subiendo, aunque los rendimientos y la productividad sean más bajos en estos cultivos. Los cambios de precios relativos pueden ser vistos a su vez como shocks de productividad, aunque tienen una raíz distinta. La clave aquí es la capacidad de respuesta del sector para adaptarse a las señales de precios.

En forma resumida, la capacidad de generar ingresos —que se puede medir como el crecimiento del producto interno bruto (PIB) agropecuario a precios corrientes— puede deberse a los siguientes factores:

1. Intensificación: se trata de la acumulación de factores (capital físico, tierra o capital humano).
2. Productividad: incluye adaptación de nuevas tecnologías, innovación, externalidades de conglomerado, shocks climáticos, etc., todo lo cual permite producir más cantidad con los mismos factores (tierra, trabajo y capital) y el mismo cultivo.
3. Reasignación: se refiere a la flexibilidad del sector para moverse a cultivos de precios elevados.

Es importante notar que estos factores no siempre van en la misma dirección. De hecho, si se observara un cambio tecnológico a nivel mundial que incrementase fuertemente la productividad de un cultivo en particular, es probable que su precio relativo tendiera a caer, y que entonces la producción de este cultivo dejara de ser rentable para un país determinado.

El enfoque de diagnóstico de crecimiento

La Metodología de Diagnóstico de Crecimiento (MDC) ha sido propuesta por Hausmann, Rodrik y Velasco (2005), y está basada en la teoría del crecimiento endógeno y el teorema general de segunda opción óptima o segunda mejor alternativa. El enfoque en su formulación original parte de la decisión de inversión óptima por parte del sector privado, que es un problema de optimización sujeto a restricciones. La idea es identificar aquellas restricciones que tienen el mayor impacto en el crecimiento agregado del país, el cual se mide por el efecto en el crecimiento que se obtiene cuando dicha restricción se relaja.

La idea central de la MDC es que hay una diversidad de factores que estarían potencialmente detrás de un pobre desempeño de crecimiento, entre ellos: infraestructura inadecuada, falta de acceso a financiamiento, débil entorno institucional, derechos de propiedad no definidos. No obstante, los factores clave que realmente están limitando el crecimiento no tienen por qué ser los mismos de un país a otro. Dado que tanto el capital político como los recursos fiscales son escasos, cobra sentido hacer un diagnóstico para identificar los factores que están limitando en mayor grado el crecimiento para luego poder concentrar los esfuerzos de política pública en dichos factores.

El análisis se orienta básicamente a identificar si el crecimiento ha estado por debajo del potencial. La mayor parte del método se sustenta en un análisis comparativo y contrafáctico, tratando de encontrar datos contrafácticos con los cuales se pueda comparar el desempeño. Muchas veces estos datos provienen de países comparables en dotación de factores, geografía o ingreso per cápita.

Una vez identificado el "problema principal" de crecimiento, el núcleo básico del método consiste en determinar las restricciones más importantes, con cuya eliminación se contribuiría más al crecimiento. Para este fin, Hausmann, Rodrik y Velasco (2005) proponen utilizar un "árbol de decisión", cuyo centro de atención se encuentra en la decisión racional de un inversionista.

En su formulación original, estos autores se centran en el problema de la baja acumulación de capital privado, el cual puede deberse a dificultades de acceso al financiamiento (es decir, hay proyectos con alta rentabilidad privada pero el financiamiento es muy caro o se encuentra restringido), o bien a un problema de baja rentabilidad privada (hay recursos disponibles y en condiciones aceptables pero faltan proyectos rentables para invertir capital). Esto deja al descubierto la baja acumulación de capital en dos ramas alternativas: acceso al financiamiento y retornos privados a la inversión.

La falta de acceso al financiamiento, a su vez, puede tener diversas causas, entre las que cabe mencionar: dificultadad de acceso a los mercados financieros internacionales, exclusión o desplazamiento por parte del sector público (debido al excesivo endeudamiento), problemas regulatorios del sistema financiero, escacez de competencia en el sector financiero local (lo que encarece el crédito), falta de desarrollo de instrumentos financieros, distorsiones generadas por la banca pública, etc.

Por el lado de los retornos privados a la inversión, esta rama a su vez puede subdividirse en dos: el retorno social del proyecto, que es el beneficio que genera para la sociedad en su conjunto, y la apropiabilidad de dichos retornos sociales por parte del invesionista privado. Para este último, la rentabilidad puede ser baja aunque socialmente sea elevada, porque no se puede apropiar de dicho retorno debido, por ejemplo, a cuestiones como impuestos excesivos, externalidades, crimen, etc. También es posible que el retorno social sea bajo. Esto se debe, entre otras cosas, a la falta de oportunidades por las características estructurales de la economía, por la escasez de insumos públicos, como infraestructura o capital humano y en general por otros factores que son complementarios al capital privado. El gráfico 1.1 ilustra el árbol de decisiones mencionado.

De esta forma, el método para identificar qué ramas son relevantes para una determinada economía se realiza como un proceso de descarte o aceptación, tratando de cuantificar cuáles ramas son más relevantes para el país (técnicamente, restricciones con mayor precio sombra). Para contrastar la hipótesis el método requiere el uso intensivo de información. Se debe plantear correctamente la hipótesis alternativa o el escenario contrafáctico, y tratar de proveer evidencia en una u otra dirección. Por ejemplo, encontrar que un país tiene bajos niveles de escolarización para su nivel de desarrollo, lo que se puede observar mediante una comparación internacional, no es evidencia suficiente de que dicho factor esté restringiendo el crecimiento. Se necesita comprobar que el precio de este factor (retornos privados o sociales a la educación) es alto para poder determinar que es escaso. Algo similar ocurre con el financiamiento: hallar que una economía tiene un bajo nivel de penetración crediticia para determinar que falta financiamiento no constituye evidencia suficiente; si el crédito es escaso, su precio debería ser alto, por lo que para afirmar que falta crédito debe probarse que las tasas de interés son elevadas. De otra manera, puede haber poco crédito porque no existe demanda por falta de oportunidades de inversión. Este método requiere determinar qué es esperable cuando un factor resulta restrictivo, adónde se reflejaría y tratar de proveer esa evidencia.

La ventaja principal de este enfoque es que permite disponer de un mecanismo para poder identificar un número limitado y manejable de restricciones. A su vez, al hacerse una búsqueda ordenada de los factores, se puede comprender mejor el funcionamiento de la economía en general. Otra ventaja es que el enfoque permite introducir elementos específicos, institucionales o históricos particulares de cada país o economía, a diferencia del enfoque tipo "receta general" que caracterizó al Consenso de Washington y a los programas generales de ajuste estructural promovidos en la región durante los años ochenta. En tercer lugar, al intentar generar una jerarquía de prioridades, se evita lo que se denominó "missing expectations" en el Consenso de Washington. Es decir, cuando se inicia

ENFOQUE METODOLÓGICO | 11

Gráfico 1.1 Problema: bajos niveles de inversión y espíritu empresarial

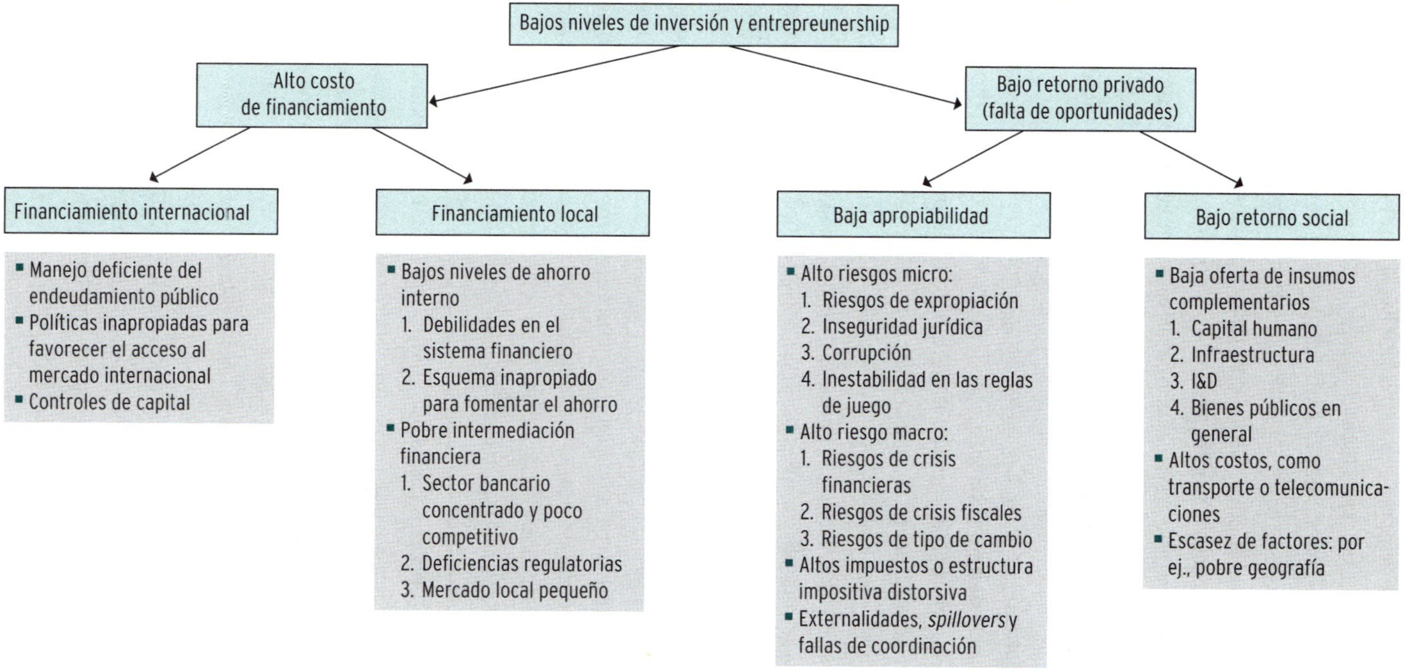

Bajos niveles de inversión y entrepreunership

- **Alto costo de financiamiento**
  - Financiamiento internacional
    - Manejo deficiente del endeudamiento público
    - Políticas inapropiadas para favorecer el acceso al mercado internacional
    - Controles de capital
  - Financiamiento local
    - Bajos niveles de ahorro interno
      1. Debilidades en el sistema financiero
      2. Esquema inapropiado para fomentar el ahorro
    - Pobre intermediación financiera
      1. Sector bancario concentrado y poco competitivo
      2. Deficiencias regulatorias
      3. Mercado local pequeño

- **Bajo retorno privado (falta de oportunidades)**
  - Baja apropiabilidad
    - Alto riesgos micro:
      1. Riesgos de expropiación
      2. Inseguridad jurídica
      3. Corrupción
      4. Inestabilidad en las reglas de juego
    - Alto riesgo macro:
      1. Riesgos de crisis financieras
      2. Riesgos de crisis fiscales
      3. Riesgos de tipo de cambio
    - Altos impuestos o estructura impositiva distorsiva
    - Externalidades, *spillovers* y fallas de coordinación
  - Bajo retorno social
    - Baja oferta de insumos complementarios
      1. Capital humano
      2. Infraestructura
      3. I&D
      4. Bienes públicos en general
    - Altos costos, como transporte o telecomunicaciones
    - Escasez de factores: por ej., pobre geografía

Fuente: FAOSTAT.

un proceso de reforma, las expectativas de cambio son altas, pero si no se empieza por las restricciones más severas, el impacto de las reformas es bajo, lo que puede llevar a un sentimiento de contrarreforma como el observado en general en América Latina. Por ejemplo, es probable que ante el mal manejo de las empresas públicas la privatización haya sido una alternativa viable, pero si no se mejora la institucionalidad y esta constituye una restricción operativa, se puede pasar de un sistema público pésimamente administrado a un sistema privado pésimamente regulado, con pocas ganancias en términos de crecimiento económico.

La adaptación de la MDC al sector agropecuario
Como se analizó anteriormente, el patrón de crecimiento del sector agropecuario se basa más en incrementos de la productividad que en la acumulación de capital, por lo que se debe considerar la posibilidad del cambio técnico como motor central del crecimiento, no sólo el capital u otros factores. Si bien el enfoque original de la MDC se basa en la decisión racional de un inversionista, que decidirá invertir si el beneficio privado esperado supera los costos de la inversión (costos de financiamiento), esta racionalidad de análisis costo-beneficio no es exclusiva de un inversionista que decide invertir capital; también se puede aplicar a un inversionista que decida invertir en innovación tecnológica o a un productor que decida qué cultivo plantar (flexibilidad). Es decir, el mismo enfoque puede usarse para explicar cualquiera de los tres factores principales de desempeño del sector agrícola mencionados.

Una salvedad importante a esta altura es que este enfoque descansa en el supuesto de que quien toma la decisión lo hace para maximizar ganancias (hipótesis de racionalidad). Se ha mencionado numerosas veces que en el sector agrícola existe una fuerte heterogeneidad entre los tipos de productores, que suele haber pequeños productores en condiciones de subsistencia que pueden tomar decisiones en forma no racional, o bien con limitaciones de la racionalidad (es decir, pagando altos costos por procesar la información). Esta heterogeneidad resulta primordial en Centroamérica; por ende, debe tenerse en cuenta la adaptación del enfoque y eventualmente diferenciar, si se considera conveniente, entre las restricciones que enfrenta el sector en general y los productores en autosubsistencia en particular. Se debe prestar atención a la heterogeneidad de agentes, productos y territorios dentro del campo de la agricultura de un país; las formas de organización productiva de los agricultores son diversas, y tienen efectos cruciales en los procesos y los resultados obtenidos, con una notable predominancia de las formas familiares de producción a pequeña escala.

Finalmente, es necesario prestar particular atención a las interrelaciones entre la agricultura y el resto de las actividades económicas, así como también al rol del comercio exterior como mecanismo de "salto" en el uso de la agricultura en el proceso de crecimiento interno (hacia adentro) y externo (hacia afuera).

Adaptación del árbol de decisiones
Una primera aproximación al problema sectorial consiste en identificar los síntomas y los signos del bajo crecimiento. Determinar cómo opera cada una de estas fuentes de crecimiento no es tarea fácil, ya que se debe contar con un escenario contrafáctico: ¿alto o bajo en relación con qué? Elaborar un escenario contrafáctico en el sector agropecuario es una tarea compleja, ya que los principales factores, tierra y clima, son muy heterogéneos, no sólo entre países, sino aun dentro de un mismo país. Las comparaciones entre regiones o países no pueden efectuarse sin que se produzca una pérdida de generalidad, ya que un país puede estar quedando rezagado en el mundo porque los cambios tecnológicos no lo benefician dadas sus características de suelo y clima. Por eso, se debe ser cuidadoso y preciso en la realización de este primer diagnóstico.

Una vez que se haya caracterizado el proceso de crecimiento (por ejemplo, bajo cambio tecnológico), el siguiente paso será entender a qué se debe, para lo cual conviene utilizar una adaptación del árbol de decisiones. Lo que persiguen Hausmann, Rodrik y Velasco(2005) con este árbol es imponer cierta disciplina en la búsqueda de los factores más restrictivos, en cuyo caso el centro de atención se encuentra en la decisión racional de un inversionista. De esta forma, se puede aplicar la misma lógica y un árbol de decisión similar para explicar, en base a costos y beneficios, la decisión de invertir más capital, expandir las tierras en producción, adaptar tecnología, o bien cambiar de cultivos. En principio, pueden utilizarse las mismas ramas del árbol, aunque su importancia relativa depende de la causa que esté detrás del bajo crecimiento económico. Por ejemplo, la baja productividad se asocia a veces con insuficiente inversión en desarrollo y adaptación de tecnología. Esto puede deberse a problemas de acceso al financiamiento, lo que impide que estas actividades sean financiadas aunque el país tenga un elevado potencial.

También puede deberse a que el retorno privado es bajo, esto a menudo sucede por problemas de apropiabilidad, ya que el desarrollo de una nueva tecnología entraña costos muy altos para un inversionista privado y el resto de los productores puede fácilmente copiar los avances tecnológicos, lo que impediría que el inversionista se apropiase de los beneficios incrementales, aunque socialmente el retorno sea elevado. Esta es una típica falla de mercado que se encuentra detrás de la innovación; debido a ella, los países suelen tener, salvo que medie la intervención pública, una inversión subóptima en desarrollo y adaptación de tecnología. Esta falla justifica que la mayoría de los gobiernos del mundo invierta directamente en institutos de tecnología agropecuaria, los cuales suelen ser públicos y dedicarse al extensionismo (desarrollo de mejores prácticas entre productores). Pero aun cuando exista cierta actividad de extensionismo, otros factores por el lado de la demanda pueden limitar la adopción de tecnologías, como el escaso capital humano o problemas de financiamiento. Para captar la heterogeneidad del sector, cuando se analice cada rama, conviene indicar en el propio árbol cómo afecta cada factor a la agricultura tradicional o de subsistencia, y a la agricultura de escala o empresaria.

Por último, cabe destacar un aspecto que surgió en las conferencias que los autores de este trabajo realizaron con los investigadores. Por el hecho de focalizarse en las restricciones, la MDC fue vista como una suerte de enfoque negativo, según el cual se observaba lo que funcionaba mal o las restricciones, y no las oportunidades. Los países de la región, tras la firma de varios tratados de comercio, parecen tener nuevas oportunidades, pero esta disyuntiva entre restricciones y oportunidades no es crítica para el análisis propuesto. Si hay oportunidades y no están siendo aprovechadas es porque algo está restringiéndolas. Es sumamente ambicioso que un investigador determine oportunidades y no que sea el sector privado, que tiene mejor información, el que las identifique.

Como plantean Porter (1990) o Hausmann y Klinger (2006), las nuevas ventajas comparativas se construyen y no vienen estructuralmente dadas. Hausmann y Rodrik (2003) denominan a este proceso autodescubrimiento. Este autodescubrimiento, o la capacidad para generar oportunidades, es responsabilidad tanto del sector privado como de las políticas públicas. Puede incorporarse en el árbol de decisiones explícitamente como una rama dentro de los bajos retornos sociales. En este sentido, el rol de las políticas públicas es en última instancia brindar un marco para que, juntamente con la actividad del sector privado, se favorezca el autodescubrimiento, y para ello se requiere diálogo y cooperación entre los sectores público y privado, aspecto que se trata a continuación.

Las políticas públicas

Una cuestión que no fue directamente incluida en el enfoque original de Hausmann, Rodrik y Velasco (2005), pero que Rodrik (2004) remarca como muy importante para entender el funcionamiento de un sector, es el aspecto institucional: quiénes son los responsables de diseñar las políticas públicas relevantes, cómo lo hacen y de qué manera las implementan.

Tradicionalmente, las políticas que apuntaban al desarrollo de un sector fueron caratuladas bajo el rótulo de política industrial, y entendidas como cualquier regulación del gobierno o política que incentivase la operación o la inversión en una industria en particular. En su definición está intrínseca la idea de una industria, más que la de una actividad (como la innovación, por ejemplo). El enfoque moderno (Rodrik, 2004; Melo y Rodríguez-Clare, 2006) se aparta de este énfasis en la "industria" y se concentra más en aquellas políticas micro que afectan los incentivos de las firmas y, por lo tanto, el equilibrio de mercado, con el objetivo final de promover la eficiencia, y alentar la productividad y el crecimiento económico.

Para hacer explícita esta diferencia, Melo y Rodríguez-Clare (2006) proponen una nueva expresión: políticas de desarrollo productivo (productive development policies, PDP), y las definen como cualquier política que apunte a fortalecer la estructura productiva de una economía nacional en particular. Esta amplia definición incluye cualquier medida, programa o política cuyo objetivo sea mejorar el crecimiento y la productividad de grandes sectores de la economía (manufacturas, agricultura); sectores específicos (textiles, automóviles, producción de software, etc.), u optimizar el crecimiento de ciertas actividades clave (investigación y desarrollo, exportaciones, formación de capital fijo y humano). Los objetivos de las PDP pueden dirigirse a productos específicos, actividades o empresas dentro de un sector, sin necesariamente tener como meta al sector en sí mismo. Pueden concentrarse en temas horizontales directamente vinculados a la producción, como la innovación tecnológica y la inversión, o en áreas genéricas como la educación, la salud o los hábitos de trabajo, que ejercen una influencia indirecta en la producción.

Estrictamente, las PDP no están restringidas a políticas del gobierno, definidas como el conjunto de leyes, regulaciones y otras medidas de política que delinean el ambiente de negocios y el marco institucional en el cual las firmas operan. De hecho, abarcan cualquier programa de corto, mediano o largo plazo que apunte a incrementar el crecimiento y la productividad, ya sea formulado y/o ejecutado por instituciones públicas, privadas o no gubernamentales. En este enfoque se destacan tres niveles de análisis de las PDP: actividades, sectores y actores. Por eso, las políticas relacionadas con el sector agropecuario pueden ser entendidas como una PDP sectorial.

En líneas generales, las PDP pueden ser clasificadas en provisión pública de insumos (principalmente bienes públicos, generales o específicos a un sector) o intervenciones de mercado. Al mismo tiempo, pueden clasificarse en verticales, en el sentido de que afectan a un sector específico, u horizontales, cuando afectan a diversos sectores al mismo tiempo. La naturaleza vertical u horizontal de la política tiene implicaciones en términos de implementación. Una intervención de mercado vertical puede generar más comportamientos de búsqueda de renta económica o de captación de control del Estado por parte del sector privado. Las PDP enfocadas en actividades comprenden las políticas de fomento de las exportaciones, la inversión extranjera directa (IED), el desarrollo del sistema financiero, la innovación, el apoyo a pequeñas y medianas empresas (PyMe), etc. Las PDP de sectores o conglomerados tienen en cambio un foco temático: pueden alentar el desarrollo de los agronegocios, del turismo, de la producción de automotores, de bienes de capital, de software, etc. Finalmente, la dimensión de los actores pretende aclarar cuáles son los agentes o sujetos principales (asociaciones empresarias y gremiales, y el gobierno) intervinientes en una PDP y cuál es su forma de interactuar.

En cuanto a la distinción entre verticalidad y horizontalidad de las políticas, existe una clara disyuntiva entre ellas. Por un lado, la presencia de estrategias de apropiación de rentas o de control del Estado, por parte de intereses privados que a veces se ponen de manifiesto en las políticas de apoyo específico a sectores de la producción, suelen inclinar la preferencia hacia las políticas horizontales, sobre todo cuando las fallas de mercado que las justifican puedan señalarse explícitamente. Además, como generalmente no es fácil saber en qué sector está la mejor apuesta (cuál crecerá, innovará y dará más posibilidades de empleo y de producción directas o indirectas), la prudencia también parece alentar las políticas horizontales. Por otro lado, pese a las fortalezas de estas políticas, puede considerarse provechosa la implementación de políticas verticales en algunas circunstancias especiales, como en el caso de las falencias de información o de bienes públicos que afectan a un sector particular de la producción.

Esta caracterización es aplicable a un sector en particular. Las políticas públicas pueden ser horizontales si benefician a todos los productos del sector sin restricciones o tornarse más verticales, por ejemplo cuando generan sesgos entre productos. En el enfoque moderno, las intervenciones del gobierno aún se justifican como soluciones a las fallas de mercado, pero el énfasis en el tipo de falla a resolver ha cambiado: se ha pasado del interés en las externalidades de aprendizaje, economías de escala y alcance (importantes en el viejo enfoque de la sustitución de importaciones) a un enfoque centrado en las fallas de coordinación y las asimetrías de información. En Hausmann, Rodrik y Sabel (2008), por ejemplo, se sugiere prestar más atención a tres formas de fallas de

Cuadro 1.1 Cuatro tipos de políticas de desarrollo productivo y ejemplos para Honduras

	Políticas con mayor grado de horizontalidad	Políticas con menor grado de horizontalidad
Políticas centradas en la provisión de servicios públicos	*Cuadrante noroeste* Políticas que mejoran el clima de negocios, el nivel educativo de la población y la provisión de servicios generales de infraestructura.	*Cuadrante noreste* Por ejemplo, inversión en infraestructura pensada para incentivar prioritariamente algunos sectores, como el caso de los aeropuertos (que favorecen el turismo) o de las carreteras agrícolas (que impulsan la incorporación de zonas marginales a la producción agropecuaria para el mercado).
Mayor intervención del gobierno en el sistema de precios e intervenciones en el mercado en general	*Cuadrante sudoeste* Régimen de zonas libres, programas de capacitación laboral o incentivos generales a la inversión (como beneficios impositivos a la incorporación de bienes de capital).	*Cuadrante sudeste* Regímenes de desgravación para actividades maquiladoras. Incentivos fiscales especiales para ciertos sectores, como el turismo o los agronegocios.

Fuente: BID, 2009.

mercado que demandarían intervenciones de política y que limitan la transformación estructural y el crecimiento económico:

- Externalidades de autodescubrimiento (aprender qué productos nuevos pueden ser producidos de forma rentable en una economía).
- Externalidades de coordinación (las actividades económicas nuevas requieren inversiones simultáneas y a veces coordinadas que los mercados descentralizados no pueden organizar).
- Insumos públicos faltantes (legislación, acreditación, investigación y desarrollo, transporte y otra infraestructura específica de una industria), acerca de los cuales el gobierno tiene ex ante un conocimiento limitado o nulo.

El énfasis en la información asimétrica también afecta la forma en que las políticas industriales deben ser entendidas, dado que limita su diseño. Tanto el gobierno como el sector privado tienen información imperfecta y adolecen de incertidumbre en términos de las fallas de mercado a resolver y su cuantía, así como también en términos de la intervención óptima (Rodrik, 2004).

En el enfoque moderno se hace explícita la necesidad de analizar el proceso de formulación de políticas (cómo se toman las decisiones), además del resultado de la política (un instrumento particular). Antes, se suponía tácitamente que las externalidades podrían ser resueltas mediante impuestos pigouvianos o creando derechos de propiedad a la Coase (1960). Ahora, el problema no reside en ver si esto es posible, sino en determinar si se puede conocer ex ante cuál es la falla de mercado relevante a resolver y qué clase de intervención se necesita.

Rodrik (2004) argumenta que la discusión respecto de la política industrial en los países en desarrollo tradicionalmente se ha enfocado, erróneamente, en si esa política es justificada, en lugar de analizar el modo en que debería involucrarse el gobierno para tratar de corregir las fallas de mercado. La falta de énfasis en la etapa de implementación puede ser responsable de los sucesivos fracasos.

Por lo tanto, más relevante que el instrumento en sí mismo resulta el proceso por el cual se elige dicho instrumento, que debe ser lo suficientemente flexible ex ante y ex post, utilizar de forma eficiente toda la información disponible y ser también lo suficientemente robusto para evitar el control y las distorsiones. En este marco, el contexto institucional es mucho más relevante, en tanto mecanismo para generar y diseminar información, y como mecanismo de coordinación de diferentes agentes. Es fundamental entender cuáles son los agentes involucrados, cuál es el mecanismo que llevó al resultado de política y cuál es la institucionalidad de las políticas. Si el proceso y las instituciones son apropiados, es más probable que puedan resolverse las fallas de mercado y que la respuesta de política sea lo suficientemente dinámica para adaptarse a un ambiente económico con cambios permanentes. Esto requiere una colaboración fructífera entre el sector público y el sector privado.

Aunque el enfoque moderno de la política industrial ya tiene una forma académica bien definida, como se explicó anteriormente, desde el punto de vista del investigador aplicado todavía es difícil evaluar cuantitativa o estadísticamente una política específica, sobre todo desde el punto de vista institucional. Teóricamente, un buen marco institucional debería: a) ser capaz de extraer y diseminar información, b) ser lo suficientemente flexible para adaptarse a los cambios en el estado del mundo (ser flexible para ser eficiente ex ante y ex post), y c) ser capaz de evitar el control y el comportamiento de búsqueda de ventaja económica. Rodrik (2004) propone tres principios para el diseño exitoso de la política industrial: 1) colaboración entre el sector público y el sector privado en el proceso de deliberación y diseño de políticas; 2) un enfoque de premios y castigos, donde los incentivos para el rendimiento desempeñen un rol clave en el apoyo de los beneficiarios y 3) rendición de cuentas ante el público en general.

Es mucho más sencillo entender por qué los procesos y las instituciones son importantes que determinar qué clase de institución y de proceso es importante y resulta óptimo para un país dado. ¿Cómo se sabe que el proceso es correcto? ¿Cómo se sabe si el proceso de políticas está extrayendo correctamente la información o si las fallas de coordinación se resuelven con eficiencia? ¿Qué clase de información institucional o pruebas estadísticas pueden efectuarse? Como un proceso correcto tiene más probabilidades de alcanzar el resultado correcto, el proceso se podría evaluar ex post sobre la base de los resultados. Desde el punto de vista de la prescripción de las políticas, esto es insatisfactorio, por esta vía se puede llegar a aprender demasiado tarde que el proceso es erróneo. Por lo tanto, se necesitan instrumentos para evaluar cómo funciona el proceso, y es en este punto donde aún queda mucho por decir.

El marco institucional es modelado por la legislación y el diseño de las instituciones, pero en la práctica lo más importante es cómo interactúan las diferentes instituciones y los distintos agentes involucrados en las PDP. Esta interacción no se observa fácilmente. La información cuantitativa puede resultar de poca ayuda. Entonces, conviene seguir una línea cualitativa de investigación, donde los vínculos, los canales de comunicación y otros aspectos del marco institucional son analizados a través de entrevistas a los actores relevantes. Esta información cualitativa complementa un análisis estándar más cuantitativo.

Recientemente el Departamento de Investigación del Banco Interamericano de Desarrollo (BID) hizo una serie de estudios siguiendo este enfoque para los países de la región. La mayoría de los estudios se volcó a evaluar las políticas en forma cualitativa y señaló las dificultades para cuantificar los efectos. De acuerdo con la experiencia adquirida en esta serie de estudios, el enfoque metodológico requerido para los países de la región pidió incluir un análisis de las políticas públicas sectoriales, en el que se identificaran los actores y las interrelaciones entre ellos, se determinara el tipo de políticas y se examinara el modo de implementación de las mismas. El objetivo de esta sección de análisis de políticas es entender mejor qué están haciendo los gobiernos, y cómo y en qué medida estas políticas están bien focalizadas respecto de las restricciones más severas en cada país.

Con este análisis se esperaba responder a las siguientes preguntas: ¿Cuáles son las prioridades para la política sectorial? ¿En qué medida tienen justificación estas prioridades de acuerdo con las restricciones encontradas? ¿Son apropiados los instrumentos de política? ¿Qué políticas serían deseables o necesarias? ¿Cómo es el proceso de su formulación? ¿Existe un compromiso del gobierno respecto de esas políticas? ¿Existe una interacción adecuada entre el sector público y el sector privado?

Lecciones aprendidas

El marco metodológico aquí planteado, si bien es perfectible y tiene algunas desventajas, ha resultado exitoso para lograr un mayor entendimiento de las restricciones sectoriales de los países y las políticas implementadas, así como también para determinar un menú de políticas a implementar. El pensar al sector en su conjunto ha sido un ejercicio intelectual válido y enriquecedor para los participantes; de igual modo lo han sido los diversos seminarios realizados. Debido a que el enfoque solicitado era nuevo para los investigadores, tuvo lugar un rico proceso de aprendizaje en cuanto a la forma en que se puede usar la información y crear escenarios contrafácticos. Sin lugar a dudas, los análisis pueden ser profundizados y mejorados, pero por ser la primera vez los autores de este capítulo se muestran sumamente satisfechos con sus resultados.

Se espera que los estudios sean lo suficientemente atractivos para generar más investigación aplicada en esta área, y que el enfoque metodológico —por sus ventajas o sus debilidades— sea inspirador para planteos teóricos que superen los aquí propuestos. Los economistas aplicados necesitan contar con un marco general que permita identificar los problemas y sus causas, y que posibilite jerarquizar las políticas y las reformas a implementar. La larga lista de problemas y soluciones es en general más un problema en sí mismo que una solución a la hora de interactuar con los encargados de formular políticas.

Referencias

BID (Banco Interamericano de Desarrollo). 2009. "Políticas industriales en América Latina y el Caribe". Documentos de trabajo de la Red de Centros de Investigación, borradores inéditos y propuestas seleccionadas. Washington, D.C.: BID. Disponible: www.iadb.org/research/projects_detail.cfm?lang=es&id=3776.

Coase, Ronald. 1960. "The Problem of Social Cost". En: *Journal of Law and Economics*, 3(1):1–44.

Hausmann, R. y D. Rodrik. 2003. "Economic Development as Self-discovery". En: *Journal of Development Economics*, 72(2):603–633.

Hausmann, R. y B. Klinger. 2006. "Structural Transformation and Patterns of Comparative Advantage in the Product Space". Documento de trabajo del CID No. 128. Cambridge, MA: Center of International Development, Harvard University.

Hausmann, R., J. Hwang y D. Rodrik. 2006. "What You Export Matters." Documento de trabajo de NBER. Washington, D.C.: NBER.

Hausmann, R., L. Pritchett y D. Rodrik. 2005. "Growth Accelerations." Documento de trabajo de NBER. Washington, D.C.: NBER.

Hausmann, R., D. Rodrik and C. Sabel. (2008), "Reconfiguring Industrial Policy: A Framework with an Application to South Africa". CID Working Paper No. 168. Cambridge, MA: Harvard University.

Hausmann, R., D. Rodrik y A. Velasco. 2005. "Growth Diagnostics". Documento mimeografiado. Cambridge, MA: John F. Kennedy School of Government, Harvard University.

Keller, W. 2004. "International Technology Diffusion". En: *Journal of Economic Literature* 42(3):752–782.

Klenow, P. y A. Rodríguez. 2005. "Externalities and Growth." En: P. Aghion y S. Durlauf (eds.). *Handbook of Economic Growth*, volumen 1A. Maryland Heights, MO: Elsevier.

Kuznets, S. 1970. "Crecimiento económico y contribución de la agricultura al crecimiento económico". En: *Crecimiento Económico y Estructura Económica*. Barcelona: G. Gilli.

Melo, A. y A. Rodríguez-Clare. 2006. "Productive Development Policies and Supporting Institutions in Latin America and the Caribbean". Documento de trabajo C-I 06. Washington, D.C.: Banco Interamericano de Desarrollo.

Porter, M. 1990. *The Competitive Advantage of Nations*. Nueva York: Free Press.

———. 2004. "Building the Microeconomic Foundations of Prosperity: Findings from the Business Competitiveness Index." En: World Economic Forum. *The Global Competitiveness Report 2003-2004*. Nueva York: Oxford University Press.

Rodrik, D. 2004. "Industrial Policy for the 21st Century". Documento mimeografiado. Cambridge, MA: Harvard University.

Timmer, P. 1988. "The Agricultural Transformation." En: Chenery y Srinivasan (eds.). *Handbook of Development Economics*. Maryland Heights, MO: Elsevier.

CAPÍTULO 2

El sector agropecuario desde la óptica regional

Sebastián Auguste y Osmel Manzano

El objetivo del presente capítulo es dar una visión general del sector agropecuario en la región y presentar un panorama común, de forma tal que luego los capítulos que siguen se concentren en los aspectos particulares de cada país. No se pretende llevar a cabo un análisis de diagnóstico de crecimiento ni hacer un resumen de la literatura que analiza el sector agropecuario en los países estudiados, sino simplemente dar una introducción desde la óptica regional, tocando algunos temas en particular, información que en algunos casos fue tomada de los trabajos individuales con el único fin de simplificar la exposición posterior. En este capítulo, cuando se menciona "región" se refiere a Centroamérica, comprendida por Belice, Costa Rica, El Salvador, Guatemala, Honduras, Nicaragua, Panamá y República Dominicana, salvo que se especifique lo contrario.

La estructura del capítulo respeta la lógica del árbol de decisiones del enfoque MDC, donde dentro de cada rama se presenta evidencia regional para aquellas restricciones que usualmente surgen como candidatos. Así se coloca el énfasis en aquellos problemas que potencialmente podrían ser solucionados en forma más eficiente desde una política regional que desde el esfuerzo individual de cada país. La primera sección presenta una breve descripción de la importancia del sector para Centroamérica y su situación actual. La segunda toma la lógica del árbol de decisiones para describir los retos de la región. Finalmente, se presentan algunas conclusiones.

El sector agrícola en Centroamérica

Ya sea que se mida por el valor agregado directo que genera el sector, por el concatenamiento con otras actividades,[1] por su peso en las exportaciones totales, por su gravitación en el nivel de empleo total o por la cantidad de gente que vive en zonas rurales, la importancia del sector agrícola en la región es superlativa. Es por esto que resulta importante entender su desempeño. Pero como veremos, su actividad reciente, a pesar de ser mejor que en otras épocas históricas, no ha sido tan positiva en términos comparativos.

La importancia del sector

Existen diversas formas de considerar el peso del sector agrícola en Centroamérica. En términos de empleo, al menos un 30% de la población se encuentra ocupada en el sector de agricultura, ganadería y pesca, del cual un 82% corresponde al empleo generado por la agricultura en pequeña escala o tradicional. Además, en las zonas rurales vive casi el 45% de los habitantes; en países como Honduras y Guatemala la población rural supera el 50%.[2] En esta población la incidencia de la pobreza es elevada, a pesar de los progresos alcanzados en países como Costa Rica y Panamá. En El Salvador, por ejemplo, la pobreza afecta al 55% de los hogares rurales, en Guatemala y Nicaragua al 60% y en Honduras a casi el 80% (véase el cuadro 2.1).

La mayoría los hogares agropecuarios pobres explotan pequeñas parcelas, en general, llevando a cabo una agricultura de subsistencia: el 57% de los productores agrícolas centroamericanos poseen en promedio menos de cinco hectáreas y les corresponde sólo el 4% de la superficie total. Existe, por lo tanto, un perfil dual del sistema productivo agropecuario de la región: conviven productores que manejan la actividad en

---

[1] Para una estimación de los efectos indirectos de la agricultura en la economía véase el estudio de Trejos, Segura y Arias (2004).
[2] El proceso de urbanización de las últimas décadas, si bien ha reducido los promedios regionales, ha sido desparejo entre países: algunos como Panamá, Costa Rica o República Dominicana muestran un fuerte proceso de urbanización, mientras que otros como Nicaragua, Guatemala y Honduras presentan tasas de urbanización más moderadas.

EL SECTOR AGROPECUARIO DESDE LA ÓPTICA REGIONAL | 27

Gráfico 2.1 **La importancia del sector agropecuario, Centroamérica y países de América Latina y el Caribe**

a. Empleo en actividades agrícolas, 1996-2006
(porcentaje del total de la población ocupada)

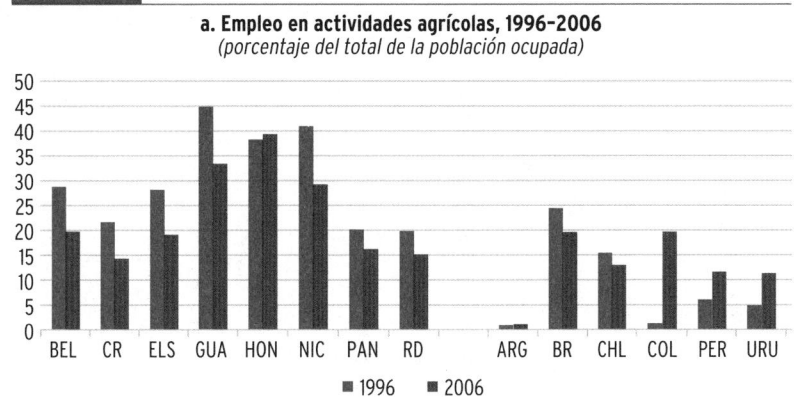

■ 1996 ■ 2006

Fuente: WDI, Banco Mundial.

b. Población rural, 1980-2009
(porcentaje de la población total)

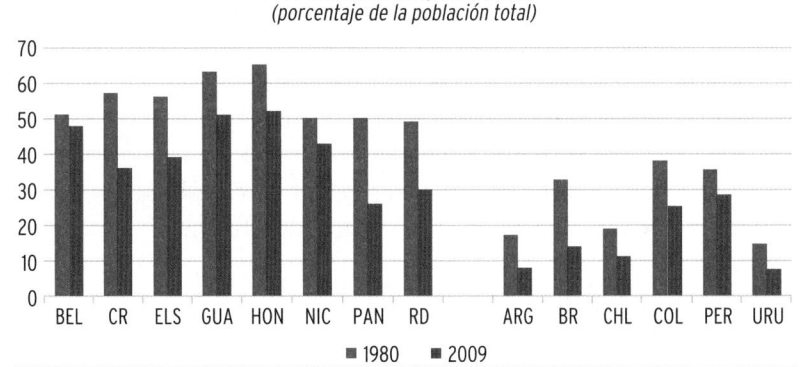

■ 1980 ■ 2009

Fuente: WDI, Banco Mundial.

c. Importancia económica y social del sector rural

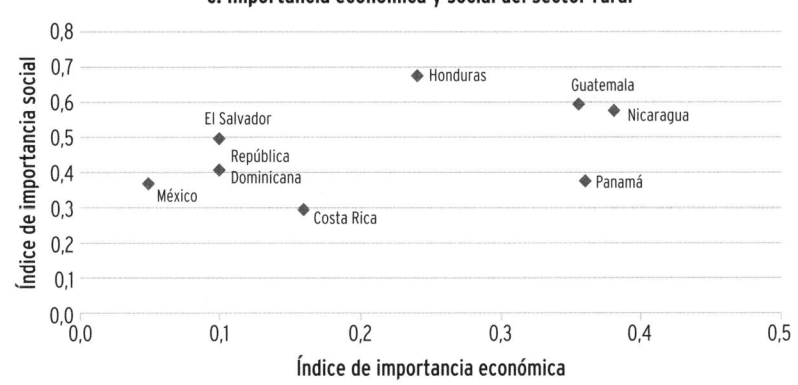

Índice de importancia social (eje y) vs. Índice de importancia económica (eje x):
- México
- El Salvador
- República Dominicana
- Costa Rica
- Honduras
- Guatemala
- Nicaragua
- Panamá

Fuente: "Desarrollo rural y comercio agropecuario en América Latina y el Caribe", selección de países centroamericanos. BID – INTAL – CEPAL.

(continúa en la página siguiente)

Gráfico 2.1 La importancia del sector agropecuario, Centroamérica y países de América Latina y el Caribe (*continuación*)

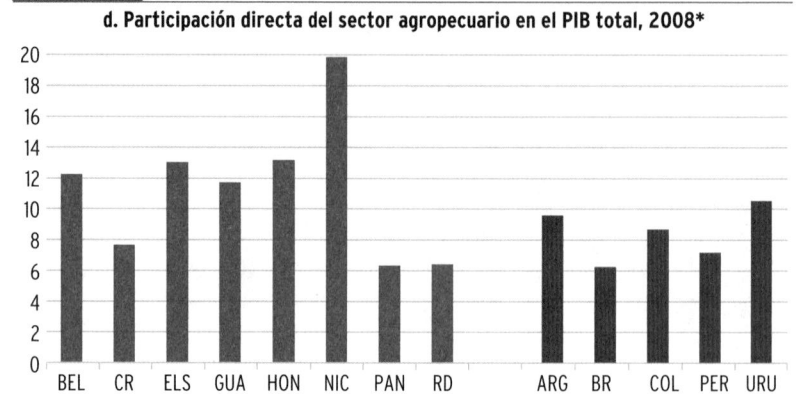

d. Participación directa del sector agropecuario en el PIB total, 2008*

Fuente: WDI, Banco Mundial.
(*) El sector agropecuario corresponde a las categorías 1 a 5 de CIIU e incluye silvicultura, caza y pesca, así como la explotación agrícola y ganadera.

forma más industrializada, con producción relativamente tecnificada, y pequeños productores que buscan la autosubsistencia, muchas veces con tecnologías muy lejanas a la frontera productiva y en tierras de menor calidad, y que además poseen bajos niveles educativos.

Desempeño reciente

Si se analiza desde una perspectiva de largo plazo, el crecimiento del sector agropecuario no ha sido malo. Por ejemplo, entre 1961 y 2007 el valor agregado sectorial medido a precios constantes internacionales creció al 3% anual en Centroamérica, algo por encima del promedio mundial (2,3%) y similar a América del Sur (3,1%). Costa Rica es quien ha tenido el mejor desempeño en este período, dado que creció al 3,9% anual y de hecho se ubica entre los mejores del mundo: 14 entre 181 países. Guatemala y Honduras tampoco tuvieron un mal ejercicio en términos de crecimiento, ubicados 27 y 36 en este *ránking*; mientras que los de peor desempeño son Belice, El Salvador y República Dominicana. Este crecimiento, en realidad, hay que contextualizarlo y pensar cuáles podrían haber sido otros escenarios posibles, para saber si la región ha tenido un buen o mal desempeño, aspectos que se analizarán en la próxima sección.

Cuadro 2.1 Pobreza rural, Centroamérica y países de América Latina
(Porcentaje de la población total)

Países	Población total	Población urbana	Población rural	Ratio rural urbana
Costa Rica (2009)	9,39	9,34	9,48	1,01
El Salvador (2009)	37,87	32,81	47,78	1,46
Guatemala (2007)	46,61	34,68	59,08	1,70
Honduras (2007)	61,65	47,66	74,02	1,55
Nicaragua (2007)	54,17	46,34	64,24	1,39
Panamá (2009)	17,54	8,08	35,22	4,36
Rep. Dom. (2009)	26,01	24,83	28,57	1,15
Brasil (2009)	16,73	13,61	32,6	2,40
Chile (2009)	5,37	5,5	4,4	0,80
Colombia (2009)	33,25	27,71	52,06	1,88
Ecuador (2009)	32,98	29,9	38,74	1,30
México (2008)	25,93	21,21	35,23	1,66
Paraguay (2009)	47,92	38,09	61,34	1,61
Perú (2009)	31,79	17,64	55,57	3,15
Uruguay (2008)	8,22	8,47	5,17	0,61

Fuente: CEPAL.
Nota: El cuadro compara los últimos datos disponibles en todos los casos.

De esta tendencia general cabe destacar que existen diferentes subperíodos con suertes diversas. En los sesenta y setenta la región creció muy rápido, época en la cual se expandió la frontera agrícola y se invirtió en infraestructura rural. Luego se registra un estancamiento en la década de 1980, donde muchos países entraron en graves conflictos civiles y/o reformas agrarias, como El Salvador y Honduras. Un crecimiento aceptable se dio en los noventa, siguiendo el promedio mundial, período donde el énfasis en la promoción de exportaciones estuvo más en las maquilas. Finalmente, un despegue del promedio mundial en la década de 2000, bajo el esquema de altos precios internacionales para los productos básicos. También se debe remarcar que comparada con sus pares de América del Sur la región viene creciendo menos desde mediados de los setenta (véase el gráfico 2.2).

Gráfico 2.2 Crecimiento regional en retrospectiva, 1961-2005

Valor agregado de la producción agropecuaria a precios internacionales constantes

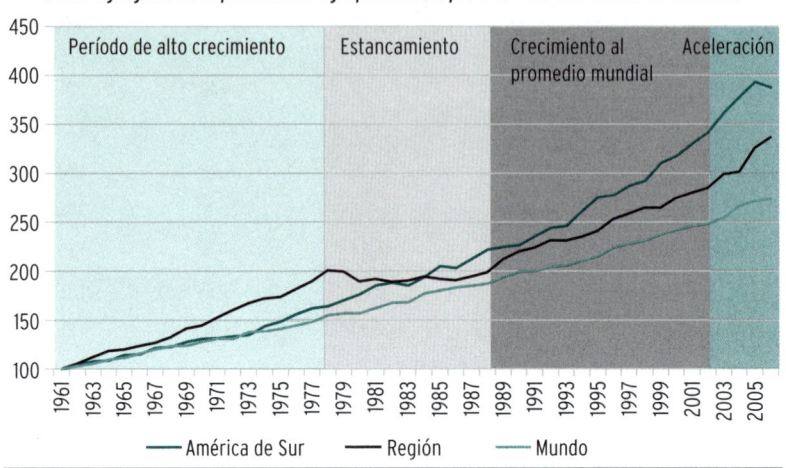

Período de alto crecimiento | Estancamiento | Crecimiento al promedio mundial | Aceleración

— América de Sur — Región — Mundo

Fuente: FAO.

Otro aspecto a considerar es que en este largo período de tiempo el sector agropecuario de Costa Rica ha crecido sistemáticamente por encima del resto de los países. En la década de 1980, por ejemplo, junto con Honduras fueron los únicos países que mostraron crecimiento de productividad, tanto en el producto agropecuario por trabajador como por hectárea, con el beneficio de no haber entrado en conflictos civiles. En los noventa, en un esquema de mayor apertura y desmantelamiento de sistemas intervencionistas, Costa Rica favoreció la agricultura de exportación, modelo que perdura hasta la actualidad. Se observa en este último período un cambio en la combinación de productos, se expanden los orientados a los mercados externos y los de alto valor agregado, en un contexto macroeconómico general propicio para la inversión.

Un aspecto relevante del sector agropecuario es la evolución del valor nominal de su producción, que captura ganancias por precios y por cambios eficientes en la estructura productiva (hacia productos de mayor valor). No se cuenta con una serie tan larga de PIB nominal, por lo que sólo se puede rastrear la historia reciente hasta 1990, utilizando las series de producto por sector de actividad de CEPAL. El siguiente gráfico compara las tasas de crecimiento del PIB nominal y real del sector entre 1990 y 2008 para los países de la región y sus pares de América del Sur. En este período la región creció en promedio al 3,1% en términos reales,

Gráfico 2.3 Evolución del producto agropecuario a precios corrientes y constantes, Centroamérica y América del Sur, 1990-2008

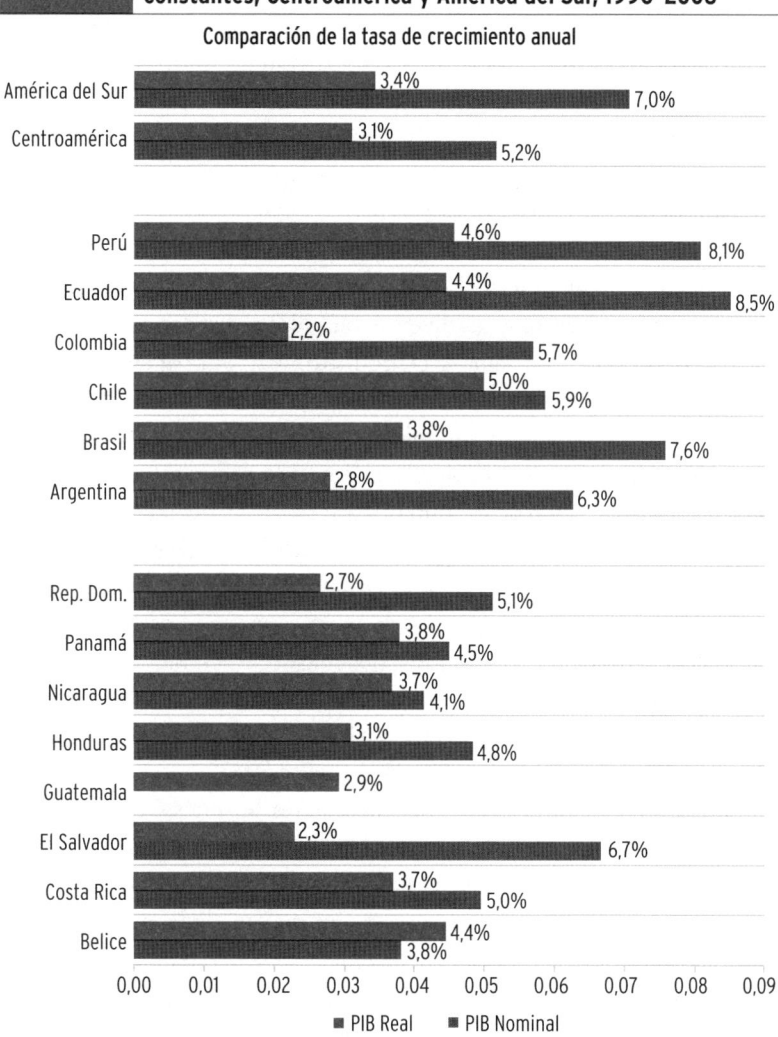

Comparación de la tasa de crecimiento anual

País	PIB Real	PIB Nominal
América del Sur	3,4%	7,0%
Centroamérica	3,1%	5,2%
Perú	4,6%	8,1%
Ecuador	4,4%	8,5%
Colombia	2,2%	5,7%
Chile	5,0%	5,9%
Brasil	3,8%	7,6%
Argentina	2,8%	6,3%
Rep. Dom.	2,7%	5,1%
Panamá	3,8%	4,5%
Nicaragua	3,7%	4,1%
Honduras	3,1%	4,8%
Guatemala	2,9%	
El Salvador	2,3%	6,7%
Costa Rica	3,7%	5,0%
Belice	4,4%	3,8%

■ PIB Real   ■ PIB Nominal

Fuente: CEPAL.
Nota: El promedio de América del Sur se construyó en base al producto de Argentina, Bolivia, Brasil, Chile, Colombia, Ecuador, Paraguay, Perú, Uruguay y Venezuela. El de Centroamérica corresponde a Belice, Costa Rica, El Salvador, Honduras, Nicaragua, Panamá y República Dominicana. No se incluyó Guatemala por no contarse con la serie completa de producto nominal.

por debajo del 3,4% sudamericano, y al 5,2% en términos nominales, por debajo del 7% de los países del sur. La evolución de precios del sector ha beneficiado más a estos últimos que a Centroamérica. De esta forma,

Costa Rica agrega a su crecimiento real anual 1,3 puntos porcentuales por precios, cuando Argentina, Brasil, Colombia y Perú, suman 3,5 puntos. Llama la atención la varianza en el diferencial entre el PIB nominal y el real para los países de la región con respecto los de América del Sur. En este último grupo todos tienen diferenciales cercanos a 3,5 puntos porcentuales, a excepción de Chile que tiene sólo 0,9.

Anatomía del crecimiento regional

Para entender la dinámica del desempeño explicado anteriormente, analizaremos en este apartado las diversas variables asociadas con la productividad. Una primera variable es el producto (real) por hectárea dedicada a la agricultura, que es una medida usual del rendimiento de la tierra. Al cotejar el producto con esta variable de rendimiento surge que parte de la expansión del producto se debió a la ampliación de la superficie agrícola, dada por el corrimiento de la frontera del agro, en particular en Costa Rica y Guatemala. De hecho, esta ampliación explica el 27% del crecimiento total registrado entre 1961 y 2007, mientras que para el mundo alcanza el 10% y para América del Sur, el 19%. Comparada con otros países de América Latina y el Caribe, la región registra los mayores incrementos en el área utilizada para la agricultura de los últimos 40 años (véase el gráfico 2.4.A).

Esto muestra que Centroamérica ha sido más agresiva en reasignar tierras para producción agropecuaria. Actualmente el crecimiento basado en esta expansión parece haber llegado a su límite, puesto que los países ya se encuentran con elevados porcentajes de uso del suelo con fines agropecuarios. Debe tenerse en cuenta también que tienen una presión demográfica que requiere una expansión mayor, dado que presentan tasas elevadas de crecimiento poblacional y el proceso de urbanización (migraciones internas desde zonas rurales hacia ciudades) ha sido mucho más lento. En 1965 tenía una hectárea de tierra arable por habitante; hoy tiene menos de la mitad (véase el gráfico 2.4.B), ratio que se encuentra muy por debajo del promedio mundial, con la excepción de Nicaragua y Belice. La región, por ende, no es abundante en tierra, comparada con el resto de América Latina y el Caribe.

Dos indicadores adicionales al ya mencionado ratio entre el PIB agrícola y las hectáreas dedicadas a la agricultura, que son relevantes a la hora de entender la dinámica del sector son: el PIB agrícola per cápita, que puede interpretarse como la capacidad del país para abastecerse de

EL SECTOR AGROPECUARIO DESDE LA ÓPTICA REGIONAL | 33

Gráfico 2.4 Disponibilidad y uso del suelo, países de Centroamérica y América del Sur, 1960-2010

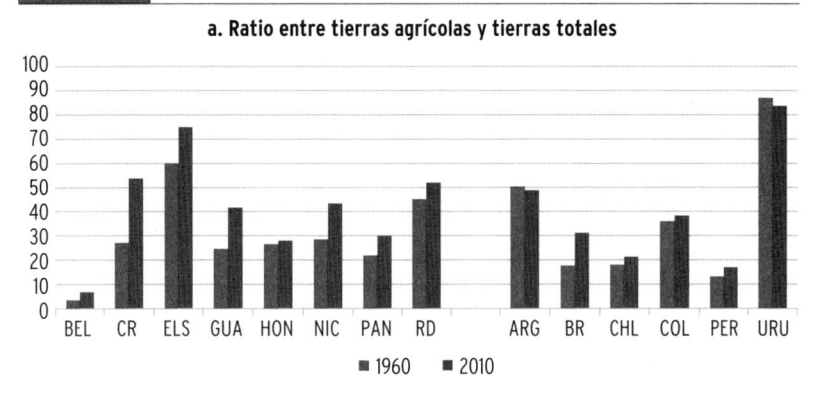

a. Ratio entre tierras agrícolas y tierras totales

■ 1960 ■ 2010

b. Tierras disponibles para agricultura per cápita
(ha por habitante)

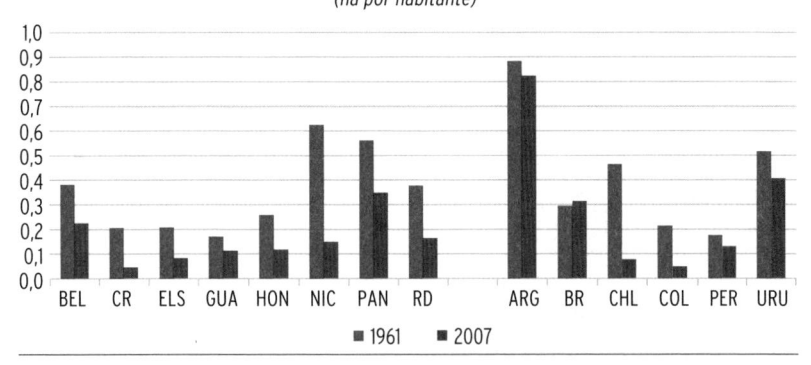

■ 1961 ■ 2007

Fuente: Elaboración propia en base a WDI.

alimentos, y el ratio entre el PIB agrícola y los trabajadores del sector, que es una medida de productividad media laboral.[3] El cuadro 2.2 presenta las tasas de crecimiento promedio para estas variables entre 1961 y 2007.

---

[3] El PIB por hectárea es un indicador cuya evolución combina el rendimiento de la tierra, entendido como la capacidad de generar kilogramos de un producto dado por hectárea, y el cambio de composición en la producción, ya que el PIB se compone de distintos productos que cambian a lo largo del tiempo. Dado que se mide en términos constantes (precios fijos), se está mirando el cambio en cantidades reales, lo cual puede tener poco que ver con la capacidad del sector de generar ingresos. Lo ideal sería ver en forma conjunta la evolución de esta medida en términos nominales (PIB nominal), pero no se cuenta con series compatibles a lo largo del tiempo y para tantos países.

Cuadro 2.2 Desempeño histórico del sector agropecuario, países de Centroamérica y comparación entre regiones americanas, 1961-2007

	Producto agropecuario por trabajador (en L)		Tasas anuales de crecimiento (1961-2007)				
	1961	2007	PIB agrícola (en L)	Ránking entre 181 países de acuerdo a crecimiento agrícola	PIB agrícola per cápita (en L)	PIB agrícola por trabajador agropecuario (en L)	PIB agrícola por hectárea (en L)
Costa Rica	1.393	5.350	3,9%	14	1,3%	3,0%	2,4%
El Salvador	766	1.052	1,7%	98	-0,4%	0,7%	1,2%
Guatemala	549	1.186	3,5%	27	0,9%	1,7%	2,3%
Honduras	674	1.953	3,2%	36	0,4%	2,4%	3,1%
Nicaragua	911	2.532	2,4%	63	-0,1%	2,3%	1,5%
Rep. Dominicana	1.219	3.389	1,8%	92	-0,5%	2,3%	1,5%
Promedio simple	*919*	*2.577*	*2,7%*		*0,3%*	*2,1%*	*2,0%*
Agregado por regiones							
Mundo	715	1.207	2,3%		0,5%	1,2%	2,0%
América del Norte	16.853	64.839	1,6%		0,6%	3,0%	1,8%
Centroamérica	*782*	*1.807*	*3,0%*		*0,7%*	*1,9%*	*2,2%*
América del Sur	1.660	6.074	3,1%		1,1%	2,9%	2,5%

Fuente: FAO.

El producto por trabajador de Centroamérica se ha incrementado ligeramente por encima del crecimiento mundial. Si a esto le agregamos el hecho de que la productividad por trabajador es más alta que el promedio internacional, pareciera que la región se está especializando en un sector competitivo. Sin embargo, este se encuentra por debajo del promedio de América del Norte y de América del Sur, y parte de niveles de productividad media laboral más baja, lo que muestra cierta divergencia. Por ejemplo, el producto agropecuario por trabajador de la región representaba casi la mitad del que obtenía América del Sur (47%) en 1961, pero cayó al 30% en 2007. Algo similar ocurre con el producto por hectárea, que en promedio creció al 2% anual, cuando en los países del sur lo hizo al 2,5%.

El gráfico 2.5 muestra en los paneles a y c la evolución en los últimos 30 años del producto por hectárea de la región comparada con otras regiones y en los paneles b y d, el producto por trabajador agropecuario. Ambos indicadores exhiben las mismas tres etapas mencionadas anteriormente: fuerte crecimiento de la productividad hasta mediados de la década de 1970, estancamiento en los ochenta y crecimiento desde los noventa, que se acelera en el decenio de 2000.

Teniendo en cuenta el producto por trabajador, la región es la que menos ha crecido de las analizadas. Se observa un elevado producto por hectárea pero es bajo por trabajador, lo que muestra que los cultivos han sido históricamente de mano de obra intensiva. Respecto a la productividad de la tierra, en otras regiones como América del Sur y América del Norte, se observan fuertes mejoras en el rendimiento y la productividad media del trabajo desde mediados de los ochenta, con importantes cambios tecnológicos que permitieron el incremento de la productividad en los cultivos extensivos: innovaciones tales como la siembra directa, el uso de nuevas variedades de semillas, mejoras en la rotación y el uso del suelo, o un uso más intensivo de la tierra para la producción ganadera (mejoras en pasturas, engorde a corral, alambre eléctrico, etc.).

Es importante destacar que a pesar de que esta breve reseña del sector procura dar promedios y/o valores globales para la región, existe mucha heterogeneidad entre los países y estas diferencias se han hecho más notorias en los últimos 20 años. En este período El Salvador muestra crecimientos de productividad muy bajos, que se asocian con un agotamiento y una erosión del suelo agrícola importante, y no logra recuperar los niveles de crecimiento previos a la década de 1980. Guatemala tampoco ha logrado restablecer las tasas de crecimiento de productividad

Gráfico 2.5 — Evolución histórica comparada del producto agrícola, regiones americanas y promedio mundial, 1961-2007

a. Producto agrícola por hectárea
PIB en dólares internacionales de 1999-2001 por hectárea destinada al sector agropecuario
1961 = 100

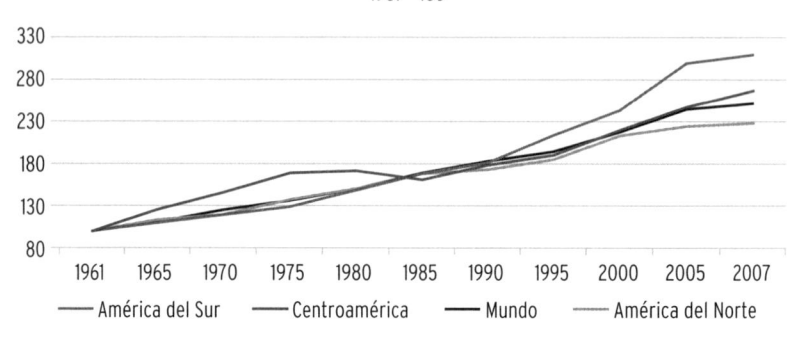

— América del Sur   — Centroamérica   — Mundo   — América del Norte

b. Producto por trabajador
PIB en dólares internacionales de 1999-2001 por empleado del sector agropecuario

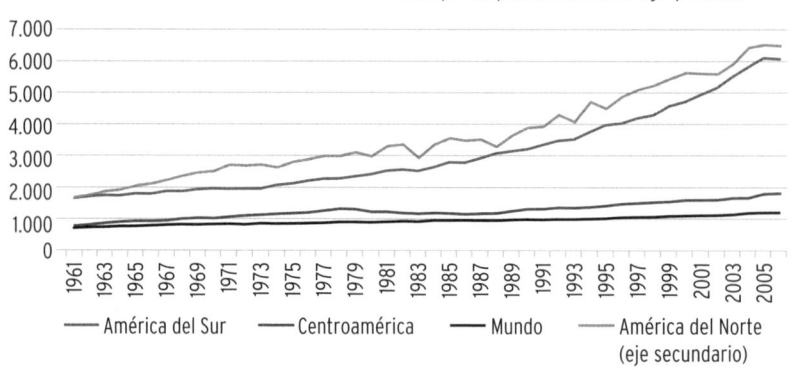

— América del Sur   — Centroamérica   — Mundo   — América del Norte (eje secundario)

c. Producto agrícola por hectárea
PIB en dólares internacionales de 1999-2001 por hectárea destinada al sector agropecuario

	Mundo	América del Norte	América del Sur	Centroamérica
1965	151	215	99	205
2007	343	432	281	435

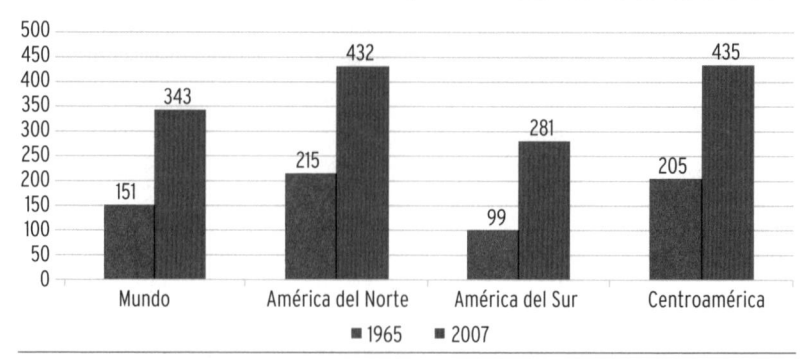

(continúa en la página siguiente)

Gráfico 2.5 Evolución histórica comparada del producto agrícola, regiones americanas y promedio mundial, 1961-2007 (*continuación*)

d. Producto por trabajador
PIB en dólares internacionales de 1999-2001 por empleado del sector agropecuario

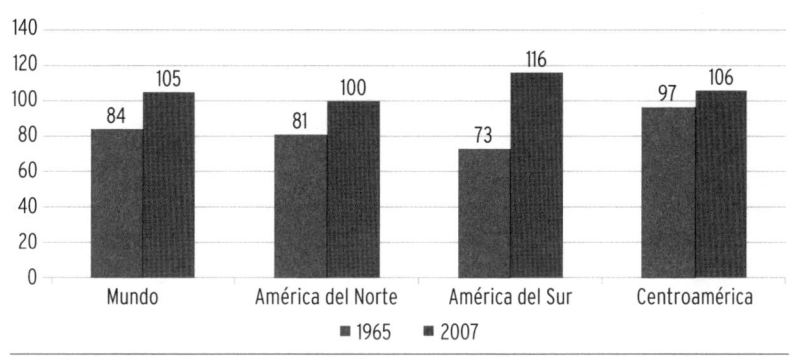

Región	1965	2007
Mundo	84	105
América del Norte	81	100
América del Sur	73	116
Centroamérica	97	106

Fuente: Elaboración propia en base a FAO.

anterior a esos años. Nicaragua, en el otro extremo, muestra muy fuertes incrementos de productividad, que implican un quiebre respecto a su situación precedente a los años ochenta, beneficiada por términos de intercambio favorables; Costa Rica logró crecer mejorando notoriamente su eficiencia en la producción y transformando su estructura productiva al poner más énfasis en los productos de exportación.

La mejora en el producto por trabajador de la región en los noventa se acentuó en la década de 2000 en un contexto internacional de fuerte demanda por productos agropecuarios. Pero si se compara la región con sus pares de América del Sur, América del Norte o México, se observa que el incremento de productividad ha sido inferior. Así, por ejemplo, mientras que toda la región de América del Sur muestra tasas de crecimiento del producto por trabajador entre 1990 y 2007 del 4% anual, y México del 3%, Centroamérica tiene una tasa de tan sólo el 2% anual, lo que plantea el interrogante acerca de si se están realmente aprovechando las oportunidades.

Si se comparan los rendimientos de los cereales (kilogramos por hectáreas),[4] y con la salvedad de que la elevada heterogeneidad en las

---

[4] Cereales se refiere a trigo, arroz, maíz, cebada, avena, centeno, mijo, sorgo, trigo sarraceno y los cereales mezclados. Los datos de producción se refieren a las cosechas de grano seco; cultivos de cereales cosechados para heno o para alimentación, forraje o ensilado; las cosechas utilizadas para el pastoreo están excluidas.

Cuadro 2.3 Evolución del producto medio por trabajador por períodos, países de Centroamérica, 1961-2007
(comparación con otras regiones americanas y promedio mundial)

	1961	1980	1990	2000	2006	1961-1980	1981-1990	1991-2007
Costa Rica	1.393	2.588	3.653	4.859	5.350	3,3%	3,5%	2,4%
El Salvador	766	1.048	930	990	1.052	1,7%	-1,2%	0,8%
Guatemala	549	943	944	1.105	1.186	2,9%	0,0%	1,4%
Honduras	674	1.027	1.220	1.428	1.953	2,2%	1,7%	3,0%
Nicaragua	911	1.192	1.170	2.605	2.532	1,4%	-0,2%	4,9%
Rep. Dominicana	1.219	1.715	1.879	1.106	3.389	1,8%	0,9%	3,8%
Total región	839	1.248	1.343	1.612	1.930	2,1%	0,7%	2,3%
Mundo	715	894	989	2.163	1.207	1,2%	1,0%	1,3%
América del Norte	16.853	29.809	38.806	56.285	64.839	3,0%	2,7%	3,3%
Centroamérica	979	1.606	1.809	2.273	2.754	2,6%	1,2%	2,7%
América del Sur	1.660	2.413	3.206	4.721	6.074	2,0%	2,9%	4,1%
México	1.067	1.775	2.041	1.612	3.267	2,7%	1,4%	3,0%
Centroamérica	782	1.223	1.310	2.163	1.807	2,4%	0,7%	2,0%

Fuente: Elaboración propia en base a FAO.

condiciones agroecológicas y el uso de insumos tiene incidencia en esta variable, se puede observar que la región tiene un desempeño inferior a los países del Cono Sur. Centroamérica no solamente presenta menores rendimientos, sino que ha crecido a tasas más reducidas en los últimos 20 años y esto se contrapone a la situación anterior a 1980, cuando los rendimientos entre estos países y los de América del Sur no diferían mucho y crecían a tasas más parecidas.

El cuadro 2.5 presenta información detallada de los principales 10 productos agropecuarios para cada uno de los países, mientras que la gráfico 2.6 muestra los principales productos para la región en su conjunto. Puede notarse que la estructura productiva está dominada por productos pecuarios (leche, carne vacuna, de pollo y de cerdo) y productos agrícolas para consumo regional, así como cultivos de exportación extra-regional, donde los más importantes son: caña de azúcar, bananos y plátanos, y café. Del cuadro 2.5 también se desprende

Cuadro 2.4 Evolución del rendimiento promedio de los cereales, países de Centroamérica y de América del Sur, 1960-2008 (kg por hectárea)

	1960	1980	2000	2008	1960-1980	1980-2008	1960-2008
Belice	630	1.924	2.776	2.437	5,74%	0,85%	2,86%
Costa Rica	1.191	2.498	3.618	3.433	3,77%	1,14%	2,23%
El Salvador	1.057	1.702	2.105	2.957	2,41%	1,99%	2,17%
Guatemala	850	1.578	1.778	1.582	3,14%	0,01%	1,30%
Honduras	1.077	1.170	1.328	1.662	0,41%	1,26%	0,91%
Nicaragua	970	1.475	1.672	1.866	2,12%	0,84%	1,37%
Panamá	964	1.524	1.970	2.195	2,32%	1,31%	1,73%
Rep. Dom.	1.797	3.024	4.146	3.976	2,64%	0,98%	1,67%
Total región	1.067	1.862	2.424	2.514	2,82%	1,08%	1,80%
Argentina	1.509	2.184	3.337	3.991	1,87%	2,18%	2,05%
Brasil	1.350	1.496	2.843	3.531	0,51%	3,11%	2,02%
Colombia	1.337	2.452	3.447	3.957	3,08%	1,72%	2,29%
Perú	1.468	1.945	3.145	3.656	1,42%	2,28%	1,92%
Uruguay	864	1.644	3.715	4.178	3,27%	3,39%	3,34%
Chile	1.463	2.124	4.453	5.960	1,88%	3,75%	2,97%
Promedio	1.332	1.974	3.490	4.212	1,99%	2,74%	2,43%

Fuente: FAO.

la diversidad productiva y el patrón de especialización de cada país. Nicaragua, por ejemplo, se destaca por su producción pecuaria, que en gran parte se exporta intrarregionalmente; Costa Rica por exportaciones extra-regionales; y República Dominicana y Panamá por productos para autoconsumo (pecuarios y arroz).

En Costa Rica han ganado importancia los productos no tradicionales. A los cultivos de exportación como banano, café, azúcar, cacao y piña, se han agregado otros nuevos y de mayor valor añadido, como flores y minivegetales. En Guatemala se observa igualmente un crecimiento de los cultivos no tradicionales que complementan los de exportación, pero existe asimismo una agricultura de subsistencia entre las comunidades más pobres; el sector en su totalidad emplea casi la mitad de la fuerza laboral.

Cuadro 2.5 Principales productos agropecuarios, producción y valor, países de Centroamérica (valor en miles de US$ y producción en miles de t)

Belice			Costa Rica			El Salvador			Guatemala		
Producto	Valor	Volumen	Producto	Valor	Volumen	Producto	Valor	Volumen	Producto	Valor	Volumen
Naranjas	37.508	213.427	Bananos	316.372	2.220.000	Carne de pollo indígena	119.185	102,18	Caña de azúcar	373.86	18.000.000
Caña de azúcar	23.875	1.149.475	Leche de vaca entera fresca	210.093	790	Leche de vaca entera fresca	109.727	412.602	Café verde	177.084	216,6
Carne de pollo indígena	15.863	13,6	Carne vacuna indígena	142.265	68.784	Caña de azúcar	109.674	5.280.400	Carne de pollo indígena	163,49	140.164
Bananos	11.318	79.419	Piñas	140.251	725.224	Maíz	75.303	648.045	Bananos	142,51	1.000.000
Toronjas y pomelos	9.544	55.966	Café verde	103.013	126	Café verde	64.187	78,51	Carne vacuna indígena	130.302	63
Plátanos	8.185	36,9	Carne de pollo indígena	88.836	76.161	Huevos de gallina	55.265	63.649	Maíz	124.602	1.072.310
Papayas	4.348	27.727	Caña de azúcar	81.938	3.945.000	Carne vacuna indígena	46.172	22.324	Huevos de gallina	73.804	85
Carne vacuna indígena	3.814	1.844	Naranjas	64.497	367	Frijoles secos	36.726	84,3	Leche de vaca entera fresca	71.804	270
Maíz	3.549	30.538	Arroz con cáscara	47.318	222.142	Sorgo	18,01	147.631	Plátanos	59.445	268
Huevos de gallina	2.475	2.851	Huevos de gallina	43.772	50.412	Plátanos	16.793	75.709	Mangos	45.533	187

(continúa en la página siguiente)

Cuadro 2.5 Principales productos agropecuarios, producción y valor, países de Centroamérica (continuación)
(valor en miles de US$ y producción en miles de t)

Honduras			Nicaragua			Panamá			Rep. Dominicana		
Producto	Valor	Volumen	Producto	Valor	Volumen	Producto	Valor	Volumen	Producto	Valor	Volumen
Leche de vaca entera fresca	468.573	1.761.950	Carne vacuna indígena	185.996	89.928	Carne vacuna indígena	134.786	65.168	Carne de pollo indígena	215.734	184.954
Café verde	155.86	190,64	Leche de vaca entera fresca	163.007	612.945	Carne de pollo indígena	97.991	84,01	Leche de vaca entera fresca	183.499	690
Bananos	126.417	887.072	Frijoles secos	89,6	205.664	Bananos	75,53	530	Carne vacuna indígena	161.344	78.009
Caña de azúcar	116.841	5.625.450	Caña de azúcar	83,85	4.037.091	Arroz con cáscara	70.293	330	Arroz con cáscara	120.564	566
Carne vacuna indígena	98,48	47.614	Carne de pollo indígena	72.359	62.035	Leche de vaca entera fresca	49.731	187	Caña de azúcar	102.812	4.950.000
Carne de pollo indígena	84.245	72.225	Café verde	69.599	85,13	Caña de azúcar	34.894	1.680.000	Aguacates	89.968	140
Maíz	66.115	568.973	Maíz	67.293	579.114	Plátanos	27.726	125	Bananos	71.255	500
Plátanos	63.215	284.994	Arroz con cáscara	57,2	268.531	Carne de cerdo indígena	20.844	20.584	Carne de cerdo indígena	66.835	66
Naranjas	50.085	284.994	Maní con cáscara	52.717	109.091	Huevos de gallina	18.234	21	Huevos de gallina	53.573	61,7
Frijoles secos	37.644	86.406	Huevos de gallina	17.373	20.008	Maíz	9,18	79	Café verde	49.054	60

Fuente: FAO.

Gráfico 2.6 | Principales productos agropecuarios de Centroamérica
(valor de producción de los 10 principales productos de cada país)

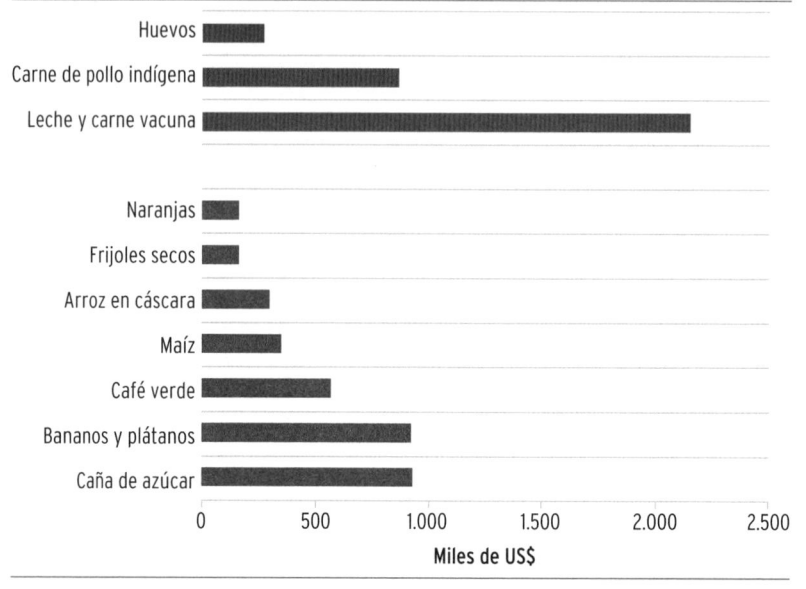

Producto	Miles de US$
Huevos	~300
Carne de pollo indígena	~900
Leche y carne vacuna	~2.300
Naranjas	~150
Frijoles secos	~200
Arroz en cáscara	~350
Maíz	~350
Café verde	~600
Bananos y plátanos	~1.000
Caña de azúcar	~1.000

Fuente: FAO.

En Honduras y Nicaragua también el sector económico más importante es la agricultura. La primera emplea casi dos tercios de su mano de obra y produce dos tercios de lo que exporta; el banano y el café son los dos productos estrella, seguidos por la caña de azúcar y el aceite de palma. El maíz, las judías secas y el arroz son los principales productos de la agricultura para consumo local. La madera es, también, un recurso importante, en particular la de alta calidad: pino, caoba, ébano y madera de rosa. La mayor parte de los productos de la pesca hondureña es para consumo local: camarones, langostas y bogavantes. En Nicaragua se destaca la ganadería y la exportación de carne vacuna como la actividad más preponderante, y los cultivos de café, plátanos, caña de azúcar, algodón, ajonjolí, arroz, maíz, tapioca, agrios y judías.

En El Salvador durante la mayor parte del siglo XX el producto principal fue el café. La agricultura local tiene una gran presencia en los departamentos del norte: maíz, arroz, frijoles, patatas, frutas y verduras son los cultivos más importantes de la agricultura local. Por el contrario, el café, el algodón, la caña de azúcar y las bananas son los principales cultivos de plantación dedicados a la exportación. El café se da entre los

500 y los 1.500 metros en el cordón volcánico, el algodón en la costa y en la cuenca de San Miguel, y la caña de azúcar en los valles centrales.

Panamá reproduce el mismo esquema que el resto de Centroamérica, con una agricultura de subsistencia para consumo interno de explotaciones pequeñas en las que se cultiva arroz, maíz, fríjoles, sorgo, yuca, patatas, ñame, hortalizas y frutas; y una agricultura de plantación para la exportación, con grandes explotaciones muy tecnificadas, en la que predominan el banano en la costa; la caña de azúcar en la península de Azuero, el golfo de Parita y la laguna Chiriquí; el café en las montañas orientadas al Pacífico de las sierras de Tabasará y Veraguas; el cacao, el tabaco y otros menores. La ganadería también tiene cierta importancia, pero lo más característico es la pesca.

Finalmente en la República Dominicana los principales productos agrícolas son: caña de azúcar, principal actividad agrícola; arroz para consumo local, muy importante en la dieta; cacao; café; tabaco; guineo; productos cítricos; habichuelas; tomates; algodón; entre otros. Los principales productos de exportación agrícola son: café, cacao, azúcar de caña, piñas, naranjas, guineos, flores, vegetales, tabaco.

El cuadro 2.6 compara los rendimientos por hectárea de cinco de los principales cultivos regionales con otros países productores del mundo que se destacan en esos cultivos. Se agruparon en productos de exportación (panel superior) y productos de consumo interno (panel inferior), y se indica el *ránking* de acuerdo a su rendimiento entre todos los productores mundiales de cada uno. En los de exportación, como era de esperar, se observa que los países centroamericanos se ubican mejor que en los que son producidos para la dieta local. Por ejemplo, en bananas la región tiene rendimientos muy superiores: 3 de los 8 países se ubican entre los primeros 10, cuentan con el primero y el tercer lugar y su rendimiento promedio duplica el rendimiento promedio mundial. Por otro lado en maíz ningún país alcanza el promedio mundial, la región está bien lejos de los productores líderes y en promedio obtiene un rendimiento de casi la mitad de lo que se obtiene en promedio en el mundo. No sólo hay fuertes diferencias en niveles, sino también en el crecimiento de los rendimientos: en maíz y a excepción de Belice, todos muestran un incremento por debajo del promedio mundial, mientras que en bananas las tasas son en promedio más elevadas.

En el caso del café, producto más difícil de comparar por las diversas variedades y calidades, la región muestra buenos rendimientos y, lo que

Cuadro 2.6 Evolución del rendimiento promedio de los cultivos de exportación, países de Centroamérica y otros representativos, 1960-2000 (mediana de cada década, t/ha)

País	Bananas 1960	2000	%	# de 127	País	Caña de azúcar 1960	2000	%	# de 102	País	Café 1960	2000	%	# de 77
Belice	13,7	28,6	108%	26	Belice	51,5	44,3	-14%	69	Belice	—	2,97		4
C. Rica	19,8	49,1	148%	3	C. Rica	53,9	79,6	48%	22	C. Rica	0,76	1,25	64%	14
El Salvador	4,3	11,4	166%	68	El Salvador	54,4	79,2	46%	20	El Salvador	0,96	0,56	-42%	37
Guatemala	16,4	47,7	190%	10	Guatemala	70,4	86,1	22%	16	Guatemala	0,46	0,99	116%	20
Honduras	29,8	34,8	17%	19	Honduras	26,8	73,7	175%	23	Honduras	0,37	0,85	133%	22
Nicaragua	41,7	52,9	27%	1	Nicaragua	57,2	83,9	47%	18	Nicaragua	0,34	0,69	100%	29
Panamá	45,2	43,7	-3%	12	Panamá	58,6	52,9	-10%	61	Panamá	0,24	0,45	90%	45
Rep. Dom.	12,6	25,7	104%	34	Rep. Dom.	61,3	56,5	-8%	54	Rep. Dom.	0,30	0,30	0%	57
Brasil	15,3	13,5	-12%	57	Brasil	45,6	74,4	63%	24	Brasil	0,45	1,02	128%	11
Colombia	15,8	27,6	75%	18	Colombia	55,4	97,6	76%	11	Colombia	0,59	0,94	61%	19
Indonesia	6,2	15,6	151%	5	China	42,1	66,3	58%	33	Indonesia	0,57	0,49	-14%	30
Filipinas	4,1	15,0	265%	47	India	47,2	64,6	37%	37	India	0,50	0,84	69%	23
Ecuador	23,8	27,4	15%	25	Tailandia	42,9	61,5	43%	42	Vietnam	0,29	1,84	526%	1
Mundo	11,5	17,3	51%		Mundo	52,5	66,2	26%		Mundo	0,44	0,75	71%	

Fuente: FAO.
Nota: # se refiere a la posición que obtiene el país entre el total de países productores indicados.

es tal vez más importante, en promedio ha mejorado significativamente. Se destacan Guatemala y Honduras, que han logrado más que duplicar su rentabilidad. En este producto la mejora en el rendimiento fue acompañada por mejoras en la calidad.

En caña de azúcar, tiene buena rentabilidad: 5 de los 8 países están por sobre el promedio mundial, pero presenta una situación más heterogénea en términos de crecimiento, porque Panamá, República Dominicana y Belice, que partían de altos rendimientos en los sesenta, muestran una contracción cercana al 10%. Por otro lado Honduras, que comenzó con niveles muy bajos, es el que mayor incremento exhibe, logrando acercarse a los países con mayor rentabilidad.

Los rendimientos por hectárea pueden incrementarse con el uso de insumos como fertilizantes, no necesariamente por mejoras tecnológicas. Una forma de cuantificar dichas mejoras es a través de la productividad total de los factores (PTF), donde se incluyen no sólo la tierra, sino también el uso de fertilizantes, tractores y otros insumos cuantificables. Aquí se presentan estimaciones de descomposición del crecimiento realizadas por Eduardo Zegarra para el presente libro.[5] Los resultados muestran que las ganancias en PTF son bajas en general a excepción de Costa Rica y, en menor medida, Guatemala y Honduras. En Nicaragua y República Dominicana las ganancias han sido nulas; El Salvador es un caso intermedio (véase el cuadro 2.7). Este último país muestra mejor que otros la importancia de la PTF, ya que comparado con Costa Rica presenta un crecimiento debido a la acumulación de factores idéntico, pero al final del día el producto de Costa Rica crece casi tres veces más exclusivamente debido a la PTF.

Otra forma de evaluar el desempeño del sector agrícola en Centroamérica es a través de las exportaciones. Dado que las economías regionales son pequeñas y abiertas, el principal mercado de los productos agrícolas es el externo. En general las exportaciones de los productos

---

[5] Específicamente se estimó una frontera de producción paramétrica de tipo Cobb-Douglas intertemporal utilizando datos anuales, donde la variable a explicar es la producción y los factores tenidos en cuenta son: tierra agrícola, trabajadores, fertilizantes, tractores, ganado vacuno y tierra bajo riego. Todas estas variables se expresan en logaritmos y se incluyó una variable temporal específica para cada país. El componente de ineficiencia técnica se asumió como variable en el tiempo. Se utilizó el programa © Stata versión 10, con el comando xtfrontier y opción tvd.

Cuadro 2.7 Evolución del rendimiento promedio de los cereales, países de Centroamérica y otros representativos, 1960-2000 (mediana de cada década, kg/ha)

País	Maíz 1960	Maíz 2000	%	# de 163	País	Arroz 1960	Arroz 2000	%	# de 115
Belice	1.086	2.373	119%	90	Belice	1.215	3.441	183%	34
Costa Rica	1.353	2.014	49%	106	Costa Rica	1.699	3.883	128%	43
El Salvador	1.199	2.927	144%	75	El Salvador	2.848	6.997	146%	5
Guatemala	998	1.696	70%	105	Guatemala	1.762	2.516	43%	75
Honduras	1.197	1.548	29%	117	Honduras	1.267	3.923	210%	27
Nicaragua	889	1.390	56%	130	Nicaragua	2.676	3.410	27%	41
Panamá	806	1.447	80%	114	Panamá	1.217	2.338	92%	79
Rep.Dom.	1.536	1.441	-6%	131	Rep. Dom.	2.140	4.624	116%	42
Argentina	1.929	6.423	233%	28	Argentina	3.836	6.141	60%	12
Brasil	1.339	3.549	165%	64	Estados Unidos	4.900	7.574	55%	3
Estados Unidos	4.989	9.408	89%	12	Indonesia	1.955	4.558	133%	28
Filipinas	768	2.259	194%	83	Malasia	2.165	3.375	56%	51
Malasia	1.824	3.199	75%	46	Filipinas	1.357	3.550	162%	49
Mundo	2.351	4.890	108%		Mundo	2.204	4.066	85%	

Fuente: FAO.
Nota: # se refiere a la posición que obtiene el país entre el total de países productores indicados.

Cuadro 2.8 Productividad total de los factores del sector agropecuario, países de Centroamérica

Países	Descomposición del crecimiento		
	PTF	Factores	Total
Costa Rica	3,4%	0,6%	4,0%
El Salvador	0,8%	0,6%	1,4%
Guatemala	1,8%	1,3%	3,1%
Honduras	1,6%	2,1%	3,7%
Nicaragua	0,1%	2,8%	2,9%
R. Dominicana	0,3%	1,0%	1,3%
Promedio	1,3%	1,4%	2,7%

Fuente: Estimación realizada por Eduardo Zegarra para el presente estudio.

primarios se encuentran relativamente concentradas en unos pocos cultivos y en escasos mercados. El Anexo A describe las principales exportaciones para cada uno de los países centroamericanos, destacándose que han sufrido notables modificaciones dentro de la esfera del sector agropecuario. En Belice se ha incrementado la producción de cereales en relación al conjunto de exportaciones totales del país, pasando de 0,1% en el año 2005 a 17,61% en 2009. Costa Rica presenta una estructura más estable en los últimos años, destacándose los frutos comestibles. En Honduras el café y los frutos comestibles representan cerca del 30% de sus exportaciones. Nicaragua se diferencia del resto por la importancia de la carne y la creciente participación del azúcar y sus derivados en sus exportaciones. Panamá tiene el perfil más concentrado de los países de la región: cerca del 67% de sus exportaciones lo constituyen dos ítems de productos agropecuarios, a saber, pescado, crustáceos, moluscos y frutos comestibles. Por su parte, la República Dominicana muestra una participación más estable de las exportaciones agropecuarias.

En general los productos han venido perdiendo peso en las exportaciones mundiales, debido a dos razones: los artículos primarios que se producen no son los que registran mayores incrementos de precios en el *boom* de productos básicos observado en la década de 2000 y además los mercados que abastecen (primordialmente Estados Unidos, seguido en menor medida por Europa y la propia región) han sido menos dinámicos que el promedio mundial, ya que sus importaciones crecieron por

Gráfico 2.7 Participación de las exportaciones agropecuarias sobre el total de exportaciones de bienes, países de Centroamérica, 2000-2009

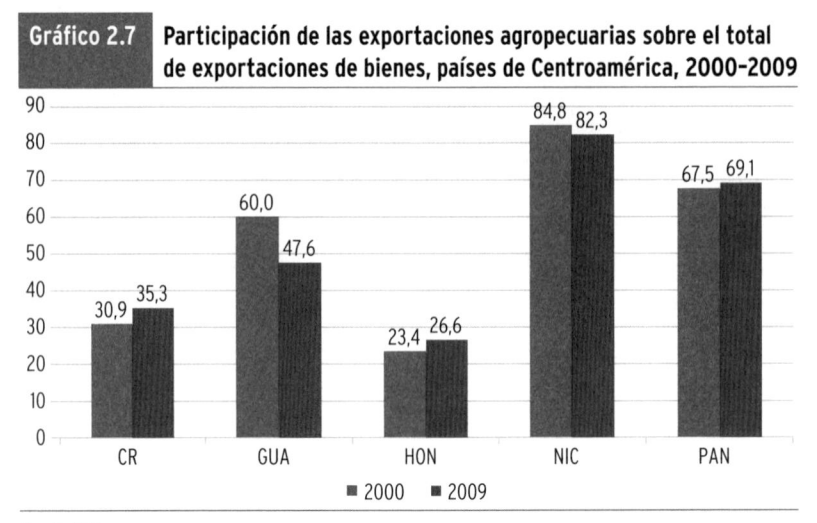

País	2000	2009
CR	30,9	35,3
GUA	60,0	47,6
HON	23,4	26,6
NIC	84,8	82,3
PAN	67,5	69,1

Fuente: OMC.

debajo de ese promedio y se espera a futuro que este perfil continúe. En tal sentido, el patrón de especialización inicial no le ha sido tan favorable a la región en la última década, como por el contrario sí lo ha sido para América del Sur en general.

Una forma de ver que la especialización inicial no ha sido tan beneficiosa es comparar lo que exporta cada país con lo que el mundo demanda en materia de importaciones. El gráfico 2.8 muestra un índice de especialización computado por Intracen.[6] Este índice va de 1 a –1, correlaciona ambos ordenamientos y toma 1 si el ordenamiento por importancia relativa de los productos de un país se encuentra perfectamente alineado con el *ránking* por importancia de acuerdo a su crecimiento mundial (técnicamente el índice se arma con la correlación de rango de Spearman). El gráfico no muestra el valor del índice sino el ordenamiento de cada país. Puede observarse que en ambos segmentos analizados, alimentos frescos y procesados, los países de la región se ubican de la mitad de la tabla hacia abajo. Si se compara el período 2004–2008 con el período 2000–2004 se observa que se han ganado posiciones en alimentos frescos, pero se perdieron en productos procesados.

---

[6] Intracen computa este índice agrupando los más de 5.000 productos en 14 sectores. El sector agropecuario se agrupa en alimentos frescos (productos básicos) y alimentos procesados.

Gráfico 2.8 Efecto de la especialización inicial del sector productor de alimentos, países de Centroamérica, 2000-2008

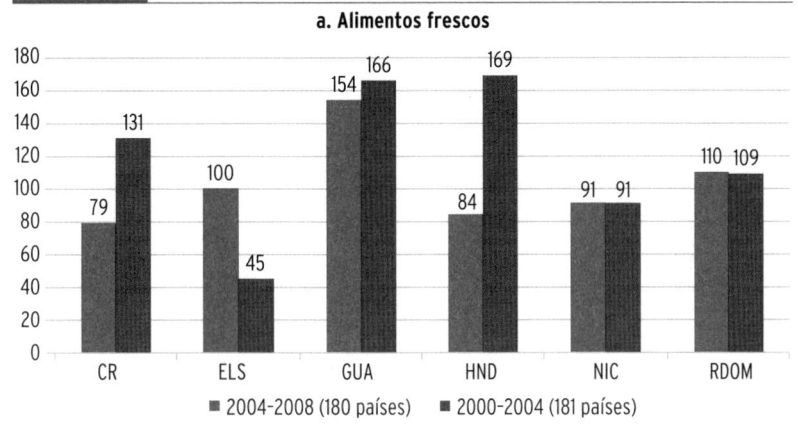

a. Alimentos frescos

País	2004-2008 (180 países)	2000-2004 (181 países)
CR	79	131
ELS	100	45
GUA	154	166
HND	84	169
NIC	91	91
RDOM	110	109

b. Alimentos procesados

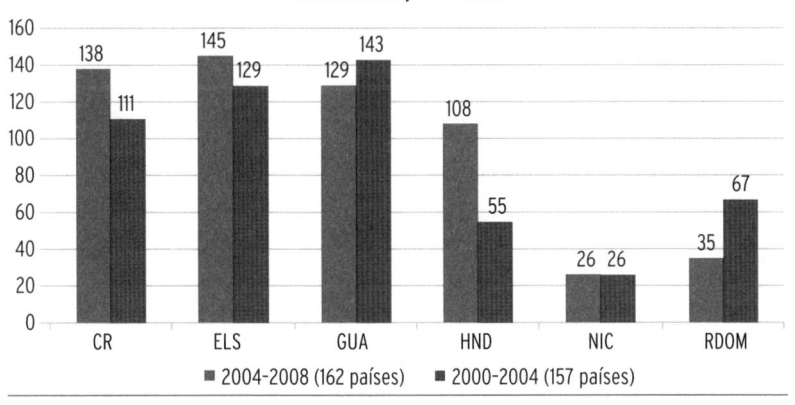

País	2004-2008 (162 países)	2000-2004 (157 países)
CR	138	111
ELS	145	129
GUA	129	143
HND	108	55
NIC	26	26
RDOM	35	67

Fuente: Intracen.

La evolución reciente del sector es analizada con más detalle en el cuadro 2.9. De allí se desprende que las exportaciones están muy poco diversificadas ya sea por productos como por destinos hacia donde se exporta. Por ejemplo, de los 181 países considerados, El Salvador se encuentra 175 en el ordenamiento de mejor a peor diversificación por productos y 128 por destinos. En todos los casos Estados Unidos tiende a ser el principal mercado, seguido de la Unión Europea y la misma región (exportaciones intrarregionales). En exportaciones per cápita los países se encuentran bastante bien para su nivel de ingreso y esto se debe a que son economías relativamente abiertas

Cuadro 2.9 Detalle de las exportaciones de alimentos frescos, países de Centroamérica, 2001-2009

Indicador	Belice (1)	Belice (2)	Costa Rica (1)	Costa Rica (2)	R. Dominicana (1)	R. Dominicana (2)	El Salvador (1)	El Salvador (2)	Guatemala (1)	Guatemala (2)	Honduras (1)	Honduras (2)	Nicaragua (1)	Nicaragua (2)	Panamá (1)	Panamá (2)
Valor de las exportaciones (en millones de dólares estadounidenses)	73,7		2.247,5		468,6		314,6		1.949,4		1.418,0		886,0		864,1	
Crecimiento de las exportaciones en valor, p.a. (%), 2001-2009	-6%	166	11%	113	18%	61	16%	73	22%	42	26%	30	16%	71	8%	130
Participación en las exportaciones nacionales (%)	25%		23%		8%		7%		25%		21%		35%		75%	
Balanza comercial relativa (%)	59%		50%		-35%		-36%		44%		51%		64%		49%	
Exportaciones netas (en millones de dólares estadounidenses), 2008	54,8	64	1.494,1	24	-498,5	129	-347,4	125	1.191,0	29	961,3	33	691,0	36	566,0	41
Exportaciones per cápita (dólares estadounidenses por habitante), 2008	228,7	45	497,3	16	47,1	106	51,3	100	142,4	64	193,7	50	156,3	61	254,2	37
Participación en el mercado mundial (%), 2008	0,01%	138	0,38%	41	0,08%	86	0,05%	96	0,33%	50	0,24%	59	0,15%	74	0,15%	75

(continúa en la página siguiente)

Cuadro 2.9 Detalle de las exportaciones de alimentos frescos, países de Centroamérica, 2001-2009 (continuación)

Indicador	Belice (1)	Belice (2)	Costa Rica (1)	Costa Rica (2)	R. Dominicana (1)	R. Dominicana (2)	El Salvador (1)	El Salvador (2)	Guatemala (1)	Guatemala (2)	Honduras (1)	Honduras (2)	Nicaragua (1)	Nicaragua (2)	Panamá (1)	Panamá (2)
Diversificación por productos (cantidad de productos equivalentes), 2008	4	127	5	100	9	52	1	175	6	86	4	124	7	65	12	42
Diversificación de mercados (cantidad de mercados equivalentes), 2008	3	148	4	138	5	114	4	128	4	129	5	120	6	94	4	131
Cambio relativo en la cuota del mercado mundial, p.a. (%), 2004-2008	-0,11%		-0,03%		0,03%		0,01%		0,06%		0,09%		0,01%		-0,04%	
Cotejo con la dinámica de la demanda mundial, 2004-2008	10		76		122		102		162		78		51		39	

Fuente: Intracen.

donde el sector agropecuario tiene un rol primordial dentro de las exportaciones totales.

A pesar de que los indicadores de dinamismo y de diversificación no favorecen a Centroamérica, es importante destacar que se han registrado ciertas modificaciones, como el crecimiento de las exportaciones no tradicionales y la creación de nuevos productos,[7] cambios que sin embargo no han tenido la dimensión necesaria como para lograr una fisonomía agregada distinta. Los productos agropecuarios no tradicionales constituyen quizás uno de los más destacados éxitos de los países con respecto a la introducción de nuevos cultivos y de tecnologías de producción, a la generación de productos de alta calidad y al acceso a nuevos mercados y a compradores más exigentes. La demanda de estos cultivos está constituida en mayor medida por consumidores de ingresos altos y medios-altos, principalmente de Estados Unidos y Europa Occidental. A diferencia de los cultivos de exportación tradicionales como café y azúcar, los no tradicionales incluyen principalmente frutas y hortalizas, plantas ornamentales y cultivos orgánicos, que se caracterizan por su alto valor y la importancia decisiva en su calidad para el acceso a los mercados. El crecimiento del sector no tradicional, si bien todavía no tiene un gran peso en la estructura productiva, indica posibilidades de diversificación para el agro.

Factores restrictivos y coadyuvantes

De la sección anterior se desprende que los países de la región muestran suertes diversas en la evolución reciente de su producto agropecuario, pero también presentan cierto patrón común que se refiere a:

i. El bajo crecimiento de la productividad (a excepción de Costa Rica).
ii. La producción de cultivos tradicionales orientados al consumo interno (o regional), que muestran bajo rendimiento y que conviven con cultivos de exportación de alta rentabilidad.

---

[7] Se define como agricultura no tradicional de exportación a cultivos cuyo acceso al mercado internacional es reciente. Muchos son nuevos productos y otros, artículos que se destinaban a los mercados internos y ahora han logrado ganar mercados en el exterior.

iii. El muy bajo crecimiento de los rendimientos de productos tradicionales como el maíz, el arroz y los frijoles con respecto al incremento de la rentabilidad de los cultivos de exportación.
iv. La dificultad para diversificar mercados externos.
v. La convivencia de productores modernos con productores tradicionales, que a menudo viven en condiciones de subsistencia.

En esta sección del capítulo se repasa brevemente la situación regional en un grupo seleccionado de factores que restringen o potencian el crecimiento. Siguiendo la lógica del árbol de decisiones discutido en el capítulo 1, se ordenan estos factores en tres ramas: acceso al financiamiento, bajos retornos sociales y baja apropiabilidad.

Acceso al financiamiento

La participación del sector agropecuario en el crédito institucional ha sido declinante y actualmente es escasa. La crisis financiera internacional ha golpeado a Centroamérica y generó una fuerte contracción del crédito real al agro. La proporción respecto del crédito total disminuyó en los últimos 13 años en el istmo del 11% al 5% y en la República Dominicana, del 10% al 2%. Los elevados riesgos de desastres asociados a fenómenos naturales han contribuido a restringir el crédito ante el escaso desarrollo de los seguros agropecuarios. Es importante destacar que el sector se enfrenta en la región a mayores contingencias climáticas, por lo que es una actividad más riesgosa. Por la gran escala de los eventos naturales y el pequeño tamaño de los países, tampoco es fácil para los productores diversificar riesgos produciendo en distintas zonas, como ocurre en algunos países del sur con los *pooles* de siembra. Además, los grandes eventos suelen generar cadenas de impagos que afectan al sector financiero. Por estas razones, el sector es menos atractivo al crédito bancario que en otros países.

El gráfico 2.9 muestra la evolución del ratio entre el crédito al PIB para toda la economía y para el sector agropecuario en cuatro países de la región. Allí se aprecia que la evolución sectorial del crédito sigue una dinámica distinta a la de la economía en su conjunto, a excepción de Nicaragua. En general el crédito ha aumentado menos en el sector

Gráfico 2.9 — Acceso al crédito, países de Centroamérica, 1991-2007 (comparación entre el crédito al PIB para toda la economía y para el sector agropecuario)

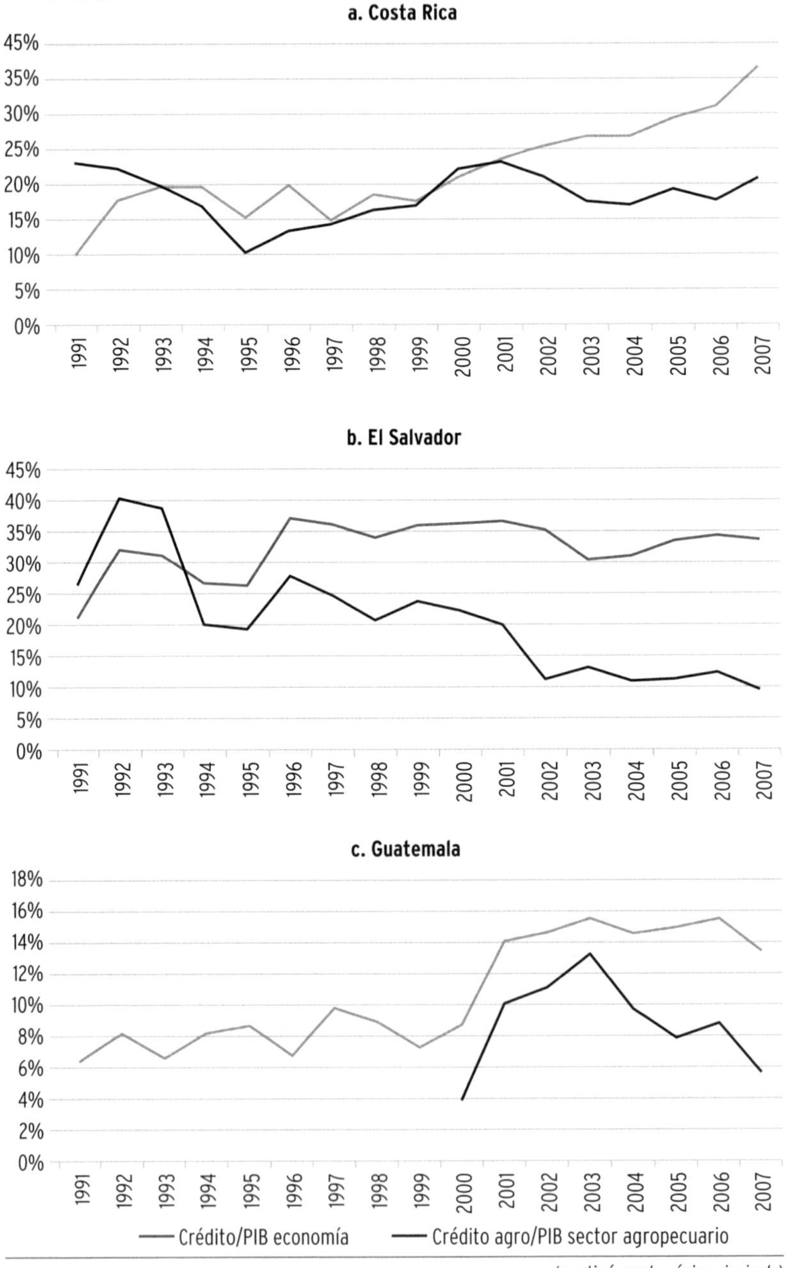

a. Costa Rica

b. El Salvador

c. Guatemala

— Crédito/PIB economía   — Crédito agro/PIB sector agropecuario

(continúa en la página siguiente)

EL SECTOR AGROPECUARIO DESDE LA ÓPTICA REGIONAL | 55

Gráfico 2.9 **Acceso al crédito, países de Centroamérica, 1991-2007 (comparación entre el crédito al PIB para toda la economía y para el sector agropecuario)** (*continuación*)

d. Honduras

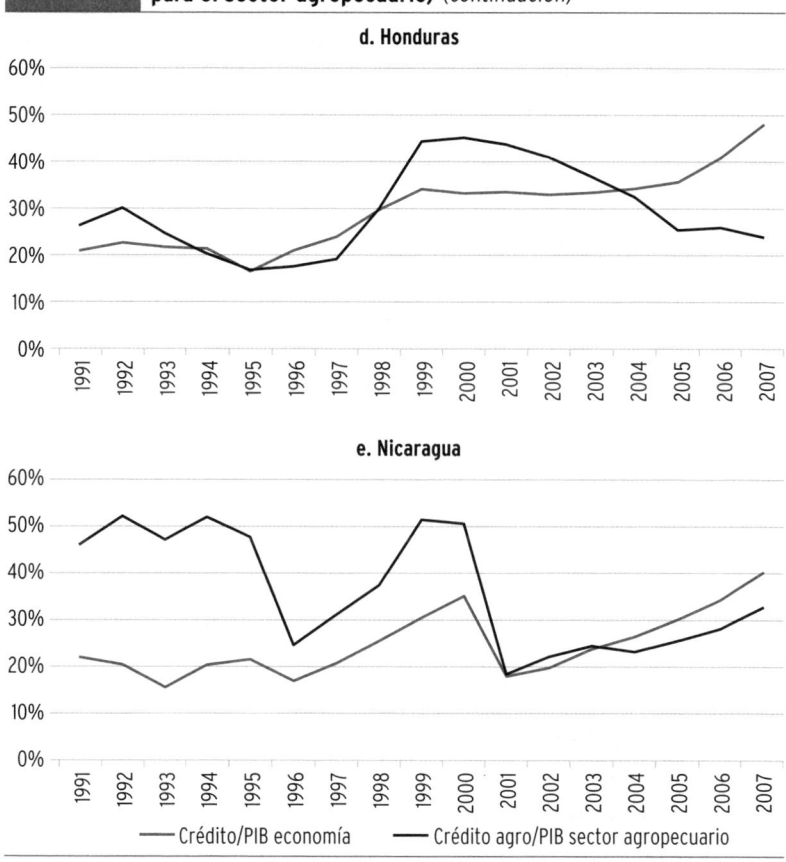

e. Nicaragua

— Crédito/PIB economía — Crédito agro/PIB sector agropecuario

Fuente: Elaboración propia en base a CEPAL.

y el *boom* de crecimiento de la última década se ha dado sin un mayor acceso al financiamiento, aunque también es cierto que los mejores precios probablemente han permitido una buena rentabilidad, lo que le posibilitó al sector autofinanciarse sin necesidad de acudir al crédito (por ejemplo, no es obvio que el menor crédito sobre PIB se explique por la oferta o la demanda).

En la región la agricultura de contratos o *pooles* no está generalizada ni se desarrollaron instrumentos alternativos como fideicomisos financieros o mercados de futuros. Por otro lado sí hay un relativo desarrollo

Cuadro 2.10 Crédito al sector agropecuario, países de Centroamérica, 1995-2008

	Relación crédito agropecuario/crédito total				
	1995	2000	2006	2007	2008
Costa Rica	8,4	8,2	4,1	3,8	3,7
El Salvador	13,4	6,8	3,6	3,2	4
Guatemala	9,3	6,4	6,4	5,1	5,7
Honduras	11,6	11,7	4,4	4,7	3,7
Nicaragua	46,4	14,8	13,6	13,4	12,8
Panamá	4,2	2,8	3,4	3,4	3,4
Rep. Dominicana	10,3	4,4	3,4	2,1	2

Fuente: CEPAL, sobre la base de cifras oficiales.

del microcrédito y de canales no tradicionales. Al igual que en otros países, existe cierto crédito desde los proveedores de insumos o bien desde los compradores de la cosecha, pero no está muy generalizado. En algunos países existen problemas con la titulación de tierras, entre ellos, Honduras, República Dominicana y Guatemala. Sólo recientemente se han perfeccionado en esta última las normas para desarrollar el mercado prendario, lo que ha limitado el desarrollo del crédito privado.

Por otro lado la banca pública, ya sea a través de instituciones especializadas o de bancos de desarrollo, con mayor o menor grado, ha atendido a los productores agropecuarios. En algunos casos esto genera problemas de interferencia política y distorsiones para el desarrollo de un mercado financiero privado en el sector. Además no todas las bancas públicas se manejan con el mismo grado de eficiencia y algunos tienen elevados niveles de morosidad; por ejemplo el Banco Agrícola de la República Dominicana presenta una morosidad del 20%, cuando es uno de los principales prestamistas en el sector.

Por último la inversión extranjera directa ha llegado en forma fluida al agro de estos países. En el pasado, en forma de plantaciones, pero también en el presente: se destacan Costa Rica, Guatemala y Honduras, países que se ubican muy bien *rankeados* a nivel internacional en atracción de inversión extranjera directa (IED) para el sector; República Dominicana y Nicaragua se encuentran en el otro extremo, captando poca IED.

En definitiva, el acceso al financiamiento, dadas las características particulares mencionadas, puede ser a priori una restricción que debe ser analizada con más detalle en cada caso particular.

Bajos retornos sociales

Geografía y clima adversos

La geografía y el clima son factores esenciales de la producción agropecuaria. Desde esta óptica, Centroamérica es apta para la agricultura y no representa una restricción para el desarrollo de la actividad. De hecho para ciertos cultivos tropicales tiene claras ventajas comparativas. Sin embargo, la geografía y el clima presentan ciertos desafíos que deben considerarse, ya que la región se encuentra gravemente afectada por variadas amenazas naturales de carácter recurrente, que incluyen sequías, tormentas tropicales, ciclones, huracanes de gran escala, el fenómeno El Niño-Oscilación Sur[8], y es vulnerable al cambio climático.

La parte continental es recorrida por un sistema montañoso denominado Cordillera Central, que genera diversas alturas e inclinaciones. Cuenta con una gran biodiversidad pero también con una alta exposición a impactos climáticos adversos. La corteza terrestre es especialmente inestable, y las variadas alturas hacen que las copiosas lluvias y los vientos generen erosión.

La deforestación, las prácticas de cultivo inapropiadas, el manejo inadecuado del recurso hídrico, los deficientes sistemas de drenaje, el mal uso del suelo, entre otros factores, han generando excesiva erosión en muchas zonas de la región. Por ejemplo, la Convención de Naciones Unidas en Lucha contra la Desertificación (UNCCD) ha estimado que el 75% de la tierra de El Salvador está afectada por este problema y que cerca del 88% del suelo de Centroamérica en su conjunto es vulnerable a él, estimándose que cerca del 60% ya sufre signos de erosión.

---

[8] Particularmente hay dos fases de importancia: la fase fría, conocida como "La Niña", que se asocia con altos niveles de precipitaciones y con una mayor frecuencia de huracanes; mientras que la fase conocida como "El Niño" es cálida y se relaciona en la región centroamericana con déficit de precipitaciones, elevación de la temperatura en el litoral pacífico y excesos de precipitación en algunas zonas del litoral del Caribe. Estos factores tienden a exacerbar las condiciones típicas de las zonas y de las estaciones.

En varios países las zonas de ladera están mayormente pobladas por pequeños agricultores de bajos ingresos, a menudo en condiciones de subsistencia, que utilizan prácticas agrícolas que no minimizan la erosión del suelo. En general la vulnerabilidad del sector agropecuario frente a los desastres naturales se exacerba por la pobreza y la agricultura de subsistencia, ya que dejan a los habitantes rurales escasos recursos para enfrentar, evitar y mitigar el impacto de este riesgo, creándose un círculo vicioso entre pobreza, vulnerabilidad y desastres naturales. Resulta imperioso considerar el problema para elaborar acciones de política que tiendan a remediar la situación de mayor vulnerabilidad de este conjunto de países ante la adversidad de la naturaleza. Harmeling (2007) muestra que los países centroamericanos se encuentran entre los de mayor riesgo climático.

Los efectos de las pérdidas económicas se registran en diferentes eslabones de las cadenas agroproductivas y pueden ir desde la pérdida de la cosecha hasta daños permanentes en infraestructura, cultivos perennes, incumplimiento de deudas que descalabran al sistema financiero, etc. Vega y Gámez (2003) estiman para Costa Rica que los desastres naturales entre 1996 y 2001 generaron una pérdida anual en cultivos equivalente al 1,07% del PIB. Ramírez, Ordaz y Mora (2010) calculan los costos de los principales desastres naturales desde 1970 (véase el cuadro 2.11). Las mediciones de impacto de estas amenazas evidencian que el sector agropecuario y el medio rural son vulnerables. En promedio, el sector concentró un 35% de las pérdidas económicas atribuidas a desastres entre 1997 y 2001, y en el caso de los eventos de origen hidrológico esta participación relativa sube al 40%. Se constató la destrucción de capital ambiental debido a la pérdida y la erosión de suelos por inundaciones, y a las malas prácticas de cultivos, así como a la destrucción de bosques por incendios.

La región también es vulnerable al cambio climático permanente. Lennox (2011) remarca como factores que hacen a la vulnerabilidad la ampliación de la variabilidad climática ya preexistente en la región, la elevada importancia de la agricultura en la economía total, la infraestructura precaria y el alto porcentaje de población rural que depende de cultivos de subsistencia. Las acciones de política y las medidas preventivas y de adaptación por parte de los productores agrícolas son incipientes y poco estructuradas (Leary, Kulkarni y Seipt, 2007).

Cuadro 2.11 Daños y pérdidas en el sector agropecuario por desastres naturales, Centroamérica, 1972-2008
(En millones de dólares)

Evento	Daños y pérdidas totales a la economía	Costo del sector agropecuario Total	Costo del sector agropecuario Daños	Costo del sector agropecuario Pérdidas	Porcentaje de daños al sector agro/total daños	PIB corriente anual	Daños y pérdidas totales/PIB
Totales	10.892,8	3.702,1	2.071,7	1.630,4	34,0%	192.293,5	5,7%
1972 – Terremoto – Nicaragua	772,0	–	–	–	–	878,6	87,9%
1974 – Huracán Fifí – Honduras	207,9	69,5	69,5	–	33,4%	1.034,5	20,1%
1976 – Terremoto – Guatemala	1.152,0	10,5	10,5	–	9,0%	4.365,3	26,4%
1982 – Terremoto – El Salvador	128,5	87,5	74,4	13,1	68,1%	3.399,2	3,8%
1982 – Inundaciones – Nicaragua	354,0	109,7	78,1	31,6	31,0%	2.454,5	14,4%
1983 – Lluvias atípicas – Nicaragua	350,0	125,0	85,0	40,0	35,7%	2.753,1	12,7%
1998 – Huracán Mitch – Centroamérica	6.008,5	2.936,7	1.679,7	1.257,0	48,9%	54.272,7	11,1%
2001 – Sequía – Istmo Centroamericano	189,1	110,5		110,5	58,4%	71.792,1	0,3%
2002 – Huracán Keith – Belice	280,1	62,2	38,7	23,4	22,2%	932,2	30,0%
2005 – Tormenta Stan – El Salvador	355,6	48,7	21,6	27,1	13,7%	17.070,2	2,1%
2005 – Tormenta Stan – Guatemala	988,3	77,7	23,5	54,2	7,9%	27.270,7	3,6%
2007 – Huracán Felix, etc. – Nicaragua	297,0	68,3	8,1	60,2	23,0%	5.725,9	5,2%
2007 – Huracán Dean – Belice	89,9	57,9	21,2	36,7	64,4%	1.276,8	7,0%

Fuente: CEPAL. Istmo Centroamericano: Efectos del Cambio Climático Sobre La Agricultura - 2010.

Naciones Unidas (2011) estima que, bajo el escenario actual, el costo del calentamiento global para Centroamérica a 2100 representará un 9% de su producto agropecuario y será más fuerte el daño en la actividad pecuaria (13%). Se calcula, por ejemplo, que el rendimiento promedio del frijol podrá declinar de más de 0,7 a menos de 0,1 toneladas por hectárea; y la producción de arroz tenderá a caer del promedio histórico de 3,5 toneladas por hectárea a entre 1 y 2 toneladas por hectárea.[9]

La vulnerabilidad climática, por lo tanto, afecta los retornos sociales al reducir la productividad de la tierra, pero también incrementa los riesgos de la actividad, que debido a la falta de desarrollo en el mercado de seguros es difícil de asegurar y de diversificar, ya que los impactos suelen afectar a gran parte de la región.

Reducido capital humano

El capital humano en general es bajo en Centroamérica, que concentra los peores indicadores educativos de América Latina, aunque Costa Rica es el que mejor posicionado está. La región ha estado mejorando mucho en las últimas décadas y al menos en cobertura a nivel primario ha logrado acortar bastante las brechas con sus pares de América del Sur. La cobertura en secundaria todavía es baja, al igual que en educación superior. Las cohortes más viejas, sin embargo, tienen muy bajos niveles educativos, por lo que en la fuerza laboral el capital humano es escaso. La mayor brecha se observa en los niveles educativos altos, sobre todo en los grados terciarios y universitarios (véanse los cuadros 2.12 y 2.15).

Que el stock de capital humano sea bajo no implica necesariamente que sea un recurso escaso. Si así fuera, se debería reflejar en los premios a la educación. El cuadro 2.13 resume estimaciones de dicho premio, mostrando que los mismos no son extremadamente altos en la región, con la salvedad de Guatemala. En rigor, lo deseable es estimar el retorno social de la educación, ya que podrían existir fuertes externalidades, pero dicha información no se encuentra disponible.

La aparente paradoja de pobres indicadores educativos pero bajos retornos privados podría estar explicada en parte por la baja calidad

---

[9] El daño por el calentamiento global no se limita al sector agropecuario, ya que también afectará los recursos hídricos (disponibilidad y consumo municipal y agrícola), la biodiversidad y el aumento de la intensidad de huracanes, tormentas e inundaciones, que también generan costos en infraestructura.

Cuadro 2.12 Indicadores educativos, Centroamérica y América del Sur, 2009 (o dato más reciente disponible)

	Tasa de alfabetización Población mayor a 15 años	Gasto en educación básica por alumno como ratio del PIB per cápita	Cobertura (bruta) Terciario	Cobertura (neta) Secundario	Cobertura (neta) Primario
Belice	n.d.	14,3	2,6	63,4	97,7
Costa Rica	96,0	n.d.	25,3	n.d.	n.d.
El Salvador	84,0	8,5	24,6	55,0	94,0
Guatemala	73,8	10,3	8,7	39,9	95,1
Honduras	83,6	1,1	18,7	n.d.	96,6
Nicaragua	78,0	10,0	18,0	45,2	91,8
Panamá	93,5	7,5	45,0	65,6	98,3
Rep. Dom.	88,2	9,2	33,3	57,7	80,0
Promedio	85,3	8,7	22,0	54,5	93,4
Argentina	97,7	13,2	68,1	79,4	98,5
Bolivia	90,7	13,7	38,3	69,9	93,7
Brasil	90,0	15,4	30,0	77,0	92,6
Chile	98,6	11,9	49,8	85,3	94,4
Colombia	93,4	12,4	35,4	71,2	90,0
Ecuador	84,2	n.d.	35,3	59,2	96,9
México	92,9	13,4	26,3	70,9	97,9
Paraguay	94,6	11,5	25,5	57,7	92,4
Perú	89,6	7,3	34,5	75,9	96,8
Uruguay	98,2	8,5	64,3	67,7	97,5
Promedio	93,0	11,9	40,7	71,4	95,1

Fuente: WDI.
n.d. = No hay datos.

educativa de los países de la región. Bratsberg y Terrel (2002) computan los retornos a la educación para migrantes educados en sus países de origen que trabajan en Estados Unidos, usando información de los censos de 1980 y 1990. A igual nivel educativo, si existen diferencias de retornos, se las puede asociar con una peor calidad educativa en sus

Cuadro 2.13 Retornos privados a la educación, países de Centroamérica, América del Sur y otros representativos, 1988-1998

País	Bils y Klenow basado en información de 1988/1989 Un año más de escolaridad	Hausmann y Rodrik basado en información de 1998 Un año más de escolaridad	Hausmann y Rodrik basado en información de 1998 Terminar Primario	Terminar Secundario	Terminar Educación Superior
Costa Rica	0,105	0,098	0,326	0,684	1,22
El Salvador	0,096	0,105	0,557	1,027	1,482
Guatemala	0,142	0,136	0,841	1,347	1,991
Honduras	0,172	0,104	0,467	1,003	1,506
Nicaragua	0,097	0,11	0,574	0,86	1,636
Panamá	0,126	0,116	0,483	1,015	1,559
Rep. Dominicana	0,078	0,068	0,281	0,377	0,896
Promedio	**0,117**	**0,105**	**0,305**	**0,703**	**1,186**
Argentina	0,107	0,091	0,422	0,789	1,127
Bolivia	0,073	0,113	0,781	1,283	1,425
Brasil	0,154	0,132	0,622	1,138	1,922
Chile	0,121	0,123	0,341	0,761	1,458
Colombia	0,145	0,119	0,449	0,908	1,668
Ecuador	0,098	0,135	0,681	1,31	1,833
México	0,141	0,126	0,709	1,225	1,732
Perú	0,085	0,129	0,474	0,99	1,459
Paraguay	0,103	0,129	0,665	1,181	1,662
Uruguay	0,09	0,084	0,427	0,765	1,079
Venezuela	0,084	0,085	0,351	0,622	1,076
Promedio	**0,109**	**0,115**	**0,537**	**0,995**	**1,495**
Promedio América Latina	0,112	0,114	0,52	0,97	1,493
Taiwan	n.d.	0,067	0,257	0,5	0,826
Tailandia	0,091	0,192	0,915	1,827	2,361
Estados Unidos	0,093	0,12	0,186	0,553	0,98
Máximo	0,172	0,192	0,915	1,827	2,361
Mínimo	0,073	0,067	0,186	0,377	0,826

Fuente: Bils y Klenow (2000), Hausmann y Rodrik (2005).
n.d. = No hay datos.

Cuadro 2.14 Calidad educativa, países de Centroamérica, 1980-1990
Ordenamiento de acuerdo al retorno privado a la educación en Estados Unidos para migrantes educados en sus países de origen, muestra de 67 países.

	1980	1990
Costa Rica	52	50
El Salvador	65	63
Guatemala	64	64
Honduras	58	62
Rep. Dominicana	66	65
Panamá	40	52

Fuente: Bratsberg y Terrel (2002).

lugares de procedencia. En ambas mediciones se estiman estos retornos para 67 países y los 6 de la región incluidos en la muestra se encuentran sistemáticamente entre los peores, aun cuando se los compara con otros países de América Latina.

La evidencia anterior es para la economía en su conjunto y no distingue entre el sector rural y el urbano. Para el primero, la cobertura educativa es menor y la oferta de capital humano es más baja. No son muchos los estudios que descomponen retornos a la educación para ambos sectores. Auguste (2010) hace esta descomposición para Honduras y encuentra que los retornos en el sector rural son más altos y que en el decenio de 2000, cuando el sector agropecuario creció a tasas elevadas, el retorno se incrementó desproporcionadamente en el sector rural. En 2003 por ejemplo el retorno por un año más de escolaridad en el sector rural era un 3% más alto que en el urbano, pero este diferencial se incrementó al 15% en 2007.

Se verifica además que el diferencial salarial se da mayormente en los niveles educativos altos. En 2007 por ejemplo el retorno adicional para aquellos trabajadores con primario completo era de 40% en las zonas urbanas y 46% en las rurales, pero el retorno por nivel superior completo (estudios universitarios) era de 171% en las zonas urbanas comparado con 202% en las rurales. Que los retornos en las zonas rurales se incrementen cuando hay buenas oportunidades en el sector agropecuario por el buen contexto internacional es evidencia a favor de la hipótesis de escasez del factor humano. Que los retornos en los niveles educativos altos sean

Cuadro 2.15 Porcentaje de la fuerza laboral con estudio postsecundario, países de Centroamérica y América del Sur (población entre 15 y 64 años)

	Total país			Urbano			Rural		
	Hombres	Mujeres	Total	Hombres	Mujeres	Total	Hombres	Mujeres	Total
Belice	3,3%	5,6%	4,1%	5,8%	6,9%	6,2%	1,2%	3,5%	1,8%
Costa Rica	19,8%	32,4%	24,6%	27,1%	37,6%	31,5%	9,5%	21,6%	13,5%
El Salvador	12,5%	16,0%	14,0%	18,2%	19,5%	18,8%	1,8%	4,3%	2,6%
Guatemala	6,9%	7,5%	7,1%	12,9%	11,7%	12,4%	0,9%	0,8%	0,8%
Honduras	8,4%	14,0%	10,4%	16,1%	19,7%	17,7%	2,4%	5,0%	3,2%
Nicaragua	8,7%	17,8%	11,9%	14,9%	22,1%	18,0%	1,9%	7,0%	3,2%
Promedio	9,9%	15,6%	12,0%	15,8%	19,6%	17,4%	3,0%	7,0%	4,2%
Bolivia	22%	22%	22%	30%	31%	30%	8%	6%	7%
Brasil	14,5%	21,4%	17,6%	16,6%	23,2%	19,6%	3,5%	7,5%	4,9%
Chile	23,6%	30,2%	26,3%	26,2%	31,6%	28,4%	6,8%	14,9%	9,3%
Colombia	18,4%	27,2%	22,1%	23,7%	30,7%	26,9%	3,1%	6,0%	4,0%
México	19,8%	29,9%	23,6%	26,0%	36,1%	30,0%	7,7%	13,1%	9,5%
Perú	29,7%	29,2%	29,5%	39,3%	40,5%	39,8%	9,8%	6,6%	8,3%
Promedio	21,4%	26,7%	23,6%	26,9%	32,1%	29,2%	6,5%	9,0%	7,2%

Fuente: Sociómetro, BID.

mayores en las zonas rurales es a su vez señal de que el capital humano específico es escaso o difícil de retener en dichas áreas.

En los niveles educativos más altos, la región también muestra cierto déficit. Por ejemplo, el 45% de los investigadores en agencias de investigación y extensión tecnológica agropecuaria contaba con posgrados y sólo el 10% con doctorados. Estos niveles son más bajos que los observados en México (78 y 38 respectivamente) o en América del Sur: Chile, 62% y 26% ó Uruguay, 55% y 24% (Stads y Romano, 2008; Stads et al., 2008; Stads y Covarrubias Zuñiga, 2008; Stads, Cotro y Allegri, 2008). Llamativamente estos niveles son menores aún que en África Sub-Sahariana (75% con posgrados) y Asia–Pacífico (72% con posgrado) (Beintema y Stads, 2006, 2008).

Por último, un desafío de la región consiste en cómo mejorar el capital humano de su fuerza laboral para apuntalar la productividad en aquellas personas adultas que ya están fuera del período educativo.

Infraestructura deficiente

Los países centroamericanos muestran en general pobres indicadores en lo que se refiere a infraestructura (véase el cuadro 2.16) y la situación es más acuciante en las zonas rurales. Por la topografía en gran parte de la zona la provisión de infraestructura básica es muy costosa. El *boom* de la telefonía celular ha sido una solución para las zonas rurales en cuanto a las telecomunicaciones, pero la electrificación y los caminos continúan siendo un factor deficitario, así como el acceso a agua potable, el manejo de los recursos hídricos y el control de las inundaciones.

Cuadro 2.16 Indicadores de calificación de la infraestructura, países de Centroamérica

	General	Carretera	Ferrocarril	Puertos	Aeropuertos	Electricidad	Telefonía*
Costa Rica	2,4	2,0	1,4	2,2	4,6	5,5	32,1
El Salvador	4,6	5,0	1,4	3,5	5,6	5,0	14,1
Guatemala	3,6	3,8	1,3	3,7	4,5	4,8	9,9
Honduras	3,4	3,5	1,4	4,7	4,5	4,0	6,9
Nicaragua	2,4	2,5	1,1	2,3	4,1	2,3	3,8
Promedio	**3,4**	**3,5**	**1,5**	**3,7**	**4,8**	**4,5**	**13,4**

Fuente: Núñez (2008).
Nota: La calificación va de 1 a 7, excepto en (*) que es el número de líneas por 100 habitantes.

Extensionismo, investigación y desarrollo
Mucho se ha escrito sobre innovación y adaptación tecnológica del sector agrícola en la región, y sobre los efectos de las políticas llevadas a cabo en las últimas décadas. La conclusión general es que, a pesar de los esfuerzos y tal vez con la excepción de Costa Rica, mucho queda por hacer para mejorar la creación, la difusión y la adaptación de tecnología en la región.

ASTI (2008), por ejemplo, estudia el marco institucional y el esfuerzo en investigación y desarrollo (I&D) en Centroamérica, remarcando la gran diversidad entre países a pesar de los parecidos bioproductivos, socioeconómicos y culturales. En países como Guatemala y El Salvador, la investigación y el desarrollo agrícola se encuentran en gran parte a cargo de agencias de gobierno, mientras que la mayoría de la investigación en Honduras, Nicaragua y Costa Rica es llevada a cabo por instituciones de educación superior. El sector no gubernamental, que incluye a las organizaciones de productores, juega un papel importante en la realización de investigación y desarrollo agrícola en Honduras y Costa Rica, pero no tanto en otros países, donde el sector se encuentra menos organizado.

De acuerdo a este estudio, el gasto total en I&D de la región se ha mantenido constante desde principios de los ochenta, donde los incrementos del gasto en Costa Rica (30%) y Belice han sido compensados por recortes en otros, como Guatemala y El Salvador (40% respectivamente). Algunos países han intentado, con suertes diversas, crear fondos para este fin con impuestos sobre la producción agrícola o las exportaciones, mientras que otros han tenido éxito en la comercialización de sus resultados de investigación.

El gasto en I&D se distribuye muy desigualmente. De los US$92 millones que gastaba la región en 2006, Costa Rica, que tiene el sistema más avanzado y que juega un rol importante en el desarrollo de nuevas tecnologías (particularmente en horticultura e industrias procesadoras de alimentos), representa un tercio del total y Nicaragua, que depende en gran medida de fondos de donantes extranjeros, otro tanto.

Además el origen de los fondos varía entre países. El Salvador y Panamá, por ejemplo, se basan casi exclusivamente en los fondos proporcionados por sus gobiernos nacionales; Nicaragua, por el contrario, ha sido tradicionalmente muy dependiente de los donantes. Por otro lado, agencias en Costa Rica y Honduras muestran una creciente necesidad de los recursos generados internamente, que en parte puede explicarse por los grandes sectores no gubernamentales en esos países.

Respecto al uso de estos recursos también existe diversidad, aunque se observa un sesgo regional hacia los de exportación (como el café, las frutas, las hortalizas y la pesca). En el caso de Costa Rica, por ejemplo, los organismos de educación superior se centran en los principales cultivos de exportación, mientras que el Inta (Instituto Nacional de Innovación y Transferencia en Tecnología Agropecuaria) se aboca más a desarrollos para pequeños agricultores.

Las grandes empresas privadas juegan un rol significativo a través de la compra directa de tecnología, el empleo de consultores y especialistas, o la adopción de tecnologías del mundo desarrollado. Tal ha sido el caso de productos no tradicionales como el camarón, el melón y las flores de exportación. Esto genera una dicotomía importante en la región: grandes productores que tienden a estar cerca de la frontera de eficiencia y pequeños productores que están lejos y no tienen los medios ni las herramientas para mejorar.

El esfuerzo de Centroamérica se puede medir como el ratio entre el gasto total en I&D agrícola sobre el PIB sectorial, que se encuentra en el orden del 0,31%. Este ratio se incrementa un poco si se incluyen las agencias regionales como CATIE (Centro Agronómico Tropical de Investigación y Enseñanza). Aun así es muy bajo comparado con otros países de América Latina e incluso con otros países en vías de desarrollo. México y Colombia, por ejemplo, muestran ratios de 1,27 y 0,49, respectivamente, mientras regiones como África Subsahariana alcanza 0,72.

Otros inconvenientes del sistema de innovación de la región son su naturaleza fragmentada, la falta de eficiencia y la duplicación de esfuerzos, tanto a nivel nacional como regional. Claramente las semejanzas entre países permitirían utilizar mejor los recursos si se fomentase más un abordaje regional del problema; SICTA (Sistema de Integración Centroamericano de Tecnología Agrícola) ha sido un avance al respecto, pero queda mucho por hacer. También existe potencial para mejorar sensiblemente si se organiza mejor a los productores, favoreciendo y promoviendo redes para difusión y adaptación, que podrían ser regionales. Además, la promoción de tecnología no puede estar divorciada de las políticas de fomento de la exportación y de la generación de nuevos productos.

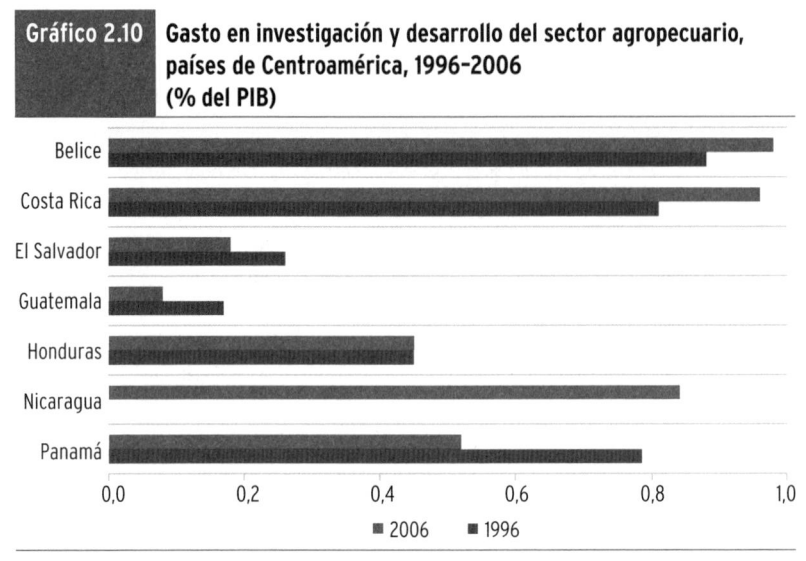

Gráfico 2.10	Gasto en investigación y desarrollo del sector agropecuario, países de Centroamérica, 1996-2006 (% del PIB)

Belice	
Costa Rica	
El Salvador	
Guatemala	
Honduras	
Nicaragua	
Panamá	

0,0   0,2   0,4   0,6   0,8   1,0

■ 2006   ■ 1996

Fuente: ASTI (2008).

Por las características de la región, los mayores beneficios que otorgaría la mejora en la tecnología de producción parecería estar en aquellos pequeños productores que, a menudo, se encuentran en situación de pobreza. Una mejora de la eficiencia productiva tendrá roles redistributivos importantes en una región de elevada pobreza y desigualdad del ingreso.

En síntesis: problemas de bajos retornos sociales
De esta primera aproximación regional surge que es evidente que existen bajos retornos sociales. Algunos problemas son comunes a toda la región, como es el caso del acceso a la infraestructura rural. Igualmente los temas de capital humano tocan a varios de los países. Sin embargo como afectan en particular al sector agrícola, depende de la realidad de cada país.

Problemas de apropiabilidad

Existen diversos problemas de apropiabilidad en la región, que en general reflejan inconvenientes institucionales más complejos. Como se muestra en el cuadro 2.17, varios de los países tienen problemas de efectividad gubernamental, corrupción, Estado de derecho, entre otros temas.

Cuadro 2.17 Indicadores de gobernabilidad en Centroamérica, países seleccionados

		Guatemala	Nicaragua	Honduras	El Salvador	Costa Rica
Voz y rendición de cuentas	Índice	-0,37	-0,01	-0,14	0,26	0,99
	Posición	134	111	120	99	50
Estabilidad política	Índice	-0,89	-0,16	-0,78	-0,14	0,76
	Posición	167	129	160	128	64
Efectividad gubernamental	Índice	-0,70	-0,78	-0,64	-0,30	0,30
	Posición	148	158	144	114	76
Calidad regulatoria	Índice	-0,26	-0,31	-0,44	0,12	0,61
	Posición	109	117	128	87	64
Estado de derecho	Índice	-1,04	-0,70	-0,78	-0,37	0,54
	Posición	178	140	151	117	72
Control de la corrupción	Índice	-0,98	-0,62	-0,67	-0,39	0,38
	Posición	168	133	140	114	69

Fuente: Worldwide Governance Indicators (WGI).

En épocas recientes el crimen ha sido un problema en aumento. Esta situación, sumada a instituciones débiles, genera una percepción de inseguridad jurídica que afecta la gobernabilidad. Como se aprecia en el siguiente cuadro para varios de los países de la región es posible un escenario de amenazas al orden democrático (véase el cuadro 2.18).

Sin embargo, en cierta manera, estos son problemas transversales que afectan a toda la economía y no sólo al sector agrícola. Por eso no necesariamente son la restricción "activa" que afecta al crecimiento del sector. El efecto principal es que en varios países las instituciones vinculadas al sector agropecuario actúan de manera desarticulada entre sí.

Aparte de los riesgos institucionales, están los temas tributarios. Sin embargo, esto tampoco pareciera ser un problema en la región. Como lo documenta Arias (2007) el sector agrícola más bien recibe apoyos netos desde el sector público. Por lo tanto, si afecta la apropiabilidad del sector, lo hace más bien como una posible amenaza a futuro de reducir los apoyos públicos y cobrar impuesto. Sin embargo, no parecería ser algo inminente y por lo tanto una restricción activa.

Un tema que sí impacta al sector es que en la mayoría de los países de la región los derechos de propiedad de la tierra no están bien

Cuadro 2.18 Situaciones estratégicas prototípicas de inseguridad ciudadana y Estado de derecho en Centroamérica, 2007

Situación prototípica	Países que se aproximan	Resultados del ejercicio de escenario a mediano plazo
Alta violencia social y delictiva, intensa inseguridad ciudadana, frágiles o incipientes Estados de derecho, aplicación de mano dura.	Guatemala, Honduras y El Salvador	Muy alta probabilidad de amenazas severas al orden democrático.
Baja violencia social y delictiva, inseguridad ciudadana en aumento, frágiles Estados de derecho y poca o nula aplicación de mano dura.	Nicaragua y Panamá	Alta probabilidad de amenazas severas al orden democrático.
Baja violencia social y delictiva, inseguridad ciudadana en aumento, sólido Estado de derecho y nula aplicación de mano dura.	Costa Rica	Baja probabilidad de amenazas severas al orden democrático.

Fuente: Informe del Estado de la Región (2008).

definidos y hay un elevado porcentaje de tierras sin titular. Este ha sido históricamente un asunto controvertido y muchos de los países cayeron en reformas agrarias que afectaron derechos de propiedad y la eficiencia en la asignación del recurso. Sin embargo, como hemos visto la extensión de tierras cultivadas ha aumentado a través de diversos arreglos formales o informales. El tema de la propiedad de la tierra pareciera afectar más el acceso al crédito que representar un riesgo de apropiabilidad.

Externalidades, efectos derivados y fallas de coordinación
Revisados los temas anteriores, quizás el problema más importante en términos de apropiabilidad sean las cuestiones derivadas de las fallas de coordinación. La actividad agrícola requiere una concatenación de diversos actores. El productor agropecuario precisa proveedores de insumos y servicios, y aguas abajo necesita acopiadores, industrias manufactureras, exportadores o comercializadores. A priori, en tanto que los países son relativamente chicos y los productores son tomadores de precios, no tienen intereses contrapuestos como para dificultar el cooperativismo o el desarrollo de asociaciones de productores (como los grupos CREA

en Argentina), que favorezcan externalidad de aprendizaje y que ayuden a la difusión de tecnologías y mejores prácticas. Incluso estas asociaciones permiten lograr escala para exportar o negociar mejores precios con los compradores de sus productos o los proveedores de insumos. Sin embargo, no son comunes y constituyen más la excepción que la regla. La difusión de buenas prácticas es baja, especialmente entre los productores tradicionales.

Las externalidades por el descubrimiento de nuevos productos suelen ser muy altas en el sector agropecuario, lo que en general lleva a un nivel de innovación por debajo del nivel óptimo. Se observa en la región un auspicioso crecimiento de productos no tradicionales, pero cabe preguntarse si no se requiere una intervención del Estado mayor para potenciar el dinamismo. Los productos de exportación están muy orientados al mercado de Estados Unidos y Europa, y tienen muy poca inserción internacional en otras regiones. La incursión en países de alto crecimiento como China e India requiere adaptar la producción a sus necesidades y no resulta claro cómo esto puede coordinarse.

Un típico problema del sector son las dificultades de imponer controles de calidad y normas fitosanitarias, ya que los productores tienen tendencia a ser evasores. Aquí usualmente se requiere que el Estado imponga estándares y controle el cumplimiento. Diversos ejemplos en la región, como el de la producción de cerdo, muestran que este proceso funciona imperfectamente y que hay mucho para mejorar. Aquellos productores que lograron introducir buenas prácticas y certificaciones se han beneficiado en gran medida, como por ejemplo las comunidades de agricultores indígenas en Guatemala, que no sólo han logrado insertar los productos que antes vendían al mercado interno en Europa y Estados Unidos, sino que han mejorado en otras áreas, como la administración del negocio y el logro de un espíritu más empresario. Otro ejemplo exitoso es el de los productores de café de este país, que ante la crisis de precios que afectó seriamente a la industria, respondieron con cooperativismo entre pequeños productores para lograr un salto de calidad que les permitiera subsistir en un mercado más competitivo, implementando trazabilidad, diversificación agropecuaria y capacitación.

Finalmente es importante destacar también el crecimiento de las Organizaciones no Gubernamentales (ONG), que han operado activamente en el sector rural, muchas veces con un énfasis claro en la lucha contra la pobreza y el desarrollo rural. Estas tienen un rol significativo y pueden ser un vehículo para mejorar la productividad, sobre todo en los pequeños productores agropecuarios con mayores retrasos tecnológicos.

Consideraciones finales

Las variables analizadas reflejan el potencial y la vulnerabilidad del sector agropecuario de Centroamérica y la República Dominicana. Las políticas que se diseñen para mejorar el acceso al financiamiento, la tecnología y el desarrollo de nuevos productos en la región, así como el acceso a nuevos mercados y la reducción de la pobreza y la desigualdad deberán ser consideradas en un espectro más amplio que el sector rural-agropecuario. En una región signada por heterogeneidad productiva, infraestructura inadecuada, impacto continuo de desastres climáticos, falta de ambiente inversor y escaso desarrollo de capital humano, y por ende de nuevos emprendimientos, se hace necesario comprender las particularidades y las generalidades de cada país para tener una agenda de políticas agropecuarias comunes. Entender las políticas regionales para el sector como algo que trasciende las esferas de lo agropecuario es fundamental. Uno de los principales desafíos consiste en elevar la competitividad y generalizarla a todas las actividades del sector agropecuario, prestando atención a su heterogeneidad, procurando nivelar hacia arriba la competitividad sectorial, aprovechando las oportunidades que brinda el sector y explotando el espacio para la cooperación entre los países.

En muchos de ellos se observa cierta ausencia del Estado para fomentar el cambio, la innovación y el crecimiento del sector agropecuario, que durante muchos años no fue visto como un pilar del crecimiento y se puso más énfasis en la promoción de las maquilas. Debido al acento en reducir los déficits fiscales crónicos, en los ochenta y los noventa se diluyeron muchas instituciones públicas, que si bien podrían no haber estado funcionando de la mejor manera, existían por la necesidad de apuntalar políticas sectoriales específicas. El retiro del sector implicó que, implícita o explícitamente, algunas funciones antes contempladas por organismos gubernamentales fueran traspasadas a la esfera privada y que otras quedaran en las instituciones estatales pero bajo restricciones financieras.

El Estado no ha procurado activamente mejorar los retornos sociales del sector. En la década de 2000 hay un renovado interés por el agro que muestra cierto dinamismo interesante, pero persiste la dicotomía y el debate de especializarse en productos de exportación, modelo seguido por Costa Rica, o de apuntar a la seguridad alimentaria, como en los esquemas de subsidios de República Dominicana y Panamá. Si el objetivo de la política es apuntalar la agricultura de alto valor agregado, el énfasis debiera estar en explotar las ventajas comparativas y en promover los cultivos de exportación. Para eso se requiere coordinar decisiones entre el sector público y el privado, a fin de superar algunos obstáculos fundamentales tales como: la ausencia de bienes públicos sectoriales (asegurar la trazabilidad y la inocuidad alimentaria, cumplir con las normas fitosanitarias en los países de destino), la inexistencia de servicios de logística (acopio, redes de frío, contacto con los importadores en los países de destino, uniformidad en la calidad, etc.), la baja calidad de la infraestructura rural, la escasez de capital humano, la pobre difusión y adaptación tecnológica, y la insuficiente capacidad de aeropuertos y puertos, entre otros.

En este sentido, existen dos dimensiones importantes por explorar. En primer lugar están las agendas nacionales. En muchos de los países de la región existe una alta coincidencia entre las barreras al crecimiento del sector agrícola y las barreras al crecimiento de la economía como un todo. Dadas las fallas de gobierno y la dificultad de coordinación a nivel estatal, esto haría más sencilla la intervención del Estado, ya que serían acciones fáciles de priorizar y justificar. Así por ejemplo, el área de infraestructura es común al sector agrícola y a otros sectores de la economía en el caso de Guatemala, Honduras y Nicaragua. Dado además que las mejoras en el área no sólo implican el camino rural, sino toda la logística para llegar al puerto o al mercado, es evidente que se trata de un problema que puede tener implicaciones para otros sectores. De igual manera, los temas de capital humano son comunes para todos los sectores económicos en Honduras y Guatemala, donde la cuestión principal es la provisión de servicios sociales en el área rural. Evidentemente, la solución de este tema beneficiaría a otros sectores distintos al agrícola.

De igual manera, debido a la naturaleza de los problemas y la escala de los países, muchos se podrían resolver más eficientemente desde una óptica regional, lo que requiere un esfuerzo de coordinación mayor. Es importante señalar, en este sentido, que a partir de noviembre de 2005 se inició la preparación de una política agrícola regional, para cuya formulación el Consejo Agropecuario Centroamericano designó un grupo de trabajo con representantes de cada uno de los ministros de Agricultura de

Centroamérica. Este grupo de trabajo cuenta con el apoyo de la Secretaría Ejecutiva del Consejo Agropecuario Centroamericano. En este ámbito se ha aprobado la Política Agrícola Centroamericana 2008-2017 (PACA), la Estrategia Regional Agroambiental y de Salud (ERAS), la Estrategia Centroamericana de Desarrollo Rural Territorial (Ecadert) y la Estrategia Regional de Granos Básicos (EGB). Además se autorizó la propuesta del Mecanismo de Coordinación de acciones regionales en materia de sanidad agropecuaria, pesquera e inocuidad de los alimentos. También se ha decidido la incorporación de RUTA a la estructura del Consejo Agropecuario Centroamericano, institución que pasará a llamarse Unidad Regional para el Desarrollo Rural Sostenible de Centroamérica y República Dominicana, y tendrá como objetivo fortalecer la institucionalidad regional y nacional del sector agropecuario para una mayor articulación en la formulación, la ejecución, el seguimiento y la evaluación de las políticas relativas al desarrollo del sector rural. Estas medidas recientes parecen señalar un cambio importante en la visión de los países respecto de la importancia y el potencial del sector agropecuario, y la decisión de avanzar en la coordinación regional de políticas, aspectos muy necesarios para profundizar el cambio y realizar el potencial del sector agropecuario en la región.

Referencias

Arias, Diego. 2007. "Agricultural support policies and programs in Central America and the Dominican Republic in light of trade liberalization", Documento de trabajo RE2-07-001. Washington, DC: Banco Interamericano de Desarrollo.

ASTI, 2008 "I&D agropecuaria en América Central: políticas, inversiones y perfil institucional" Informe regional ASTI (Indicadores de Ciencia y Tecnología Agrícola) elaborado por Gert-Jan Stads, Frank Hartwich, David Rodríguez y Francisco Enciso.

Auguste, Sebastián. 2010. "Competitividad y crecimiento en honduras", Documento de trabajo. Washington, DC: Banco Interamericano de Desarrollo, en prensa.

Beintema, N. M., and G. J. Stads. 2006. *Agricultural R&D in Sub-Saharan Africa: An era of stagnation*. ASTI Background Paper. Washington, D.C.: IFPRI.

Bils, Mark y Peter J. Klenow. 2000. "Does Schooling Cause Growth?". En: *American Economic Review*, vol. 90(5), diciembre, 1160–1183.

Bratsberg, Bernt y Dek Terrell. 2002. "School Quality and Returns to Education of U.S. Immigrants". En: *Economic Inquiry*, 40(2), abril, 177–198.

Harmeling, Sven. 2007. *Global Climate Risk Index 2008. Weather-related loss events and their impacts on countries in 2006 and in long-term comparison*. Berlín: Germanwatch. Disponible: www.germanwatch.org/klima/cri.htm.

Hausmann, Ricardo y Dani Rodrik. 2005. "Self-Discovery in a Development Strategy for El Salvador". En: *Economía – Journal of the Latin American and Caribbean Economic Association*, 6(1), 43–101.

IICA (Instituto Interamericano de Cooperación para la Agricultura). 2007. "Situación y perspectivas de la agricultura en ALC desde la perspectiva tecnológica". Documento mimeografiado. San José: IICA.

Jiménez Umaña, Manuel. 2002. "Estrategia para el manejo de la sequía en el sector agropecuario de Centroamérica. Versión Preliminar". Documento mimeografiado. San José: 2000–2004 Quinquenio Centroamericano para la Reducción de las Vulnerabilidades y el Impacto de los Desastres.

Leary, Neil, Jyoti Kulkarni y Clark Seipt. 2007. *Assessment of Impacts and Adaptation to Climate Change (AIACC): Final Report*. Washington,

D. C.: AIACC Implementing Agency of the United Nations Environment Programme (UNEP).

Lennox, Julie (coord.). 2011. *La economía del cambio climático en Centroamérica. Reporte técnico 2011*. México: CEPAL.

Martínez Valle, L. 2006. "Las organizaciones de segundo grado como nuevas formas de organización de la población rural". En: De Grammont, Hubert C. (comp.). *La construcción de la democracia en el campo latinoamericano*. Buenos Aires: CLACSO.

McCarl, Bruce A., Richard M. Adams y Brian H. Hurd. 2001. *Global Climate Change and its Impact on Agriculture*. Documento mimeografiado.

Molua, E. y C. Lambi. 2007. "The economic impact of climate change on agriculture in Cameroon". Policy Research Working Paper Nº 4364. Washington, DC: Banco Mundial. Disponible: *papers.ssrn.com*

Núñez Sandoval, O. A. 2008. "Honduras Inversión y Crecimiento". Documento mimeografiado. Tegucigalpa: CIPRES.

Pomareda, C. 2005. "Innovación y competitividad en la agricultura de Centroamérica ante la apertura comercial". Discurso especial preparado para la reunión de consulta de los actores regionales del ISNAR, San José, 6 y 7 de abril.

Ramírez, Diana, Juan Luis Ordaz y Jorge Mora. 2010. *Istmo centroamericano: efectos del cambio climático sobre la agricultura*. México: CEPAL.

Schimmelpfennig, D. et al. 1996. "Agricultural Adaptation to Climate Change: Issues of Long Run Sustainability". En: *Agricultural Economic Report*, Nº 740. Washington, D. C.: US Department of Agriculture (USDA).

Serna Hidalgo, Braulio. 2003 "Retos y oportunidades del crecimiento agropecuario en el Istmo Centroamericano". En: CEPAL (Comisión Económica para América Latina y el Caribe). *Desafíos y oportunidades del desarrollo agropecuario sustentable centroamericano*. México: CEPAL.

Stads, Gert-Jan, Beatriz Cotro y Mario Allegri. 2008. *Uruguay. ASTI Cuaderno de país Nº 43*. Washington, D.C.: IFPRI.

Stads, Gert-Jan y Carlos Covarrubias Zúñiga. 2008. *Chile. ASTI Cuaderno de país Nº 42*. Washington, D.C.: IFPRI.

Stads, Gert-Jan et al. 2008. "Agricultural R&D in Central America. Policy, investments, and institutional profile". ASTI Regional Report. Washington, D.C.: IFPRI.

Stads, Gert-Jan y Luis Romano. 2008. *Colombia*. ASTI Cuaderno de país N° 39. Washington, D.C.: IFPRI.

Trejos, Rafael, Oswaldo Segura y Joaquín Arias Segura. 2004. *More than food on the table: Agriculture's true contribution to the economy*. San José: Inter-American Institute for Cooperation on Agriculture.

Vega, Edwin y Luis Gámez. 2003. "Implicaciones económicas de los eventos hidrometeorológicos en Costa Rica: 1996-2001". Documento mimeografiado.

Anexo A
Estructura productiva por países

Cuadro A1 Evolución de los principales 20 productos agropecuarios producidos por Costa Rica, 1961-2007

Posición	2007 Producto	I$1000	MT	2000 Producto	I$1000	MT	1990 Producto	I$1000	MT	1975 Producto	I$1000	MT	1961 Producto	I$1000	MT
1	Piña tropical	380.591	1.968.000	Bananas	303.688	2.181.000	Bananas	226.590	1.740.000	Bananas	171.110	1.220.690	Carne vacuna indígena	65.210	31.529
2	Bananas	289.167	2.079.106	Leche entera vaca (fresca)	191.970	721.855	Carne vacuna indígena	181.222	87.620	Carne vacuna indígena	148.564	71.830	Bananas	50.910	398.339
3	Leche entera vaca (fresca)	236.675	889.958	Piña tropical	174.655	903.125	Café verde	123.533	151.100	Leche entera vaca (fresca)	68.758	258.550	Café verde	50.499	61.769
4	Carne vacuna indígena	172.339	83.325	Carne vacuna indígena	169.636	82.018	Leche entera vaca (fresca)	123.343	463.800	Café verde	65.607	80.248	Leche entera vaca (fresca)	31.380	118.000
5	Carne de pollo indígena	115.151	98.722	Café verde	131.950	161.395	Piña tropical	81.900	423.500	Caña de azúcar	46.916	2.323.870	Caña de azúcar	21.734	1.069.722
6	Café verde	101.422	124.055	Carne de pollo indígena	84.903	72.790	Caña de azúcar	53.898	2.630.000	Arroz con cáscara	40.477	195.636	Arroz con cáscara	12.093	60.400
7	Naranjas	74.513	424.000	Caña de azúcar	78.167	3.800.000	Carne de pollo indígena	49.145	42.134	Aguacates	16.065	25.000	Cacao en grano	8.163	10.600

(continúa en la página siguiente)

Cuadro A1 Evolución de los principales 20 productos agropecuarios producidos por Costa Rica, 1961-2007 (continuación)

Posición	2007 Producto	2007 I$1000	2007 MT	2000 Producto	2000 I$1000	2000 MT	1990 Producto	1990 I$1000	1990 MT	1975 Producto	1975 I$1000	1975 MT	1961 Producto	1961 I$1000	1961 MT
8	Caña de azúcar	73.211	3.561.380	Naranjas	71.174	405.000	Arroz con cáscara	45.638	217.643	Plátanos	14.072	66.782	Naranjas	6.889	39.200
9	Aceite de palma	56.192	185.600	Arroz con cáscara	55.900	266.420	Huevos gallina cásc.	26.018	32.605	Huevos gallina cásc.	13.272	15.496	Aguacates	6.811	10.600
10	Otros melones (incl. cantal.)	44.640	251.765	Aceite de palma	41.493	137.051	Aceite de palma	22.155	73.178	Naranjas	11.950	68.000	Huevos gallina cásc.	6.460	7.500
11	Carne de cerdo indígena	39.640	39.145	Otros melones (incl. cantal.)	31.349	176.804	Naranjas	19.452	110.690	Aceite de palma	6.660	22.000	Frijoles secos	6.360	16.376
12	Arroz con cáscara	37.321	179.577	Huevos gallina cásc.	31.265	40.958	Aguacates	14.780	23.000	Frijoles secos	5.891	14.625	Plátanos	6.342	30.100
13	Otras frutas	35.092	220.000	Carne de cerdo indígena	31.137	30.748	Carne de cerdo indígena	14.452	14.271	Carne de cerdo indígena	5.674	5.603	Carne de cerdo indígena	5.240	5.175
14	Huevos gallina cásc.	31.576	41.887	Otras frutas	30.306	190.000	Frijoles secos	13.713	34.260	Tabaco bruto	5.429	2.978	Maíz	4.763	51.913
15	Plátanos	18.195	86.400	Yuca	19.888	276.000	Yuca	13.691	190.000	Cacao en grano	5.090	6.609	Hortal. nep.	2.383	12.700

(continúa en la página siguiente)

Cuadro A1 Evolución de los principales 20 productos agropecuarios producidos por Costa Rica, 1961-2007 (*continuación*)

Posición	2007 Producto	2007 I$1000	2007 MT	2000 Producto	2000 I$1000	2000 MT	1990 Producto	1990 I$1000	1990 MT	1975 Producto	1975 I$1000	1975 MT	1961 Producto	1961 I$1000	1961 MT
16	Aguacates	16.065	25.000	Aguacates	15.423	24.000	Otros melones (incl. cantal.)	8.617	48.600	Hortal. nep.	4.503	24.000	Tabaco bruto	2.127	1.167
17	Mangos, mangostanes y guayabas	11.979	49.200	Plátanos	12.089	57.373	Hortal. nep.	6.755	36.000	Carne de pollo indígena	3.697	3.170	Papas	1.952	15.803
18	Tomates	10.306	43.500	Papas	10.347	77.959	Otras frutas	6.699	42.000	Tomates	3.672	15.500	Tomates	1.942	8.200
19	Hortal. nep.	9.382	50.000	Melón	7.999	76.717	Papas	6.557	49.500	Otras frutas	3.509	22.000	Algodón (fibra)	1.790	1.206
20	Papas	8.804	66.050	Mangos, mangostanes y guayabas	7.986	32.800	Plátanos	5.929	28.140	Papas	3.047	24.094	Carne de pollo indígena	1.767	1.515

Cuadro A2 — Evolución de los principales 20 productos agropecuarios producidos por El Salvador, 1961-2007

Posición	2007 Producto	2007 I$1000	2007 MT	2000 Producto	2000 I$1000	2000 MT	1990 Producto	1990 I$1000	1990 MT	1975 Producto	1975 I$1000	1975 MT	1961 Producto	1961 I$1000	1961 MT
1	Leche entera vaca (fresca)	142.454	535.664	Leche entera vaca (fresca)	102.855	386.760	Café verde	120.344	147.200	Café verde	131.966	161.415	Café verde	100.151	122.500
2	Carne de pollo indígena	116.035	99.480	Caña de azúcar	101.221	5.140.322	Leche entera vaca (fresca)	72.285	271.780	Algodón (fibra)	110.454	74.406	Algodón (fibra)	62.268	41.946
3	Café verde	78.041	95.456	Café verde	93.272	114.087	Caña de azúcar	58.734	2.956.500	Leche entera vaca (fresca)	62.575	235.300	Carne vacuna indígena	42.192	20.400
4	Caña de azúcar	73.523	4.956.477	Carne de pollo indígena	89.470	76.705	Carne vacuna indígena	56.257	27.200	Caña de azúcar	58.686	3.166.000	Leche entera vaca (fresca)	40.476	152.200
5	Huevos gallina cásc.	54.857	70.000	Carne vacuna indígena	61.032	29.509	Maíz	54.405	602.609	Carne vacuna indígena	53.920	26.070	Maíz	18.850	176.300
6	Carne vacuna indígena	50.995	24.656	Huevos gallina cásc.	50.002	61.278	Carne de pollo indígena	38.073	32.641	Maíz	43.818	439.245	Caña de azúcar	15.394	895.900
7	Frijoles secos	41.366	99.305	Frijoles secos	27.988	68.163	Huevos gallina cásc.	37.561	44.890	Huevos gallina cásc.	23.044	26.950	Semilla de algodón	12.118	74.800
8	Maíz	37.479	836.695	Aguacates	25.705	40.000	Aguacates	24.419	38.000	Semilla de algodón	20.572	125.100	Huevos gallina cásc.	12.086	14.100

(continúa en la página siguiente)

Cuadro A2 Evolución de los principales 20 productos agropecuarios producidos por El Salvador, 1961-2007 (*continuación*)

Posición	2007 Producto	I$1000	MT	2000 Producto	I$1000	MT	1990 Producto	I$1000	MT	1975 Producto	I$1000	MT	1961 Producto	I$1000	MT
9	Plátanos	18.040	88.526	Maíz	21.609	582.676	Frijoles secos	21.394	52.670	Aguacates	17.993	28.000	Aguacates	10.539	16.400
10	Carne de cerdo indígena	17.980	17.755	Plátanos	13.533	66.516	Naranjas	18.821	107.100	Frijoles secos	16.211	39.643	Carne de cerdo indígena	8.949	8.837
11	Sorgo	17.192	181.694	Sorgo	13.194	148.942	Sorgo	13.839	160.623	Carne de cerdo indígena	13.295	13.129	Sorgo	7.378	84.430
12	Limones y limas	13.381	51.215	Carne de cerdo indígena	10.789	10.654	Arroz con cáscara	12.828	61.691	Sorgo	12.674	174.800	Hortal. nep.	6.699	35.700
13	Naranjas	11.770	66.978	Arroz con cáscara	9.934	47.204	Carne de cerdo indígena	11.155	11.016	Arroz con cáscara	12.669	60.720	Bananas	6.601	49.000
14	Papayas	10.238	65.295	Bananas	8.379	65.000	Semillas de sésamo	9.587	12.500	Naranjas	8.206	46.695	Mangos, mangostanes y guayabas	5.843	24.000
15	Tomates	9.484	40.032	Melón	8.211	78.752	Melón	9.113	87.400	Bananas	7.096	53.000	Naranjas	4.463	25.400
16	Melón	9.230	88.529	Coco	6.653	73.563	Bananas	8.153	62.560	Carne de pollo indígena	6.916	5.930	Piña tropical	4.119	21.300

(*continúa en la página siguiente*)

Cuadro A2. Evolución de los principales 20 productos agropecuarios producidos por El Salvador, 1961-2007 (continuación)

Posición	2007 Producto	2007 [$1000	2007 MT	2000 Producto	2000 [$1000	2000 MT	1990 Producto	1990 [$1000	1990 MT	1975 Producto	1975 [$1000	1975 MT	1961 Producto	1961 [$1000	1961 MT
17	Bananas	8.450	65.000	Naranjas	6.547	37.258	Algodón (fibra)	7.374	4.968	Mangos, mangostanes y guayabas	6.135	25.200	Frijoles secos	3.905	10.479
18	Arroz con cáscara	6.637	31.540	Limones y limas	6.532	25.000	Coco	7.076	78.241	Piña tropical	5.708	29.520	Arroz con cáscara	3.600	17.882
19	Chiles, pim. picantes y pim. verdes	6.001	17.390	Tomates	5.058	21.352	Limones y limas	6.009	23.000	Tabaco bruto	5.263	2.887	Limones y limas	3.553	13.600
20	Maíz verde	5.903	30.000	Semillas de sésamo	4.992	6.348	Tomates	5.830	24.610	Melón	4.874	46.745	Carne de pollo indígena	3.236	2.775

Cuadro A3 Evolución de los principales 20 productos agropecuarios producidos por Guatemala, 1961-2007

Posición	2007 Producto	2007 I$1000	2007 MT	2000 Producto	2000 I$1000	2000 MT	1990 Producto	1990 I$1000	1990 MT	1975 Producto	1975 I$1000	1975 MT	1961 Producto	1961 I$1000	1961 MT
1	Caña de azúcar	526.867	25.436.764	Caña de azúcar	343.170	16.552.400	Caña de azúcar	198.449	9.603.100	Algodón (fibra)	158.125	106.519	Café verde	82.246	100.600
2	Bananas	223.521	1.569.460	Café verde	255.127	312.060	Café verde	165.474	202.400	Carne vacuna indígena	120.434	58.229	Carne vacuna indígena	70.859	34.260
3	Café verde	206.025	252.000	Carne de pollo indígena	157.011	134.610	Carne vacuna indígena	139.151	67.278	Café verde	113.715	139.091	Maíz	55.419	518.100
4	Carne de pollo indígena	160.027	137.195	Carne vacuna indígena	128.235	62.001	Maíz	130.744	1.272.240	Caña de azúcar	105.470	5.093.000	Bananas	44.890	369.000
5	Carne vacuna indígena	130.409	63.052	Bananas	117.570	830.000	Carne de pollo indígena	79.619	68.260	Maíz	86.164	933.542	Leche entera vaca (fresca)	38.295	144.000
6	Maíz	92.674	1.294.394	Maíz	77.942	1.053.550	Leche entera vaca (fresca)	66.818	251.255	Leche entera vaca (fresca)	71.829	270.095	Algodón (fibra)	32.673	22.010
7	Leche entera vaca (fresca)	89.940	338.200	Leche entera vaca (fresca)	69.045	259.628	Bananas	62.591	454.215	Bananas	46.173	374.000	Caña de azúcar	31.528	1.533.000

(continúa en la página siguiente)

Cuadro A3 Evolución de los principales 20 productos agropecuarios producidos por Guatemala, 1961-2007 (continuación)

Posición	2007 Producto	2007 l$1000	2007 MT	2000 Producto	2000 l$1000	2000 MT	1990 Producto	1990 l$1000	1990 MT	1975 Producto	1975 l$1000	1975 MT	1961 Producto	1961 l$1000	1961 MT
8	Aguacates	73.523	114.410	Huevos gallina cásc.	64.921	81.000	Algodón (fibra)	61.559	41.469	Frijoles secos	35.177	86.868	Huevos gallina cásc.	21.845	25.400
9	Huevos gallina cásc.	68.384	85.000	Mangos, mangostanes y guayabas	43.682	179.400	Huevos gallina cásc.	52.948	65.201	Semilla de algodón	29.391	177.326	Frijoles secos	16.545	40.900
10	Tomates	67.705	285.763	Tomates	40.838	172.365	Frijoles secos	48.598	118.182	Huevos gallina cásc.	26.360	31.220	Cítricos	12.967	36.100
11	Otros melones (incl. cantal.)	61.924	349.245	Frijoles secos	37.071	91.017	Tomates	33.407	141.000	Cítricos	26.221	73.000	Carne de cerdo indígena	12.591	12.433
12	Papas	60.086	419.249	Tabaco bruto	33.966	18.630	Limones y limas	30.814	117.934	Hortal. nep.	20.641	110.000	Hortal. nep.	11.202	59.700
13	Naranjas	47.801	272.000	Limones y limas	33.529	128.321	Hortal. nep.	30.478	162.423	Tomates	17.532	74.000	Tomates	7.937	33.500
14	Piña tropical	44.589	230.566	Otros melones (incl. cantal.)	33.032	186.300	Papas	24.022	172.762	Carne de pollo indígena	16.739	14.351	Aguacates	7.840	12.200
15	Frijoles secos	40.760	100.000	Nueces con cáscara	32.703	23.000	Semillas de sésamo	21.390	24.370	Tabaco bruto	15.096	8.280	Carne ovina indígena	6.023	3.044

(continúa en la página siguiente)

Cuadro A3 Evolución de los principales 20 productos agropecuarios producidos por Guatemala, 1961-2007 *(continuación)*

Posición	2007 Producto	2007 I$1000	2007 MT	2000 Producto	2000 I$1000	2000 MT	1990 Producto	1990 I$1000	1990 MT	1975 Producto	1975 I$1000	1975 MT	1961 Producto	1961 I$1000	1961 MT
16	Aceite de palma	39.358	130.000	Papas	30.749	216.994	Tabaco bruto	20.330	11.151	Carne de cerdo indígena	13.911	13.737	Semilla de algodón	5.737	36.000
17	Tabaco bruto	39.199	21.500	Plátanos	25.119	264.650	Nueces con cáscara	17.472	12.288	Aguacates	13.816	21.500	Carne de pollo indígena	5.703	4.890
18	Nueces con cáscara	38.390	27.000	Carne de cerdo indígena	24.797	24.487	Aguacates	16.708	26.000	Semillas de sésamo	11.160	12.705	Miel de abeja	5.228	3.000
19	Limones y limas	32.147	123.032	Hortal. nep.	24.394	130.000	Plátanos	16.538	237.360	Plátanos	9.693	46.000	Otras frutas	4.849	30.400
20	Mangos, mangostanes y guayabas	31.094	127.702	Caucho natural	23.137	43.137	Nuez moscada, macis y cardamomo	16.502	11.500	Otras frutas	6.858	43.000	Plátanos	4.547	21.600

EL SECTOR AGROPECUARIO DESDE LA ÓPTICA REGIONAL | 87

Cuadro A4 Evolución de los principales 20 productos agropecuarios producidos por Honduras, 1961-2007

Posición	2007 Producto	2007 I$1000	2007 MT	2000 Producto	2000 I$1000	2000 MT	1990 Producto	1990 I$1000	1990 MT	1975 Producto	1975 I$1000	1975 MT	1961 Producto	1961 I$1000	1961 MT
1	Café verde	178.188	217.951	Café verde	158.041	193.309	Bananas	140.474	1.045.718	Bananas	101.670	783.426	Bananas	97.240	737.145
2	Leche entera vaca (fresca)	175.999	661.800	Leche entera vaca (fresca)	151.881	571.111	Café verde	97.930	119.784	Carne vacuna indígena	82.188	39.737	Carne vacuna indígena	49.635	23.998
3	Carne de pollo indígena	162.137	139.004	Carne vacuna indígena	108.589	52.502	Carne vacuna indígena	95.057	45.959	Leche entera vaca (fresca)	53.303	200.436	Leche entera vaca (fresca)	32.338	121.600
4	Carne vacuna indígena	134.428	64.995	Carne de pollo indígena	86.324	74.008	Leche entera vaca (fresca)	92.984	349.644	Café verde	38.273	46.814	Maíz	27.482	258.402
5	Bananas	108.307	910.000	Caña de azúcar	79.751	3.974.000	Maíz	56.965	557.969	Maíz	36.170	358.129	Café verde	17.536	21.450
6	Caña de azúcar	99.928	5.958.300	Bananas	66.837	469.000	Caña de azúcar	54.583	2.897.863	Caña de azúcar	28.709	1.505.948	Frijoles secos	17.173	42.482
7	Plátanos	61.039	290.000	Plátanos	53.041	252.000	Plátanos	34.672	164.542	Plátanos	17.491	83.008	Plátanos	16.139	76.590
8	Aceite de palma	52.983	175.000	Maíz	50.477	533.598	Carne de pollo indígena	32.181	27.590	Huevos gallina cásc.	12.950	15.230	Caña de azúcar	16.037	804.300
9	Naranjas	50.964	290.000	Frijoles secos	35.392	84.980	Frijoles secos	28.563	73.616	Frijoles secos	12.710	32.406	Carne de cerdo indígena	9.502	9.384
10	Frijoles secos	44.402	108.499	Huevos gallina cásc.	30.989	41.241	Aceite de palma	23.615	78.000	Tabaco bruto	9.560	5.244	Huevos gallina cásc.	7.645	8.960
11	Maíz	41.907	617.158	Aceite de palma	28.762	95.000	Huevos gallina cásc.	23.122	28.480	Carne de cerdo indígena	8.545	8.438	Tabaco bruto	6.549	3.592

(continúa en la página siguiente)

Cuadro A4 Evolución de los principales 20 productos agropecuarios producidos por Honduras, 1961-2007 (*continuación*)

Posición	2007 Producto	I$1000	MT	2000 Producto	I$1000	MT	1990 Producto	I$1000	MT	1975 Producto	I$1000	MT	1961 Producto	I$1000	MT
12	Tomates	36.724	155.000	Naranjas	21.088	120.000	Carne de cerdo indígena	13.111	12.947	Hortal. nep.	8.256	44.000	Hortal. nep.	5.122	27.300
13	Otros melones (incl. cantal.)	34.575	195.000	Otros melones (incl. cantal.)	15.730	88.717	Piña tropical	11.876	61.410	Algodón (fibra)	7.613	5.129	Carne de pollo indígena	2.881	2.470
14	Piña tropical	29.782	154.000	Piña tropical	13.730	71.000	Hortal. nep.	10.883	58.000	Carne de pollo indígena	7.277	6.239	Arroz con cáscara	2.442	11.928
15	Huevos gallina cásc.	26.346	41.000	Tomates	10.988	46.380	Tomates	9.871	41.663	Arroz con cáscara	7.182	34.584	Mangos, mangostanes y guayabas	2.314	9.504
16	Pepinos y pepinillos	12.651	75.000	Hortal. nep.	10.696	57.000	Tabaco bruto	9.477	5.198	Naranjas	4.920	28.000	Aguacates	2.304	3.586
17	Tabaco bruto	11.267	6.180	Carne de cerdo indígena	9.627	9.507	Arroz con cáscara	9.152	43.970	Sorgo	3.574	52.271	Naranjas	1.966	11.190
18	Hortal. nep.	10.320	55.000	Tabaco bruto	9.179	5.035	Otros melones (incl. cantal.)	8.319	46.920	Otras frutas	3.509	22.000	Algodón (fibra)	1.958	1.319
19	Carne de cerdo indígena	10.030	9.905	Otras frutas	6.699	42.000	Otras frutas	6.380	40.000	Piña tropical	3.296	17.048	Sorgo	1.903	46.873
20	Calabazas, zapallos	9.842	67.000	Calabazas, zapallos	5.582	38.000	Naranjas	6.344	36.100	Aguacates	2.956	4.600	Yuca	1.456	20.216

EL SECTOR AGROPECUARIO DESDE LA ÓPTICA REGIONAL | 89

Cuadro A5 — Evolución de los principales 20 productos agropecuarios producidos por Nicaragua, 1961-2007

Posición	2007 Producto	I$1000	MT	2000 Producto	I$1000	MT	1990 Producto	I$1000	MT	1975 Producto	I$1000	MT	1961 Producto	I$1000	MT
1	Carne vacuna indígena	186.438	90.141	Leche entera vaca (fresca)	145.947	560.000	Carne vacuna indígena	118.468	57.278	Algodón (fibra)	182.365	122.848	Carne vacuna indígena	61.019	29.502
2	Leche entera vaca (fresca)	184.670	708.405	Carne vacuna indígena	135.755	65.636	Caña de azúcar	49.673	2.391.600	Carne vacuna indígena	131.881	63.763	Algodón (fibra)	48.542	32.700
3	Caña de azúcar	93.067	4.480.873	Caña de azúcar	73.200	3.524.355	Leche entera vaca (fresca)	41.997	157.920	Leche entera vaca (fresca)	87.550	446.210	Leche entera vaca (fresca)	47.688	224.320
4	Carne de pollo indígena	81.833	70.158	Frijoles secos	71.837	173.177	Algodón (fibra)	33.460	22.540	Caña de azúcar	47.305	2.277.595	Caña de azúcar	27.157	1.307.534
5	Café verde	74.323	90.909	Café verde	67.208	82.206	Maíz	31.397	293.030	Café verde	40.172	49.137	Café verde	18.967	23.200
6	Frijoles secos	69.840	168.560	Arroz con cáscara	59.558	289.600	Frijoles secos	29.303	71.309	Semilla de algodón	32.436	197.119	Frijoles secos	16.457	39.500
7	Arroz con cáscara	56.172	269.858	Carne de pollo indígena	53.299	45.695	Arroz con cáscara	25.180	120.890	Bananas	21.832	153.200	Maíz	15.412	140.200
8	Cacahuetes con cáscara	52.138	109.722	Maíz	44.176	412.195	Café verde	22.888	27.996	Carne de cerdo indígena	20.178	19.926	Plátanos	13.043	61.900
9	Maíz	50.231	484.704	Cacahuetes con cáscara	32.138	67.903	Huevos gallina cásc.	21.707	25.500	Huevos gallina cásc.	19.595	23.033	Semilla de algodón	9.543	58.800
10	Huevos gallina cásc.	15.794	21.456	Huevos gallina cásc.	15.121	19.706	Bananas	15.656	109.860	Maíz	19.564	192.105	Arroz con cáscara	7.801	38.659
11	Naranjas	12.653	72.000	Naranjas	11.423	65.000	Plátanos	13.486	64.000	Arroz con cáscara	18.553	89.000	Huevos gallina cásc.	7.111	8.300

(continúa en la página siguiente)

Cuadro A5 Evolución de los principales 20 productos agropecuarios producidos por Nicaragua, 1961-2007 (*continuación*)

Posición	2007 Producto	I$1000	MT	2000 Producto	I$1000	MT	1990 Producto	I$1000	MT	1975 Producto	I$1000	MT	1961 Producto	I$1000	MT
12	Piña tropical	9.862	51.000	Piña tropical	9.089	47.000	Naranjas	11.598	66.000	Frijoles secos	18.227	44.270	Carne de cerdo indígena	6.379	6.300
13	Plátanos	8.850	42.000	Plátanos	8.393	40.000	Carne de cerdo indígena	10.622	10.490	Plátanos	16.971	81.236	Semillas de sésamo	6.039	6.900
14	Carne de cerdo indígena	6.713	6.630	Bananas	6.891	48.359	Semillas de sésamo	8.961	10.444	Carne de pollo indígena	11.232	9.630	Naranjas	4.955	28.200
15	Bananas	6.708	47.072	Carne de cerdo indígena	6.172	6.095	Piña tropical	8.122	42.000	Naranjas	8.787	50.000	Piña tropical	3.964	20.500
16	Tabaco bruto	6.198	3.400	Semillas de sésamo	3.697	4.246	Carne de pollo indígena	8.093	6.939	Piña tropical	6.308	32.621	Bananas	3.420	24.000
17	Papas	4.612	33.000	Papas	3.473	25.000	Semilla de algodón	6.045	37.191	Sorgo	5.994	62.854	Sorgo	3.195	49.963
18	Semillas de sésamo	4.077	4.683	Tabaco bruto	2.696	1.479	Cacahuetes con cáscara	5.623	11.960	Tomates	5.760	24.315	Tomates	3.032	12.800
19	Yuca	3.963	115.000	Carne Indígena de caballo	2.506	1.865	Papas	3.212	23.000	Tabaco bruto	5.644	3.096	Carne de pollo indígena	2.216	1.900
20	Carne indígena de caballo	2.822	2.100	Aceite de palma	2.482	8.200	Otras frutas	3.030	19.000	Semillas de sésamo	3.441	3.947	Otras frutas	1.770	11.100

Cuadro A6 — Evolución de los principales 20 productos agropecuarios producidos por Panamá, 1961-2007

Posición	2007 Producto	I$1000	MT	2000 Producto	I$1000	MT	1990 Producto	I$1000	MT	1975 Producto	I$1000	MT	1961 Producto	I$1000	MT
1	Carne vacuna indígena	140.996	68.170	Carne vacuna indígena	148.193	71.650	Bananas	156.713	1.177.455	Bananas	124.818	989.406	Bananas	68.533	543.500
2	Carne de pollo indígena	110.153	94.437	Carne de pollo indígena	94.750	81.232	Carne vacuna indígena	133.880	64.730	Carne vacuna indígena	93.275	45.098	Carne vacuna indígena	44.626	21.576
3	Bananas	74.542	544.577	Bananas	90.395	660.398	Arroz con cáscara	45.483	222.294	Arroz con cáscara	38.416	184.797	Arroz con cáscara	21.818	108.905
4	Arroz con cáscara	49.476	236.979	Leche entera vaca (fresca)	45.372	170.613	Leche entera vaca (fresca)	32.994	124.066	Caña de azúcar	35.148	1.721.918	Caña de azúcar	13.189	679.463
5	Leche entera vaca (fresca)	47.929	180.225	Arroz con cáscara	42.899	207.429	Carne de pollo indígena	29.495	25.287	Plátanos	19.716	99.875	Leche entera vaca (fresca)	12.845	48.303
6	Caña de azúcar	36.377	1.797.503	Caña de azúcar	35.545	1.788.509	Caña de azúcar	26.266	1.297.813	Leche entera vaca (fresca)	19.362	72.806	Plátanos	11.955	66.500
7	Carne de cerdo indígena	21.599	21.330	Carne de cerdo indígena	21.864	21.591	Plátanos	14.508	73.494	Naranjas	10.959	62.363	Naranjas	6.889	39.200
8	Plátanos	21.345	108.128	Plátanos	20.577	104.237	Carne de cerdo indígena	11.677	11.532	Huevos gallina cásc.	9.882	11.963	Mangos, mangostanes y guayabas	5.113	21.000
9	Otros melones (incl. cantal.)	20.672	116.591	Café verde	8.384	10.255	Café verde	9.440	11.547	Carne de pollo indígena	9.804	8.406	Carne de pollo indígena	4.898	4.200

(continúa en la página siguiente)

Cuadro A6 Evolución de los principales 20 productos agropecuarios producidos por Panamá, 1961-2007 (continuación)

Posición	2007 Producto	2007 I$1000	2007 MT	2000 Producto	2000 I$1000	2000 MT	1990 Producto	1990 I$1000	1990 MT	1975 Producto	1975 I$1000	1975 MT	1961 Producto	1961 I$1000	1961 MT
10	Huevos gallina cásc.	19.809	27.300	Huevos gallina cásc.	7.185	12.380	Huevos gallina cásc.	7.912	10.726	Tomates	7.180	30.305	Maíz	4.634	73.982
11	Piña tropical	13.731	71.002	Tomates	5.008	21.138	Tomates	6.723	28.377	Mangos, mangostanes y guayabas	6.062	24.898	Huevos gallina cásc.	4.634	5.641
12	Melón	12.582	120.672	Naranjas	4.831	27.490	Naranjas	4.627	26.330	Carne de cerdo indígena	5.493	5.425	Café verde	4.087	5.000
13	Café verde	11.274	13.790	Hortal. nep.	4.222	22.500	Tabaco bruto	3.577	1.962	Café verde	3.925	4.801	Tomates	3.885	16.400
14	Hortal. nep.	10.696	57.000	Otros melones (incl. cantal.)	4.153	23.425	Batatas	2.509	13.517	Maíz	3.227	65.212	Carne de cerdo indígena	3.855	3.807
15	Naranjas	8.105	46.121	Piña tropical	3.544	18.329	Piña tropical	2.441	12.624	Batatas	3.038	16.357	Aguacates	3.277	5.100
16	Cebollas, secas	5.668	30.756	Aceite de palma	3.512	11.600	Maíz	1.987	99.284	Yuca	2.443	39.899	Coco	3.264	36.100
17	Tabaco bruto	5.105	2.800	Tabaco bruto	3.281	1.800	Frijoles secos	1.880	4.654	Coco	2.301	25.453	Frijoles secos	2.009	5.212
18	Batatas	4.755	25.615	Batatas	3.033	16.343	Yuca	1.835	29.965	Tabaco bruto	2.054	1.127	Batatas	1.957	10.500
19	Tomates	4.366	18.429	Otras frutas	2.871	18.000	Coco	1.750	19.351	Frijoles secos	1.602	4.055	Yuca	1.088	17.800
20	Aceite de palma	4.238	14.000	Papas	2.039	14.463	Aguacates	1.716	2.671	Piña tropical	1.408	7.284	Cacao en grano	1.001	1.300

Cuadro A7 — Evolución de los principales 20 productos agropecuarios producidos por la República Dominicana, 1961-2007

Posición	2007 Producto	I$1000	MT	2000 Producto	I$1000	MT	1990 Producto	I$1000	MT	1975 Producto	I$1000	MT	1961 Producto	I$1000	MT
1	Carne de pollo indígena	345.645	296.330	Carne de pollo indígena	244.446	209.570	Carne vacuna indígena	170.477	82.424	Caña de azúcar	193.929	9.337.018	Caña de azúcar	162.238	7.811.195
2	Leche entera vaca (fresca)	200.784	755.000	Carne vacuna indígena	142.522	68.908	Plátanos	147.503	665.000	Plátanos	109.320	492.855	Plátanos	98.314	443.239
3	Arroz con cáscara	156.218	748.986	Arroz con cáscara	120.705	581.410	Caña de azúcar	135.245	6.511.584	Leche entera vaca (fresca)	85.100	320.000	Aguacates	62.796	106.215
4	Carne vacuna indígena	151.378	73.190	Leche entera vaca (fresca)	105.777	397.750	Carne de pollo indígena	126.556	108.500	Aguacates	76.785	129.877	Carne vacuna indígena	54.739	26.466
5	Plátanos	111.932	504.631	Caña de azúcar	93.687	4.510.704	Aguacates	96.144	162.620	Carne vacuna indígena	76.305	36.893	Tabaco bruto	53.589	29.393
6	Aguacates	108.509	183.535	Tomates	67.674	285.630	Leche entera vaca (fresca)	92.305	347.093	Tabaco bruto	63.123	34.622	Bananas	53.092	372.552
7	Caña de azúcar	100.192	4.823.910	Carne de cerdo indígena	61.943	61.170	Arroz con cáscara	89.120	427.597	Arroz con cáscara	44.133	218.611	Leche entera vaca (fresca)	48.135	181.000
8	Carne de cerdo indígena	78.966	77.980	Bananas	48.925	343.312	Bananas	56.305	395.096	Bananas	43.565	305.700	Mangos, mangostanes y guayabas	30.592	136.567

(continúa en la página siguiente)

Cuadro A7 — Evolución de los principales 20 productos agropecuarios producidos por la República Dominicana, 1961-2007 (continuación)

Posición	2007 Producto	2007 I$1000	2007 MT	2000 Producto	2000 I$1000	2000 MT	1990 Producto	1990 I$1000	1990 MT	1975 Producto	1975 I$1000	1975 MT	1961 Producto	1961 I$1000	1961 MT
9	Bananas	70.639	495.678	Aguacates	48.323	81.736	Café verde	48.544	59.377	Café verde	42.394	51.855	Café verde	29.603	36.210
10	Tomates	69.183	292.000	Mangos, mangostanes y guayabas	40.321	180.000	Mangos, mangostanes y guayabas	42.562	190.000	Carne de pollo indígena	41.725	35.772	Cacao en grano	26.840	34.850
11	Huevos gallina cásc.	56.856	86.042	Huevos gallina cásc.	40.114	58.700	Tabaco bruto	33.415	18.328	Tomates	38.810	163.804	Arroz con cáscara	22.804	112.856
12	Mangos, mangostanes y guayabas	38.081	170.000	Plátanos	39.518	178.165	Cacao en grano	33.238	43.157	Mangos, mangostanes y guayabas	36.450	162.718	Carne de pollo indígena	22.080	18.930
13	Leche de cabra, entera, fresca	35.268	117.000	Café verde	37.236	45.546	Tomates	27.837	117.491	Cacao en grano	23.805	30.909	Cacahuetes con cáscara	19.895	43.178
14	Café verde	33.709	41.232	Tabaco bruto	31.412	17.229	Huevos gallina cásc.	27.030	37.631	Cacahuetes con cáscara	23.665	51.213	Yuca	10.116	140.391
15	Cacao en grano	32.466	42.154	Cacao en grano	28.576	37.104	Carne de cerdo indígena	20.961	20.700	Carne de cerdo indígena	19.240	19.000	Huevos gallina cásc.	9.637	12.500
16	Tabaco bruto	21.878	12.000	Naranjas	23.097	131.432	Frijoles secos	19.280	46.496	Huevos gallina cásc.	16.575	21.500	Gandules	9.350	20.700

(continúa en la página siguiente)

Cuadro A7. Evolución de los principales 20 productos agropecuarios producidos por la República Dominicana, 1961-2007 (continuación)

Posición	2007 Producto	2007 I$1000	2007 MT	2000 Producto	2000 I$1000	2000 MT	1990 Producto	1990 I$1000	1990 MT	1975 Producto	1975 I$1000	1975 MT	1961 Producto	1961 I$1000	1961 MT
17	Piña tropical	17.713	91.593	Coco	12.661	140.000	Gandules	17.291	38.596	Frijoles secos	14.764	35.709	Carne de cerdo indígena	9.316	9.200
18	Naranjas	14.690	83.594	Piña tropical	12.450	64.379	Coco	13.990	154.698	Gandules	13.481	29.454	Naranjas	8.962	51.000
19	Frijoles secos	11.841	28.528	Otros melones (incl. cantal.)	10.283	58.000	Cacahuetes con cáscara	13.825	29.489	Naranjas	11.423	65.000	Frijoles secos	8.000	19.523
20	Chiles, pim. picantes y pim. verdes	10.048	29.118	Yuca	9.116	126.508	Piña tropical	13.537	70.000	Yuca	10.950	151.968	Papas dulces	7.215	71.800

Anexo B

Cuadro B1 Participación de los productos agropecuarios de Belice en sus exportaciones totales, 2005-2009
Primeros 10 productos del sector (porcentaje)

Descripción del producto	2005	2006	2007	2008	2009
Frutos comestibles	17,81	15,53	13,21	15,27	4,39
Pescados, crustáceos y moluscos	20,67	15,69	7,82	8,08	2,75
Azúcares y derivados	17,31	19	17,57	12,58	2,69
Preparaciones de legumbres, hortalizas, frutos	26,2	20,34	22,8	19,49	2,35
Cereales	0,1	0,17	0	0,11	17,61
Legumbres y hortalizas, plantas, raíces y tubérculos	2,23	1,01	1,24	1,37	0,27
Abonos	0	0	0	0	0,25
Tabaco y derivados	0,01	0,01	0,03	0	0,18
Leche, lácteos, huevos, miel natural	0,01	0,01	0,12	0	0,07
Café, té, yerba mate y especias	0,01	0	0,01	0	0,04
Cacao y sus preparaciones	0,02	0,01	0,03	0	0,03

Fuente: International Trade Center. Cálculos del CCI basados en estadísticas de Comtrade.

Cuadro B2 — Participación de los productos agropecuarios de Costa Rica en sus exportaciones totales, 2005-2009
Primeros 10 productos del sector (porcentaje)

Descripción del producto	2005	2006	2007	2008	2009
Café, té, yerba mate y especias	3,76	3,22	2,94	3,53	2,53
Preparaciones alimenticias diversas	2,91	0,84	2,58	2,97	2,5
Preparaciones de legumbres, hortalizas, frutos	2,29	2,52	2,65	2,67	2,48
Frutos comestibles	12,94	16,51	14,43	14,31	11,55
Plantas vivas y productos de la floricultura	2,45	2,54	2,18	2,03	1,56
Grasas y aceites animales o vegetales, grasas alimenticias, ceras	1,17	0,87	1,73	1,81	1,11
Legumbres y hortalizas, plantas, raíces y tubérculos	1,28	1,18	1,11	1,32	0,89
Pescados, crustáceos y moluscos	1,31	1,11	0,92	0,99	0,78
Preparaciones a base de cereales, harina, almidón, fécula o leche	0,61	0,35	0,62	0,85	0,66
Leche, lácteos, huevos, miel natural	0,48	0,53	0,56	0,58	0,46

Fuente: International Trade Center. Cálculos del CCI basados en estadísticas de Comtrade.

Cuadro B3 — Participación de los productos agropecuarios de El Salvador en sus exportaciones totales, 2005-2009
Primeros 10 productos del sector (porcentaje)

Descripción del producto	2005	2006	2007	2008	2009
Café, té, yerba mate y especias	4,84	5,15	4,76	5,76	6,11
Azúcares	2,56	2,56	2,63	2,46	3,45
Preparaciones a base de cereales, harina, almidón, fécula o leche	2,68	2,91	2,78	2,49	2,98
Preparaciones de carne, pescado, crustáceos, moluscos	1,52	1,36	2,37	2,48	2,19
Preparaciones de legumbres, hortalizas, frutos	0,69	0,85	0,94	0,92	1,25
Algodón	0,75	0,58	0,67	0,72	0,83
Preparaciones alimenticias diversas	0,77	0,7	0,69	0,66	0,75
Pescados, crustáceos y moluscos	0,74	0,52	0,46	0,25	0,48
Grasas y aceites animales o vegetales, grasas alimenticias, ceras	0,36	0,36	0,55	0,57	0,43
Leche, lácteos, huevos, miel natural	0,29	0,32	0,33	0,34	0,37

Fuente: International Trade Center. Cálculos del CCI basados en estadísticas de Comtrade.

Cuadro B4 — Participación de los productos agropecuarios de Honduras en sus exportaciones totales, 2005-2009
Primeros 10 productos (porcentaje)

Descripción del producto	2005	2006	2007	2009
Frutos comestibles	14,95	10,13	8,95	9,56
Pescados, crustáceos y moluscos	3,35	11,57	7,63	5,78
Grasas y aceites animales o vegetales, grasas alimenticias, ceras	4,8	2,81	5,08	5,13
Tabaco y derivados	2,19	4,13	4,07	3,35
Café, té, yerba mate y especias	25,62	20,85	21	19,71
Legumbres y hortalizas, plantas, raíces y tubérculos	2,74	1,83	1,94	1,74
Azúcares y derivados	2,63	2,22	1,42	1,73
Madera, carbón vegetal y manufacturas de madera	3,58	3,56	2,64	1,51
Preparación a base de cereales, harina, almidón, fécula o leche	1,8	0,57	0,98	1,18
Leche, lácteos, huevos, miel natural	0,84	0,42	0,51	1,13

Fuente: International Trade Center. Cálculos del CCI basados en estadísticas de Comtrade.

Cuadro B5 — Participación de los productos agropecuarios de Nicaragua en sus exportaciones totales, 2005-2009
Primeros 10 productos (porcentaje)

Descripción del producto	2005	2006	2007	2008	2009
Leche, lácteos, huevos, miel natural	3,77	1,24	7,56	4,59	9,24
Pescados, crustáceos y moluscos	12,32	11,79	8,07	5,04	7,8
Legumbres y hortalizas, plantas, raíces y tubérculos	4,05	2,01	4,68	3,67	5,56
Semillas y frutos oleaginosos; semillas y frutos diversos	6,2	5,94	5,4	4,23	5,38
Azúcares y derivados	7,3	7,87	7,22	2,22	5,16
Preparaciones alimenticias diversas	1,66	0,67	1,79	0,94	2,54
Café, té, yerba mate y especias	14,6	26,61	15,87	10,64	17,14
Carne	14,36	11,1	15,64	7,85	17,04
Frutos comestibles	2,43	2,75	2,42	0,44	1,76
Tabaco y derivados elaborados	2,07	2,09	1,57	3,89	1,61

Fuente: International Trade Center. Cálculos del CCI basados en estadísticas de Comtrade.

Cuadro B6 — Participación de los productos agropecuarios de Panamá en sus exportaciones totales, 2005-2009
Primeros 10 productos (porcentaje)

Descripción del producto	2005	2006	2007	2008	2009
Pescados, crustáceos y moluscos	44,15	35,96	34,95	36,69	43,02
Frutos comestibles	24,51	30,73	31,96	30,71	24,43
Carne	2,27	2,39	1,83	2,05	2,36
Residuos, desperdicios de las industrias alimenticias, alimento para animales	0,67	1,12	0,77	1,53	2,09
Café, té, yerba mate y especias	1,42	1,34	1,58	1,51	1,74
Leche y productos lácteos, huevos de ave, miel natural	1,45	1,07	1,02	1,53	1,72
Preparaciones de carne, pescado, crustáceos o moluscos	0,61	0,68	0,58	0,69	0,73
Azúcares y derivados	2,48	2,11	1,61	1,36	0,61
Madera, carbón vegetal y manufacturas de madera	0,98	1,13	0,92	0,57	0,58
Preparaciones de legumbres, hortalizas, frutos	0,37	0,53	0,57	0,38	0,54

Fuente: International Trade Center. Cálculos del CCI basados en estadísticas de Comtrade.

Cuadro B7 — Participación de los productos agropecuarios de la República Dominicana en sus exportaciones totales, 2005-2009
Primeros 10 productos (porcentaje)

Descripción del producto	2005	2006	2007	2008	2009
Tabaco y derivados elaborados	5,03	5,35	6,29	7,16	7,49
Algodón	0,14	0,81	3,52	4,31	6,02
Cacao y sus preparaciones	0,77	1,21	1,93	2,22	3,3
Frutos comestibles	1,27	1,34	1,97	2,2	3,18
Azúcares y derivados	1,38	1,74	1,79	1,67	2,25
Preparaciones alimenticias diversas	0,62	1,12	1,04	1,2	1,65
Legumbres y hortalizas, plantas, raíces y tubérculos	0,31	0,39	0,71	1,01	1,08
Preparaciones a base de cereales, harina, almidón, fécula o leche	0,26	0,25	0,32	0,51	0,7
Preparaciones de legumbres, hortalizas, frutos	0,68	0,39	0,48	0,55	0,7
Abonos	0,06	0,09	0,34	0,82	0,69

Fuente: International Trade Center. Cálculos del CCI basados en estadísticas de Comtrade

CAPÍTULO 3

Costa Rica

Carlos Pomareda

Costa Rica se ha destacado en Centroamérica en particular, y en América Latina en general, por su buen desempeño económico. El sector agropecuario no ha estado ajeno a esta tendencia, aunque no todos sus subsectores han tenido igual suerte. El éxito relativo del sector agropecuario en este país está asociado a un cambio de política sectorial que se centró en eliminar distorsiones y abrir la economía. El resto de los elementos coadyuvantes se relacionan con factores macroeconómicos que potenciaron toda la economía en general y no sólo al sector agropecuario. Si bien desde los años noventa han existido algunas políticas de corte netamente sectorial, la evidencia presentada aquí muestra que han sido mayormente los factores globales los más relevantes para explicar el crecimiento. Por otro lado, las restricciones que se encuentran hoy operativas tienen que ver más con problemas dentro del sector, que en muchos casos aún no han sido solucionados, como deficiencias en el sistema de investigación y extensión y manejo eficiente del agua de riego, y la calidad de los servicios públicos en agricultura.

El resto del capítulo se estructura de la siguiente forma: en la segunda sección se estudia la evolución general del sector en el país; en la tercera, se realiza el análisis de diagnóstico de las restricciones y de los factores coadyuvantes del crecimiento; en la cuarta, se examinan las políticas públicas vigentes orientadas hacia el agro y se establece en qué medida se ajustan a los problemas referidos en la tercera sección; finalmente, en la quinta sección se presentan las principales conclusiones.

Evolución reciente del sector agropecuario de Costa Rica

En un contexto de crecimiento sostenible y equilibrado, donde la economía en su conjunto se expandió al 5% anual en los últimos 20 años, el sector agropecuario de Costa Rica ha crecido, ha atraído capitales tanto locales como extranjeros, ha generado nuevos productos y se ha orientado a la exportación.

El buen clima de negocios ha generado un contexto favorable para el sector, que ha sabido aprovecharlo. En esto ha confluido un conjunto de orientaciones generales de política y oportunidades para el país, que abarcan cambios en el mercado, acuerdos comerciales, cambios en los sistemas de distribución de alimentos, e innovaciones en la producción primaria y la agroindustria, que han tenido influencia en la forma en que se ha transformado la agricultura. El sector se reorientó hacia el mercado externo, buscando vender productos de alto valor, lo que se obtuvo a través de las exportaciones no tradicionales, y pasando a importar en forma creciente alimentos básicos del sector tradicional.

Cuadro 3.1 Tasas de crecimiento anual del valor de la producción y del comercio exterior de los principales subsectores de la agricultura de Costa Rica

Rubros	Producción	Importaciones	Exportaciones
Piña	14,68	77,12	19,56
Cebolla	13,88	12,95	33,20
Naranja	13,60	22,15	22,51
Tilapia	n.d.	—	9,77
Avícola	5,13	19,08	21,28
Lácteos	4,11	5,20	18,95
Banano	0,73	n.d.	0,81
Arroz	0,67	20,88	—
Maíz	0,27	11,66	—
Café	0,17	—	-0,65
Carne de res	-0,88	—	0,12
Frijoles	-9,00	23,00	15,00

Tasa de crecimiento nominal anual en el período 1995–2007 (porcentaje)

Fuente: Elaborado por SIDE con información de SEPSA.
n.d. = No hay datos.

Los rubros de exportación no tradicionales fueron fomentados con varios instrumentos de política, como la asistencia técnica a la producción y el apoyo al desarrollo empresarial —a través de la Coalición Costarricense de Iniciativas de Desarrollo (Cinde)—, la prospección de mercados —a través de la Promotora del Comercio Exterior de Costa Rica (Procomer), la producción agroindustrial para exportación en zonas francas exentas de impuesto a la renta y el otorgamiento de los Certificados de Abono Tributario (CAT) a las exportaciones. Lo anterior facilitó la atracción de inversión externa complementaria al crédito y de capitales nacionales.

Por otro lado, además del fomento de los cultivos no tradicionales, no ha habido grandes cambios de timón en la política sectorial en cuanto a la dirección que se le ha tratado de dar a la agricultura. Han sido más bien el marco general de políticas económicas y comerciales, el interés de las empresas privadas por ser competitivas, la orientación hacia afuera y la apertura del mercado interno los factores que han orientado las principales transformaciones en la agricultura.

En respuesta a las fuerzas antes expuestas, se han ido produciendo en forma gradual varias transformaciones estructurales positivas en este campo:

- *Desplazamiento hacia rubros en general más rentables* (como tilapia, naranja, ornamentales), al tiempo que se dejan de producir rubros de baja rentabilidad (maíz amarillo, maíz blanco, frijoles) (véase el cuadro 3.2). Esto último ocurre especialmente en respuesta al retiro de los programas de subsidios de precios para productos como el maíz y debido al crédito dirigido por rubro de producción, la apertura comercial para la importación de granos y el fomento de alternativas, especialmente para la exportación.

  En el caso de las actividades pecuarias, en la última década se ha notado una tendencia al estancamiento de la producción de carne y una expansión muy importante de la producción e industrialización de la leche. La actividad extensiva en la cría de ganado de carne dejó de ser una alternativa para muchos productores. Entre los de pequeña escala hubo un cambio hacia la lechería y otros rubros; y para quienes decidieron quedarse en la ganadería de carne, las fincas han tendido a hacerse más

Cuadro 3.2 Extensión de los principales cultivos en Costa Rica (1.000 ha), 1990-2007

Rubros	1990	2007
Tradicionales[a]	193,73	205,86
Granos[b]	164,91	76,71
Frutas[c]	28,37	63,70
Hortalizas, raíces y tubérculos[d]	19,36[f]	33,08
Otros[e]	34,49	55,09
Total[g]	440,88	434,45

Fuente: Elaborado por SIDE con datos de SEPSA.
[a] Banano, cacao, café, caña de azúcar.
[b] Maíz, frijoles, arroz y sorgo.
[c] Coco, fresa, mango, melón, naranja, papaya, piña.
[d] Cebolla, chayote, papa, plátano, tomate, jengibre, ñame, tiquizque, yampí, yuca.
[e] Palmito, macadamia, palma africana, tabaco.
[f] Estas cifras corresponden al año 1991.
[g] No incluye algodón, ornamentales, flores, pimienta y sorgo.

intensivas y a liberar tierras de pastos para otros cultivos y para la recuperación de bosque. Los mayores precios relativos de la leche respecto de la carne, el apoyo a la reforestación y el pago por servicios ambientales han contribuido a los cambios en este sector.

- *Intensificación en el uso de factores que contribuyen más a la productividad.* Como se observa en el cuadro 3.3, el incremento del valor agregado por trabajador se asocia con un aumento en el consumo de fertilizantes, la cantidad de tractores por hectárea y el área irrigada (esto último, principalmente por iniciativa privada).[1] A estos factores hay que agregar el

---

[1] La intensificación del riego por iniciativa privada es uno de los factores que ha contribuido a la mayor rentabilidad de la agricultura, especialmente en las operaciones de pequeña escala y en las siembras de melón, hortalizas, flores y ornamentales. El área de riego en el Proyecto Arenal-Tempisque, construido y administrado por el Estado, no se ha incrementado y el agua sigue especialmente destinada a arroz y caña de azúcar bajo sistemas extensivos, poco eficientes en su uso. La producción de tilapia, que también requiere riego en forma intensiva, sigue un patrón tecnológico un tanto diferente, pues parte del agua que se utiliza en las pozas de cría es revertida al sistema de riego, por lo que no agota el recurso.

Cuadro 3.3 Indicadores de intensificación en la agricultura, 1960-2006

Indicador	Unidad	1960	1970	1980	1990	2000	2006
Consumo de fertilizantes	kg/ha	65,56	123,20	152,70	202,50	328,10	389,40
Mecanización	Número de tractores por 1.000 ha cultivadas	1,33	1,78	2,10	2,48	5,32	5,45
Valor agregado por trabajador	US$1.000 por trabajador (a valores de 1995)	2,02	2,91	3,07	3,84	4,04	4,23
Área irrigada	1.000 ha		26,00	27,20	61,00	77,00	88,00	95,00

Fuente: Elaboración propia con datos del MEIC y MAG.

incremento en el uso de agroquímicos, así como también la mecanización de las prácticas agrícolas (se ha extendido en forma masiva el uso de picadoras de forraje, motoguadañas y fumigadoras a motor, una gran variedad de equipos de uso con tractor, cosechadoras, equipos para la aplicación de fertirriego, despulpadoras de café, nuevos molinos de arroz, equipos de ordeñe, etc.).

- *Orientación hacia mercados más exigentes.* La mejora en el poder adquisitivo del país potenció un cambio hacia productos agropecuarios de mayor calidad o con más valor agregado, demanda que en Costa Rica fue canalizada por los supermercados. Por otro lado, los mercados externos, especialmente el de Estados Unidos, al cual se destina alrededor del 50% de las exportaciones de productos primarios y procesados de la agricultura, han tenido una gran influencia en la orientación productiva. Esta reorientación ha llevado a que las exportaciones de café, carne y banano, que antiguamente dominaban las exportaciones agropecuarias, hayan pasado a un segundo plano, desplazadas por un amplio conjunto de rubros, tales como piña, yuca, lácteos, plantas ornamentales y flores, y más recientemente jugo de naranja y filetes de tilapia, lo que permitió incrementar la diversificación.

- *Tendencia hacia un mayor valor agregado de los productos.* Aun cuando esta tendencia es menos notoria que el cambio de rubros, es una modificación importante, que comienza a percibirse tanto para el mercado nacional como para la exportación. Esto se aprecia, por ejemplo, en la producción y exportación de filetes de tilapia (y no sólo tilapia entera), la producción y exportación de café con valor agregado (y no sólo café en grano sin tostar), la producción y exportación de jugo concentrado de naranja y de una gran variedad de productos lácteos, y la exportación de muebles y artesanías de madera (en lugar de madera en tabla). En algunos casos, el valor agregado ha mejorado cuando se han obtenido certificaciones de calidad o de tipo ambiental.

Además de los cambios mencionados, también se observan una concentración por rubros en las distintas zonas agroecológicas del país, una tendencia a la especialización por regiones, una mayor articulación entre el sector primario y la agroindustria, la generación de ingresos por la venta de servicios ambientales y el agroturismo. Todos estos factores han permitido generar empleo y divisas, así como también un aumento considerable de los ingresos de los trabajadores, los agricultores y las empresas del sector que se incorporaron al patrón de cambio.

En resumen, de los países estudiados en este trabajo, el sector agrícola de Costa Rica se ha caracterizado por ser el de mayor crecimiento. Este crecimiento ha ocurrido en un contexto de transformación del sector, con nuevos rubros y mayor uso de factores que incrementaron la productividad. Por eso, el análisis de este caso tiene sus particularidades. Parece poco propicio hablar sólo de restricciones al crecimiento; en cambio, cabría interesarse más en identificar los factores coadyuvantes, sobre todo para tener en cuenta qué diferencia a Costa Rica del resto de los países de la región. Así, a partir del análisis llevado a cabo en este capítulo se intenta identificar los factores que han tenido una influencia, ya sea positiva o negativa, en el sector.

Restricciones y factores coadyuvantes al crecimiento

Dado lo explicado en la sección anterior, se siguió el enfoque metodológico propuesto, pero se tomaron en cuenta no sólo las restricciones, sino también los factores coadyuvantes. En virtud de ello se combinó información con encuestas de opinión a agentes involucrados. Luego,

| Cuadro 3.4 | Calificación de factores con influencia en las condiciones financieras y atracción de inversiones en la agricultura |

Indicadores	Tilapia	Sector avícola	Cebolla	Tomate	Papa	Café	Lácteos	Arroz	Carne	Frijoles
Financiamiento institucional para la agricultura	+	-	-	-	--	-	--	--	---	
Servicios financieros rurales			+	+	+	+	+	+	+	+

Fuente: Elaboración propia.

se realizaron informes para 10 subsectores o cadenas, algunos de los cuales —exitosos o no— fueron seleccionados.[2]

Los factores de incidencia se analizaron de acuerdo con su ordenamiento en tres grandes ramas, a saber: acceso al financiamiento, retornos a la inversión y capacidad de apropiación. La importancia relativa se indica en los cuadros con +; en caso de leerse +++, quiere decir que hay una mayor influencia positiva. La inclusión de un - revela una restricción. Cuanto mayor sea el número de signos - más severa será la restricción presentada (véanse los cuadros 3.4, 3.5 y 3.6.).

Acceso al financiamiento

El acceso al financiamiento puede analizarse desde dos niveles. En primer lugar, puede considerarse si este factor es restrictivo para toda la economía; en segundo lugar, si hay restricciones adicionales que afectan la canalización del crédito hacia el sector agropecuario en particular. A nivel de país la evidencia señala que se han incrementado los préstamos para la inversión privada, pero este no ha sido el caso de la agricultura en general. A nivel sectorial, se hace una diferenciación en cuanto a la influencia que han tenido el financiamiento agropecuario y los servicios financieros rurales.

---

[2] Cada informe fue realizado por un experto sectorial con un formato común, basado en información y estudios existentes, así como también en la opinión del sector privado y del gobierno, la cual se recabó a través de entrevistas.

Financiamiento institucional para la agricultura
En general la percepción en todos los sectores es que hay limitaciones en cuanto a la disponibilidad de recursos del sistema bancario y en cuanto a las condiciones en que se otorgan los préstamos para el área de agricultura. Todo el mundo demanda más recursos para inversión de mediano y largo plazo, tasas de interés más bajas, menos procedimientos burocráticos y menor exigencia de garantías. Sin embargo, debe reconocerse también lo expuesto por las entidades financieras, las cuales argumentan que en general las propuestas de proyectos-negocios presentadas no revisten calidad suficiente, evidencian altos riesgos de producción y de mercado, y suelen constituir solicitudes por montos muy reducidos, que implican altos costos administrativos para el ente financiero.

Un breve análisis de la situación revela que el financiamiento bancario para la agricultura en Costa Rica es una parte muy pequeña del total del crédito bancario; hay una tendencia positiva en cuanto al monto absoluto del crédito agrícola de la banca pública y privada, pero en términos relativos esto se reduce de forma notable. La reducción en términos relativos es más significativa en la banca pública que en la privada. Los préstamos de la banca estatal abarcan 70% para agricultura, entre 26% y 28% para ganadería y una pequeña cantidad para pesca. En el caso de la banca privada, el porcentaje para agricultura es algo mayor (IICA, 2008). Además, el crédito desde la banca estatal es aproximadamente un 10% más barato que el de la banca privada. Por otro lado, esta última en general no ofrece crédito a los productores de menor escala.

Por otro lado, una parte del financiamiento a la agricultura proviene de las casas comerciales importadoras de equipo y maquinaria, aunque se reconoce que se otorga a tasas mucho más altas que las del crédito bancario. Su aprovechamiento se debe a que es expedito y sin más garantía que el equipo que se adquiere. Se ofrece a clientes de las casas comerciales y los montos dependen del récord de compras previas. El monto total de este crédito no se puede detectar en las estadísticas disponibles. Otras fuentes incluyen el financiamiento de corto plazo que otorgan las tiendas de insumos y veterinarias. También debe considerarse el crédito que brindan las cooperativas y el crédito cafetalero que se otorga por parte de los "beneficios" (procesadores) de café. A ello debe sumarse la inversión privada de capital nacional y de origen extranjero. No se dispone de esta información. Sin embargo, es evidente que tales fuentes son significativas, pues de lo contrario sería difícil explicar los aumentos en la producción de los diferentes rubros y de las agroexportaciones. Este análisis debe hacerse a futuro para tener una mejor apreciación del monto y de las condiciones del financiamiento y de la inversión en agricultura.

Las limitaciones de capital de trabajo (herramientas y equipos) son reales y podrían resolverse; sin embargo, las posibilidades de acceso al crédito no son siempre buenas, especialmente cuando se carece de un título de propiedad de la tierra o de garantías solidarias.

Servicios financieros rurales
Los cuatro bancos estatales de Costa Rica tienen una red de más de 200 sucursales en el país, de modo que en promedio hay tres sucursales por cada cantón.[3] Además, la mayor parte de los bancos privados que operan en el país posee sucursales en las capitales de provincia. Sumado a ello, varias de las cooperativas de ahorro y crédito existentes tienen también sucursales en las capitales de provincia y algunas en los pueblos más importantes.

La red nacional de servicios financieros que llega a los pueblos rurales ha sido de gran beneficio para todas las empresas y productores agropecuarios. Además, un alto porcentaje de los productores tiene una tarjeta de crédito o de débito y/o una cuenta de ahorros, de modo que están muy vinculados al sistema financiero.[4] Hay un elevado consenso entre todos los productores en todas las cadenas analizadas acerca de que este es un factor positivo para alentar el crecimiento de la agricultura. La red financiera hace posibles el pago de planillas por cheque y el depósito en cuentas de ahorro y cuentas corrientes, la transferencia de dinero para pagos de compra-venta, el cambio de moneda, las transacciones internacionales y varios otros servicios.

Conclusiones
Respecto del financiamiento, se observa una mezcla de factores con influencia positiva y otros restrictivos para el desarrollo del sector. Se

---

[3] Costa Rica tiene seis provincias y 84 cantones o municipios.
[4] De acuerdo con la Federación Latinoamericana de Bancos (Felaban), el 40% de las personas adultas en Costa Rica tiene una cuenta de ahorros, mientras que esta cifra llega sólo al 20% en promedio en los otros países de la región (Felaban-CAF, 2007).

evidencian problemas de acceso con elementos limitantes, tanto por el lado de la oferta (distorsiones generadas por algunas medidas del sector público, como el Programa de Reconversión Productiva del Consejo Nacional de Producción [CNP], reformulado en 2008 cuando pasó a ser responsabilidad del Sistema Bancario Nacional en la cartera de Banca de Desarrollo) como por el lado de la demanda (pobre calidad de los proyectos de inversión privada que se presentan a consideración de los entes financieros y capacidad de endeudamiento). La preocupación más importante es que las restricciones de financiamiento para la agricultura, desde la oferta y desde la demanda, afectan más a los agricultores con mayores limitaciones para cumplir las exigencias de los bancos. Por otro lado, el desarrollo de los servicios financieros rurales parece ser el que más influencia positiva ha tenido y se ha vuelto esencial para facilitar los negocios en la agricultura en todas las escalas.

Finalmente, dos aspectos relevantes sobre el financiamiento en el país, que vale la pena destacar, son la existencia de zonas francas y la inversión externa directa (IED). El primero, porque varias agroindustrias operan bajo el régimen de zonas francas, lo que ofrece a los bancos mayor confianza para otorgar los préstamos (por las garantías que tienen las inversiones en estas zonas). Respecto de la IED, es importante destacar que los aportes de crédito local han sido complementados con IED en estas actividades, lo que ha potenciado los recursos hacia el sector.

Retornos a la inversión

El cuadro 3.5 resume los indicadores de efectos positivos y restricciones en cada cadena productiva desde el punto de vista de los retornos a la inversión. Si bien ilustra ciertas generalidades, se puede apreciar un panorama heterogéneo, lo cual era esperable. La heterogeneidad puede generarse por diferencias en el uso del factor (se utilizan insumos en distinta proporción y pueden demandar distintas calidades) o bien en la oferta del factor. Un ejemplo evidente lo constituye el transporte dentro de la infraestructura pública. Es claro que la red nacional de infraestructura vial se ha extendido y mejorado; sin embargo, hay diferencias regionales, en particular en zonas más remotas. Dos casos de este estudio permiten observar la situación en forma comparativa: el café y la tilapia.

Cuadro 3.5 Calificación de factores con influencia en los retornos a la inversión en la agricultura

Indicadores	Tilapia	Producción avícola	Cebolla	Tomate	Papa	Café	Lácteos	Arroz	Carne	Frijoles
Condiciones macroeconómicas	+++	+++	++	++	++	++	++	++	++	++
Atracción de IED	+++					+	+			
Zonas francas	+++									
Infraestructura pública	++	++	−	−	−	−−	−−	+	−−	
Acceso a mercados externos	+++	+			+	++		++		
Condiciones de los mercados	+++	+++	+++	+++	++	+++	+++	+	++	+
Innovación tecnológica	++	++	+	+	+	+	+	−−	−−−	−−
Espíritu empresarial, integración vertical, alianzas y contratos	+++	+++	+	+	+	+	+	−	+	−
Influencia de las empresas líderes	+++	++	+	+	+	+	+	−	+	
Pertenencia a organizaciones gremiales y cooperativismo		++	+	+	+	++	++	+	+	−
Condiciones estructurales: escala y recursos humanos y naturales	+++	++	−	−	−		++	−−	−−	−−
Condiciones climáticas y manejo de riesgos	−	−	−−	−−−	−−	−−	−	−−	−	−−−

Fuente: Elaboración propia.

Los productores de café se ubican en zonas de laderas en varias regiones del país y deben acarrear el grano en pulpa desde las laderas hasta los beneficios donde se hace el primer proceso de despulpado y secado. Los productores más alejados son los más afectados, pues los caminos públicos rurales en dichas zonas están usualmente en mal estado. Además, se trata de varios miles de productores y muchos de ellos hacen el acarreo con carretas de bueyes.[5]

---

[5] La demora en el transporte del café en cereza hasta los beneficios implica un deterioro de la calidad del grano y, por consiguiente, castigos en el precio pagado a los productores.

En contraste, en la producción de tilapia la ubicación se ha determinado fundamentalmente para aprovechar la disponibilidad de agua del Proyecto Arenal-Tempisque y las condiciones de acceso son muy diferentes. La mayor parte de los trabajadores vive en el pueblo de Cañas, a menos de 5 kilómetros del centro de su trabajo, al que se dirige por carretera asfaltada y en servicios de transporte provistos por la empresa. El acceso hasta el puerto y el comercio internacional se ve favorecido por la ubicación de la producción al pie de la carretera interamericana y a sólo 80 kilómetros del puerto de Caldera, en dicha carretera. Asimismo, las áreas de producción y las plantas de procesamiento tienen acceso a la red eléctrica nacional y al sistema de riego del Proyecto Arenal-Tempisque, y el canal de acceso se halla a sólo unos metros de distancia de las pozas de producción. Esto explica por qué los productores de tilapia (o avícolas) no perciben la infraestructura como una restricción, sino como un coadyuvante, mientras que el resto (salvo en el caso del arroz, que se beneficia del riego público) la percibe como restrictiva.

Atracción de inversión extranjera directa

En los sectores analizados se pueden distinguir puntos de vista divergentes respecto del papel que ha tenido la IED en la agricultura.[6] Por ejemplo, en el sector de la tilapia, cuya expansión se ha visto eminentemente favorecida por la IED (capital chileno), se reconoce que este aspecto es de suma importancia, especialmente porque en el país no hay inversionistas nacionales especializados o interesados en este sector. Además, en este caso el inversionista ha sido una empresa con amplia experiencia en la acuacultura, de modo que ha hecho aportes tecnológicos y para la gestión del negocio. Experiencias semejantes se observan en los casos de la piña y la producción de jugo concentrado de naranja (Alonso, 2008).

Sin embargo, esta apreciación no es compartida por los productores de ganado y arroz, y los pequeños productores de hortalizas. Ellos consideran que en general la IED va muy poco a la agricultura; que más bien se dirige principalmente a las maquilas en las zonas francas,

---

[6] En este estudio sólo se ha incluido un sector (tilapia) en el que la IED ha sido importante. Otros sectores no incluidos en este trabajo son el de la piña, el banano, la naranja y las plantas ornamentales.

a los servicios y al turismo, y aquella que llega al sector agropecuario se concentra en empresas grandes orientadas a la exportación. Desde el punto de vista de los productores de granos, si la IED, acompañada de tecnología, se hubiese dirigido a los granos básicos, se podrían haber obtenido buenos resultados en este sector.

Dado que hasta el momento la IED ha sido un tema de menor consideración en la agricultura, debe replantearse para los próximos años. Esta inversión va a tener que incrementarse y orientarse para poder alimentar los recursos que se requieren para el futuro crecimiento del sector (Alonso, 2008). La IED ha sido fundamental en el país para el desarrollo general de la economía y el sector agropecuario se puede beneficiar aún más de ella. Con este objetivo, la labor de la Cinde tendría que tomar más en cuenta las oportunidades en la agricultura.

Las zonas francas

Las zonas francas (ZF), en las que se ha puesto significativa atención como parte de la estrategia nacional de desarrollo, son espacios de exención tributaria en los que se favorecen aquellas actividades para la exportación y en las cuales tiende a aumentar especialmente la IED. Algunas agroindustrias incluidas en este estudio han gozado de este beneficio, como es el caso del procesamiento de tilapia. Otras agroindustrias no incluidas en este estudio y que operan bajo el régimen de ZF son la de jugo de naranja, la de jugos y conservas de piña, la de la producción de material genético biotecnológico, etc.

Las agroindustrias en ZF en Costa Rica representan el 7% del total de las empresas (215) bajo dicho régimen, generan el 12% del valor de las exportaciones desde estas ZF y son las que más se abastecen localmente (90% en promedio), en comparación con todas las demás empresas en ZF en los otros sectores (20%). En términos de salarios, los trabajadores de las empresas agroindustriales en ZF reciben en promedio un salario equivalente al 50% del que reciben los trabajadores en todas las otras empresas (Procomer, 2008).

Los actores bajo el régimen de ZF consideran que este es un gran beneficio y una forma para que la agroindustria de mayor escala tenga poder de arrastre sobre la actividad primaria. Sin embargo, los productores en el componente primario afirman que no se benefician en forma significativa con la creación del valor agregado en el componente industrial, a menos que haya una integración vertical con participación de los productores.

Otros productores que no disfrutan de este régimen argumentan enérgicamente que la ZF es un privilegio y que no tiene por qué favorecer a la inversión de grandes capitales, aun cuando sea para la exportación. Entonces, de acuerdo con su percepción, este no es un factor que promueva el crecimiento del sector en su conjunto, sino que está diseñado para beneficiar a un grupo de empresas agroindustriales exportadoras. Si bien debe reconocerse que hay un proceso de arrastre de la agroindustria ejercido sobre la actividad primaria, es necesario replantear la regulación al respecto para que los beneficios de la exención tributaria se traduzcan en mejores precios y acciones de apoyo de la agroindustria a los productores.

En resumen, varias agroindustrias se han establecido bajo este régimen y han tenido un efecto de "arrastre" a la producción primaria; sin embargo, dado que los beneficios de la exención tributaria son captados en gran parte por las agroindustrias protegidas por este régimen, se generan distorsiones debido a que las tasas netas de retornos entre las distintas actividades se ven alteradas.

Infraestructura pública

El sistema vial del país recibe cada vez más presión debido a la intensificación de la producción y del comercio nacional e internacional, así como también gracias al desarrollo del turismo. En los últimos años se ha hecho evidente que la red vial nacional es insuficiente y que esto ya comienza a tener impacto en los costos de comercialización, especialmente debido al significativo aumento del comercio por tierra, incluido el que proviene de otros países de Centroamérica para ser despachado por los puertos costarricenses.

La red de electricidad ha permitido el uso de equipos de producción y de refrigeración; la red de telefonía y, en los últimos años, la telefonía celular han reducido en gran medida los costos de transacción. Sin embargo, las exigencias de una agricultura y una agroindustria cada vez más intensivas estarán entre las fuerzas que generarán presión para la expansión y la modernización de estos servicios. El servicio de telecomunicaciones y electricidad es ofrecido en Costa Rica por el Instituto Costarricense de Electricidad (ICE), entidad estatal que ejerce el monopolio; las tarifas son competitivas y la acción estatal ha permitido que el país tuviese la red eléctrica de mayor cobertura en toda la región de Centroamérica.

Las mejoras en la calidad de los servicios aduaneros han facilitado especialmente las actividades de exportación de productos agropecuarios, gran parte de ellos perecibles.[7] Sin embargo, si el país va a continuar su expansión de volúmenes de productos importados y exportados, como parte de sus operaciones de comercio exterior, los factores limitantes de estos servicios deben ser resueltos con anticipación.

Estas observaciones hacen evidente que el desarrollo de la agricultura en Costa Rica ha estado y está muy vinculado al desarrollo de la infraestructura nacional. Si se considera la gran importancia que esta infraestructura tiene y se reconoce que ya ha comenzado a constituirse en una restricción, es indispensable que se mejore, y para ello debe constituir uno de los principales renglones de la inversión pública o de la concesión de obras a actores privados.

Esta última observación es fundamental en el contexto de este trabajo, ya que aquí se analizan las que han sido restricciones para el crecimiento de la agricultura y se hace referencia a las condiciones que a partir del momento actual comienzan a ser restrictivas.

Innovación tecnológica

La innovación tecnológica ha sido el factor más notorio entre los sectores que han crecido en forma más significativa. Las hortalizas, la tilapia, la avicultura, el tomate y la lechería especializada son los casos más destacados; en ellos la tecnología ha sido adaptada o traída del exterior por parte de una empresa privada. La actitud y la motivación relacionadas con los negocios indujeron al esfuerzo por innovar y obtener la tecnología. Así, en estos sectores existe tecnología a nivel internacional que está disponible por medio de las empresas transnacionales en la industria de las semillas y de las que manejan el desarrollo genético en general.

En el caso del café, las innovaciones han estado orientadas a la mejora genética, las prácticas de sanidad y el manejo del cultivo para optimizar la calidad. También se han hecho importantes innovaciones

---

[7] La mayor parte de los productos agroalimentarios que Costa Rica exporta fuera de la región centroamericana son frescos, refrigerados o congelados. Los que importa son especialmente granos y productos envasados.

en el despulpado del café y en el tostado y empaque al vacío. Todo este esfuerzo proviene de la iniciativa privada, las empresas y el Instituto del Café (Icafe), entidad privada, pero de derecho público.

En otros casos, como en la ganadería de carne y el arroz, se han observado algunos avances en innovación gracias a la cooperación con los centros internacionales, como el Centro Internacional de Agricultura Tropical (CIAT) y el Instituto Internacional de Investigaciones en Ganadería (ILRI, por sus siglas en inglés). Sin embargo, la innovación ha sido muy limitada y ha estado un tanto focalizada en la producción de semillas, sin que se haya llegado a niveles satisfactorios. En los demás rubros, por ejemplo, los frijoles, como se mostró en la sección anterior, se observa un ligero aumento en la productividad porque el producto se limita a las áreas más adecuadas, pero en realidad no ha habido innovaciones tecnológicas significativas.

Existe una relación estrecha entre innovación tecnológica y disponibilidad de capital. En los casos en que se contó con dicho capital, se han hecho innovaciones a partir de tecnología disponible en el mercado mundial, por ejemplo: riego por goteo, avances genéticos y transplante de embriones, producción en invernaderos, etc. Hay un llamativo vacío en términos de inversión pública, vacío que en pocos casos ha sido llenado en parte por iniciativas privadas. Se considera que en general la innovación tecnológica puede ser mucho mayor, y que las condiciones y modalidades en que se llevan a cabo la investigación agropecuaria y la transferencia de tecnología constituyen una importante restricción para la mayor parte de la agricultura de Costa Rica. Este factor limitante afecta especialmente a los granos básicos y a los productores que los cultivan, sobre todo debido a la debilidad de sus organizaciones y a la ausencia de alianzas público-privadas para la investigación y el apoyo a la innovación.

Espíritu empresarial, integración vertical, alianzas y contratos

Este es un factor crítico en la agricultura nacional y revela diferencias muy notables en todas las cadenas estudiadas. Al respecto es importante mencionar que en aquellas empresas de mayor dimensión, y conducidas bajo estándares internacionales de gestión, la situación es satisfactoria. Este es el caso por ejemplo de las empresas líderes que combinan la producción y la agroindustria, como en los siguientes productos, entre otros: naranja, tilapia, lácteos, productos avícolas, café y hortalizas. Las capacidades se encuentran más desarrolladas en el componente agroindustrial.

En el sector productor de pequeña y mediana escala de todos los rubros estudiados, el nivel de espíritu empresarial es reducido. Pocos productores y empresas llevan un registro de costos y rentabilidad, la mayoría no tiene sistemas de planificación de mediano plazo ni cuenta con un sistema de gestión ambiental, ni planes de desarrollo de recursos humanos. Este aspecto constituye en general una restricción para el crecimiento en la agricultura.

La construcción de alianzas, la agricultura de contrato y la integración vertical deben considerarse factores básicos del desarrollo en esta área. Las alianzas son muy comunes en todos los sectores entre las agroindustrias y los agricultores, aunque no siempre sean duraderas. La agricultura de contrato se desarrolla en forma extendida en la producción avícola, la producción de hortalizas y más recientemente el engorde de ganado. En el caso de la avicultura las empresas procesadoras proveen los pollitos bebé, concentrados, vacunas y antibióticos, y compran los pollos a la edad de 7 semanas. Además, estas empresas tienen sistemas de rutas que les permiten proporcionar asistencia técnica. Un modelo similar existe en el caso de las hortalizas, en el cual la compañía Hortifruti trabaja con organizaciones de pequeños productores.

El mayor crecimiento de las alianzas ha tenido lugar en la actividad avícola y en los lácteos, especialmente porque hay empresas agroindustriales de dimensión considerable con capacidad para apoyar a los productores y garantizarles la compra del producto. Además, en estas actividades los riesgos de producción son menores, lo cual alienta el interés de las empresas agroindustriales para adquirir compromisos de abastecimiento a terceros, en función de la producción que recibirán de sus proveedores. Si bien en estos sistemas dominan las corporaciones de mayor dimensión, en los lácteos hay algunas experiencias exitosas de pequeña escala. En el caso del café, existen cada vez más empresas colectivas (cooperativas) que se integran desde la producción primaria, el despulpado, el secado y el tostado, lo que ha llevado a un aumento considerable de marcas de café, varias de las cuales se venden con certificación ISO y certificación de Café Eco Amigable.[8]

---

[8] Véase el trabajo de Pomareda (2007) sobre agricultura de contrato en Costa Rica.

Influencia de las empresas líderes

Uno de los aspectos más importantes en el desarrollo de la agricultura está constituido por el surgimiento y el fortalecimiento de empresas líderes en los diferentes sectores o cadenas. Estas han crecido, han tenido un efecto positivo de arrastre a los productores y han contribuido al desarrollo de empresas de servicios.[9] Algunas cooperativas han desempeñado un papel clave al reunir a los productores alrededor de agroindustrias prósperas y ofrecerles servicios múltiples.

Su aporte más significativo lo constituye el liderazgo tecnológico, a partir del cual se produce un efecto de irradiación de tecnología hacia otros actores. Asimismo, estas empresas se destacan por su influencia en políticas y en las negociaciones comerciales internacionales, aspectos acerca de los cuales cabe sin embargo mencionar las reservas de algunos productores y de industrias de menor escala en cada cadena, en el sentido de que las políticas y las condiciones negociadas en los tratados no han sido concebidas para beneficiar a todos los actores en la cadena.

Pertenencia a organizaciones gremiales y cooperativismo

El hecho de que el sector público se retirara de algunos servicios y la necesidad de acercar posiciones del sector privado agropecuario y agroindustrial han dado origen a importantes cambios en las organizaciones del sector privado. Estas organizaciones han contribuido en forma significativa al crecimiento de los sectores que apoyan y, como se verá en la sección sobre políticas e instituciones, han desempeñado un papel crucial en la canalización de recursos privados para apoyar la agricultura.

El sector gremial se especializa en rubros en unos casos y en cadenas en otros, además de las organizaciones de cúpula, que agrupan a todos los sectores y se atribuyen la representatividad nacional.[10] Las primeras han tendido a consolidarse, mas no así las de cúpula sectorial. A ello ha contribuido el reconocimiento de que ante la apertura comercial era más

---

[9] Algunos ejemplos incluyen Dos Pinos en el sector lácteo, Corporación Pipasa en el sector avícola, El Arreo en el sector de la carne, Hortifruti en el sector de las hortalizas, Café Britt en el sector del café, Del Oro en el sector de las naranjas, Aquacorporación en tilapia y muchas más compañías en la actividad primaria.
[10] Entre las organizaciones de sector y de cadena, se encuentran las asociaciones de arroceros (CNA), del azúcar (LAICA), de los lácteos (CNPL), de la ganadería

razonable la unión que el conflicto dentro de cada cadena. Varios de los gremios o cámaras especializadas por rubro y cadena se han fortalecido en cuanto a membresía, mecanismos de recaudación de ingresos, entrega de servicios y posición negociadora en materia de políticas para apoyar la competitividad.

Uno de los aspectos más notables de cambio en la agricultura de Costa Rica es la construcción de alianzas productivas en las principales cadenas agroalimentarias. En otras palabras, una mayor articulación entre la producción primaria y la agroindustria. En este sentido, las cámaras que integran intereses de varios actores en las cadenas han desempeñado un papel fundamental, entre ellas: Icafe (café), Corfoga (carne), CNPL (lácteos), Conarroz y Aninsa (arroz), Canavi (pollos) y Corporación Hortícola (hortalizas). Además, hay dos que no han sido incluidas en este estudio: la Liga Agrícola Industrial de la Caña de Azúcar (LAICA) y la Corporación Bananera Nacional (Corbana).

El sector cooperativo en Costa Rica da cuenta de experiencias muy diversas, las que se revelan en tres de los casos estudiados. En el sector de los lácteos, la Cooperativa Dos Pinos es la más grande del país, con un acopio diario de leche de un millón de litros, que aportan 1.400 productores. La cooperativa procesa, distribuye en el ámbito nacional y exporta un total de 200 productos, bajo una estrategia de orientación hacia mercados muy específicos. Paga precios diferenciados según la calidad de la leche y tiene almacenes de insumos, y servicios de asistencia técnica y capacitación en varios puntos de las zonas lecheras. En el sector lácteo hay varias otras empresas cooperativas de menor escala.

La cooperativa Montecillos fue por muchos años una empresa líder en el sector de la ganadería y la industria de la carne. Ciertos problemas de gestión, endeudamiento y pérdida de asociados la han llevado a una situación difícil que en la actualidad trata de superar. Pese a sus limitaciones, Montecillos es la segunda empresa más grande en la industria y la exportación de carne, aunque su oferta de servicios a los asociados es reducida. En este sector no hay otras cooperativas.

La experiencia cooperativa es también significativa en el caso del café. Hay unas 15 cooperativas cuya cantidad de asociados varía entre 15

---

e industria de la carne (Corfoga), etc. Por su parte, las organizaciones de cúpula son: la CNAA, que representa a todos los gremios subsectoriales o de cadena, y la Upanacional, que representa al sector campesino.

y 100. Pocas han logrado la integración total para la venta de productos con marca, pero las que lo han alcanzado muestran la viabilidad del esfuerzo cooperativo cuando hay una gestión adecuada.

Conclusiones

En general, la mayor parte de los factores han tenido un efecto positivo en las inversiones y el crecimiento en todos los sectores. Los factores con mayor influencia positiva han sido el ambiente macroeconómico, el acceso a los mercados y la organización gremial, especialmente en el caso las compañías de rubro-cadena. Las empresas líderes han cumplido un papel importante en los procesos de innovación. La integración vertical ha probado ser un factor que asegura la calidad y reduce los costos de transacción. Las restricciones más significativas para el sector en su conjunto son la insuficiente innovación tecnológica y la baja capacidad empresarial (con la excepción de algunas agroindustrias y actividades orientadas a la exportación). Ambas restricciones, como puede deducirse, se relacionan con medidas de política sectorial agropecuaria, que serán analizadas más adelante.

Las condiciones de infraestructura han permitido el desarrollo de algunas actividades en las cuales este insumo es clave (como las tilapias); sin embargo, las limitaciones de infraestructura portuaria y de carreteras comienzan a hacerse notar. En este último caso se evidencia una gran heterogeneidad regional, que se explica en gran medida por las restricciones geográficas, lo que afecta algunos productos en particular, como el café.

Capacidad de apropiación

Con la misma lógica que se utilizó en la sección sobre retornos a la inversión, en el cuadro 3.6 se incluyen los indicadores de efectos positivos y negativos en la apropiación de los retornos a la inversión.

Distorsiones en las políticas públicas

Las medidas que afectan sólo algunas actividades pueden generar distorsiones y problemas de apropiación e incidir en la expansión de ciertas actividades, aun cuando no sean competitivas.

Cuadro 3.6 Calificación de factores con influencia en la apropiación de los retornos a la inversión en la agricultura

Indicadores	Tilapia	Sector avícola	Cebolla	Tomate	Papa	Café	Lácteos	Arroz	Carne	Frijoles
Distorsiones en las políticas públicas	- -	- -	-	-	-		-	- -		
Informalidad que favorece la evasión tributaria		-	-	-	-	-	-	-	-	-
Incentivos al turismo que distorsionan el mercado laboral	-		- -	- -	- -	- -	- -	-	-	-
Exigencias burocráticas en la gestión ambiental	-	-	-	-	-	-	-	- -	- -	-
Seguridad y abigeato que merman los ingresos							-	-		- -
Articulación en las cadenas y pagos por calidad	+	+	+	+	+	+	+			
Servicios e institucionalidad pública	-		- -	- -	- -	- -		- -	- -	- -

Fuente: Elaboración propia.

Las políticas públicas en la agricultura de Costa Rica se definen y manejan en el marco de las llamadas "relaciones políticas", bajo las cuales las organizaciones de productores y las empresas influyentes dialogan y establecen pugilatos para recibir protección o apoyo.[11] Las condiciones que al final se logran pueden interpretarse como una "segunda opción óptima", en el sentido de que no necesariamente se trata de lo económicamente óptimo sino de lo políticamente más viable.

Una observación importante es que las distorsiones en el diseño o las deficiencias en la administración de las políticas han favorecido el crecimiento de algunos sectores y no de otros, o bien han afectado en forma diferencial a uno u otro sector incluso dentro de la misma cadena. Por lo tanto, las distorsiones en la política pública son consideradas por los diferentes sectores según los beneficie o los afecte en forma negativa. Por eso, el tema requiere un análisis específico según las medidas y según

---

[11] Krueger, Schiff y Valdés ofrecieron en 1991 un amplio análisis de este tema, el cual sigue siendo objeto de debate (Krueger, Schiff y Valdés, 1992).

los sectores. En este caso, se hace referencia a cuatro medidas: aranceles, tarifas de agua, fondos de reconversión productiva y seguro de cosechas, en relación con los sectores-cadenas analizados (en la próxima sección se hace un análisis más detallado de la política sectorial agropecuaria y de cuatro medidas de política sectorial).

En Costa Rica la política comercial, aun cuando se ha orientado a la apertura, presenta ciertas ambigüedades, ya que persisten condiciones preferentes para algunos actores. El sector arrocero, por ejemplo, es protegido con un arancel del 35% para el grano en cáscara y los volúmenes de importación se negocian con los molinos, muchos de ellos propiedad de productores grandes. En este caso, la importación de arroz a un precio 35% más alto ha favorecido el precio interno al productor y por lo tanto la expansión hacia zonas poco aptas para este rubro, y ha generado beneficios para productores que no necesariamente son los más pequeños y para los industriales molineros que también son productores.

En otros casos, la protección arancelaria es diferenciada dentro de una misma cadena. El maíz amarillo (utilizado por la industria avícola), por ejemplo, se importa libre de aranceles, especialmente desde Estados Unidos. Dentro de la misma cadena, las partes oscuras del pollo están protegidas con un arancel del 120%. En este caso, la medida de liberalización de la importación de maíz, tomada hace varios años, contribuyó a la desaparición del cultivo usado en la fabricación de concentrados y favoreció el desarrollo de la industria avícola. Debe recordarse que durante todos estos años la producción de maíz en Estados Unidos ha sido altamente subsidiada.

Otro caso es el del agua de riego, que se ofrece por parte del Servicio Nacional de Aguas Subterráneas, Riego y Avenamiento (Senara) en el área del Proyecto Arenal-Tempisque, la cual no se cobra con tarifas basadas en el volumen de agua utilizado, sino por hectárea regable. Esta distorsión tiende a favorecer a aquellos productos que usan mayor volumen de agua por hectárea, como la caña de azúcar, el arroz y la tilapia, en comparación con las actividades de cultivo de melón, sandía y pasto de bajo riego, que utilizan mucha menos cantidad de agua por hectárea y sólo en el verano. Los productores de melón y sandía usan sistemas de riego por goteo. La alternativa es el cobro volumétrico; sin embargo, este cambio se sigue postergando.

Los fondos para reconversión productiva fueron creados como un apoyo del Estado para facilitar el cambio hacia actividades más rentables en el marco de las oportunidades que surgieron como parte de los tratados de libre comercio a partir de 1994. Estos fondos fueron aportados por el Estado durante varios años hasta 2007, a través del CNP. Aunque existe un reglamento, en varias ocasiones los fondos se asignaron con base en criterios políticos y conforman un reflejo de distorsiones que no contribuyen a un mercado competitivo de servicios financieros. Varias organizaciones vinculadas a los estudios de cadenas aquí incluidas se vieron favorecidas por aportes de estos fondos, entre ellas la Corporación Hortícola y la Corporación Arrocera, y algunas subastas ganaderas. Diferentes organizaciones de productores cuyos proyectos tenían pocas posibilidades reales de ser exitosos recibieron fondos, los que se otorgaron en parte como donaciones y en otros casos como créditos que no siempre se recuperaron.

El Instituto Nacional de Seguros (INS) ofrece seguros de cosecha con dos características que revelan extremas fallas institucionales: se limitan al cultivo del arroz y subsidian la prima en el 50%. Este subsidio cubre el costo del riesgo (prima pura) y el costo administrativo. Esta cartera en el INS no tiene reaseguro. La limitada cobertura del INS en el agro obedece a una decisión interna de carácter político, que no ha recibido explicación durante más de 20 años. Debe recordarse que los seguros en Costa Rica son únicamente otorgados por el INS en calidad de monopolio estatal.[12] Se trata de una cuestión de alta sensibilidad política, y la apertura del mercado de seguros fue el tema más polémico en la negociación del tratado de libre comercio con Estados Unidos (DR-CAFTA) y uno de los motivos principales por el cual se retrasó su aprobación en la Asamblea Legislativa, al punto de que Costa Rica ingresó formalmente en el DR-CAFTA en enero de 2009, es decir, un año más tarde que sus otros socios en Centroamérica.

La informalidad a favor de la evasión tributaria

En gran parte la agricultura es una actividad informal, en el sentido de que el registro de empresas dedicadas a ella es muy reducido en comparación con el número estimado de 80.000 productores. En la

---

[12] Se anticipa que, según lo acordado en el tratado de libre comercio con Estados Unidos, se dará la apertura en el mercado de seguros y los arreglos legislativos para tales fines se encuentran en proceso.

agroindustria la situación es mejor. Hasta hace poco las condiciones de informalidad no han sido importantes para las transacciones comerciales, pero en la actualidad constituyen un serio factor limitante. Sin un registro no es factible vender productos agrícolas a los supermercados ni animales a las subastas y mataderos. Y cuando se exijan certificados de trazabilidad, será imperativo tener un registro. Esta situación perjudica a todos los actores.

En cierta medida la informalidad ha sido favorecida por el Estado, por ejemplo, a través de las ferias de agricultores, en cuyo caso no se entrega ningún comprobante de compra-venta.[13] Ante la creciente compra de productos agropecuarios por parte de los supermercados y las empresas exportadoras, es necesario que las unidades agropecuarias que aún permanecen en la actividad informal cambien su estatus. Ello no sólo les permitirá entregar facturas, sino también llevar la contabilidad pertinente y acatar las normas de trazabilidad exigidas.

En general la actividad agropecuaria se rige por las mismas normas tributarias que el resto de las actividades en la economía, con la excepción de que la primera facturación, la de productos primarios, está exenta del impuesto general de ventas (IGV). Los productores de la actividad agroindustrial pagan el IGV como cualquier otra actividad. Y en cuanto a los impuestos sobre la renta, todas las actividades formales están obligadas a declarar el ingreso. Es evidente que ante la informalidad, el número de contribuyentes que paga el impuesto sobre la renta en la agricultura es limitado. Los sectores formalizados (constituidos en empresas) señalan que esto los pone en desventaja ante las actividades informales que no pagan este impuesto.

La exigencia del pago del seguro social en el caso de los trabajadores contratados termina siendo una penalización para las empresas formales, que tienen que incluir el 21% del costo de los salarios en sus presupuestos. En cambio, los productores informales se ven beneficiados en este sentido, ya que no aseguran a sus trabajadores. El descontento en el sector que acata la norma es creciente ante la incapacidad que manifiesta el servicio del seguro social para dar cobertura a los afiliados:

---

[13] En el país se realizan semanalmente 74 ferias del agricultor, en las que los productores y comerciantes expenden más de 60 productos agropecuarios (véase *www.cnp.go.cr*).

por ejemplo, una cirugía de baja complejidad puede requerir una espera de entre uno y dos años.

Los incentivos al turismo y la distorsión de los mercados laborales

Costa Rica ha apostado en forma definitiva al fomento del sector turístico y durante los últimos años ha reforzado las políticas para este fin, las cuales constan de numerosas medidas que tienen como fin crear las condiciones para que el país se posicione internacionalmente como un destino turístico de calidad. Las medidas incluyen exención de impuestos a la importación de automotores a ser utilizados en las empresas de renta de vehículos para turismo, concesiones de tierra especialmente en áreas con acceso a playas, exenciones tributarias para empresas hoteleras extranjeras, capacitación para la formación técnica y profesional, etc.

La estrategia ha tenido valiosas implicaciones para el desarrollo en el medio rural, entre ellas la creación de oportunidades de empleo asalariado y microempresas en el sector turístico. Además, está naciendo un tejido de microempresas rurales vinculadas a la actividad turística, incluidas las dedicadas al agroturismo.

Los privilegios otorgados al sector turístico tienen en la agricultura ciertos efectos negativos. Básicamente, generan escasez de mano de obra para la agricultura. Las actividades más afectadas por estas condiciones son las que se desarrollan cerca de las zonas turísticas, en San Carlos y Guanacaste. Esto incluye la lechería y la producción de naranja y piña. Sin embargo, al mismo tiempo debe admitirse que esta escasez, que eleva los salarios agrícolas, induce a la modernización y la mecanización en el sector.

Entonces, si bien hay un factor de tipo restrictivo en cuanto a la competencia por mano de obra, si se valora la influencia que estas medidas tienen en la agricultura, se podría considerar que resultan positivas al inducir la mecanización y atraer gente más preparada al sector. En este sentido, puede decirse que el cambio ha sido positivo en dos formas. Por un lado, ha creado mejores oportunidades de empleo para los jóvenes rurales, y por otro ha estimulado la innovación en la agricultura y logrado mayores ingresos derivados de las actividades agropecuarias y agroindustriales que incorporan procesos de innovación. Sin embargo, la capacitación de personal para mejorar la productividad en el sector es sumamente urgente. Son también necesarios los acuerdos entre los productores y los hoteles locales para el abastecimiento con productos que cumplan las normas de calidad e inocuidad requeridas por los hoteles de acuerdo con los estándares internacionales.

Exigencias burocráticas en la gestión ambiental

La política ambiental de Costa Rica se ha continuado fortaleciendo. Sin embargo, existe cierta tolerancia a la contaminación ambiental, ya que no se penaliza a los productores y las agroindustrias que perjudican las aguas y el ambiente, y se privilegia a los rubros y los productores que causan mayores daños ambientales. Algunos de los productos utilizados son altamente intensivos en agroquímicos y su aplicación se hace con desmedido descuido, lo que conduce a la contaminación de suelos, aguas y aire. La producción de arroz y de piña se encuentra entre las beneficiadas por estas medidas mal aplicadas.

En el sector lácteo y otras pequeñas agroindustrias rurales se rechaza la burocratización en la entrega de permisos y en la vigilancia ambiental, en el marco de la política de regulación y sanción ambiental, administrada por la Secretaría Técnica Ambiental (Setena). Su objetivo es definir y normar el proceso de evaluación del impacto ambiental. La entidad ha continuado en proceso de reorganización a raíz de la lentitud en los trámites y las permanentes quejas de las empresas privadas sobre sus disposiciones.

La política de incentivos para la conservación y el cuidado de la naturaleza, especialmente para la prestación de servicios ambientales, es administrada por el Fondo Nacional de Financiamiento Forestal (Fonafifo). Entre sus instrumentos se incluye el crédito forestal en condiciones de largo plazo y tasas preferenciales, el programa de apoyo a los ecomercados y la reforestación, y el pago por servicios ambientales (PSA). Este último es un reconocimiento financiero de parte del Estado por los servicios ambientales que ofrecen los actores privados en bosques, plantaciones forestales y sistemas silvopastoriles.

Los PSA (créditos de carbono y protección de escorrentías) y la ampliación de la cobertura hacia sistemas silvopastoriles han sido beneficiosos, pues el Fonafifo ha ampliado el programa de PSA a los cultivos y los bosques en recuperación, y no sólo lo ha circunscrito a las áreas forestales. Esto ha motivado que algunas tierras poco aptas para la ganadería se hayan desplazado hacia bosques en recuperación.

Como resultado, se ha obtenido una ganadería más intensiva y menos destructora del medio ambiente. Concurrente con ello, se está logrando un aumento del precio de las tierras con árboles nativos.

Seguridad y abigeato

La seguridad en el medio rural no ha sido un problema serio hasta hace pocos años. Sin embargo, todos los productores expresan preocupación por el creciente nivel de delincuencia, incluidos los asaltos a mano armada, el robo de vehículos y los secuestros. El abigeato (robo de ganado) y la impunidad de los delincuentes constituyen una restricción altamente relevante en varias zonas donde se desarrolla la ganadería. Además, son frecuentes los robos de equipos menores y herramientas en las fincas.

Se trata de otro factor de suma importancia, a punto de convertirse en una restricción para la inversión en la agricultura y que además implica pérdidas de los productos obtenidos. En algunas comunidades el problema se ha resuelto por la vía de la organización local, especialmente porque la Guardia Rural no opera en esos ámbitos o no tiene recursos, o no está preparada técnicamente para lidiar con la delincuencia.

Articulación en las cadenas y pagos por calidad

Las relaciones tecnológicas, contractuales y de financiamiento en las cadenas agroindustriales son factores determinantes de la competitividad, dada la necesidad de una interacción positiva entre segmentos. Las relaciones transparentes para asegurar productos que cumplan las normas, la oferta en el momento oportuno, precios que premien la calidad, sistemas de pagos pertinentes y servicios de asistencia técnica de parte del comprador han sido identificadas como elementos críticos que estimulan buenas relaciones entre los actores en cada cadena bajo diferentes modalidades, incluida la agricultura de contrato.

En varias de las cadenas analizadas este ha sido un elemento positivo para mejorar el crecimiento de la producción. Esto se ha puesto en evidencia particularmente en el sector avícola, en donde las empresas industriales proveen asistencia técnica, pollos bebé, e insumos alimenticios a las granjas; además al garantizarles la compra, les facilitan la obtención de crédito porque se reduce el riesgo de mercado. También en el sector lácteo el pago de las plantas a los ganaderos por la leche fluida se efectúa en base a un sistema de calidad según el cual el precio sube cuanto mayor sea el contenido de sólidos solubles y grasa, y menor sea el contenido de células somáticas. En la ganadería de carne, a pesar de los esfuerzos que se vienen realizando desde hace casi seis años, aún no se ha logrado un sistema de clasificación de canales (media res) que permita pagos por calidad. En las hortalizas el sistema lo ha implementado Hortifruti y ha logrado un compromiso por parte de los productores con la calidad. En el caso de otros productos, el sistema no está bien establecido.

Las gerencias de programa por rubro-cadena en el Ministerio de Agricultura y Ganadería (MAG) constituyen una forma de contribuir a una relación más fructífera entre actores privados y de coordinar la entrega de servicios del sector público agropecuario; establecer sistemas en todas las cadenas de pagos por calidad, y así mejorar la producción y la rentabilidad, y lograr una mejor distribución de los beneficios de las inversiones públicas y privadas.

Servicios e institucionalidad pública

Este aspecto ha sido señalado como el "talón de Aquiles" que limita la mayor inversión privada en la agricultura y los retornos a la misma, así como también la buena apropiación de los beneficios de dicha inversión. Entre los técnicos que realizaron los estudios de cadenas y los actores entrevistados es generalizado el sentimiento sobre la insuficiente capacidad de las entidades públicas del sector, la burocratización, la falta de efectividad en la entrega de servicios, etc. Casi todas las personas entrevistadas, incluidos los empleados del Sector Público Agropecuario (SPA), concuerdan en que la institucionalidad pública sectorial está en crisis, y que los trámites burocráticos y la obtención de servicios consumen tantos recursos que los productores prefieren optar por otros proveedores de servicios o quedarse sin ellos. Una excepción es el servicio de sanidad.

Si bien estas restricciones se atribuyen en muchos casos a la disponibilidad de recursos económicos, los factores limitantes son más severos, e incluyen la politización de las entidades públicas, la desorganización, los bajos salarios, la desmotivación, etc.[14] El MAG

---

[14] Véase Trejos, Pomareda y Villasuso (2006) para un análisis exhaustivo de las condiciones vigentes en cuanto a la institucionalidad agropecuaria en los países de Centroamérica.

y las entidades satélite han pasado en varias ocasiones por procesos de modernización. El último fue en 2006, cuando se trató de crear el Ministerio de la Producción (Mipro), tarea que fue abandonada un año después, dadas las dificultades legislativas y operacionales para lograrlo. A raíz de la crisis de los precios de los productos agrícolas, en 2008 el gobierno aumentó en forma significativa el presupuesto del SPA; sin embargo, ello no implicó en forma simultánea el diseño de un plan de modernización de las instituciones.

Conclusiones

El análisis realizado revela que la mayor parte de los factores que se consideraron como influyentes en la apropiación de los retornos a la inversión son de orden negativo, lo cual deja en evidencia que existen fallas de mercado, de políticas de gobierno e institucionales significativas, que limitan la apropiación de los beneficios por parte de los inversionistas. En ese caso es importante diferenciar la capacidad de apropiación que se logra en general y la forma en que se distribuyen los retornos a la inversión dentro de las cadenas. Las restricciones más significativas son las políticas aplicadas en forma discriminatoria, que benefician a unos grupos y perjudican a otros; la informalidad en la agricultura; las exigencias burocráticas en la gestión ambiental; la inseguridad y el abigeato, que ocasionan pérdidas de capital y merman los ingresos netos, y la baja calidad de los servicios públicos en agricultura.

Diagnóstico general

Las conclusiones se derivan del análisis de 10 sectores-cadenas que representan sectores en crecimiento alto, medio y bajo, sectores en los que hay pequeños productores, agricultores de mediana escala y empresas de gran tamaño; se desarrollan en diferentes zonas agroecológicas del país; se destinan unos especialmente al mercado nacional y otros especialmente a la exportación, y son sectores que tienen diversos grados de articulación o integración vertical en las cadenas. Esta representatividad permite que, además de las conclusiones particulares para cada sector, se logre con relativa confianza obtener conclusiones para el sector agropecuario-agroindustrial en su conjunto. Las principales conclusiones de este análisis se resumen a continuación.

Una primera conclusión es que aun cuando se ha hecho un esfuerzo sustantivo para analizar en forma independiente cada factor que influye en los tres aspectos de interés o categorías de análisis (retornos, capacidad de apropiación y financiamiento), se han hecho evidentes las interrelaciones entre factores en una misma categoría de análisis y entre las tres. Esto se debe, como se ha señalado en la parte de metodología, a la naturaleza de las actividades en la agricultura (relaciones dentro de la cadena), su uso de factores (función de producción) y la influencia de diferentes políticas.

También se concluye que hay diferencias importantes en cuanto a las restricciones y los factores positivos que limitan o favorecen el crecimiento de la agricultura en los diferentes sectores-cadenas. Tales diferencias emanan, entre otras cosas, de las condiciones estructurales de cada sector y los mercados a los que se dirigen. Este aspecto es fundamental por cuanto, desde el momento en que se presentaron sugerencias para ajustar el modelo general de análisis, se expuso la relevancia de reconocer la heterogeneidad en la agricultura.

El hecho de que existan factores restrictivos particulares en cada sector-cadena implica que las organizaciones gremiales de cada sector deben tomar cartas en el asunto, abocarse a un análisis más riguroso de cada factor restrictivo e identificar las acciones concretas para resolverlos. Algunas de estas acciones son de su responsabilidad y otras podrían requerir políticas del sector público.

En forma similar, el haber identificado factores con influencia positiva en el crecimiento denota la importancia de que se mantengan y mejoren tales condiciones. En ese sentido, las entidades del sector público agropecuario y las organizaciones del sector privado deben insistir ante las autoridades de otros sectores para que esto se cumpla.

En los tres ejes de análisis (retornos a la inversión, capacidad de apropiación y financiamiento) hay diferencias clave con respecto al peso relativo de los factores restrictivos, pero estas son particularmente severas en lo que concierne a la apropiación de los retornos a las inversiones. Ello es además indicativo de que en tal caso se trata especialmente de fallas de política e institucionales. Esta conclusión general denota la gran responsabilidad que compete al Estado en cuanto a normar e invertir en forma adecuada para superar estas restricciones, especialmente a fin de mejorar la capacidad institucional.

Políticas públicas e instituciones[15]

A principios de los años noventa el país incorporó en su modelo de desarrollo tres elementos que se reflejaron en las políticas agropecuarias, a saber: i) la aceleración del proceso de apertura comercial en el marco de sus compromisos multilaterales y la firma de tratados bilaterales; ii) la promoción del país como atractivo turístico y para la inversión de industrias de alta tecnología, y iii) un (mayor) retiro de la intervención estatal en la economía en general y en la agricultura en particular.

El retiro de la intervención estatal en el sector agropecuario se evidencia en la desaparición de los controles de precios y de los subsidios a los insumos y las compras garantizadas por el Estado; en la reducción de la cobertura del sistema de extensión agropecuaria y la minimización de la inversión en desarrollo tecnológico agropecuario; en la eliminación del subsidio al crédito, y en muchos casos en la eliminación de la protección arancelaria. Para compensar en parte tal retiro, se creó el Programa de Reconversión Productiva y se apoyó a las organizaciones del sector privado agropecuario. Como corolario, se descansó más en la iniciativa privada para resolver sus propios problemas, lo que ocurrió a través del fortalecimiento de las organizaciones gremiales del sector privado en agricultura, especialmente aquellas específicas a los rubros/cadenas.

Pese a todo, el sector agropecuario se vio impulsado principalmente por políticas generales, que devienen de un marco regulatorio e institucional diverso, y no por políticas sectoriales. Diversos estudios muestran que las políticas sectoriales tienen deficiencias[16] y, como se indicó en la sección anterior, algunas de las restricciones al crecimiento del sector se asocian a factores limitantes en dichas políticas.

Esta retirada del Estado tiene sentido en tanto y en cuanto muchas de las políticas preexistentes eran distorsivas. Esto no implica que el Estado no desempeñe un rol en la economía y el sector. Existen numerosas fallas de mercado, generales y específicas del agro, que le corresponde solucionar al Estado. En cierta forma el sector agropecuario de Costa

---

[15] Para esta sección del informe se utiliza información del estudio reciente de Pomareda (2008a) sobre las inversiones públicas en la agricultura de Centroamérica. El caso de Costa Rica se incluyó como un anexo a dicho informe.
[16] Véanse los trabajos de Arias (2007), Umaña y Rivera (2007) y de la Academia de Centroamérica, SIDE e INCAE (2006).

Rica logró tener un fuerte impulso cuando se eliminaron las distorsiones y se generó un contexto propicio para los negocios.

Si se desea un impulso adicional, se debe analizar qué aspectos quedan aún por resolver y mejorar. Entre ellos hay cuatro que aquí se consideran clave para el país y que se analizan a continuación. Se trata de las políticas sectoriales de: i) innovación y adaptación tecnológica, ii) sanidad e inocuidad, iii) riego y drenaje, y iv) fomento de la agroindustria rural. Los ejemplos escogidos muestran las dificultades que enfrenta Costa Rica. En particular, se observa que los objetivos de las políticas están en general medianamente bien dirigidos, pero el problema es que a la hora de implementarse los instrumentos utilizados son poco efectivos.[17]

Al final de esta sección se ofrece una breve referencia a los vacíos de política (es decir, definiciones de política en otras áreas) que requieren más atención, especialmente a la luz de los resultados del análisis de restricciones.

Política de innovación tecnológica

Existen numerosas razones económicas (fallas de mercado) que justifican que el gobierno tenga un rol activo para promover la innovación, ya sea promocionando la generación de conocimiento específico del sector o promoviendo su difusión.

Un estudio reciente del Instituto Nacional de Innovación y Transferencia de Tecnología Agropecuaria (INTA) y el Instituto Interamericano de Cooperación para la Agricultura (IICA) muestra que en Costa Rica, no obstante los avances recientes, persisten problemas en torno a la tecnología agropecuaria, tales como: i) rezago tecnológico y baja productividad; ii) escasas propuestas tecnológicas para diversificar efectivamente la oferta de productos con potencial exportador; iii) alto grado de descoordinación entre las organizaciones y predominio de intereses particulares; iv) persistencia de un enfoque centrado en la oferta con serias limitaciones para transferir a los usuarios los resultados de las investigaciones realizadas, y v) ausencia de mecanismos efectivos que

---

[17] Es oportuno mencionar también que en los últimos meses se han desarrollado varias actividades de investigación, diálogo de políticas y preparación de proyectos, todo lo cual ha contribuido a mejorar las propuestas de políticas en estos campos. Dichos trabajos se irán citando en esta sección y se incluyen en la bibliografía.

permitan orientar y canalizar recursos, según las prioridades nacionales, y que evite duplicidades y promueva sinergias para el desarrollo de capacidades (INTA-IICA, 2005).

En Costa Rica las instituciones vinculadas al desarrollo de las capacidades de innovación en la agricultura son tanto de naturaleza pública como privada y también provienen del sector académico. Entre ellas se destacan la Universidad de Costa Rica, el Consejo Nacional de Producción, la Corporación Nacional Arrocera, la Corporación Bananera Nacional, la Corporación de Fomento Ganadero, la Dirección de Investigación y Extensión en Caña de Azúcar, la Escuela Agrícola de la Región del Trópico Húmedo, la Universidad Nacional (Escuela de Ciencias Agrarias), el Icafe de Costa Rica, el Instituto Nacional de Aprendizaje, el INTA, el Instituto Tecnológico de Costa Rica, el MAG, la Oficina Nacional de Semillas y el Senara.

Lo anterior revela un elevado número de entidades, pero muy poca colaboración entre ellas (INTA-IICA, 2005). La participación de los gremios y las entidades especializadas ha coadyuvado a resolver esta situación. Algunas de estas organizaciones reciben financiamiento complementario de parte del Estado para aumentar las innovaciones requeridas en la agricultura. Así, el cofinanciamiento público de la inversión en innovación constituye una "palanca" para impulsar y regular las prioridades y los presupuestos de investigación y desarrollo, con la intención explícita de parte del Estado de generar aquellas innovaciones que beneficien a los productores de menos recursos en cada sector-cadena. Este enfoque constituye un cambio sustantivo en la forma en que el Estado puede apoyar los procesos de innovación.

Un análisis crítico de la política tecnológica en el sector público revela que adolece de los siguientes factores limitantes: i) es poco focalizada en cuanto a problemas actuales; ii) sigue especialmente la orientación y la motivación de los investigadores; iii) guarda escasa articulación con la investigación que se realiza en las organizaciones del sector privado y de la academia; iv) las acciones de investigación y extensión están poco articuladas entre sí, y v) no recibe suficiente apoyo económico del presupuesto del Estado (aunque en 2008, a raíz de la crisis de precios internacionales de los alimentos y de un renacido interés por la agricultura, se han asignado importantes recursos del Estado para este fin).

El INTA-IICA elaboró un proyecto para mejorar la política de innovación en el sector basado en cinco componentes: i) investigación e innovación para la seguridad alimentaria y la competitividad agropecuaria; 2) un sistema de información y difusión tecnológica agropecuaria; 3) el desarrollo de capacidades institucionales del INTA; 4) alianzas estratégicas y fortalecimiento del Sistema Nacional de Investigación Agropecuaria, y 5) un fondo de investigación e innovación para la seguridad alimentaria y la competitividad agropecuaria.

El proyecto INTA-IICA no se concretó por falta de financiamiento; sin embargo, el tercer componente, el desarrollo de capacidades institucionales del INTA, fue incorporado posteriormente en el proyecto de modernización del sector público agropecuario presentado en agosto de 2008 por el MAG al Ministerio de Hacienda.

Un desafío clave

Lo analizado sugiere que el desafío principal de la política tecnológica en la agricultura de Costa Rica debe ser fortalecer las formas organizacionales de cooperación público-privada, a fin de generar y difundir innovaciones tecnológicas para la producción, la transformación y la comercialización de productos agropecuarios, especialmente en las pequeñas y medianas empresas (PyMe) del sector. Para alcanzar este objetivo se requeriría:

- Aumentar la capacidad de hacer innovaciones en las cadenas agroproductivas mediante el cofinanciamiento de parte de organizaciones públicas y privadas del sector.
- Incrementar las capacidades técnicas de las organizaciones de investigación y transferencia de tecnología mediante la modernización de su infraestructura tecnológica.
- Acrecentar el aporte de capital de riesgo y la inversión privada en investigación y transferencia de tecnología, a fin de mejorar la eficiencia productiva y crear mayor valor para los productos agrícolas, pecuarios, acuícolas y forestales.
- Fortalecer los servicios y los productos tecnológicos de los gremios en las distintas cadenas agroproductivas.
- Reforzar y coordinar el Sistema Nacional de Innovación constituido por las organizaciones públicas, los centros de investigación y las empresas para generar y transferir conocimientos que permitan afrontar los nuevos desafíos y oportunidades.

Con este fin, en un trabajo reciente para el Consejo Agropecuario de Centroamérica (CAC), con apoyo financiero del Banco Interamericano de Desarrollo (BID), se han sugerido dos mecanismos (Pomareda, 2008a):

a. *Un fondo competitivo para la generación de innovaciones y desarrollo tecnológico.* Este fondo beneficiará al sector productivo a través de polos estratégicos para la generación, la distribución y la regulación de conocimientos que potencien la capacidad de innovación y, consecuentemente, traigan ventajas competitivas. Las intervenciones del fondo impulsarán eslabonamientos en las cadenas agroproductivas y el posicionamiento de los productos de origen agropecuario en los mercados tanto nacional como internacional. Las iniciativas a ser apoyadas incluirían: investigación y desarrollo tecnológico en programas estratégicos; laboratorios y equipamiento; articulación y diálogo para una acción concertada: vinculación y valoración tecnológica; información, comunicación y transferencia tecnológica; extensión y asistencia agropecuaria, y desarrollo de capacidades para la innovación con énfasis en la formación profesional y técnica que contribuya al desarrollo de las capacidades.

b. *Un fondo para servicios estratégicos destinados a la gestión de la innovación.* Este fondo cofinanciará servicios estratégicos que fomenten en las empresas las capacidades de adopción y uso de la innovación, tales como: información, capacidad de asociación y alianzas, marketing y logística, gestión empresarial, y desarrollo de capacidades institucionales.

Sanidad e inocuidad

Las condiciones de sanidad e inocuidad en la agricultura y la agroindustria nacional han mejorado considerablemente en los últimos años. El comercio internacional y la experiencia adquirida en dicho campo han contribuido a que tanto el sector privado como el público hayan sido cada vez más acuciosos en la implementación de medidas preventivas y de control.

La oferta exportable de productos agrícolas, pecuarios, pesqueros, acuícolas y agroindustriales representa alrededor del 33% de las exportaciones totales costarricenses. Para ofrecer servicios que hagan posible la observancia de las normas internacionales, las autoridades competentes del Estado han fortalecido sistemáticamente su capacidad.

Las dos organizaciones públicas directamente vinculadas al cumplimiento de las regulaciones sanitarias y fitosanitarias, así como también de la calidad y la inocuidad son: el Servicio Nacional de Salud Animal (Senasa) y el Servicio Fitosanitario del Estado (SFE). Otras instituciones que realizan actividades complementarias son: el CNP, el Ministerio de Economía, Industria y Comercio (MEIC), el Ministerio de Salud y el Ministerio de Comercio Exterior, así como también gremios, el sector productivo (empresas y productores) y el sector académico (la Universidad de Costa Rica y la Universidad Nacional).

La misión del Senasa consiste en la reglamentación, la planificación, la administración, la coordinación, la ejecución y la aplicación de las actividades oficiales con carácter nacional, regional e internacional, relativas a la salud de la población animal, los residuos, la salud pública veterinaria, el control veterinario de la zoonosis, la trazabilidad, la protección y la seguridad de los alimentos de origen animal y los alimentos para los animales. También se ocupa de la seguridad de los medicamentos veterinarios, el material genético animal, los productos y los subproductos, la producción, el uso, la liberación o la comercialización de los organismos genéticamente modificados que puedan afectar la salud animal o su entorno, y las sustancias peligrosas de origen animal.

El SFE es la autoridad competente para cumplir con los compromisos en materia fitosanitaria y sanitaria de productos vegetales consignados en el Acuerdo de Medidas Sanitarias y Fitosanitarias (AMSF) y en los tratados de libre comercio que se fundamenten en este. La misión del SFE es "proteger el Patrimonio Agrícola Nacional de plagas de importancia económica y cuarentenaria; aplicar las medidas fitosanitarias que regulan la movilización de plantas, sus partes y los productos reglamentados, así como velar porque las sustancias químicas, biológicas o afines cumplan con las regulaciones técnicas y legales, buscando la protección de la salud humana y el ambiente". Para cumplir con esta misión el SFE está estructurado en siete departamentos de alcance nacional y regional: Cuarentena Vegetal; Fitosanitario de Exportación; Vigilancia y Control de Plagas; Insumos Agrícolas; Programas Especiales; Laboratorios; y Administrativo Financiero.

Mediante el proyecto "Medidas Sanitarias y Fitosanitarias en Costa Rica", presentado en febrero de 2008 para su ejecución con recursos de la cooperación de la Unión Europea (UE), se pretende mejorar la capacidad de los servicios competentes a fin de adaptar la reglamentación sanitaria y fitosanitaria del país a la de la UE, y controlar y certificar la correcta aplicación de tales medidas. Particularmente se fortalecerán: i) las capacidades de los servicios sanitario y fitosanitario del Estado en lo referente a la vigilancia y el control de plagas y enfermedades, y a la inspección y certificación del cumplimiento de las medidas sanitarias y fitosanitarias de la UE; ii) la coordinación y el acercamiento entre los servicios del Estado, las empresas y los productores sobre las problemáticas sanitaria y fitosanitaria; iii) el desarrollo de capacidades y de conocimientos de los productores, y iv) la valorización del capital humano.

Es importante destacar que el esfuerzo por avanzar en el cumplimiento efectivo de la normativa internacional en sanidad e inocuidad agropecuaria no está relacionado con los compromisos y los esfuerzos de las autoridades nacionales competentes dedicadas a las importaciones y las exportaciones, sino que es una tarea conjunta con los sectores productivos. En este sentido, se requiere fortalecer mecanismos que no sólo promuevan una participación activa de los gremios y del sector privado agropecuario sino que también sepan delegar en ellos, cuando sea posible y deseable, la prestación y la ejecución de algunos servicios que brinda el Estado.

Para lograr esto último, se pueden crear nuevas modalidades de delegación de funciones, y fomentar mecanismos e instrumentos para una mayor fiscalización del cumplimiento. Para el desarrollo de estas nuevas modalidades se requiere considerar ciertos factores externos a través de la aplicabilidad de normativas y de las oportunidades que establece el mercado para productos limpios, sin residuos tóxicos y libres de agroquímicos u otros elementos residuales indeseables para la salud humana, así como aquellos productos obtenidos bajo procesos de respeto a la seguridad y la protección laboral. También se requiere considerar factores internos propios de las condiciones de las fincas y las agroempresas, que deben movilizarse para motivar la sanidad, la inocuidad y la calidad de los productos de origen agropecuario.

El desafío
El objetivo principal de la política en este campo debe ser desarrollar alianzas público-privadas que permitan brindar servicios cada vez de

mayor calidad para mejorar las condiciones sanitarias en las fincas, la inocuidad en las agroindustrias, y el acceso y la participación de los productos agropecuarios en el país y en los mercados externos. Para alcanzar este objetivo se requeriría desarrollar:

- Capacidades y mecanismos para que el sector público y los gremios actúen como gestores de información y conocimiento de tal forma que los productores agropecuarios, los procesadores y las empresas comercializadoras mejoren el acceso y el uso de información y conocimientos relativos a la sanidad, la calidad y la inocuidad.
- Mecanismos e instrumentos para que las autoridades nacionales competentes deleguen funciones al sector privado de tal forma que se mejore el cumplimiento de la normativa sanitaria y fitosanitaria en las fincas y las empresas.
- Mecanismos e instrumentos para que el sector privado abastezca servicios relativos al cumplimiento de la normativa sanitaria y fitosanitaria, y de calidad e inocuidad, ampliando de manera eficiente el mercado de servicios para la agricultura.

Para ello, en el trabajo de Pomareda (2008a) se ha sugerido que se deben desarrollar capacidades para el mejoramiento de la institucionalidad tanto pública como privada, en base a tres componentes que podrían ayudar a hacerlo:

a. *Modernización de los servicios de competencia del Estado*, lo que incluiría: i) análisis e identificación de escenarios y modalidades para una delegación gradual y efectiva de funciones y responsabilidades del Estado a las organizaciones gremiales y los entes privados; ii) alianzas y convenios de cooperación con los gremios y las universidades, y iii) mecanismos de acreditación y de fiscalización de los servicios.
b. *Fortalecimiento de los mecanismos de alerta temprana y de acceso a mercados*, lo que incluiría: i) vigilancia y control de enfermedades y plagas; ii) infraestructura y equipamiento; iii) modernización de los regímenes de inspección y certificación de agroquímicos; iv) investigación en sanidad e inocuidad; v) capacitación especializada; vi) fortalecimiento de las

competencias técnicas para el análisis de riegos, cuarentena y seguridad en fronteras, y vigilancia epidemiológica; vii) verificación de la calidad de los insumos agropecuarios y viii) mejoramiento de los servicios de información y notificación.

c. *Desarrollo de las capacidades de productores y empresas*, para que puedan edificar su propia competencia técnica en materia sanitaria, de calidad e inocuidad. Esto incluiría: i) capacitación y desarrollo de materiales de capacitación, ii) intercambio de experiencias y iii) optimización de la infraestructura para obtener mejoras en las condiciones de producción primaria y agroindustrial.

Riego y drenaje

La agricultura nacional se desarrolla especialmente en condiciones de secano, es decir, depende sólo del agua de lluvia, y el área irrigada abarca un porcentaje pequeño del total. Por otro lado, en gran parte del país las tierras agrícolas en zonas planas pero de alta precipitación tienen sistemas de drenaje poco efectivos.

El manejo inadecuado de los recursos hídricos, aunado a las condiciones en que se desarrolla la agricultura, favorece la degradación de los recursos del suelo y del agua en forma severa y acelerada, lo que implica un alto riesgo para la adecuada rentabilidad y la competitividad de la producción agrícola y ganadera. Asimismo, cabe considerar que si bien Costa Rica es un país rico en recursos hídricos, el agua no siempre está donde se requiere ni en el tiempo que se requiere, por lo que se tiene que acudir no sólo a fuentes superficiales de agua, sino también a las aguas subterráneas. Estas últimas, en época seca, constituyen la principal fuente para mantener los caudales mínimos.

La política nacional de riego y drenaje ha sido bastante débil en la agenda sectorial. El desarrollo del riego en la agricultura no tiene un enfoque integral. Falta invertir en obras y la capacidad de administración, operación y conservación de las mismas es limitada, al igual que los emprendimientos y la adopción de mejores tecnologías de gestión productiva. Las entidades públicas y las organizaciones del sector privado y de otra naturaleza (universidades, etc.) vinculadas a la gestión de recursos del suelo e hídricos son, entre otras: el Senara, el Ministerio de Ambiente (Minae), el Instituto Costarricense de Acueductos y Alcantarillados (AyA), el ICE, el MAG, el INTA, el Fonafifo, las municipalidades y la Autoridad Reguladora de Servicios Públicos. Al respecto, la institucionalidad y las responsabilidades son muy dispersas y están poco articuladas.[18]

El Programa de Gestión Integrada de Recursos Hídricos (Progirh-Senara), recientemente aprobado para su financiamiento con recursos de un préstamo del Banco Centroamericano de Integración Económica (BCIE), pretende contribuir a la gestión integrada de los recursos hídricos y los servicios estratégicos para su conservación y producción, procurando eficiencia económica, desarrollo social con equidad y sostenibilidad ambiental. Este programa se estructura en cuatro componentes, a los cuales están asociados ciertos subcomponentes y proyectos específicos a saber: gestión de las aguas subterráneas, producción agrícola con riego, fortalecimiento de las capacidades del Senara para una mayor productividad de las áreas regadas, mejoramiento de tierras agrícolas con drenaje, y fortalecimiento institucional. Lamentablemente el programa no incluye una propuesta para modificar las tarifas para el cobro por el agua, en base al volumen utilizado, en la zona del proyecto Arenal-Tempisque.

Los desafíos

Dado el diagnóstico de esta política y las necesidades del país, el sistema de riego y drenaje debería ajustarse. En el informe de Pomareda (2008b) se recomienda un nuevo marco de políticas para el agua considerando sus usos múltiples. Se enfatiza la importancia de crear una Autoridad Nacional del Agua, descentralizar los servicios del Senara a todas las regiones, promover las iniciativas privadas de inversión para agricultura de riego y reformar sustancialmente el sistema de tarifas. Algunos objetivos intermedios a lograr incluyen:

- Fomentar un proceso integral de manejo del agua para la gestión de riesgos asociados a la inestabilidad climática.
- Generar, transferir y propiciar el uso de tecnologías sostenibles para el uso y el aprovechamiento del agua en sistemas agroproductivos de bajo riego.

---

[18] Un informe reciente elaborado para el Senara, con la facilitación del IICA, ha propuesto los cambios requeridos en la política nacional al respecto (Pomareda, 2008b).

- Ofrecer incentivos que contribuyan con la aplicación efectiva y el uso de prácticas sostenibles de gestión de los recursos hídricos y del suelo.
- Disponer de mecanismos que puedan favorecer a los productores con el pago de servicios ambientales por el manejo del agua y del suelo en la agricultura bajo riego.
- Promover la responsabilidad social ambiental de los actores productivos en la conservación de la capacidad productiva de los suelos y el manejo de los recursos hídricos.

Uno de los aspectos a destacar es el fomento del uso del agua con criterios de gestión de riesgos (obras de riego y de drenaje); otro es el aprovechamiento de las condiciones del clima en verano.

Políticas de apoyo a la productividad de la agroindustria rural

La agroindustria rural está poco fomentada en el país. Uno de los problemas más importantes es la desarticulación de los esfuerzos de diferentes entidades. Entre los organismos públicos vinculados están el MAG, el CNP, el Ministerio de Industria y Comercio mediante su Digepyme (MEIC), el Ministerio de Comercio Exterior (Comex) y la Procomer, además de organizaciones del sector privado (gremios y productores y empresas en los diferentes eslabones de las cadenas agropecuarias), la Fundación para el Desarrollo (Fundes), las Cámaras de Turismo y los centros universitarios como el Centro de Tecnología de Alimentos (Cita), entre otros.

Mediante la coordinación del Programa de Desarrollo Rural, el MAG viene desarrollando la puesta en marcha del Enfoque Territorial del Desarrollo Rural, que se basa principalmente en la creación de capacidades humanas y formación de capital social para mejorar el desempeño, la incidencia y el efecto multiplicador de tal forma que se genere desarrollo sostenible. Este programa promueve la constitución de Grupos de Acción Local, con los cuales lleva adelante procesos de fortalecimiento y capacitación del liderazgo, formula Planes Estratégicos de Desarrollo Local, y promueve estrategias y alianzas para la ejecución de estos planes.

Con recursos de un préstamo del BID se ejecutó el Proyecto Experiencias Innovadoras de Desarrollo Rural (Expider), el cual impulsa procesos de desarrollo territorial rural basado y adaptado a partir de la experiencia europea en este tipo de desarrollo (Programas LEADER).

Un análisis crítico de las políticas y las acciones institucionales en este campo revela varios problemas. El primero es que no hay una propuesta para que a nivel de regiones (cantones y municipios) se creen agroindustrias locales que aprovechen la producción local, en lugar de que esta sea transportada hacia el Valle Central y traída de regreso convertida en productos finales. El segundo es que las organizaciones de productores han sido tímidas en pasar de su papel gremialista a uno de corte más empresarial a fin de aunar recursos e invertir en agroindustrias locales. El tercero es que el desarrollo tecnológico, en cuanto a equipos para la agroindustria de pequeña y mediana escala, aún se encuentra en una etapa poco avanzada, por lo que hay una gran dependencia externa, especialmente en equipos de gran escala. Por último, no se han desarrollado mecanismos financieros eficientes dentro de las cadenas, que permitan la movilización de recursos a bajos costos de transacción.

Ajustes sugeridos
El objetivo general de la política en este campo debe ser crear la capacidad en las organizaciones públicas y privadas, y en las empresas individuales y cooperativas, para generar valor agregado en el medio rural para los bienes y los servicios de origen agropecuario, cuya diferenciación, desde su territorio hasta el mercado, posibilite una inserción exitosa en nichos de mercado en los ámbitos nacional e internacional. Esto requiere:

- Fortalecer las capacidades de los productores agropecuarios para generar productos y servicios con alto valor agregado.
- Aumentar las capacidades de innovación para crear nuevos productos, procesos y servicios, y desarrollar alianzas, nuevos canales de comercialización, y tecnologías de la información y la comunicación (TIC) con clientes y proveedores.
- Identificar y promocionar servicios ambientales, oportunidades de biocomercio, medicina tradicional, turismo, y servicios de aprovechamiento productivo, entre otros generados en las zonas rurales, principalmente en aquellas de amortiguamiento de las áreas protegidas.

Algunos instrumentos de política que pueden considerarse para lograr lo planteado son:

a. *Un fondo competitivo para micro y pequeñas empresas* que provean servicios mediante un esquema de cofinanciamiento de proyectos asociativos, tanto para la exportación como para el consumo nacional.
b. *Investigación y desarrollo tecnológico.* Abarca el financiamiento para la generación de valor de la agroindustria rural, lo cual incluye la agregación de valor a los productos primarios de la agricultura (agrícolas, pecuarios, acuícolas, forestales), y a los productos transformados, así como también a los productos obtenidos de la biodiversidad como base fundamental del valor agregado en la agricultura. Mediante este subcomponente, el fondo impulsará la generación y la transferencia de nuevas tecnologías, la diversificación de la estructura productiva y la generación de empleo en los espacios rurales.
c. *Servicios de información tecnológica para la agroindustria rural.* Se trata de servicios de información para las micro y pequeñas empresas orientados al desarrollo de nuevos productos o de productos de mayor valor agregado, tanto para el mercado nacional como el mercado externo.
d. *Desarrollo de capacidades de gestión para la agregación de valor.* Esto incluiría capacitación e información, desarrollo de menciones de calidad, fortalecimiento de iniciativas en el ámbito de las denominaciones de origen e indicaciones geográficas para el aprovechamiento de las oportunidades a partir de las características de espacios territoriales específicos, desarrollo de proveedores y de encadenamientos productivos, integración de la agroindustria rural con las fases de comercialización y consumo, articulado con el desarrollo del turismo rural, y fomento de la capacidad de asociación y de la base organizativa.
e. *Servicios de asesoría técnica especializada.* Esto incluiría estudios de factibilidad y competitividad, en la forma de "ventanilla abierta", que determinen la viabilidad técnica y financiera de emprendimientos individuales y colectivos, los cuales se complementarían con aportes que realicen las PyMe; preparación de proyectos de inversión privada; oferta de TIC; y servicios para la

comercialización interna y para el comercio exterior, orientados a la modernización del sistema de marketing; capacitación y operación de centros de acopio, entre otros.

Efectividad en la ejecución de las políticas

La ejecución de las políticas públicas en general, y de las políticas sectoriales en particular, es poco efectiva y se asocia a dos aspectos principales: las limitaciones de recursos económicos y las restricciones en la capacidad institucional.

Según el Ministerio de Planificación Nacional y Política Económica (Mideplan, 2008), en el caso del sector agropecuario los principales problemas institucionales relacionados con la instrumentación de las políticas por la vía de la inversión pública son: una reducida capacidad de programación estratégica para impulsar el desarrollo; la ausencia de metodología en los procesos de identificación y ejecución de políticas y proyectos; la limitación presupuestaria para la atención de las inversiones que se requieren realizar en el sector rural y de infraestructura productiva, y la tendencia a promover inversiones públicas sólo con endeudamiento externo.

La capacidad institucional en la agricultura ha sido identificada como un aspecto crítico que dificulta la buena implementación de las políticas y por lo tanto limita el crecimiento del sector. Esta capacidad ha mejorado algo en las organizaciones del sector privado, pero los requerimientos son mucho mayores que lo que se ha alcanzado hasta ahora. El objetivo general de la política del Estado en este campo debe ser la consolidación y la modernización del MAG, de las entidades satélite del SPA y de las organizaciones gremiales, para lograr una gestión pública y privada que se caracterice por la eficiencia y la calidad de los servicios de apoyo a la agricultura.

En cuanto a las grandes limitaciones para contar con los recursos adecuados, entre ellas se incluyen: los procedimientos nacionales para la preparación de proyectos, los procesos legales para concretar el endeudamiento, la autorización del financiamiento y la logística para la ejecución. A la fecha, existen proyectos de inversión formulados en el áreas de investigación y transferencia, y riego, entre otros, que no han avanzado hacia su financiamiento y ejecución, y algunos que se han logrado concretar después de un largo proceso de negociación en la

Asamblea Legislativa. Al respecto, es importante señalar también la poca capacidad institucional para ejecutar el gasto de inversión pública de algunos proyectos financiados con recursos de endeudamiento externo.

Temas que requieren más atención

Esta sección ofrece un comentario sobre factores que en el pasado han mostrado ser sumamente restrictivos para el crecimiento del sector y sobre otros que, sin haber sido limitantes con anterioridad, comienzan a hacerse restrictivos ahora y merecen atención especial. Estos son:

- *Infraestructura vial y portuaria.* A medida que se va intensificando el comercio nacional e internacional, las vías de comunicación están llegando a niveles de alta saturación. Ello está elevando sustancialmente los costos y los tiempos de transporte, tiene impactos ambientales negativos y disminuye la competitividad. Las decisiones en este campo competen al Ministerio de Obras Públicas.
- *Estrategia de atracción de inversiones específica para la agricultura.* El crecimiento del sector agropecuario requiere inversiones adicionales para producir con los niveles tecnológicos adecuados, y generar productos con valor agregado y calidad internacional. Para que eso sea posible, y se aprovechen las oportunidades creadas en los acuerdos internacionales (en los que se ha incluido un capítulo sobre inversiones), es necesario fortalecer la estrategia, haciendo explícitas las oportunidades que existen en el sector. El MAG y la Cámara Nacional de Agricultura y Agroindustria (CNAA) tendrían que actuar al respecto.
- *Seguros de cosecha y otras inversiones en el agro.* La inversión privada y la asignación de más recursos por parte de los bancos y de los inversionistas extranjeros y nacionales en los agronegocios pueden verse notablemente favorecidas si se crean programas de seguros que permitan proteger dichas inversiones. El tema debe resolverse a nivel de una política nacional sobre la apertura del mercado de seguros.
- *Servicios públicos agropecuarios.* La calidad de los servicios públicos agropecuarios es limitada en cobertura y calidad. Para

ello el Estado debe adoptar una política clara que permita a los entes públicos del sector ofrecer aquellos servicios de los que el Estado no debe apartarse y apoyar en forma significativa el desarrollo de mercados de servicios en el que participen más actores privados. A ello debe sumarse la oferta de servicios de los gremios agropecuarios.

- *Cumplimento de las normas.* En el campo normativo el país ha definido numerosas leyes, reglamentos y normas en aspectos de alta relevancia como la competencia, la sanidad, la inocuidad y la responsabilidad ambiental. La insuficiente apropiación de los beneficios a nivel privado y social surge del bajo cumplimiento de las normas. Al respecto es fundamental que el tema reciba más atención de las entidades responsables.
- *Innovación tecnológica en el agro.* En varios sectores-cadenas el techo para alcanzar condiciones óptimas de productividad, calidad y competitividad es alto. La obtención de productos para ciertos nichos de mercado, con alta calidad y valor agregado, ha demostrado tener un alto retorno. Las diferencias son marcadas entre sectores y dentro de cada uno de ellos. El tema requiere un importante énfasis en las políticas públicas y en la asignación de recursos del Estado para este fin.
- *Formalización y capacidad de gestión empresarial.* Los mejores negocios en la agricultura de Costa Rica se han logrado con la combinación adecuada de mercados, innovación tecnológica y capacidad de gestión. Este último aspecto requiere un apoyo sustantivo a varios niveles, desde los productores más pequeños hasta los productores más grandes que operan en el sector informal, y en los múltiples aspectos necesarios de considerar para conducir negocios exitosos.

Se espera que estos comentarios de cierre, aunados a las conclusiones expuestas a continuación, contribuyan a renovar el marco de políticas y mejoras sustantivas en todos los sectores de la agricultura costarricense.

Conclusiones

En este capítulo se analizaron factores coadyuvantes y restricciones al crecimiento. El éxito relativo del sector de la agricultura no se debe tanto a políticas sectoriales, sino a factores macroeconómicos que potenciaron toda la economía en general. La eliminación de distorsiones al comercio y la apertura han sido importantes para el agro. Las restricciones que se encuentran hoy operativas tienen que ver más con problemas dentro del sector, que en muchos casos aún no han sido solucionados, como deficiencias en el sistema de investigación y extensión, manejo deficiente del agua de riego y la calidad de los servicios públicos en agricultura. A partir de este análisis, es deseable que las entidades públicas atiendan los siguientes seis aspectos:

- El primero es incorporar *nuevos temas* en su agenda de políticas. El análisis ha mostrado que hay vacíos: por ejemplo, en cuanto al fomento de la formalización de las unidades productivas, el desarrollo de capacidad empresarial, la creación de programas de aseguramiento y gestión de riesgos, y el fomento de la agroindustria rural.
- El segundo es *eliminar las distorsiones* que existen por la vía de medidas de política que benefician a grupos reducidos (por ejemplo, aranceles diferenciados).
- El tercero es *cumplir las normas vigentes*. Por ejemplo, la observancia de las normas ambientales y de las leyes de competencia contribuiría de manera clave a mejorar la distribución de los beneficios de los mercados.
- El cuarto es *definir y poner en práctica nuevos instrumentos de política*. En los campos analizados, es posible ganar mucho en la efectividad de las políticas si se ponen en práctica nuevos y novedosos instrumentos. Muchos de ellos han sido utilizados en forma efectiva en otros países.
- El quinto es *apoyar a las organizaciones del sector privado* para que aumenten su capacidad de ser cada vez mejores socios del Estado en la implementación de las políticas. Entre los medios para tal fin, cabe destacar la creación de autogravámenes y centros de servicios.
- Por último, el sexto de los aspectos a tener en cuenta es que el SPA y las organizaciones del sector privado trabajen juntos para *lograr una asignación mayor de recursos* del Estado y contribuciones de los actores privados para la implementación de las políticas.

Referencias

Academia de Centroamérica, SIDE e INCAE. 2006. *Análisis de prioridades de políticas y organizaciones para la agricultura de Costa Rica, 2006-2010.* Alajuela: Academia de Centroamérica, SIDE e INCAE.

Alonso, Eduardo. 2008. Presentación en el foro "La inversión extranjera directa en América Latina y el Caribe y su impacto en la agricultura y el desarrollo rural", IICA, San José de Costa Rica, agosto.

Aghion, Philippe y Steven Durlauf. 2007. "From Growth Theory to Policy Design". Washington, D.C.: Commission on Growth and Development, Banco Mundial.

Arias, D. 2007. "Las políticas y programas de apoyo agropecuario en América Central y República Dominicana". Documento mimeografiado. Washington, D.C.: Banco Interamericano de Desarrollo.

Banco Mundial. s/f. Enterprise Surveys. Washington, D.C.: Banco Mundial. Disponible: *www.enterprisesurvey.com*.

———. s/f. Doing Business Indicators. Washington, D.C.: Banco Mundial. Disponible: *www.doingbusiness.com*.

BID (Banco Interamericano de Desarrollo). 2008. *Vivir con deuda: cómo contener los riesgos del endeudamiento público.* Informe de Progreso Económico y Social. Washington, D.C.: Banco Interamericano de Desarrollo.

Binswanger, Hans y Donald A. Sillers. 1977. "Risk Aversion and Credit Constraints in Farmers' Decision Making: A Reinterpretation". En: *Journal of Development Studies,* 20:5-21.

Delgado, Félix. 2006. "Experiencia de Costa Rica con el sistema de minidevaluacioes 1994-2006". En: Lizano, Eduardo y Grettel López (eds.). *Régimen cambiario en Costa Rica.* San José de Costa Rica: Academia de Centroamérica.

Dixit, Avinash. 2007. "Evaluating Recipes for Development Success". En: *The World Bank Research Observer,* Vol. 22, No. 2, 131-157.

El Financiero. s/f. Información de varios números. Disponible: *www.elfinanciero.com*.

Estado de la Nación. 2008. *Tercer informe del estado de la región.* San José de Costa Rica: Estado de la Nación.

Felaban-CAF. 2007. *El acceso a los servicios financieros en América Latina.* Caracas: Felaban-CAF.

Hausmann, Ricardo, Dani Rodrik y Andrés Velasco. 2005. "Growth Diagnostic Methodology". Manuscrito revisado. Washington D.C.: Banco Interamericano de Desarrollo.

Hausmann, Ricardo, Jason Hwang y Dani Rodrik. 2007. "What you Export Matters". En: *Journal of Economic Growth*. Vol. 12, No. 1, 1–25.

Hausmann, Ricardo, Bailey Klinger y Rodrigo Wagner. 2008. "Doing Growth Diagnostics in Practice: A Mindbook." Documento de trabajo No. 17 del CID. Cambridge, MA: Harvard University.

Hausmann, Ricardo y Bailey Klinger. 2008. "Growth Diagnostic: Mexico." Documento mimeografiado. Washington, D.C.: Banco Interamericano de Desarrollo.

Hazell, Peter, Carlos Pomareda y Alberto Valdés (eds.). 1986. "Crop Insurance for Agricultural Development: Issues and Experiences". Nueva York y Londres: Johns Hopkins University Press.

Hidalgo L. y R. Hausmann. 2008. "Product Complexity and Economic Development". Documento mimeografiado. Cambridge, MA: Harvard University.

IICA (Instituto Interamericano de Cooperación para la Agricultura). 2008. *Situación y perspectivas de la agricultura y la vida rural en Costa Rica-2007*. San José de Costa Rica: IICA.

INTA (Instituto Nacional de Innovación y Transferencia de Tecnología Agropecuaria) – IICA (Instituto Interamericano de Cooperación para la Agricultura). 2005. *Perfil del proyecto de inversión en innovación tecnológica para la seguridad alimentaria y competitividad agropecuaria*. San José de Costa Rica: INTA-IICA.

Krueger, Anne O., Maurice Schiff y Alberto Valdes. 1992. *The Political Economy of Agricultural Pricing Policy*. Baltimore y Londres: Johns Hopkins University Press.

Lizano, Eduardo y Grettel López (eds.). 2006. *Régimen cambiario en Costa Rica*. San José de Costa Rica: Academia de Centroamérica.

Mideplan (Ministerio de Planificación Nacional y Política Económica). 2008. "Plan estratégico de fortalecimiento de las inversiones públicas en Costa Rica, 2008–2010". San José de Costa Rica: Mideplan.

Mora, Jorge. 2005. "Política agraria y desarrollo rural en Costa Rica: elementos para su definición en el nuevo entorno internacional". En: *Agronomía Costarricense*, 29(1):101–133.

Paz, Julio y Carlos Pomareda. 2009. "Indicaciones geográficas y denominaciones de origen en Centroamérica: situación y perspectivas". Documento presentado en el seminario organizado por ICTSD y la CAF, en el marco de las negociaciones Centroamérica-Europa. Guatemala, 15 y 16 de enero.

Pomareda, Carlos. 2006. "La agricultura en la economía y el desarrollo en Costa Rica". En: *Academia de Centroamérica. Agricultura y Desarrollo Económico*. San José de Costa Rica: Academia de Centroamérica.

———. 2007. "Contract Agriculture: Lessons from Experiences in Costa Rica." Monografía preparada bajo contrato para RIMISP, como contribución al World Development Report 2008, capítulo sobre agricultura y desarrollo rural. San José de Costa Rica: RIMISP.

———. 2008a. "Recomendaciones para un programa de inversión pública estratégica en la agricultura de Centroamérica". Documento mimeografiado. Washington, D.C.: Banco Interamericano de Desarrollo.

———. 2008b. "El Senara: situación, perspectivas y recomendaciones para su mejor desempeño". San José de Costa Rica: Senara-IICA.

Pomareda, Carlos, Joaquín Arias y Antonio Chávez. 2008. "Liberalización comercial, agricultura y pobreza: condiciones en la cadena maíz-pollo en Perú". En: Julio Nogues (ed.). *Liberalización comercial, agricultura y pobreza en America Latina*. Washington, D.C.: Banco Interamericano de Desarrollo-FORGES.

Procomer (Promotora del Comercio Exterior de Costa Rica). 2008. *Balance de las zonas francas: beneficio neto del régimen para Costa Rica 2003–2007*. San José de Costa Rica: Procomer.

Reardon, Thomas, Julio Berdegué y Germán Escobar. 2006. *Empleo e ingresos rurales no agrícolas en América Latina: síntesis e implicaciones de políticas*. Santiago de Chile: Universidad del Estado de Michigan y RIMISP.

Rodriguez, Francisco. 2005. "Comment on Hausmann and Rodrik". En: *Journal of the Latin American and Caribbean Economic Association*, Vol. 6, No. 1, 101–110.

Sanchez, Gabriel et al. 2008. "The Emergence of New Successful Export Activities in Argentina: Self Discovery, Knowledge Niches, or Barriers to Riches?" Documento de trabajo de la Red de Investigación R-546. Washington, D.C.: Banco Interamericano de Desarrollo.

Senasa (Servicio Nacional de Salud Animal)-IICA(Instituto Interamericano de Cooperación para la Agricultura). 2008. *"Propuesta de proyecto de fortalecimiento del Senasa"*. San José de Costa Rica: IICA.

SEPSA (Secretaría Ejecutiva de Planificación Sectorial Agropecuaria). s/f. *Sistema de Información Sectorial Agropecuaria*. San José de Costa Rica: MAG.

Trejos, Rafael, Carlos Pomareda y Juan Manuel Villasuso. 2006. *Instituciones y políticas para la agricultura de Centroamérica*. San José de Costa Rica: IICA.

Umaña, Víctor y Luis Rivera. 2007. *Coherencia de las políticas públicas para el desarrollo sostenible: agricultura y política comercial*. Alajuela: INCAE.

Zegarra, Eduardo. 2008. "Oportunidades, restricciones y políticas para el crecimiento del sector agropecuario en la República Dominicana". Documento mimeografiado. Washington, D.C.: Banco Interamericano de Desarrollo.

Anexo 3.1
Responsables de los estudios de cadenas y personas entrevistadas

Rubro	Responsable	Entrevistados
Arroz	Antonio Martínez	Jorge Luis Díaz (Conarroz) Oscar Montero (productor)
Café	Gerardo Hidalgo	Leonardo Granados (CNP) César Garcés (productor)
Carne	Edwin Pérez	Erick Quirós (Corfoga) Donald Elizondo (Cámara de Ganaderos de Cañas) Luis Roberto Gutiérrez (MAG) Ileana Guillén (CoopeMontecillos)
Leche	Carlos Salazar	Erick Montero (CNPL) Adriana Badilla (Dos Pinos) Francisco Arias (Dos Pinos) Luis Villegas (MAG) Leonardo Luconi (productor)
Producción avícola	Edwin Pérez	Alejandro Hernández (Canavi) Xinia Segura (Canavi)
Tilapia	Esther Pomareda	Nelson Brizuela (Senara) Walter Cruz (Aquacorporación)
Tomate	Carolina Campos	Óscar Masís (Hortifruti) Carlos Díaz (MAG) Geovanni Masís (Corporación Hortícola Nacional)
Cebolla	Carolina Campos	Carlos Alfaro (MAG) Jorge Hernández (Procomer) Óscar Masís (Hortifruti)
Papa	Carolina Campos	Ligia Azofeifa (MAG) Beatriz Molina (MAG) Óscar Masís (Hortifruti)
Frijoles	Antonio Martínez	José A. Oller (Frijoles KANI)

CAPÍTULO 4

El Salvador

Eduardo Zegarra

La agricultura de El Salvador ha sido uno de los sectores económicos más rezagados en cuanto a crecimiento en las últimas tres décadas. Largos períodos de turbulencia política, limitada dotación de tierras y agua, incidencia negativa de desastres naturales y falta de políticas adecuadas explican en gran parte este pobre desempeño. Lo cierto es que El Salvador no ha podido aprovechar su agricultura como una fuente dinámica de mayores ingresos y empleo para una amplia población rural que aún se caracteriza por el predominio de la pobreza y la falta de oportunidades.

Hasta hace poco, esta situación se consideraba incluso deseable, en un contexto de amplia liberalización y reformas de libre mercado en el que se asumía que lo eficiente era que cada sector se adaptase espontáneamente a las condiciones de los mercados mundiales. Pero la reciente crisis de precios de los alimentos, seguida de la severa recesión económica internacional, ha puesto en tela de juicio la noción de ajuste espontáneo de la agricultura sin necesidad de políticas específicas que atiendan sus problemas particulares. La situación de vulnerabilidad alimentaria de un país importador neto de alimentos como El Salvador, así como la creciente fragilidad de una estrategia de crecimiento basada en la disponibilidad de remesas e ingresos por maquila industrial, son también elementos que sostienen esta revaloración de la agricultura como fuente de seguridad alimentaria, crecimiento descentralizado y mejoras sostenibles en los ingresos rurales.

El presente capítulo está orientado a analizar las características, las restricciones y las oportunidades para el crecimiento agropecuario de El Salvador, con énfasis en el análisis del desempeño productivo y las políticas de la última década. El capítulo se divide en cuatro secciones adicionales. En la segunda sección se presenta una caracterización del crecimiento agropecuario en las últimas tres décadas, con énfasis en los temas de largo plazo, y la dinámica productiva y comercial específica del sector agropecuario salvadoreño, considerando importantes ajustes en el contexto de liberalización comercial. En la tercera sección se muestran los principales hallazgos del análisis de restricciones que estarían afectando en mayor medida al crecimiento sectorial. Por su parte, en la cuarta se analiza la política agrícola más reciente en contraste con los problemas identificados en las secciones anteriores. Por último, en la quinta sección se presentan las conclusiones y las recomendaciones de política que se desprenden del análisis realizado.

El sector agropecuario de El Salvador

Crecimiento y productividad

En una mirada de largo plazo y comparativa con el resto de los países de Centroamérica (más la República Dominicana), el Salvador ha tenido la menor tasa de crecimiento histórica del sector agropecuario en las últimas cuatro décadas y media.[1] Mientras que en dicho período la agricultura de Costa Rica aumentó en más de cuatro veces, y la de Guatemala y Honduras en más de tres veces, la de El Salvador sólo aumentó en un 58%, porcentaje que también lo coloca por debajo de Panamá y Nicaragua, y sólo resulta comparable a la limitada evolución de la República Dominicana. La tasa promedio de crecimiento de la agricultura de El Salvador para todo el período fue de apenas el 1,4%, en contraste con el 4,0% de Costa Rica, el 3,7% de Honduras y el 3,1% de Guatemala.

Por períodos, el crecimiento agropecuario fue positivo hasta fines de la década de 1970 y en la década de 1980, en medio de un agudo conflicto interno, el producto sectorial se contrajo sistemáticamente durante toda la primera mitad, con un crecimiento prácticamente nulo en la segunda. Posteriormente, sólo en la segunda parte de la década de 1990 se observa una recuperación moderada para pasar luego a otra caída en el período 2001-2005 (véase el cuadro 4.1). Como se verá luego, en el período más reciente, 2006-2008, la agricultura salvadoreña ha mostrado claros signos de notable recuperación coyuntural.

---

[1] Apreciación basada en la evolución del producto interno bruto (PIB) agropecuario a precios constantes de 1999-2001, según la metodología de la Organización de las Naciones Unidas para la Agricultura y la Alimentación (FAOSTAT).

Cuadro 4.1 Tasas anuales promedio de crecimiento del PIB agropecuario, países de Centroamérica, 1960-2005

Países	1960-65	1966-70	1971-75	1976-80	1981-85	1986-90	1991-95	1996-00	2001-05	Total
Costa Rica	4,6%	7,2%	5,3%	2,2%	2,2%	5,8%	4,4%	2,9%	1,6%	4,0%
El Salvador	5,6%	0,3%	6,0%	1,5%	-2,2%	0,2%	0,4%	2,6%	-0,7%	1,4%
Guatemala	7,4%	3,6%	4,7%	3,4%	-0,2%	4,2%	2,6%	3,0%	0,2%	3,1%
Honduras	3,5%	6,3%	-1,2%	7,9%	-0,4%	3,9%	2,6%	2,1%	8,6%	3,7%
Nicaragua	12,8%	1,3%	5,9%	-4,5%	1,5%	-1,9%	2,1%	7,0%	4,0%	2,9%
Panamá	4,2%	5,6%	3,0%	0,9%	2,3%	1,6%	0,2%	1,3%	1,0%	2,2%
República Dominicana	-1,4%	4,9%	2,2%	2,3%	1,1%	0,6%	-1,1%	0,1%	2,2%	1,3%
Total	5,3%	4,2%	3,7%	2,0%	0,6%	2,1%	1,6%	2,7%	2,4%	

Fuente: FAOSTAT.

Otra forma de mirar el crecimiento agropecuario de El Salvador en términos comparativos es observar la intensidad en el uso de los principales factores productivos. En el gráfico 4.1 se presenta la evolución por quinquenios de la razón de uso de cinco factores (tierra, trabajo,

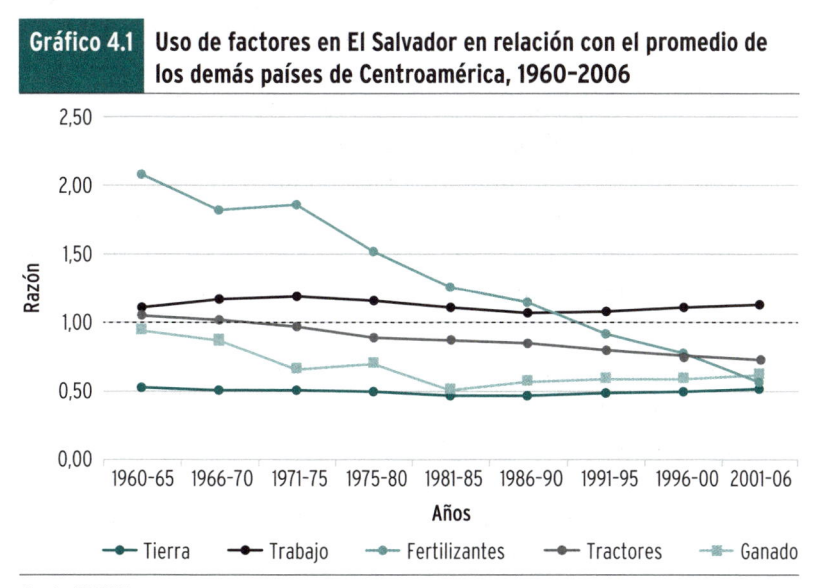

Gráfico 4.1 Uso de factores en El Salvador en relación con el promedio de los demás países de Centroamérica, 1960-2006

Fuente: FAOSTAT.

fertilizantes, ganado y tractores) con respecto al promedio de uso del resto de los países de Centroamérica. Una caída en un coeficiente de período a período indica que El Salvador no ha podido expandir el uso de tal factor en comparación al resto de los países. Además, un valor del coeficiente menor a 1 indica que tiene una dotación de este por debajo del promedio de los países considerados para efectuar la comparación.

Algo que salta a la vista es la muy limitada disponibilidad de tierras de uso agropecuario del país, que se ubica en un 50% por debajo del promedio de la región. Sin embargo, la disponibilidad de trabajadores es ligeramente superior al promedio regional. Es evidente que es un país de muy alta densidad poblacional y muy escasa tierra agropecuaria, dentro de lo cual es clara la limitación para aumentos significativos de la frontera agrícola.

Solamente en el caso del trabajo y de la tierra la agricultura salvadoreña ha mantenido un uso de los factores comparable al resto de los países (la razón no ha caído sistemáticamente en el período). En el resto de los casos, no consiguió usar los factores al mismo ritmo que el promedio regional. En particular, la reducción relativa más drástica se puede apreciar en el uso de fertilizantes, que pasó de un valor superior a 2 en los años sesenta (El Salvador usaba el doble de fertilizantes que el promedio regional) a sólo 0,52 al final del período, es decir, la mitad del promedio regional. Similares caídas relativas se observan en el uso del ganado y los tractores. Esto indica que una parte de la explicación del bajo crecimiento agropecuario señalado más arriba se debe a una limitada capacidad para incrementar el uso de factores asociados a una mayor productividad de la tierra, como fertilizantes o maquinaria.

Pero los elementos limitantes para aumentar el uso de factores productivos no serían un problema grave si se pudiera elevar sistemáticamente la productividad total de los factores (PTF) existentes, lo cual básicamente requiere un cambio técnico y mayor eficiencia en la asignación de los escasos recursos. Para evaluar la capacidad de la agricultura de El Salvador de generar mayor productividad de sus limitados recursos agrarios, se ha evaluado una función de producción agropecuaria que se descompone en dos fuentes de crecimiento: i) incremento en el uso de factores productivos, y ii) aumentos en la productividad total de los factores (cambio técnico). Sobre la base de esta descomposición se puede comparar la agricultura de El Salvador con los países de referencia.

| Cuadro 4.2 | Descomposición del crecimiento agropecuario, países de Centroamérica (tasas de crecimiento anual estimadas, en porcentaje) |

	PTF	Cambio en el uso de factores	Cambio total
Costa Rica	3,4	0,6	4,0
El Salvador	0,8	0,6	1,4
Guatemala	1,8	1,3	3,1
Honduras	1,6	2,1	3,7
Nicaragua	0,1	2,8	2,9
Panamá	1,1	1,1	2,2
Rep. Dominicana	0,3	1,0	1,3
Total	0,8	1,4	2,7

Fuente: Elaboración de los autores con datos de FAOSTAT.

Para esta evaluación se estimó un modelo de frontera de producción estocástica móvil para la agricultura de todos los países centroamericanos usando datos de la Organización de las Naciones Unidas para la Agricultura y la Alimentación (FAOSTAT) de entre 1960 y 2005. La estimación del modelo permite considerar separadamente los dos factores de crecimiento sectorial: el uso de factores y la PTF. Los resultados de la descomposición se presentan en el cuadro 4.2.[2]

Como se puede ver, el componente de cambio técnico (PTF) para el crecimiento agropecuario de El Salvador ha sido de 0,8%, cifra que se ubica en el promedio regional, superando sólo a Nicaragua (0,1%) y República Dominicana (0,3%). Sin embargo, dicha tasa está muy por debajo de lo obtenido por Costa Rica (3,4%) y Guatemala (1,8%). Esto indica que aunque el cambio técnico en la agricultura salvadoreña no ha sido totalmente desfavorable con respecto a otros países de la región, de todos modos no ha resultado suficiente para obtener mayores tasas de crecimiento agregado dada la restricción para incrementar el uso de

---

[2] Se estimó una frontera de producción paramétrica de tipo Cobb-Douglas intertemporal para los datos anuales de los países con la producción, de acuerdo con los siguientes factores: tierra agrícola, trabajadores, fertilizantes, tractores, ganado vacuno y tierra de bajo riego. Todas estas variables son en logaritmos, y se incluyó una variable temporal específica para cada país. El componente de ineficiencia técnica se asumió como variable en el tiempo. Se utilizó el programa © Stata versión 10, con el comando xtfrontier y opción tvd.

factores (sólo 0,6%). Coincidentemente, esta es la tasa de ampliación de factores que también tiene Costa Rica, con lo cual se demuestra que en El Salvador habría sido posible un crecimiento agropecuario mucho más notable sobre la base de un mayor cambio técnico[3] (asumiendo que el cambio técnico de Costa Rica fuera replicable para este país).

Dinámica productiva

El limitado crecimiento del sector agropecuario salvadoreño contrasta con el dinamismo del resto de los sectores de la economía. Por ejemplo, entre 1990 y 2007 la agricultura sólo creció un 40%, mientras que el resto de los sectores económicos lo hizo en más de un 100%.

Una característica importante del sector agropecuario es que en las últimas dos décadas ha tenido lugar una reestructuración de productos en el contexto de una mayor apertura comercial y de las políticas específicas aplicadas. En particular, se observan las siguientes tendencias:

- Un fuerte declive de dos productos tradicionales: café y algodón.
- Un alto crecimiento de la caña de azúcar en la primera mitad de los años noventa, pero un estancamiento posterior.
- Un alto dinamismo en el sector de la avicultura durante todo el período.
- Un comportamiento inercial y de limitado crecimiento de los granos básicos y de la ganadería hasta 2005, momento en que se produjo una fuerte expansión que abarcaría los últimos tres años.
- Un despegue de otros productos agrícolas, con especial énfasis en los productos no tradicionales como las frutas y las hortalizas desde 2005 hasta el presente.
- Un crecimiento bastante limitado del sector forestal.

Se observa que la reciente expansión de la agricultura salvadoreña ha estado centrada en mayores rendimientos[4] de sorgo, caña, maíz, arroz,

---

[3] Aumentar el cambio técnico implica desplazar la frontera de producción agropecuaria y/o asignar más eficientemente los escasos recursos agrarios en el tiempo.
[4] Una caída de los rendimientos no necesariamente implica el declive económico de un cultivo en la medida en que puede haber compensaciones entre un menor rendimiento y una mayor calidad de los productos, y por ende mayores precios.

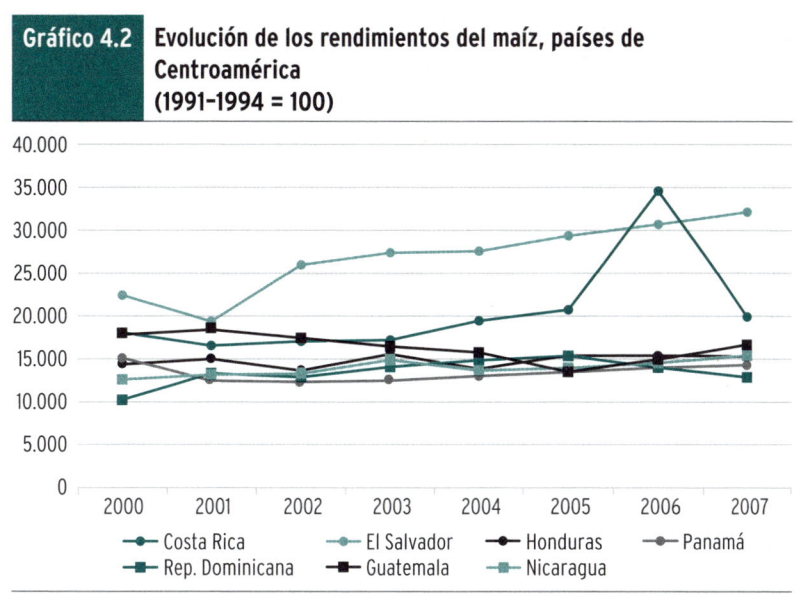

Gráfico 4.2 Evolución de los rendimientos del maíz, países de Centroamérica (1991-1994 = 100)

Fuente: FAOSTAT.

naranjas y limón, por un lado, y en aumentos tanto de áreas como rendimientos para plátano y frijoles. Sólo el café y la yautía muestran caídas tanto en rendimientos como en área cosechada.[5] Se destaca en particular el crecimiento notable en rendimientos en los casos del maíz, del sorgo, de la caña y de los frijoles, ya que son (con la excepción del café, que sufrió una caída de los rendimientos) los productos más importantes en términos de área cosechada en el país (68% del total).

El significativo aumento en el rendimiento del maíz es una tendencia que se viene observando en El Salvador desde 2001 y ha tenido un desempeño bastante superior al del resto de los países de la región (véase el gráfico 4.2). Esta mejora está asociada a la creciente adopción de semillas mejoradas por parte de los agricultores salvadoreños. Algo similar ha ocurrido con los frijoles y por eso el país tiene actualmente los promedios de rendimientos más altos en granos básicos en la región centroamericana.

En el cuadro 4.3 se puede ver que El Salvador tiene rendimientos bastante mayores que el promedio del resto de los países en arroz, frijoles,

---

[5] El algodón ya no aparece como un cultivo importante.

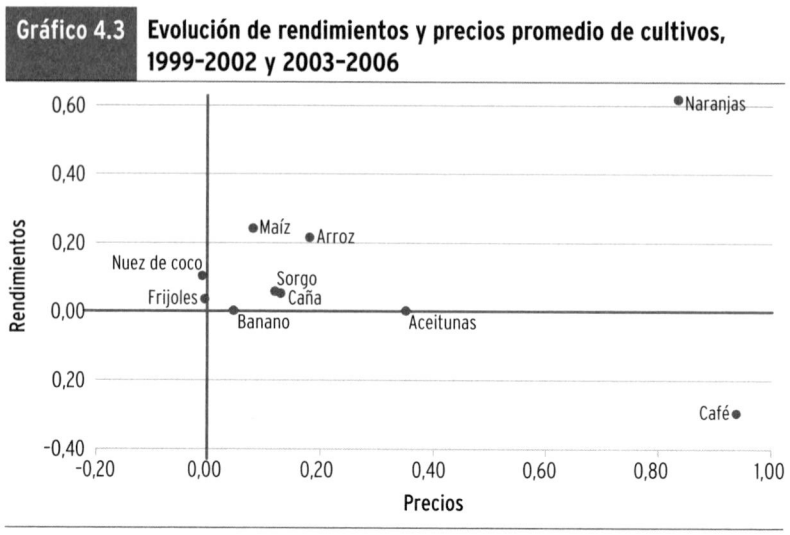

Gráfico 4.3 Evolución de rendimientos y precios promedio de cultivos, 1999-2002 y 2003-2006

Fuente: FAOSTAT.

maíz y plátanos. Igualmente, tiene un rendimiento ligeramente mayor en caña y algodón. Sin embargo, los rendimientos son muy inferiores para el banano, y menores en tomates, café y naranjas.

Cabe señalar que una parte del reciente aumento en rendimientos de los granos básicos observado en El Salvador parece estar asociado a los mejores precios obtenidos por los productores (especialmente en arroz, sorgo y maíz), tal y como se observa en el gráfico 4.3. El café, por su parte, muestra un aumento muy significativo de precios luego de la grave crisis de precios de inicios de la década, el cual en parte refleja un cambio en la composición de la producción hacia cafés especiales para exportación, que si bien tienen menos rendimiento físico, pueden capturar mejores precios.

Las importaciones de alimentos

Comparado con el resto de los países de Centroamérica, El Salvador, con limitada dotación de tierras para fines agropecuarios y alta densidad poblacional, es un país importador neto de alimentos cuyas importaciones han ido creciendo en los últimos 15 años. A partir de 1999 comenzó a observarse un fuerte aumento de las importaciones, tanto en volumen como en valor, proceso que se ha consolidado durante toda la presente

Cuadro 4.3 Rendimientos promedio para cultivos seleccionados, países de Centroamérica, 2000-2007 (en kg por ha)

	Costa Rica	Rep. Dominicana	El Salvador	Guatemala	Honduras	Nicaragua	Panamá	Prom. otros	ES/Otros*
Algodón	10.000	19.081	21.416	16.966	19.059	—	—	16.227	131,6
Arroz	34.713	48.264	66.446	26.503	34.162	33.335	21.947	33.154	200,4
Banano	487.228	265.875	108.333	506.578	372.192	473.816	412.437	419.688	25,8
Café	12.186	2.850	5.818	9.571	8.326	6.247	6.374	7.592	76,6
Caña	820.494	500.851	804.844	883.919	732.755	836.935	502.002	712.826	112,9
Frijoles	6.538	7.106	9.433	6.891	7.230	7.840	3.587	6.532	144,4
Maíz	20.509	13.527	26.934	16.379	14.821	14.013	13.405	15.442	174,4
Naranjas	150.982	165.555	105.493	278.536	126.597	43.275	88.988	142.322	74,1
Plátanos	67.229	89.687	317.082	319.854	143.860	98.211	103.510	137.058	231,3
Tomates	387.543	380.404	275.056	280.970	270.892	145.969	325.649	298.571	92,1

Fuente: FAOSTAT.
* Corresponde al ratio entre el rendimiento de El Salvador y el promedio de los otros países.

Gráfico 4.4 Balanza comercial e importaciones agropecuarias, países de Centroamérica, 1990-2006

a. Balanza comercial agropecuaria, 2006
(en miles de dólares)

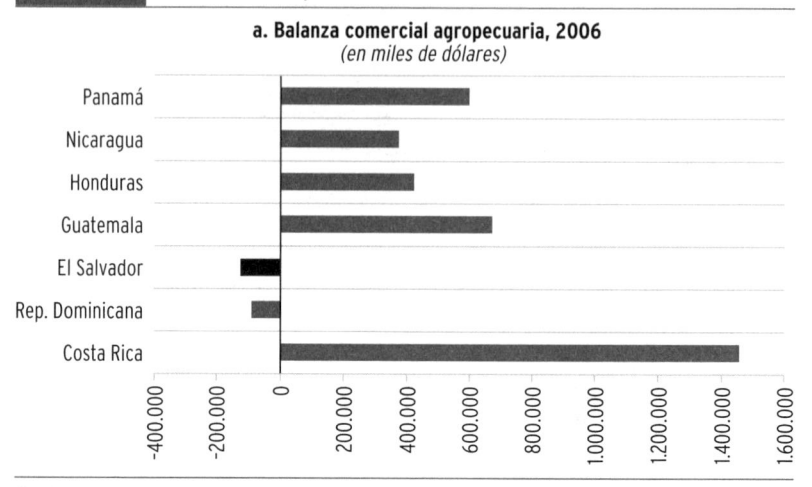

Fuente: International Trade Centre; Comtrade.

b. Evolución del índice de importaciones de alimentos, 1990-2006
(1999-2001 = 100)

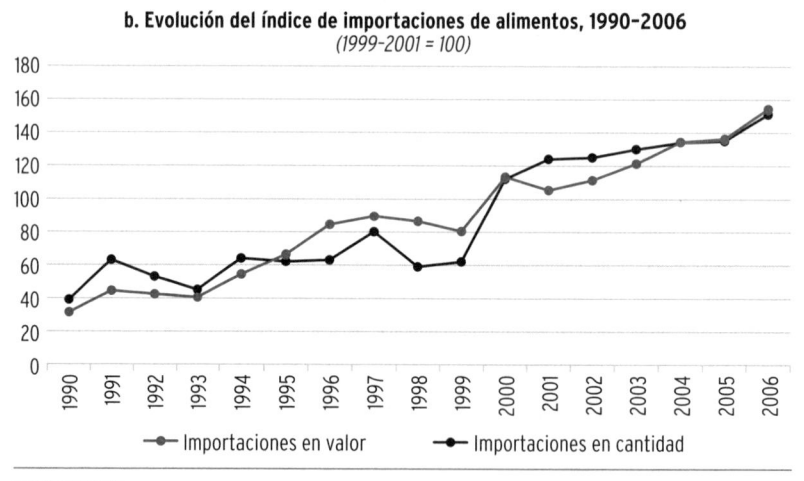

Fuente: FAOSTAT.

década. El incremento es para todos los subrubros alimenticios, con especial énfasis en las bebidas, y todo tipo de carnes y embutidos. Este comportamiento está asociado a los crecientes niveles de apertura comercial de la economía salvadoreña en la última década.

Las frutas y las hortalizas son los productos que tienen más peso en la canasta de importación salvadoreña, seguidas en materia de alimentos

Cuadro 4.4 Valor de las importaciones de productos agropecuarios, 1990-2006 (en miles de dólares)

Producto	1990-1993	1994-1997	1998-2001	2002-2004	2005-2006	Crecimiento (porcentaje)
	1	2	3	4	5	3-5
Frutas y hortalizas	23.292	43.880	89.391	127.505	153.261	71
Cereales	47.384	82.141	91.824	125.612	149.465	63
Leche equivalente	26.502	51.857	67.201	75.022	94.465	41
Aceites	38.740	70.058	77.877	79.034	85.849	10
Carne de bovino	3.580	17.472	24.806	40.146	63.407	156
Bebidas	3.743	8.364	17.278	39.403	58.889	241
Tortas y harinas	16.713	26.587	25.077	42.390	42.164	68
Queso y cuajada	2.734	15.209	21.230	32.496	39.270	85
Té, cacao, especies	3.433	6.927	11.185	19.361	29.758	166
Fibras textiles	19.420	32.081	37.236	30.185	30.238	-19
Legumbres secas	2.783	4.936	8.934	10.046	18.685	109
Azúcar y miel	5.421	9.730	11.890	14.437	17.501	47
Carne de cerdo	1.828	2.923	7.135	9.339	16.718	134
Banano y plátanos	1.661	3.635	10.941	13.937	10.217	-7
Tabaco	2.222	6.890	7.582	9.690	9.843	30
Grasas animales	14.669	22.070	19.081	16.480	9.607	-50
Salchichas	346	912	3.809	4.859	8.201	115
Carne de ave	54	538	1.644	2.232	5.134	212
Semillas oleaginosas	3.396	4.415	3.586	4.140	4.742	32

Fuente: FAOSTAT.

por los cereales, la leche, la carne de bovino, los aceites, las bebidas, otros productos lácteos, las fibras textiles y el arroz. La imagen general es que El Salvador importa la mayor parte de los alimentos clave de la dieta de su población, es decir, las principales fuentes de calorías y proteínas. Esto coloca al país en una situación de mayor vulnerabilidad alimentaria que otros países de la región, por ejemplo, frente a aumentos en los precios internacionales, pero al mismo tiempo implica un importante espacio para la posible sustitución competitiva de importaciones[6] por parte de la producción local.

La dinámica de las exportaciones

Las exportaciones agropecuarias desempeñan un rol fundamental en el dinamismo productivo del sector agropecuario en El Salvador. Hay una alta asociación entre el crecimiento del volumen exportado a precios constantes y el producto interno bruto (PIB) agropecuario también a precios constantes (la elasticidad entre exportaciones y PIB es de 0,20). Las exportaciones agropecuarias tuvieron precios crecientes hasta 1997

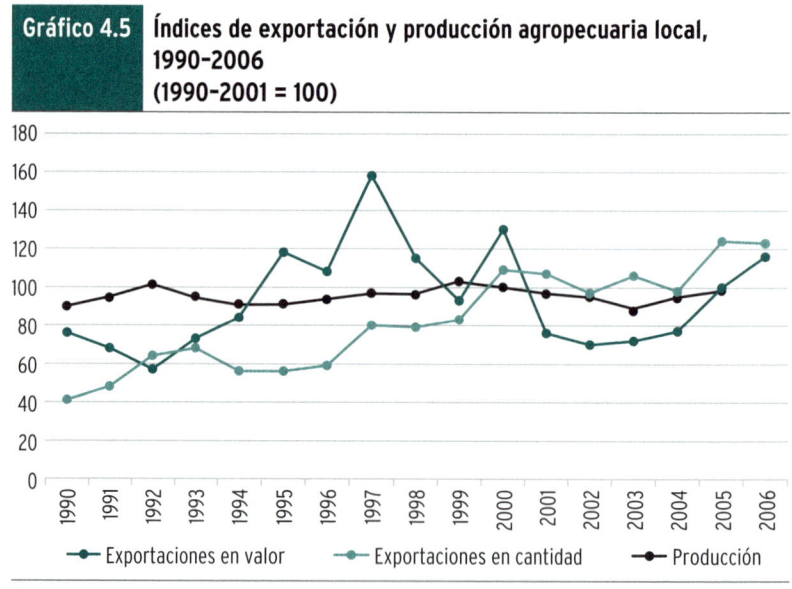

Gráfico 4.5 Índices de exportación y producción agropecuaria local, 1990-2006 (1990-2001 = 100)

Fuente: FAOSTAT.

---

[6] Debe distinguirse el concepto de sustitución competitiva de importaciones en productos agrícolas propuesto aquí de las políticas de industrialización por sustitución de importaciones (ISI) adoptadas por muchos países de la región en los años sesenta y setenta, que se basaban en una amplia protección arancelaria y subsidios internos. La sustitución competitiva que aquí se propone se basa en instrumentos que no distorsionen los precios, como una mayor y mejor provisión de bienes públicos, y apoyo a procesos de coordinación entre productores para resolver cuellos de botella específicos.

Cuadro 4.5 Valor promedio de las exportaciones de los principales rubros agropecuarios (miles de dólares corrientes)

Producto	1990–1993	1994–1997	1998–2001	2001–2004	2005–2006	Crecimiento (porcentaje)
	1	2	3	4	5	3–5
Café	212.945	372.309	255.450	111.923	176.205	-31
Azúcar	33.057	40.416	57.410	42.901	69.383	21
Frutas y hortalizas	8.339	10.553	20.456	30.713	40.008	96
Semillas oleaginosas	12.271	5.803	3.754	1.318	1.056	-72
Margarina y grasas	42	1.530	7.201	6.855	6.446	-10
Huevos	800	4.034	6.996	2.507	2.104	-70
Cereales	747	669	2.667	8.949	2.990	12
Carne	669	1.853	4.503	2.248	4.603	2
Legumbres secas	595	1.292	3.160	3.621	4.889	55
Fibras textiles	1.313	3.983	1.587	1.176	1.308	-18
Leche	194	392	1.375	2.522	4.734	244
Tabaco	1.239	3.565	658	30	3	-100
Cueros y pieles	15	1.304	1.798	1.576	1.154	-36
Carne de cerdo	0	154	1.288	1.991	3.558	176
Carne de ave	136	548	3.148	202	864	-73

Fuente: FAOSTAT.

y luego sufrieron un declive sistemático y pronunciado hasta 2004, momento en el que comenzó una recuperación, siguiendo el incremento internacional de precios de los productos básicos.

En términos de los productos exportados, el café sigue siendo el de mayor valor (US$176 millones promedio, en el período 2005-2006), seguido de lejos por el azúcar (US$69 millones). El rubro de hortalizas y frutas ocupa ya el tercer lugar con US$40 millones en el mismo período. Las exportaciones tuvieron importantes cambios en cuanto a productos: ha habido un fuerte aumento de los rubros de la leche (244%), las hortalizas y las frutas (96%), las legumbres secas (55%) y la carne de cerdo (176%), y caídas en el café (–31%), las semillas oleaginosas, los productos avícolas y el tabaco; un crecimiento moderado tuvieron el azúcar y los cereales, con un estancamiento de la carne.

Cuadro 4.6 Ubicación de países en el *ránking* de competitividad en el comercio exterior de productos agropecuarios, países de Centroamérica

	Productos primarios		Productos procesados	
	Índice corriente	Cambio en el índice	Índice corriente	Cambio en el índice
Costa Rica	30	82	29	134
El Salvador	127	59	78	61
Guatemala	50	152	52	143
Honduras	66	163	101	151
Nicaragua	65	69	99	70
Panamá	44	129	102	105
Rep. Dominicana	102	62	89	90

Fuente: Comtrade (2009).

En conjunto, las exportaciones de productos agropecuarios se han venido orientando más hacia productos que antes no tenían tanta relevancia (no tradicionales), como hortalizas y frutas, legumbres e incluso leche y carne de cerdo, y han mostrado una orientación decreciente en el caso de los productos más tradicionales, como café, fibras textiles y tabaco, por ejemplo, mientras que se ha mantenido la importancia del azúcar y de algunos cereales (los más destacados son los frijoles) en la canasta exportadora. Esta tendencia se confirma al mirar el índice de competitividad en el comercio exterior en las ramas de productos agropecuarios primarios y procesados que prepara el International Trade Center (ITC) de Comtrade.[7] En este índice tienen mejor *ránking* los países con mayor capacidad exportadora y que se hayan adaptado mejor a los precios de los productos en los mercados internacionales. A su vez, el *ránking* se mide en términos corrientes pero también se mide el cambio en el índice entre 2001-2003 y 2004-2006 (columna de cambio en el índice).

---

[7] Este índice es en realidad un *ránking* de la capacidad exportadora de los países sobre la base de su desempeño exportador entre 2001 y 2006. El índice combina variables de participación del país en el comercio de los productos, así como también estimados de niveles de especialización exportadora y diversificación de mercados. Véase International Trade Centre (2007).

Al respecto, se puede ver que El Salvador ha tenido el mejor *ránking* en términos de cambio (mejora) de su índice de competitividad en comercio exterior tanto en productos primarios (puesto 59) como en productos procesados (61), lo que significa que las exportaciones de productos agropecuarios salvadoreños no sólo se han expandido sino que se han diversificado y adaptado mejor a los precios internacionales en los últimos cinco años.

Por otro lado, se puede ver que efectivamente, de 159 países, El Salvador ocupa el lugar 127 en productos primarios, es decir, es el que menos capacidad exportadora en productos primarios de exportación tiene dentro del grupo de comparación, lo cual es esperable para un país con muy poca tierra. Sin embargo, esta situación cambia para los productos procesados, rubro en el cual tiene una mejor ubicación (78) que Nicaragua, Honduras, Panamá y República Dominicana.

En su conjunto, estas tendencias indican que en los últimos años El Salvador ha iniciado un proceso interesante de mayor diversificación y adaptación a las condiciones de demanda por sus productos de agroexportación, mientras que al mismo tiempo muestra una mayor capacidad para exportar productos procesados que otros países de la región.

En síntesis

En el análisis presentado en las secciones anteriores se han podido constatar los siguientes rasgos del crecimiento agropecuario de largo plazo en El Salvador:

- La tasa de crecimiento del sector agropecuario en las últimas cuatro décadas ha sido una de las más bajas de Centroamérica.
- El sector agropecuario tuvo tasas negativas de crecimiento en varios períodos, especialmente durante la década de 1980, en medio del conflicto interno.
- Durante los últimos 15 años, la agricultura salvadoreña ha crecido muy por debajo de los niveles del resto de la economía.
- Las dificultades para obtener un mayor crecimiento agropecuario de largo plazo están asociadas a la limitada dotación de tierras del país y a las restricciones para usar tierras de ladera por problemas de erosión, pero también a un bajo nivel de cambio técnico.

- El Salvador ha tenido mayores dificultades que otros países para promover una mayor utilización de factores productivos clave, como fertilizantes y maquinaria agrícola.
- Durante la última década se ha observado una reestructuración de la producción agropecuaria hacia nuevos productos no tradicionales de exportación, como frutas y hortalizas, y hacia la avicultura, mientras que ha caído fuertemente la producción tradicional de exportación en algodón, café y tabaco.
- El Salvador tiene actualmente rendimientos relativamente altos en granos básicos como maíz, sorgo, arroz y frijoles, y una buena parte de su reciente expansión productiva se ha centrado en el maíz y el sorgo debido a los mejores precios internos y las políticas de apoyo directo.
- Es un país importador neto de alimentos y una buena parte de la dieta alimentaria salvadoreña tiene un alto componente importado (cereales, lácteos, hortalizas). Esto genera un relativamente alto nivel de vulnerabilidad alimentaria ante shocks externos, pero también ofrece amplias posibilidades para sustituir importaciones por parte de la producción local.
- El sector agroexportador salvadoreño desempeña un papel importante en el crecimiento, con una elasticidad de 0,20 en el PIB sectorial. Durante los últimos años se ha observado un mejor desempeño de este sector, con una mayor adaptación a los nichos del mercado externo (productos orgánicos, especiales y étnicos), y también una mayor capacidad de procesamiento.
- Tanto la sustitución de importaciones en forma competitiva como la mayor diversificación exportadora aparecen como opciones potencialmente eficaces para incrementar el crecimiento sectorial, siempre teniendo en cuenta la necesidad de un manejo sostenible de los limitados recursos agrarios del país.

Restricciones al crecimiento

En el gráfico 4.6 se presenta una adaptación del árbol de decisiones que en la opinión de los autores de estas páginas describe mejor las condiciones internas que limitan el crecimiento sectorial de la agricultura en El Salvador. El tema central del crecimiento es un limitado cambio

Gráfico 4.6 Árbol de decisiones

- **Limitado crecimiento**
  - **Poco dinamismo en** Cambio técnico
    - **Agentes heterogéneos:** Pequeños productores, grandes productores, multinacionales
      - **Problemas de financiamiento**
        - Baja rentabilidad esperada
        - Indefinición de derechos de propiedad sobre la tierra (especialmente Reforma Agraria)
        - Carencia de instrumentos financieros apropiados para la agricultura
        - Insuficiente desarrollo de mercados de seguro y futuros en productos agropecuarios
      - **Bajo retorno privado**
        - **Baja apropiación**
          - Inseguridad jurídica sobre la tierra
          - Alto riesgo climático
          - Desfavorable funcionamiento de canales de comercialización
          - Problemas de coordinación para enfrentar mercados
        - **Bajos retornos sociales**
          - Limitada provisión de investigación, baja innovación y extensión agropecuaria
          - Infraestructura de transporte y energía insuficiente o ineficiente
          - Bajo capital humano en la agricultura

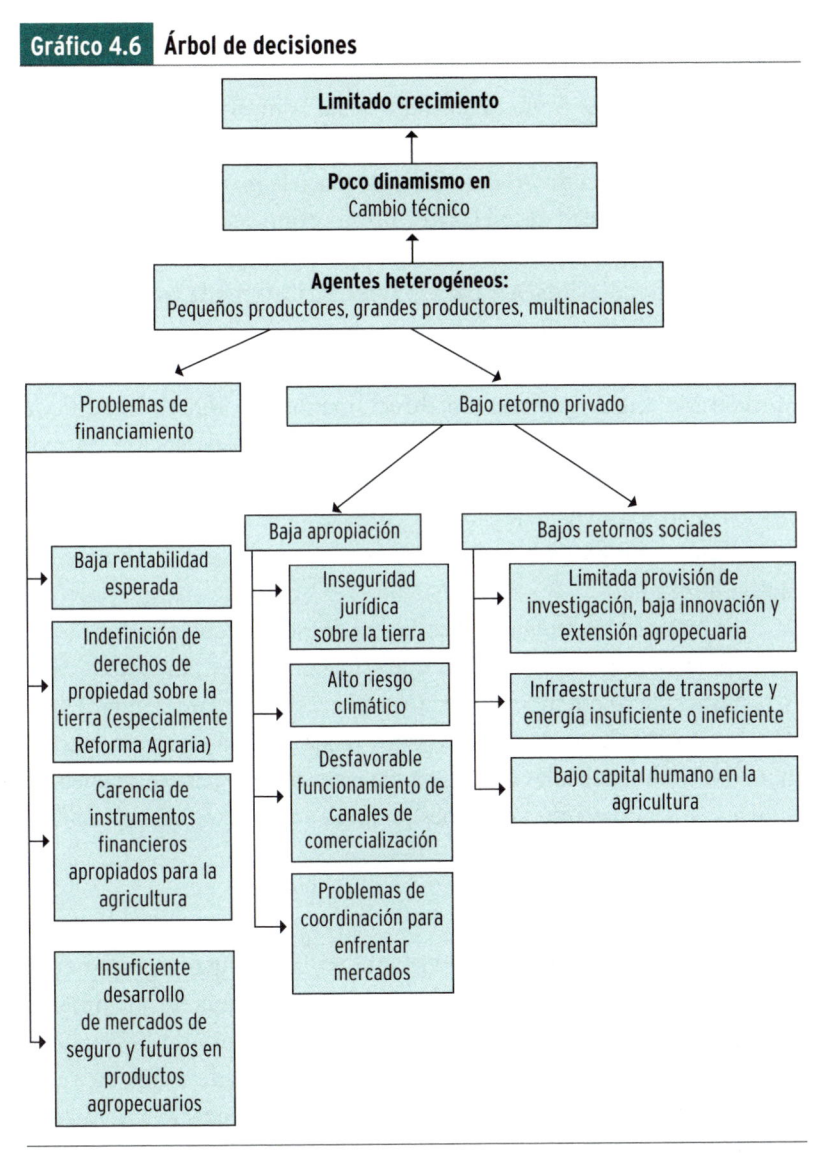

Fuente: Elaboración propia.

técnico en el tiempo, y se destaca la heterogeneidad de los agentes en cuanto a la forma en que toman las decisiones que influyen en el crecimiento agropecuario.

En la rama del financiamiento del sector, se consideran problemas tanto por el lado de la oferta (Banco de Fomento Agropecuario, instrumentos financieros) como de la demanda (indefinición de derechos de propiedad, falta de mercados complementarios).

En cuanto a la rama de los retornos a la inversión, se han considerado como factores de una (potencial) baja capacidad de apropiación los siguientes: temas de inseguridad jurídica (riesgos de expropiación o invasiones a la propiedad), riesgos de precio y tipo de cambio, problemas con los canales de comercialización que reducen los precios al productor, y problemas de coordinación para generar una adecuada apropiación de las ganancias de las inversiones.

En la subrama de los retornos sociales de la inversión, se han considerado temas que afectan directamente a la rentabilidad de la producción agropecuaria, como la provisión de investigación y servicios de asistencia técnica, las políticas de subsidios que distorsionan los precios de los cultivos, cuestiones de infraestructura de riego, energía y transporte, los efectos de los desastres naturales y el bajo nivel de capital humano.

En esta sección se evaluará cada una de estas potenciales restricciones para ir identificando aquellas que estarían siendo más importantes en términos de su potencial impacto en el crecimiento de la agricultura salvadoreña si se logra su eliminación o relajación. La siguiente sección sobre políticas sectoriales complementa este enfoque con un análisis de la lógica de algunas intervenciones públicas en el sector agropecuario.

Acceso al financiamiento

El crédito ocupa un espacio importante en la actividad agropecuaria de El Salvador, aunque ha tenido un fuerte declive en la última década, pasando de un promedio de 50% del PIB agropecuario entre 1985 y 1995, a un 20% en los años 2003-2005. Esta caída ha estado asociada a dos factores: i) la quiebra del Banco de Fomento Agropecuario a mediados de los años noventa y ii) la orientación del crédito comercial hacia otros sectores y tipos de clientes, como los préstamos personales. En la cartera total del crédito en el país, el sector agropecuario pasó de recibir un 13,4% y ser la tercera actividad en importancia en 1995, a solamente recibir un 3,2% en 2007 y convertirse en uno de los sectores con menor atención crediticia.

Si se mira la evolución del crédito agropecuario por hectárea (en dólares constantes) de El Salvador en comparación con otros países

Gráfico 4.7 Crédito al sector agropecuario, 1980-2005

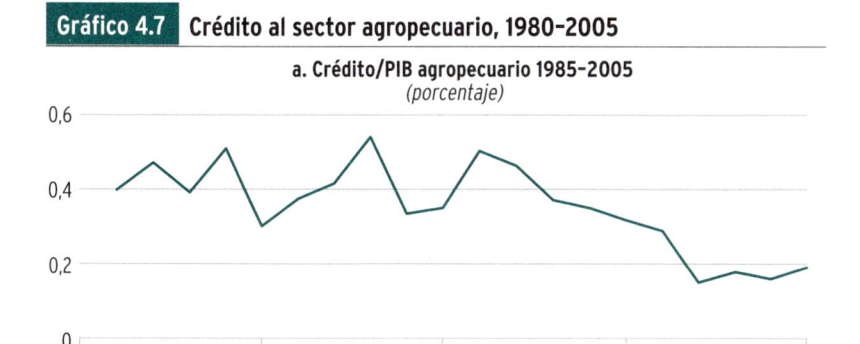

a. Crédito/PIB agropecuario 1985-2005
(porcentaje)

Fuentes: CEPAL y FAOSTAT.

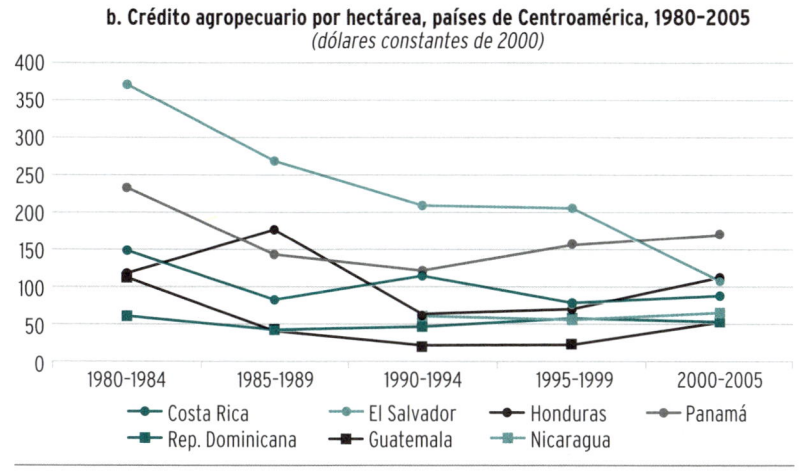

b. Crédito agropecuario por hectárea, países de Centroamérica, 1980-2005
(dólares constantes de 2000)

— Costa Rica — El Salvador — Honduras — Panamá
— Rep. Dominicana — Guatemala — Nicaragua

Fuente: FAOSTAT.

estudiados, se puede ver que históricamente ha tenido mayor oferta que el resto de los países, situación que empezó a revertirse luego de la segunda mitad de los años noventa. Hacia fines del período, el crédito agropecuario por hectárea de El Salvador era inferior al de Panamá y similar al de Honduras y, en general, se había colocado en situación similar al resto de los países de la región. Esto indica que el sector agropecuario salvadoreño ha tenido efectivamente una significativa contracción en la oferta del crédito durante la última década, en comparación con períodos anteriores. No obstante esto, el crédito por hectárea, por ejemplo, es aún superior al de otros países de Centroamérica.

La mayor restricción crediticia del sector agropecuario salvadoreño no parece haber desempeñado un rol significativo en términos de limitar el crecimiento del producto sectorial, como se observa en el gráfico 4.8. La correlación entre ambas variables ha sido negativa en el período 1980-2005 (-0,42). La más reciente recuperación del sector agropecuario entre 2006 y 2008 tampoco parece haber estado asociada a una mayor disponibilidad de crédito, sino a los mejores precios recibidos por los productores y la política de entrega de semillas y fertilizantes por parte del gobierno.

En cuanto a otros factores clave relacionados con las restricciones de financiamiento al sector agrario, cabe decir que existe un serio problema de falta de claros derechos de propiedad de la tierra, especialmente en el sector de las tierras que son administradas por el Instituto Salvadoreño de Transformación Agraria (ISTA). Allí se encuentran los beneficiarios de la reforma agraria y los adjudicatarios de tierras dentro del proceso de retorno a zonas asoladas por la guerra interna.

En resumen, se puede concluir que la agricultura de El Salvador sí ha sido sometida a una mayor restricción financiera durante la última década. No obstante, dicha restricción no parece haber sido particularmente importante en términos de impacto agregado en el crecimiento sectorial, al menos en los últimos años.

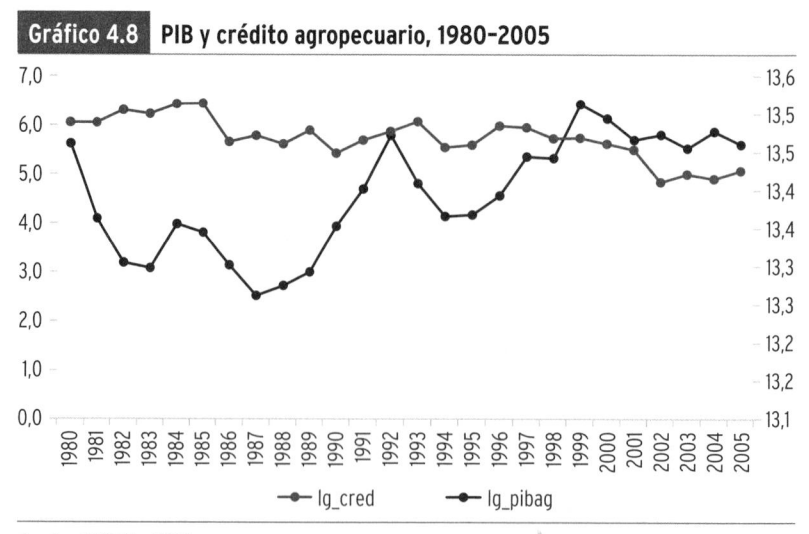

Gráfico 4.8   PIB y crédito agropecuario, 1980-2005

Fuentes: FAOSTAT y CEPAL.

Retornos sociales a la inversión

Falta de innovación tecnológica
La evidencia más contundente sobre la falta de innovación tecnológica en la agricultura salvadoreña se presentó ya en la segunda sección de este capítulo, cuando se estimaron las tasas de cambio técnico en los países centroamericanos y en el caso de El Salvador se encontró una tasa ubicada al mismo nivel que el promedio, pero muy por debajo de las tasas de cambio técnico de Costa Rica, Guatemala y Honduras. Esto refleja una notable restricción al crecimiento de largo plazo, especialmente para un país con limitados recursos agrarios como este.

La tecnología agropecuaria es un bien que tiene rasgos públicos en la medida en que sus beneficios sociales suelen ser bastante superiores al beneficio privado. El mayor problema que enfrentan los países en este campo es cómo lograr un esquema institucional (reglas e incentivos) que generen mayor y mejor tecnología para la producción agropecuaria. En el caso de El Salvador, este reto sigue vigente y actualmente se vienen discutiendo diversas alternativas institucionales para fortalecer un sistema público-privado de investigación, tema que se trata con mayor detalle en la siguiente sección.

Infraestructura de transporte
El Salvador tiene la segunda más alta densidad de red de carreteras (longitud/superficie terrestre) en el grupo de comparación. Sin embargo, Costa Rica posee una densidad vial superior a la de El Salvador, lo cual en parte puede explicar su mejor desempeño en el crecimiento sectorial. No obstante, cabe señalar que hay otros países con mucha menor densidad vial, como Guatemala y Honduras, que de todos modos han tenido un mejor desempeño sectorial que El Salvador, por lo que no se trata de una restricción severa para el sector.

Donde sí existe una mayor limitación es en la dotación de infraestructura portuaria. Una buena parte de las exportaciones de El Salvador terminan saliendo por puertos de países vecinos, especialmente de Costa Rica.

Infraestructura de riego
En cuanto a la infraestructura de riego, El Salvador tiene una limitada dotación de tierras irrigadas, con un crecimiento mínimo en las

últimas cuatro décadas en comparación con otros países de la región, especialmente Costa Rica, Guatemala y República Dominicana. Entre 1960 y 1980, el desarrollo del riego estuvo impulsado básicamente por la iniciativa privada, que hasta 1995 logró instalar unas 23.000 hectáreas. Por su parte, el Estado empezó a tener una mayor participación en el desarrollo de la irrigación recién a partir de los años noventa y generó todo el riego adicional en los últimos 15 años (hasta llegar a las 45.000 hectáreas actuales).

Se estima que la superficie potencial que podría ser irrigada en El Salvador es de 200.000 ha (FAO, 2000), de las cuales un 56% podría cubrirse con agua superficial y un 44% con agua subterránea. En este sentido, para el actual desarrollo del riego en el país sólo se utiliza un poco más de un cuarto del área potencial. Igualmente, sólo un 11% del área bajo riego se explota con técnicas más avanzadas como la de riego por aspersión (FAO, 2000).

El problema es que la infraestructura actualmente existente no es gestionada de forma adecuada y tiene problemas de deterioro y falta de mantenimiento oportuno. Se trata de problemas típicos de los sistemas de irrigación cuando no hay esquemas propicios de tarifas y de gestión del recurso. A su vez, estas restricciones limitan las posibilidades de mayor expansión del riego por iniciativa privada, debido a las complicaciones para recuperar la inversión por la vía de las tarifas. Por su parte, la inversión pública enfrenta el serio problema de generar proyectos de riego sin sostenibilidad financiera ni ambiental, en un entorno de debilidad institucional (FAO, 2000).

En resumen, es posible sostener que El Salvador podría expandir significativamente su dotación de tierras de bajo riego (que tienen la mayor productividad), siempre y cuando se mejoren las normas y las instituciones para el desarrollo de iniciativas públicas y privadas en este tipo de inversiones.[8]

Capital humano
La agricultura es un sector que generalmente tiene dificultades para incrementar y retener su capital humano (educación) en un contexto en

---

[8] Véase también López Corral (2009) sobre las posibilidades de utilizar alianzas público-privadas como opción para financiar proyectos de irrigación de gran envergadura.

el cual otras actividades económicas generan mayores retornos. El caso salvadoreño no es una excepción. El promedio de años de escolaridad de la población económicamente activa (PEA) en agricultura ascendía apenas a 3,7 años en 2006, mientras que en el sector de la maquila era de 8,5 años, en el de la construcción de 6,6 años y en el del turismo de 7,4 años. Esto, en un contexto en el cual los niveles de educación han aumentado significativamente para la población salvadoreña durante la última década (véase el gráfico 4.9).

Pese a los avances, en 2007 un 27% de la PEA agropecuaria no tenía ningún tipo de estudios, un 28% sólo contaba con entre uno y tres años de escolaridad, y un 26% ostentaba entre cuatro y seis años. Es decir, un 80% de la PEA agropecuaria apenas había recibido alguna educación primaria. Esta situación evidencia una desventaja en términos de capital humano para el sector, que tiene enormes dificultades para incrementarlo, y mantenerlo, con respecto al resto de la economía.

Esto lleva a concluir que existe un problema importante con la dotación de capital humano de la que dispone el país para promover un mayor crecimiento agropecuario, por ejemplo, el cual resulta clave para la adopción de nuevas técnicas y prácticas innovadoras.

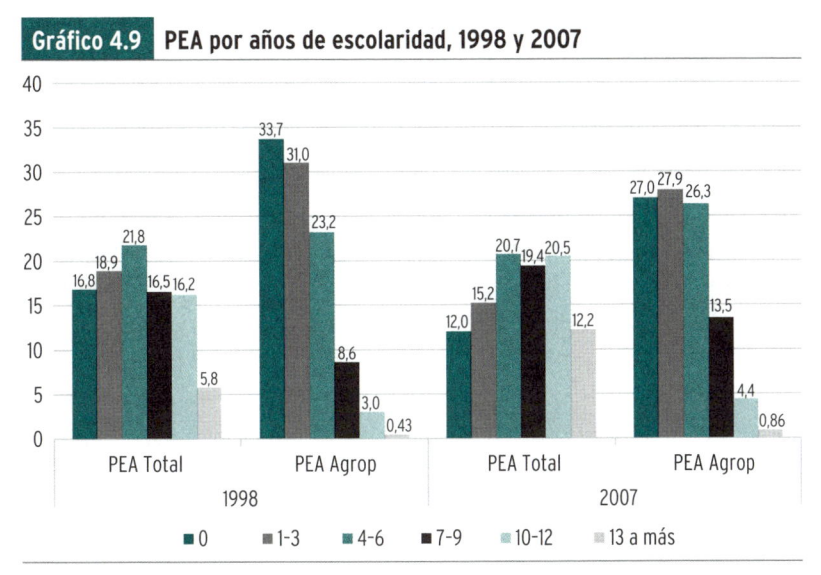

Gráfico 4.9 PEA por años de escolaridad, 1998 y 2007

Fuente: Norton y Angel (2008).

Capacidad de apropiación

Inseguridad jurídica

La tierra es el activo fundamental del sector agropecuario, más aún en el caso de un país como El Salvador, con una limitada dotación de este recurso y escasas posibilidades de expansión de la frontera agrícola. En este contexto, la seguridad jurídica sobre la tierra desempeña un rol importante en la generación de incentivos apropiados para la inversión, así como también en la promoción del funcionamiento de mercados de tierra más eficientes que ayuden a una mejor asignación del recurso.

Por factores históricos, este tema es bastante delicado en el país. La legislación actual (Constitución), por ejemplo, limita la extensión máxima de tenencia por propietario a 245 hectáreas, lo cual refleja la extrema escasez de este recurso en el país y la alta sensibilidad que existe ante una distribución muy asimétrica de este factor.

A inicios de los años noventa, en el período posterior a la reforma agraria de los años ochenta y luego de firmados los acuerdos de paz, se generaron dos procesos clave de reestructuración agraria: i) se permitió la parcelación total o parcial de las cooperativas agrarias en el sector reformado, y ii) se creó un esquema de transferencia de tierras hacia grupos específicos (combatientes de ambos bandos en la guerra interna) a través del Programa de Transferencia de Tierras (PTT).

El Instituto Salvadoreño de Transformación Agraria (ISTA) es el organismo público encargado de la administración de los procesos de asignación de tierras, incluyendo el PTT, así como también de la formalización de la propiedad en ex cooperativas parceladas. Otro programa que administra el ISTA y que se ha creado en los últimos años es el Programa de Solidaridad Rural, orientado a dar tierras a ex patrulleros y lisiados de la guerra, así como a otros grupos no incluidos originalmente en los beneficios del PTT (se estima que son unos 35.000 beneficiarios). Asimismo, el ISTA administra la redistribución de tierras en unidades que excedan el límite legal y asigna tierras a agricultores que carecen de ellas. En la mayoría de los casos, este organismo no puede cobrar por los servicios de titulación, registro y asignación de tierras, y depende exclusivamente de recursos fiscales para su operación.

Los mayores problemas que enfrenta la administración de los procesos de transferencia y formalización de tierras a través de ISTA se deben a que la agencia cuenta con recursos humanos y financieros muy limitados (sólo recibe el 6% del presupuesto sectorial), en contraposición con las funciones y las tareas de gran envergadura que le han sido asignadas. Por ejemplo, hacia finales de 2008 el instituto tenía unos 112.000 casos pendientes de titulación en los diversos procesos (Norton y Angel, 2008), una cifra muy alta para un país con no más de 500.000 agricultores.

En resumen, estas limitaciones en la administración de las tierras generan alta inseguridad jurídica en un área significativa y para una gran cantidad de agricultores del país, especialmente miles de pequeños productores que se encuentran en una situación informal y sin incentivos claros para la inversión y el manejo sostenible de las tierras. Asimismo, una baja seguridad jurídica restringe la operación de los mercados de crédito y de tierras (en este caso, tanto si se trata de alquiler como de compra-venta), lo que podría constituir una fuente de mayor dinamismo productivo en la agricultura en el largo plazo.

El impacto de los desastres naturales
El Salvador es un país con una relativamente alta exposición a desastres naturales en la región centroamericana, debido a su ubicación en un área volcánica (probabilidad de sismos), y a su enorme vulnerabilidad a las inundaciones en la franja costera del Pacífico y a las tormentas tropicales que azotan regularmente la región. Además, existen crecientes episodios de sequías y erosión de la tierra, debido a la fuerte actividad antrópica en áreas de ladera y a los procesos de deforestación.

Como se puede ver en el gráfico 4.10, las pérdidas económicas acumuladas por desastres naturales en el país son las mayores en Centroamérica, sólo superadas por las de Honduras, y ha habido un fuerte incremento de estas durante los últimos años, debido a la conjunción de terremotos, tormentas e inundaciones. Para estimar el efecto de los desastres en el producto agropecuario se estimó la función de producción agropecuaria para El Salvador que relaciona el producto con los factores de producción pero incorporando una variable discreta que identifica la ocurrencia de algún desastre que haya generado pérdidas económicas significativas en el país entre 1980 y 2005. Los resultados se presentan en el cuadro 4.7.

El coeficiente de la variable discreta ("pérdidas en año anterior") en la estimación fue negativo y estadísticamente significativo al 90% de confianza, con un impacto de –0,034 en el producto sectorial, es decir, la ocurrencia de un desastre natural genera una caída esperada del –3,4%

Cuadro 4.7. Modelo de regresión aplicado a producción agropecuaria y considerando ocurrencia de desastres naturales

Source	SS	df	MS		
Model Residual	0,10950316	7	0,015643309	# de obs	= 26
	0,031947663	18	0,00177487	$F(7, 18)$	= 8,81
				Prob > F	= 0,0001
Total	0,141450822	25	0,005658033	R-squared	= 0,7741
				Adj R-squared	= 0,6863
				Root MSE	= 0,04213

logpro	Coef.	Err. Est.	t	P.|t|	[95% Conf. Interval.]	
logland	0,8478407	0,5790616	1,46	0,160	-0,3687227	2,064404
loglabor	2,545041	1,792584	1,42	0,173	-1,221037	6,3111119
logfert	-0,0278262	0,0542053	-0,51	0,614	-0,1417072	0,0860548
logtrac	2,484887	3,447174	0,72	0,480	-4,757358	9,727132
perdida						
--.	-0,0340604	0,0206624	1,65	0,117	-0,0774705	0,0093496
L1.	-0,0283724	0,022189	-1,28	0,217	-0,0749897	0,0182448
time	-0,0230097	0,0135137	-1,70	0,106	-0,0514009	0,0053815
_cons	-29,21111	36,995	-0,79	0,440	-106,9347	48,5125

Fuente: Elaboración propia sobre datos de producción y factores de FAOSTAT, y desastres de EMDAT.

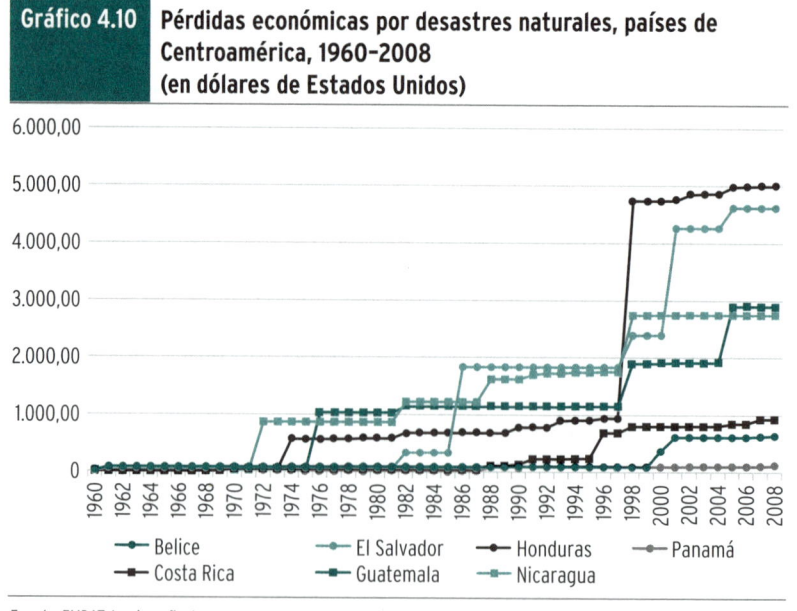

Gráfico 4.10. Pérdidas económicas por desastres naturales, países de Centroamérica, 1960-2008 (en dólares de Estados Unidos)

Fuente: EMDAT (varios años).

en el producto sectorial del año siguiente. Esto indica que efectivamente en El Salvador los desastres naturales han venido teniendo un efecto negativo y significativo en el menor crecimiento sectorial de largo plazo, lo cual se ha convertido en una restricción relevante.

Políticas públicas e instituciones

La agricultura dentro del "modelo económico" salvadoreño, 1989-2004

Los estudios revisados en la materia coinciden en señalar al período gubernamental 1989-1994, bajo la Administración Cristiani, como el punto de partida del modelo económico que básicamente ha estado vigente durante las últimas dos décadas en El Salvador. En 1992 se firmaron los acuerdos de paz, que permitieron terminar con un largo período de conflicto interno de gran impacto negativo en la sociedad y la economía, y que generaron una serie de procesos para lograr reducir los altos niveles de conflictividad previamente existentes.

Uno de los planteos centrales de la Administración Cristiani para la economía salvadoreña fue "alcanzar a largo plazo un crecimiento sostenido de la economía y elevados niveles de empleo, con base en la diversificación y el aumento de la producción exportable, mediante un uso intensivo de la mano de obra" (PNUD, 2008). Una estrategia central para lograr este objetivo fue promover las actividades más intensivas en mano de obra, como la industria y la agricultura, de preferencia orientadas a la exportación, para superar las limitaciones del mercado interno. Otro elemento interesante de la propuesta fue que se esperaba un efecto positivo en la distribución del ingreso al generarse mayor demanda por el factor más abundante en la economía salvadoreña: el trabajo.

Cabe señalar que en los primeros años en los cuales se implementó esta nueva visión para la economía se obtuvieron resultados importantes. En el período 1990-1996 la tasa de crecimiento global de la economía se aceleró y por primera vez en muchos años el empleo aumentó en forma significativa (PNUD, 2008). Sin embargo, este buen desempeño inicial no se mantendría en la década siguiente, en la cual se registraron bajos niveles de crecimiento y un relativo estancamiento de la capacidad de la economía para generar empleos plenos (es decir, empleos que remunerasen adecuadamente la mano de obra). Aunque no sea el único motivo, este resultado parece estar en parte asociado a la imposibilidad de lograr lo que inicialmente se propuso la Administración Cristiani, es decir, generar un mayor dinamismo en actividades más intensivas en mano de obra como la industria y la agricultura salvadoreñas, en un contexto en el cual se privilegiaron amplias reformas de libre mercado, como la liberalización comercial y el retiro estatal de las actividades económicas.

En el caso de la agricultura, el planteo básico del modelo era que esta actividad se vería beneficiada por las reformas de libre mercado en la medida en que el proteccionismo comercial previo la desfavorecía.[9] En este caso, se planteó que la apertura comercial generaría mejores términos de intercambio para la agricultura, mientras que el retiro estatal de las áreas de comercialización y de crédito, por ejemplo, llevarían a un funcionamiento más eficiente de los mercados agropecuarios.

Como en otros procesos similares de reformas de libre mercado en la región, la implementación de estos lineamientos generales no fue homogénea en El Salvador. Por ejemplo, mientras se generó una amplia apertura comercial para la mayor parte de los productos agrícolas, algunos de ellos consiguieron mantener elevados niveles de protección gracias a que sus organizaciones de productores contaban con una mayor capacidad de influencia en las decisiones gubernamentales.[10] Por otro lado, el caso salvadoreño no parece haber sido uno en el cual la mayor apertura comercial llevó a mejoras en los términos de intercambio para la agricultura; por el contrario, durante el período se ha observado un deterioro sistemático de estos, especialmente pronunciado desde mediados de los noventa.

---

[9] En el modelo económico propuesto se asumía que, con la liberalización comercial y del sector, la agricultura iba a ganar (en neto) un mayor tipo de cambio para los bienes transables, la eliminación del control de precios y la supresión del esquema intervencionista, lo cual iba a aumentar la eficiencia sectorial, ya que habría una reversión de la protección efectiva negativa. Se esperaba que el efecto neto de las reformas de mercado fuese positivo, y se iba a montar un esquema de exportaciones agrícolas e industriales intensivas en mano de obra. Sin embargo, lo que ocurrió fue distinto. El tipo de cambio se depreció mucho y los precios relativos en general fueron desfavorables para la agricultura.

[10] Algunos sectores específicos lograron mantener la protección y el trato privilegiado del Estado, como en el caso del azúcar, los lácteos y los productos avícolas, ya que estos son sectores más organizados y que logran influir en las políticas públicas. Otros sectores no tuvieron esa posibilidad y se vieron negativamente afectados.

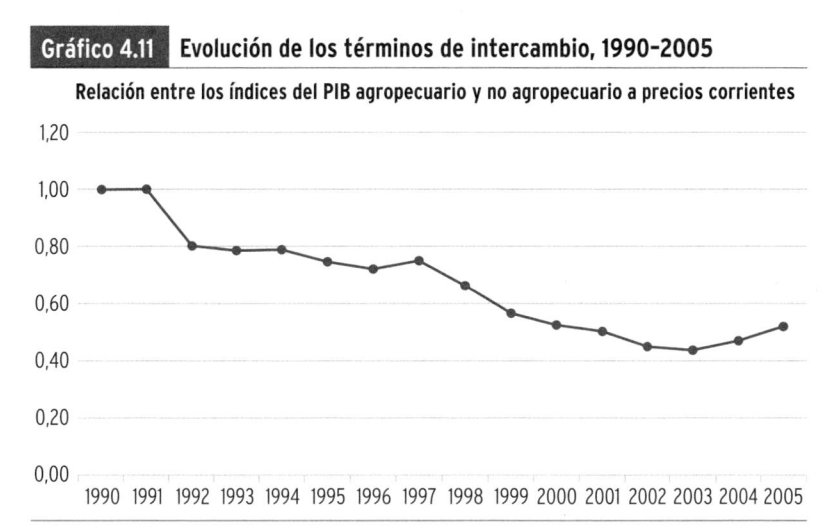

Gráfico 4.11 Evolución de los términos de intercambio, 1990-2005

Relación entre los índices del PIB agropecuario y no agropecuario a precios corrientes

[Gráfico de líneas mostrando valores que van desde aproximadamente 1,00 en 1990 descendiendo hasta cerca de 0,45 en 2003, con leve recuperación a 0,53 en 2005, para los años 1990 a 2005]

Fuente: Banco Central de Reserva de El Salvador.

El otro factor importante que limitó las posibilidades de que la amplia apertura comercial favoreciera al sector agropecuario fue la masiva entrada de capitales, pero sobre todo de remesas. Esto llevó a una permanente apreciación real del tipo de cambio y, por consiguiente, al debilitamiento de la producción local y exportable, para favorecer importaciones relativamente baratas, en este caso, de la canasta alimentaria (Cáceres y Saca, 2006).

Hasta mediados de la década de 2000 no se observó en las políticas gubernamentales un enfoque específico para promover el crecimiento agropecuario, en la medida en que se asumía que este sector saldría automáticamente favorecido por las reformas de libre mercado, algo que no necesariamente ocurrió. Fue recién en la última administración 2005-2009 cuando se planteó otra vez la necesidad de tener una política sectorial más específica, que es la que se analizará a continuación.

La reciente política de reactivación agropecuaria, 2005-2008

Durante el último período gubernamental se observó un mayor énfasis en la política sectorial agropecuaria como uno de los ejes para la generación de empleo. Además, el fuerte aumento en el precio de los alimentos en los mercados mundiales desde mediados de 2007 contribuyó a que las autoridades gubernamentales prestasen más atención al sector agropecuario, como una forma de evitar una mayor presión en la inflación alimentaria.

La nueva administración inició el período con un proceso de concertación con los principales gremios empresariales del sector, en especial con los agrupados en la Cámara Agropecuaria y Agroindustrial de El Salvador (Camagro), y en enero de 2005 dio a conocer el documento "Acciones para el desarrollo agropecuario y agroindustrial 2004-2009, pacto por el empleo", donde se detallan acciones transversales y específicas en 16 subramas sectoriales. La gran atención gubernamental al sector se observó claramente en los mayores recursos presupuestales orientados a este, especialmente desde 2006. No sólo aumentó significativamente el monto asignado, que pasó de un promedio de US$40 millones entre 2002-2005 a más de US$60 millones, sino que también se incrementó la ejecución del presupuesto, que prácticamente fue del 100% en los dos últimos períodos presupuestales.

Uno de los elementos clave del mayor gasto público sectorial desde 2007 se orientó a la ampliación de un esquema de transferencias directas de insumos a los agricultores llamado "paquete agrícola". Inicialmente el apoyo se otorgaba en semillas mejoradas a cambio de una devolución también en semillas, pero se pasó rápidamente a la entrega incondicional tanto de semillas como de otros insumos, entre ellos, fertilizantes y pesticidas. A partir de 2006, el programa tuvo un crecimiento explosivo, como se aprecia en el gráfico 4.12.

El número de agricultores atendidos llegó a 290.000, es decir, prácticamente la mayor parte de los pequeños agricultores del país, mientras que el gasto por agricultor pasó de US$20 en 2005 a US$78 en 2008. Cabe señalar que este paquete ha tendido a favorecer mucho más a los productores de granos básicos, especialmente de maíz y frijoles, que son los cultivos mayoritarios de la pequeña producción salvadoreña. Es indudable que una parte de la reactivación de la producción de granos básicos desde 2006 hasta 2008 en El Salvador ha estado asociada a este programa de apoyo masivo a los pequeños productores.

Sin embargo, la efectividad y la sostenibilidad de este tipo de programas de entrega gratis o subsidiada de insumos tradicionales como semillas o fertilizantes son dudosas, en la medida en que distorsionan las decisiones de los agricultores con una rentabilidad ficticia por sus

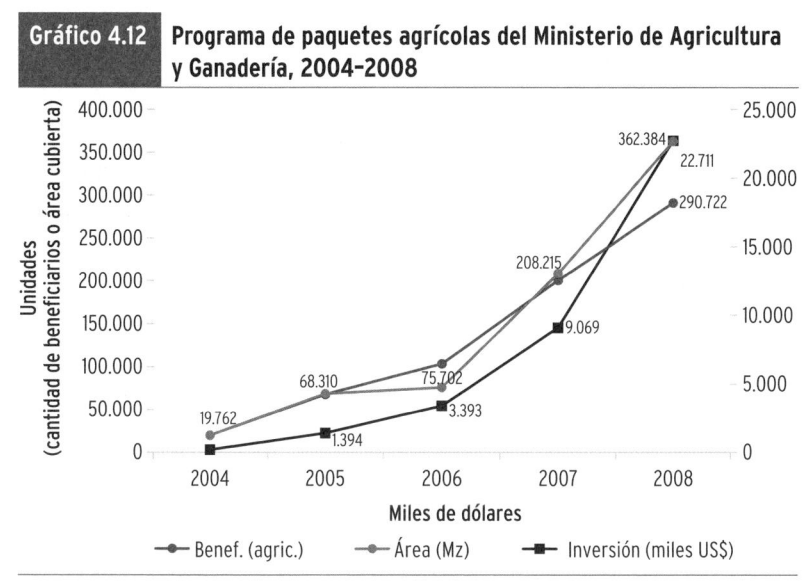

| Gráfico 4.12 | Programa de paquetes agrícolas del Ministerio de Agricultura y Ganadería, 2004-2008 |

Unidades (cantidad de beneficiarios o área cubierta)

- Benef. (agric.): 19.762, 68.310, 75.702, 208.215, 362.384
- Área (Mz): 1.394, 3.393, 9.069, 290.722
- Inversión (miles US$): 22.711

Eje X: 2004, 2005, 2006, 2007, 2008 — Miles de dólares

Fuente: Norton y Angel (2008).

productos. Una vez retirado el subsidio, por ejemplo, es poco probable que los agricultores mantengan las prácticas y el uso de insumos promovidos por el programa. Al margen de su alto costo fiscal y de los serios problemas de focalización, este tipo de intervenciones no contribuye a mejorar la competitividad de los pequeños agricultores, y debería ser sustituido por intervenciones que promuevan una mayor oferta y demanda (el mercado) de intangibles como asistencia técnica, información de mercado y organización empresarial.

Evolución del gasto público y situación de los servicios agropecuarios en El Salvador

Además de la necesidad de evaluar si el nivel de gasto sectorial es el adecuado (un 1,3% del presupuesto frente al 12% de participación sectorial en el PIB), se requiere también evaluar la calidad del gasto actual y las posibilidades de que este genere efectivamente impactos positivos en el crecimiento sostenible de la actividad agropecuaria. En los párrafos que siguen se analizan algunos de los componentes básicos del gasto sectorial en años recientes, con énfasis en los temas relacionados con la calidad del gasto.

Tecnología e innovación agropecuaria
El aspecto tecnológico para el sector agropecuario sigue estando en manos del Centro Nacional de Tecnología Agropecuaria y Forestal (Centa), un organismo público que enfrenta limitaciones de recursos y en la actualización de sus investigadores (Norton y Angel, 2008). Si bien el presupuesto del Centa se ha incrementado en los últimos años (pasó de tener un 20% del presupuesto sectorial en 2001-2002 al 32% en 2007-2008), este aumento se ha orientado básicamente a la masiva provisión de los paquetes agrícolas descrita anteriormente, una actividad que no necesariamente lleva a ampliar la capacidad de investigación e innovación tecnológica de la institución. Una crítica que se le ha hecho al Centa es que orienta demasiado su investigación hacia cultivos tradicionales, como los granos básicos, pero ofrece pocos logros en líneas más innovadoras para cultivos con mayor futuro en los mercados de exportación (Norton y Angel, 2008).

En los últimos años también han surgido iniciativas de fomento del desarrollo tecnológico bajo otras modalidades institucionales. Quizá la más notoria de ellas sea el esquema de fondo concursable del Sistema Nacional de Alianzas para la Innovación Tecnológica (Sinalit), de acuerdo con el cual se financian proyectos de innovación agrícolas y agroindustriales, con un aporte de hasta el 80% de los proyectos. El sistema tuvo problemas iniciales de operación en los años 2006-2007, pero desde 2008 comenzó una etapa de mayor cobertura y agilidad en sus procesos concursables, y actualmente se encuentra en su fase final para la revisión de resultados e impactos en dos ámbitos: i) innovación tecnológica, y ii) formación de redes público-privadas para la innovación. Una de las críticas al Sinalit es que aún no consigue operar efectivamente como un sistema público-privado, que es precisamente la forma que debe tener un adecuado esquema institucional para el desarrollo tecnológico sostenible en términos económicos, sociales y ambientales.

La estrategia tecnológica del país se está orientando al desarrollo de la biotecnología, especialmente en productos genéticamente modificados. Actualmente El Salvador ya cuenta con normas que permiten a los agentes privados instalar cultivos genéticamente modificados (transgénicos) en etapa de experimentación o producción. Sin embargo, este tipo de adelantos aún es incipiente, y debe contar con un adecuado marco regulatorio y con medidas apropiadas para evitar que la producción de variedades locales (por ejemplo, de maíz) se vea afectada y que el país se aleje de los productos orgánicos y naturales, que siguen teniendo ventajas comparativas en los mercados externos.

En general, El Salvador viene dando algunos pasos importantes hacia la mejora de su capacidad de desarrollo tecnológico para la agricultura, pero aún requiere una apuesta básica por fortalecer un sistema público-privado que genere incentivos y señales apropiadas y equilibradas en torno a qué tecnologías y qué cantidad de recursos deben orientarse efectivamente hacia la investigación para responder a las demandas sociales, de mercado y ambientales del sector agropecuario. La búsqueda de este equilibrio requiere el fortalecimiento de la institución pública relevante (en este caso, el Centa), pero dentro de un sistema más amplio de promoción de la investigación, con reglas y recursos concursables para apoyar diversas iniciativas de innovación tecnológica de actores públicos y privados, que demuestren tener un alto impacto tanto en el ámbito privado como en los campos social y ambiental.

Servicios de información agropecuaria
La información agraria es un insumo cada vez más valioso para la competitividad sectorial. Una parte de esta información sólo puede ser generada por el sector público, por ejemplo, en cuanto al cálculo de la producción sectorial, y de las áreas sembradas y cosechadas a nivel nacional. Por otro lado, existe información específica requerida por los agricultores para tomar mejores decisiones técnicas y económicas, la que debe ser sensible a los requerimientos específicos. En este segundo caso, es posible incorporar a actores privados en la provisión de estos datos, que tienen un valor de mercado para los productores.

En El Salvador la estadística sectorial está a cargo de la Dirección General de Economía Agropecuaria del Ministerio de Agricultura y Ganadería (MAG). La metodología utilizada consiste en la aplicación de encuestas directas sobre la base de marcos muestrales para áreas y tipos de productos. Al respecto se hacen tres encuestas a fin de estimar la producción de granos básicos cada año: i) primera de intenciones, para indagar la posible evolución de las siembras; ii) primera de propósitos múltiples, para proyectar la producción cuando ya se hicieron las siembras; y iii) segunda de propósitos múltiples, en la cual se estima la producción realizada en las cosechas.

Hay otras investigaciones anuales, por ejemplo la encuesta de granjas avícolas (censal), la encuesta ganadera (cada tres años) y la renovación del marco de lista para hortalizas. Además, la Dirección General de Economía Agropecuaria (DGEA) lleva un registro de costos de producción basado en algunas fincas representativas por cultivo y tipo de tecnología, y realiza un seguimiento de mercados, básicamente de los precios diarios de los productos más delicados, con cinco reporteros en las regiones, y un seguimiento diario del principal mercado de hortalizas y frutas (La Tiendona), el mercado de granos básicos y otros mercados mayoristas en la capital, San Salvador.

Entre octubre de 2007 y marzo de 2008, la autoridad estadística nacional, la Dirección General de Estadísticas y Censos del Ministerio de Economía, realizó un censo agropecuario, aunque hasta la fecha este no ha arrojado resultados oficiales debido a que el MAG ha venido haciendo observaciones a los resultados preliminares. Al parecer, algunos datos del censo son incongruentes con las estadísticas sectoriales de los últimos años. Es muy importante que los resultados del censo sean finalmente divulgados y discutidos técnicamente para generar confianza en los datos oficiales del MAG, que son un activo clave para el mejor diseño de políticas en los próximos años.

En la segunda rama de la información agraria, el MAG ha venido dando algunos pasos significativos con el fortalecimiento del Sistema de Información de Apoyo al Sector Agropecuario (SIASA), orientado al productor. Este proceso de fortalecimiento ha sido apoyado por el Proyecto de Reconversión Agroempresarial (PRA), con financiamiento del Banco Interamericano de Desarrollo (BID). En el sistema se trata de llegar a los productores no sólo a través de Internet, sino también a través de periódicos y radios locales. Además se utiliza la red de extensionistas del Centa, en sus centros de agronegocios para la difusión de información. Los extensionistas tienen el rol de llevar la oferta y de recoger demandas específicas de información.

La política de crédito agropecuario

Ya se mencionó en la tercera sección de este capítulo que el crédito orientado al sector agropecuario sufrió una fuerte contracción durante la última década, en un contexto en el cual el Estado se retiró de esta actividad. El Banco de Fomento Agropecuario (BFA) es la entidad estatal más importante en materia de políticas de crédito. Hace una década sufrió una crisis profunda y quedó prácticamente quebrado. Desde esa fecha la entidad se ha ido saneando y se ha concentrado únicamente en préstamos a pequeños productores (un promedio de US$2.600 por cliente), especialmente en granos básicos y leche. El personal del banco se redujo de 1.400 empleados hace una década a 680 empleados actualmente, distribuidos en 24 agencias a nivel nacional.

Cabe señalar que el retiro del BFA fue inicialmente cubierto por los bancos comerciales que daban préstamos a los agricultores más grandes. Sin embargo, en los últimos cuatro a cinco años la política de los bancos comerciales ha cambiado radicalmente (un proceso que puede estar asociado a las compras de bancos locales por bancos extranjeros) y han dejado de prestar a los sectores de agricultura y construcción.

Como la cartera de clientes del BFA es muy pequeña, la institución enfrenta problemas en relación con el nivel de costos, ya que cada cliente requiere por lo menos cuatro visitas en una campaña agrícola, con lo cual los costos por préstamo son bastante elevados. El BFA es regulado por la Ley de Bancos, como cualquier otra entidad de la misma clase, y está supervisado por la Intendencia de Banca y Seguros (adscrita al banco central) y también por la Contraloría Nacional. Esto hace que, por ejemplo, no pueda renegociar préstamos con facilidades debido a la naturaleza de los recursos públicos de los fondos que maneja.

El BFA tiene unos 45.000 clientes, la mayoría pequeños productores. El 54% de la cartera se centra en el sector agropecuario, pero el resto se refiere a actividades conexas y relacionadas, agroindustria y turismo rural, y busca diversificar ingresos. Actualmente ofrece préstamos a una tasa de interés subsidiada del 9% (frente al 26%–36% para préstamos por montos inferiores a US$2.600 en la banca privada). Sin embargo, uno de los mayores problemas de la entidad es que tarda mucho en otorgar los préstamos, por eso otros bancos privados pueden colocar créditos a tasas mucho más altas. No se pide como requisito la presentación de un título para otorgar crédito a pequeños productores, por lo que los derechos de propiedad insuficientemente definidos no alterarían esta posibilidad de acceso; lo más importante es que el solicitante no tenga malos antecedentes crediticios. Asimismo, se ha usado mucho el programa de garantías del Banco Multisectorial de Inversiones (BMI) para darles crédito a los pequeños productores.

El retiro de la banca comercial del sector agropecuario ha generado una demanda de los productores más grandes al BFA y actualmente la institución está buscando formas para atender esa demanda.[11] La administración saliente en el año 2009 inició una reestructuración del banco, reconstruyendo la gerencia financiera y recapacitando al personal de las agencias, para que ofrezcan créditos a productores más grandes. Al momento de redactar este trabajo, no era evidente que la nueva administración fuese a continuar con esta estrategia y quizá sea posible que pronto tome decisiones sobre su continuidad o reorientación.

La política forestal

El recurso forestal es clave en la agricultura salvadoreña, debido a sus múltiples funciones económicas, sociales y ambientales. El país cuenta con una superficie boscosa estimada de 264.000 hectáreas, que representa un 13% del territorio. Si a esto se agrega la superficie con cultivo de café, de unas 160.000 hectáreas, se llega a un total de aproximadamente 425.000 hectáreas con cobertura arbórea, un 21% del territorio nacional (FAO, 2006). No obstante, el potencial forestal del país se estima en unas 930.000 hectáreas, casi el doble de lo actualmente cubierto.

La elevada densidad poblacional y la presión creciente sobre las escasas tierras han llevado a intensos procesos de deforestación. Se estima que se pierden entre 4.000 y 7.000 hectáreas por año, lo cual implica retos no sólo para aumentar la superficie forestal sino incluso para no perder aún más.

El país cuenta con una política forestal publicada en el año 2002 (MAG, 2002), la cual contiene lineamientos muy generales y no presenta acciones o programas específicos que involucren recursos públicos y privados. Más recientemente, la Organización de las Naciones Unidas para la Agricultura y la Alimentación (FAO) contribuyó en la elaboración de la Estrategia Forestal (FAO, 2006) en coordinación con entidades públicas y privadas. Esta estrategia es mucho más detallada en cuanto al diagnóstico, y a las políticas y los instrumentos a utilizar para el

---

[11] En 2008 el BFA colocó unos US$85 millones, cifra que en 2009 se esperaba que ascendiera a US$95 millones; por otra parte, tiene financiada la expansión, con recursos por US$150 millones (ahorros), de los cuales US$36 millones provienen del sector público y el resto del sector privado. Además, cuenta con una línea de crédito de US$18 millones del BMI, US$20 millones del BCIE y US$8 millones por proyecto del BID en el BCR.

desarrollo forestal en El Salvador; además, se enmarca en la estrategia forestal centroamericana.

Uno de los temas centrales de la políticasobre el tema es el esquema de incentivos a través de un "bono forestal", que empezó a otorgar el gobierno como un subsidio a potenciales inversionistas en nuevas plantaciones forestales o para el mejoramiento de las ya existentes. Se asignaron un total de US$5,6 millones a estos bonos, destinados a promover la nueva forestación de unas 6.000 hectáreas, así como también a apoyar plantaciones ya establecidas por otras 6.000 hectáreas más 14.000 hectáreas de plantaciones agroforestales asociadas al café. Sin embargo, el bono no ha funcionado adecuadamente por fallas de diseño, la principal de las cuales es su muy limitado monto por hectárea, US$375, cuando se estima que se requiere por lo menos cinco veces esta cantidad para generar un incentivo adecuado a la inversión privada (Norton y Angel, 2008). Como resultado, sólo se han ejecutado US$600.000 de los recursos establecidos, con nula participación de pequeños y medianos productores, quienes ocupan las tierras de mayor vulnerabilidad.

Por eso, es sumamente importante evaluar la efectividad del bono forestal, para que cumpla como es debido con su rol de promotor de un mayor desarrollo del área, el cual debe tener lugar en el marco de las políticas propuestas en la estrategia, pues en ella se destacan los procesos de fortalecimiento institucional y el uso de diversos instrumentos para el financiamiento de los procesos públicos y privados asociados a tal fin (FAO, 2006).

Conclusiones

Cuando se la compara con los países de la región centroamericana, la agricultura de El Salvador muestra una de las tasas más bajas de crecimiento en las últimas cuatro décadas, con limitado uso de insumos y bajo nivel de cambio técnico. El sector refleja un desempeño muy inferior al resto de la economía en las últimas dos décadas, y hasta la fecha no ha sido posible que se convierta en un eje central del crecimiento sostenible y con mayor equidad para el país.

Por eso, desde hace algún tiempo se viene planteando con mayor fuerza la necesidad de volver a darle prioridad en la política económica al crecimiento agropecuario y a su rol en el desarrollo económico de El Salvador. La administración saliente, por ejemplo, aumentó los recursos públicos otorgados al sector, con lo cual generó en parte algunos efectos positivos en el crecimiento sectorial de corto plazo, especialmente de granos básicos y ganadería lechera. Sin embargo, el reto de la nueva administración podría estar centrado en el modo de darle al crecimiento sectorial un sustento más amplio, permanente y ambientalmente sostenible, con visión de largo plazo y teniendo en cuenta las restricciones y las oportunidades más importantes del contexto actual.

La renovada senda del crecimiento agropecuario se vuelve más urgente aún en un contexto internacional afectado primero por la aguda crisis de los precios de los alimentos en 2007 y 2008, y golpeado ahora por una contracción de la actividad económica mundial que limitará las posibilidades de seguir con un crecimiento basado en la disponibilidad de remesas o en actividades de maquila industrial. Un sector de amplia dispersión territorial e intensivo en mano de obra como el agropecuario sigue siendo clave en cualquier estrategia seria para enfrentar de manera efectiva las dos crisis señaladas.

El presente estudio buscó generar información y evidencia que sustentasen la necesidad de una visión de largo plazo para el sector agropecuario, la cual no debe desligarse de las condiciones actuales y su evolución reciente. Para tal fin, se realizó un "diagnóstico del crecimiento" sectorial de largo plazo y se identificaron las restricciones que más limitarían el crecimiento sectorial en la actualidad. Además, se analizaron las políticas agropecuarias en el período reciente para respaldar posibles ajustes que orienten el crecimiento hacia la visión establecida.

En el análisis sobre los rasgos del crecimiento agropecuario de largo plazo en El Salvador se constata que:

- La tasa de crecimiento del sector en las últimas cuatro décadas ha sido una de las más bajas de Centroamérica.
- Las dificultades para lograr un mayor crecimiento agropecuario de largo plazo están asociadas a la limitada dotación de tierras del país, pero también a un bajo nivel de cambio técnico.
- El Salvador ha tenido más dificultades que otros países para promover una mayor utilización de factores productivos clave como los fertilizantes y la maquinaria agrícola.
- Durante la última década se ha observado una reestructuración de la producción agropecuaria hacia nuevos productos no tradicionales de exportación como frutas y hortalizas, y hacia la

avicultura, mientras que ha caído fuertemente la producción tradicional de exportación en algodón, café y tabaco.
- El Salvador tiene actualmente rendimientos relativamente altos en granos básicos como el maíz, el sorgo, el arroz y los frijoles, y una buena parte de su reciente expansión productiva se ha centrado en los dos primeros, debido a los mejores precios internos y las políticas de apoyo directo.
- Se trata de un país importador neto de alimentos y una buena parte de la dieta alimentaria salvadoreña tiene un alto componente importado (cereales, lácteos, hortalizas). Esto genera un relativamente alto nivel de vulnerabilidad alimentaria ante shocks externos, pero también ofrece amplias posibilidades para sustituir importaciones por parte de la producción local.
- Durante los últimos años se ha observado un mejor desempeño de este sector, con una mayor adaptación a los nichos de mercado externo (productos orgánicos, especiales y étnicos) y también con una mayor capacidad de procesamiento.
- Tanto la sustitución de importaciones en forma competitiva como la mayor diversificación exportadora aparecen como opciones potencialmente eficaces para incrementar el crecimiento sectorial, siempre teniendo en cuenta la necesidad de un manejo sostenible de los limitados recursos agrarios del país.

En cuanto a las políticas, durante las últimas dos décadas se ha promovido una amplia apertura comercial y ha habido avances en el cierre de tratados comerciales con socios principales. Las remesas adquirieron un peso enorme en la economía salvadoreña y esto llevó a una depreciación del tipo de cambio que limitó las posibilidades de sectores transables como la agricultura en un contexto de términos de intercambio desfavorables. Por otro lado, la reducción del aparato estatal no ha sido suficiente para generar espontáneamente algunos servicios agropecuarios de calidad, entre los que se cuentan la información, la capacitación y la asistencia que requiere el sector.

En este estudio se sugiere que a futuro el sector agropecuario salvadoreño deberá sustentarse en dos motores básicos de crecimiento para tener mayores impactos en el desarrollo económico del país: i) un sector orientado al mercado local y con creciente capacidad para sostener en forma competitiva la demanda interna de alimentos básicos (granos, lácteos, producción avícola, hortalizas y frutas), y ii) un sector agroexportador diversificado y de creciente valor agregado que aproveche nichos específicos en productos étnicos, naturales y orgánicos en los países desarrollados.

Al respecto, las restricciones que deberían enfrentarse con mayor urgencia para favorecer este tipo de crecimiento son:

- La baja provisión de tecnología apropiada para el cambio técnico en el agro salvadoreño.
- La limitada seguridad jurídica de la tierra, especialmente en los sectores reformados y de transferencias por los acuerdos de paz.
- El alto riesgo climático y geológico no asegurable.
- El limitado uso del potencial de riego y forestal que tiene el país.
- La escasa dotación de capital humano tanto en el sector privado como en el público.

Por todo ello, se recomienda promover un aumento significativo de los recursos fiscales orientados al sector, pero en un contexto de mayor calidad y cobertura en el gasto para atender con prioridad las siguientes orientaciones estratégicas:

- Crear un sistema público-privado de innovación tecnológica con una entidad pública bien financiada y autónoma, pero con fondos concursables para promover iniciativas privadas y del ámbito universitario.
- Promover proyectos e incentivos para la ampliación del riego y de la forestación para un uso más eficiente del agua, y una mayor protección de largo plazo de los escasos recursos agrarios.
- Promover un programa masivo de formalización de la propiedad de la tierra, especialmente en los sectores de reforma y beneficiarios de las transferencias de tierra.
- Establecer un esquema adecuado de prevención y gestión del riesgo agropecuario.
- Ampliar el sistema de capacitación y asistencia técnica orientado a los productores agropecuarios, especialmente hacia los más jóvenes, con énfasis en el desarrollo de sus capacidades empresariales.

Referencias

Cabrera, Oscar. 2008. "El impacto de los desastres naturales en el crecimiento económico". En: *Tópicos Económicos*, Año 1, N° 18. San Salvador: Banco Central de Reserva de El Salvador.

Cáceres, René y Nolvia Saca. 2006. "What Do Remittances Do? Analyzing the Private Remittance Transmission Mechanism in El Salvador." Documento de trabajo WP/06/250. Washington, D.C.: Fondo Monetario Internacional.

CEPALSTAT. 2008. *CAPALSTAT. Estadísticas de América Latina y el Caribe*. Santiago de Chile: CEPAL. Disponible: *www.eclac.cl*.

FAO (Organización de las Naciones Unidas para la Agricultura y la Alimentación). 2000. "Perfil de riego en El Salvador". Documento mimeografiado. Roma: FAO.

———. 2006. "Estrategia forestal de El Salvador-EFSA. Síntesis". Documento mimeografiado. Roma: FAO.

FAOSTAT. 2009. *Faostat: base de datos de la FAO*. Washington, D.C.: FAO. Disponible en *www.faostat.fao.org*.

Hausmann, R., D. Rodrik y A. Velasco. 2005. "Growth Diagnostics". Documento mimeografiado. Cambridge, M.A.: John F. Kennedy School of Government. Harvard University.

ITC (International Trade Centre). 2007. "The Trade Performance Index. Technical Notes." Documento mimeografiado. Ginebra: ITC.

Kuznets, Simon. 1970. "Crecimiento económico y contribución de la agricultura al crecimiento económico". En: *Crecimiento Económico y Estructura Económica*. Barcelona: G. Gilli.

López Corral, Antonio. 2009. "Plan de apoyo para las alianzas público-privadas en El Salvador". Primer Informe de Diagnóstico. Washington, D.C.: BID-Fomin.

MAG (Ministerio de Agricultura y Ganadería). *Anuario de Estadísticas Agropecuarias 2006-2007, 2005-2006, 2004-2005, 2003-2004*. San Salvador: MAG.

———. 2002. "Política Forestal". Documento mimeografiado. San Salvador: MAG.

———. 2005. "El Salvador: acciones para el desarrollo rural agropecuario y agroindustrial 2004-2009: Pacto por el Empleo". Documento mimeografiado. San Salvador: MAG.

MARN/SNET/PNUD. 2008. *Recopilación histórica de los desastres en El Salvador 1900-2005*. San Salvador: MARN/SNET/PNUD.

Norton, Roger y Amy Angel. 2008. *Estrategia agropecuaria: retomando el camino hacia la competitividad. Estrategia de desarrollo económica y social 2009-2014*, Departamento de Estudios Económicos y Sociales. San Salvador: DEES/Funsades.

PNUD (Programa de las Naciones Unidas para el Desarrollo). 2007. *Informe sobre el Desarrollo Humano. El Salvador 2007-2008: el empleo en uno de los pueblos más trabajadores del mundo*. San Salvador: PNUD.

Timmer, Peter. 1988. "The Agricultural Transformation." En: Chenery y Srinivasan (eds.). *Handbook of Development Economics*. Nueva York: Elsevier Science Publishers.

Zegarra, E. 2004. "El mercado y la reforma del agua en el Perú". En: *Revista de la CEPAL*, N° 83, 107-120.

———. 2008. "Evaluación de impactos del Programa de Desarrollo Agrosanitario (Prodesa) en Perú". Informe de consultoría para OVE-BID. Washington, D.C.: BID.

CAPÍTULO 5

Guatemala

Bismarck Pineda, Lisardo Armando Bolaños Fletes, Erasmo A. Sánchez Ruiz, Mario Adolfo Cuevas Méndez

El sector agropecuario guatemalteco no se encuentra aislado de lo que sucede en la economía del país, que no ha logrado alcanzar tasas de crecimiento económico elevadas y en los últimos años ha crecido por debajo del promedio observado de América Latina: por ejemplo, desde el año 2000 el producto interno bruto (PIB) per cápita del país ha crecido un 1,2% anual, cuando la región creció al 2,1%. En este contexto de bajo crecimiento, se destaca el desarrollo del sector servicios, mientras que la agricultura y la industria han tenido una actuación aún más pobre. El desempeño del sector agropecuario es clave para el país en función de la política de reducción de la pobreza, ya que un elevado porcentaje de esta se concentra en las zonas rurales. El agro se caracteriza por una dicotomía entre los productores tradicionales con baja productividad y las compañías agroexportadoras. Es importante entender mejor esta situación para diseñar políticas que generen una mejora generalizada para el sector.[1]

Las limitaciones al crecimiento que enfrenta el sector agropecuario pueden clasificarse en restricciones generales de la economía (las que influyen en mayor o menor medida en el sector de acuerdo con sus características propias) y restricciones particulares al sector. Por eso, hay que comprender ante todo el marco general de la economía. De acuerdo con el estudio de Artana, Auguste y Cuevas (2007), que analiza las restricciones al crecimiento a nivel de país, la

---

[1] El 82% de los empleados agrícolas reside en el área rural, el 56% de la población económicamente activa (PEA) rural se emplea en la agricultura y el 74% de los empleados rurales es pobre, por lo que el desempeño del sector agrícola es clave para reducir la pobreza del país.

principal restricción en Guatemala proviene de la "falta de oportunidades de inversión, desde la perspectiva de los inversionistas privados", lo cual se debe a una combinación de ausencia de factores complementarios a la inversión privada (como capital humano e infraestructura) y problemas de apropiabilidad (crimen, corrupción e inseguridad jurídica). El componente común de todas estas restricciones es un Estado poco presente y poco eficiente para resolver fallas de mercado. La destrucción de capital humano y social ocasionada por el largo conflicto armado interno es una herida fundamental que el país aún no ha logrado subsanar, y sus consecuencias son evidentes.

El presente capítulo parte de la premisa de que, si bien "…los factores detrás del pobre desempeño económico del país son comunes a todos los sectores" (Artana, Auguste y Cuevas, 2007), no todos tienen igual importancia a nivel sectorial y que el sector puede enfrentar restricciones específicas que desde un estudio agregado no sean perceptibles.

Para identificar las restricciones y los factores coadyuvantes del crecimiento a nivel sectorial se empleó una metodología que combina factores cuantitativos y cualitativos. Se analizó la información existente y la opinión de los actores. Se llevó adelante un proceso de análisis de contraejemplos que permitió identificar cómo una restricción cualquiera podría no ser relevante, debido a que existen proyectos productivos que prosperan a pesar de sufrir dicha restricción. Posteriormente, se realizó una serie de entrevistas a distintos empresarios dentro del sector agropecuario y financiero, así como también a investigadores, quienes ofrecieron argumentos a favor y en contra de la priorización inicial. Estos factores fueron contrastados con el estudio detallado de cuatro cadenas productivas. El cuadro 5.1 recoge las principales restricciones que fueron identificadas para el sector agropecuario guatemalteco.

Es evidente que existe una serie de coincidencias con el diagnóstico de las restricciones de la economía nacional de Artana, Auguste y Cuevas (2007) como es el caso del bajo capital humano y la inseguridad jurídica. Sin embargo, también existen diferencias, como los problemas de financiamiento, los cuales están vinculados a la dificultad para administrar riesgos climáticos. En el caso de la infraestructura, estos autores reconocen que se trata de una limitación para la economía en general y aquí se considera que también afecta al sector agropecuario.

Finalmente, se analizan las políticas públicas que afectan al sector, cómo se implementan y en qué medida están correctamente focalizadas

Cuadro 5.1	Restricciones al crecimiento del sector agropecuario en Guatemala	
Problema	Sub-Problema	Barrera
Problemas de financiamiento		Dificultad para administrar riesgos climáticos. Deficiente regulación de créditos prendarios.
Bajo retorno privado	Baja capacidad de apropiación Bajos retornos sociales	Inseguridad jurídica. Falta de bienes públicos sanitarios. Bajo capital humano específico (especialmente en capacidades gerenciales y financieras). Infraestructura deficiente.

Fuente: Elaboración propia.

en los problemas más acuciantes. Al igual que en el estudio de Artana, Auguste y Cuevas (2007), se observa que, a nivel agregado, las políticas públicas sectoriales del país tienen serios defectos, por lo que ellas mismas constituyen restricciones más que factores coadyuvantes.

El sector agropecuario de Guatemala

El sector agropecuario ha perdido peso relativo en la economía, tanto medido por el PIB como por el empleo.[2] En el período 2002-2006, todas las actividades del sector crecieron en promedio a un ritmo menor que el total de la economía, con tasas relativamente similares: un 3,6% anual en el caso de la ganadería, la silvicultura y la pesca, un 3% anual para los cultivos no tradicionales, un 2,4% anual en el caso de los cultivos tradicionales[3] y un 2,9% para la elaboración de alimentos, bebidas y tabaco (véase el cuadro 5.2).

A pesar de la disminución del peso del sector agropecuario en la economía nacional, la proporción de tierra dedicada a la agricultura ha

---

[2] Para el período 1981-1990 el sector de agricultura, silvicultura, caza y pesca representaba el 25,5% del PIB, la industria manufacturera representaba un 15,7% y los servicios privados un 15,4%; para el período 2001-2008 las proporciones pasaron a ser 13,9%, 19,1% y 15,4% respectivamente. Si se considera el PIB del sector agrícola ampliado, incluida la rama de alimentos, bebidas y tabaco, la participación pasó del 41% del PIB en 1995 al 20,3% en 2006 (Cardona, 2006). Por otro lado la participación de la agricultura en la PEA pasó de 38,8% en el año 2000 a 33,2% en 2006.
[3] Cultivos de café, banano y cardamomo.

Cuadro 5.2 Crecimiento económico de las diferentes actividades que componen el PIB ampliado, 2002-2006 (porcentaje)

Actividades económicas	2002	2003	2004	2005	2006	Promedio 2002-2006
Cultivos tradicionales	5,2	0,3	5,8	1,7	-1,2	2,4
Cultivos no tradicionales	5,6	3,6	3,5	2,1	0,1	3,0
Ganadería, silvicultura y pesca	5,1	2,4	4,2	2,4	3,9	3,6
Elaboración de productos alimenticios, bebidas y tabaco	3,0	3,3	2,2	2,9	2,9	2,9
Crecimiento del PIB	3,9	2,5	3,2	3,3	5,4	3,7

Fuente: Elaboración propia sobre la base de Banguat (2009).

aumentado constantemente en los últimos años. En el período 1979-2006 la superficie de las fincas cultivadas se incrementó cerca de un 33%, sobre todo en los departamentos de Petén, Izabal y Alta Verapaz (PNUD, 2008). Actualmente, casi el 42% del territorio del país se destina a la agricultura. Además, en el período mencionado se produjeron cambios clave en el uso del suelo. Los cultivos anuales no han crecido a un ritmo tan pronunciado como los permanentes, especialmente debido a la desaparición del cultivo del algodón. Uno de los motivos principales que explican el aumento de la superficie de las fincas es el incremento en el área utilizada para pastos en la ganadería, mientras que el importante aumento de la superficie para cultivos permanentes se debe básicamente al crecimiento del cultivo de la caña de azúcar (PNUD, 2008).

En cuanto a la acumulación de capital, el sector importa la mayoría de los bienes de producción y su desempeño en el período 1996-2008 ha estado por debajo del promedio del país. El crecimiento en las importaciones de bienes de capital para la agricultura se situó por debajo de la tasa de crecimiento de las importaciones de bienes de capital para los rubros de industria, telecomunicaciones, construcción y transporte, pero a tasas similares a los que más crecieron en la región. Por otro lado, las importaciones de materias primas y productos intermedios para la agricultura han crecido por encima de las importaciones de capital para la agricultura, por lo que se observa cierta intensificación en los insumos

| Gráfico 5.1 | Promedio de importación de maquinaria para la agricultura en países del DR-CAFTA, 1994-2000 y 2001-2006 (en miles de dólares de Estados Unidos) |

■ Promedio (1994-2000)   ■ Promedio (2001-2006)

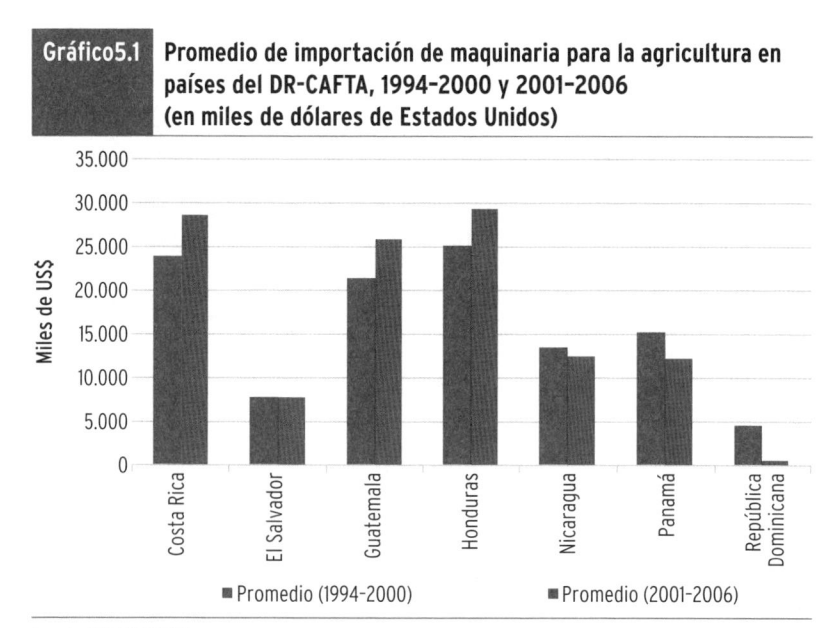

Fuente: FAOSTAT (2008).

pero no en la acumulación de capital (máxime si se tiene en cuenta que la superficie destinada al sector ha aumentado).

En cuanto a riego, según datos de la Organización de las Naciones Unidas para la Agricultura y la Alimentación (FAO), en 2005 Guatemala contaba con 130.000 hectáreas de superficie irrigada,[4] lo que representa un aumento de alrededor del 11% respecto de 1990, pero llega tan sólo al 12% de la superficie, bastante inferior a lo observado en República Dominicana (5,6%), El Salvador (2,2%) y Costa Rica (2,0%).

Evolución por producto

Si se analiza el crecimiento de la producción por producto (véase el cuadro 5.3), el desempeño ha sido bastante volátil. En el caso de los productos tradicionales (café, banano y cardamomo), se han registrado años con crecimiento y años con decrecimiento. Lo mismo ha sucedido con el azúcar y con el arroz, e incluso en 2002 este último sufrió una caída importante de la que aún no se ha logrado recuperar. Por otro lado,

---

[4] Superficie irrigada con cultivos de labranza y permanentes.

Cuadro 5.3 Crecimiento de la producción de algunos productos agropecuarios, 2002-2008

	2002	2003	2004	2005	2006	2007	2008	Promedio (2002-2008)
Café	-2,3%	-1,9%	-0,8%	-5,5%	2,4%	3,5%	2,6%	-0,3%
Banano	10,0%	-2,5%	10,2%	8,6%	-5,5%	10,0%	3,0%	4,8%
Cardamomo	19,9%	14,6%	12,0%	2,3%	-1,5%	-6,0%	-5,0%	5,2%
Maíz	1,4%	1,5%	1,6%	7,4%	8,3%	7,3%	0,8%	4,1%
Arroz	-33,6%	2,8%	11,4%	13,4%	-10,2%	3,0%	2,0%	-1,6%
Frijol	0,9%	7,5%	3,2%	-1,0%	2,0%	3,0%	1,0%	2,4%
Arveja China	5,7%	94,3%	3,7%	4,8%	0,3%	3,0%	0,5%	16,0%
Brócoli	31,7%	-1,4%	21,3%	-23,2%	13,9%	23,8%	1,1%	9,6%
Azúcar	11,7%	-3,4%	6,2%	1,3%	-10,1%	14,5%	-2,0%	2,6%
Hule	15,9%	32,4%	62,1%	8,3%	21,1%	1,0%	1,5%	20,3%
Leche sin procesar	4,4%	4,4%	1,7%	3,0%	3,1%	3,0%	2,5%	3,2%
Bovino (1)	3,7%	1,8%	-0,2%	3,0%	2,5%	3,0%	2,5%	2,3%
Porcinos (1)	-4,2%	0,0%	8,3%	2,8%	2,2%	2,6%	2,5%	2,0%
Aves de Corral (1)	6,4%	2,0%	2,6%	2,7%	3,7%	2,6%	2,5%	3,2%
Producción de huevos	2,6%	3,5%	1,8%	1,7%	3,3%	2,6%	2,5%	2,6%

Fuente: Elaboración propia sobre la base de Banguat (2009).
(1) Destazados.

existen productos no tradicionales que han mostrado un crecimiento sostenido aunque en desaceleración, como el hule, el brócoli y la arveja china.

Si se analiza el rendimiento de algunos de los cultivos principales (medidos en toneladas por hectárea), en comparación con los países del área del Tratado de Libre Comercio entre Estados Unidos, Centroamérica y la República Dominicana (DR-CAFTA), podrá observarse que Guatemala se encuentra entre los países con mayor rendimiento para los productos como caña de azúcar, plátano, papa, tabaco y café. A su vez, se halla en una posición intermedia con productos como maíz, banano y papaya; y en una posición baja respecto de productos como arroz, frijoles y tomate. De acuerdo con los cultivos seleccionados, el país que en promedio logra mejores rendimientos es El Salvador, seguido por Guatemala y Costa Rica (véase el cuadro 5.5).

Cuadro 5.4 Cambio en los precios de algunos productos agropecuarios, 2002-2007

	2002	2003	2004	2005	2006	2007	Prom. 2002-2007
Café	1,6%	-5,0%	31,3%	46,1%	0,0%	8,9%	13,8%
Banano	4,7%	1,2%	-3,2%	-2,8%	-1,6%	3,3%	0,3%
Cardamomo	-23,7%	-43,4%	-6,3%	-9,6%	14,5%	83,4%	2,5%
Maíz	18,0%	69,4%	38,6%	-10,6%	18,6%	-42,5%	15,3%
Arroz	0,7%	-11,7%	14,5%	-35,5%	7,9%	10,5%	-2,3%
Frijol	95,6%	-14,8%	-28,2%	8,5%	8,6%	-39,6%	5,0%
Arveja china	-6,6%	14,5%	3,1%	33,5%	3,9%	22,5%	11,8%
Brócoli	96,9%	17,5%	4,3%	-4,9%	-8,6%	9,3%	19,1%
Azúcar	-11,3%	-8,3%	6,4%	12,8%	22,0%	23,5%	7,5%
Hule	-0,4%	29,2%	31,0%	8,7%	47,0%	7,3%	20,5%

Fuente: Elaboración propia sobre la base de Banguat (2009).

Política comercial y exportaciones

Durante la década de 1980 los países centroamericanos emprendieron un importante proceso de apertura comercial. Con ello se eliminó la política de sustitución de importaciones y se tomaron una serie de acciones encaminadas a promover las exportaciones en cada uno de los países. Dentro de las medidas adoptadas se incluyó la reducción unilateral de aranceles —la cual ha continuado hasta la fecha—, la eliminación de controles del tipo de cambio y posteriormente los países participaron en la negociación de tratados comerciales bilaterales, regionales y globales.[5] Además, los países de la Unión Europea, mediante el Sistema General de Preferencias (SGP), y Estados Unidos, mediante la Iniciativa de la

---

[5] Los TLC que Guatemala ha firmado con otros países son: 1) El Salvador, Guatemala y Honduras con México; 2) Centroamérica, Estados Unidos y República Dominicana (DR-CAFTA); 3) con la República de Taiwán; 4) El Salvador, Guatemala y Honduras con Colombia. Falta ratificar TLC con Chile y están en proceso de negociación los acuerdos con Canadá, la Comunidad del Caribe (Caricom) y Panamá, a lo que hay que sumar el Acuerdo de Asociación con la Unión Europea. Además, se cuenta con Acuerdos de Alcance Parcial con Belice, Cuba y Venezuela.

Cuadro 5.5 Rendimiento de algunos productos principales seleccionados, 2007

País	Arroz	Frijoles	Maíz	Banano	Café	Caña de azúcar	Papaya	Plátano	Tomate	Papa	Tabaco
Costa Rica	3,10	0,75	2,00	52,09	1,16	78,18	58,33	6,96	42,38	24,10	1,93
El Salvador	7,47	1,05	3,22	10,80	0,61	90,22	133,50	31,17	32,15	22,02	1,83
Guatemala	2,69	0,71	1,67	48,60	1,00	94,5	35,71	39,29	26,67	27,27	2,26
Honduras	4,03	0,71	1,53	43,3	0,80	69,44	17,33	13,49	40,79	16,30	1,47
Nicaragua	3,74	0,82	1,55	53,55	0,64	93,22	...	9,77	14,60	13,75	1,74
Panamá	2,75	0,32	1,47	36,67	0,82	50	30,4	8,65	27,63	20,00	1,87
República Dominicana	4,90	0,76	1,30	31,21	0,29	59,38	10,22	10,12	38,93	21,22	1,33

Fuente: Elaboración propia sobre la base de CEPALSTAT (2008).

Cuenca del Caribe (ICC), otorgaron concesiones unilaterales de acceso preferencial a productos provenientes Guatemala.[6]

A pesar de esta mayor apertura, las exportaciones del sector no han crecido a las tasas esperadas. Entre 1996 y 2008 las exportaciones agroalimentarias crecieron al 5,6% anual y las exportaciones agroindustriales al 9,7% anual, cuando las exportaciones totales crecieron al 7%. Aspectos como las diversas barreras no arancelarias establecidas por Estados Unidos (restricciones sanitarias y fitosanitarias, reglas de origen complejas, entre otras) y además las ineficiencias en Guatemala (altos costos del transporte, trámites engorrosos en las aduanas guatemaltecas, entre otras) hicieron que no se pudieran aprovechar al máximo los beneficios de estas iniciativas (Banco Mundial, 2004b).

Sin embargo, se observa un importante cambio de composición por producto, con una mayor diversificación: mientras que en 1980 los 15 principales productos agropecuarios de exportación representaban el 93% de las exportaciones del sector, en 2006 daban cuenta del 82% (véase el cuadro 5.6). Esta disminución se explica en parte por la reducción del peso relativo del café verde dentro de las exportaciones agropecuarias y el ingreso de nuevos productos, como la nuez moscada, el cardamomo y el aceite de palma.

Por otro lado, Estados Unidos y la región centroamericana continúan siendo los principales destinos, por lo que en términos de diversificación por destino poco se ha mejorado; por ejemplo, las melazas y el banano dirigen el 96% y el 91% de sus exportaciones, respectivamente, a Estados Unidos. En contraste, la exportación de otros productos, como la nuez moscada, la macis y el cardamomo, el caucho seco y el azúcar centrifugado se destina a una mayor cantidad de países.

Para analizar el dinamismo de las exportaciones se sigue aquí la clasificación de la Comisión Económica para América Latina y el Caribe (CEPAL, 2003):

    a. Exportaciones muy dinámicas: tasa de crecimiento superior al doble del crecimiento del comercio mundial.

---

[6] Uno de los sectores que más aprovechó las ventajas de la ICC fue el de la maquila, el cual adicionalmente se benefició de instrumentos desarrollados específicamente, como la Ley de Maquila, Decreto 29-89 y la Ley de Zonas Francas, Decreto 65-89.

Cuadro 5.6 Los 15 principales productos agropecuarios exportados, 1980 y 2006

Principales productos de exportación 1980	Porcentaje del total	Principales productos de exportación 2006	Porcentaje del total
Café verde	46	Café verde	25
Fibra de algodón	16	Azúcar centrifugada	16
Azúcar centrifugada	7	Bananos	12
Materia orgánica	6	Nuez moscada, macis y cardamomo	5
Banano	5	Caucho seco	4
Carne bovina deshuesada	4	Aceite de palma	3
Tabaco bruto	2	Materia orgánica	3
Vegetales frescos	2	Preparación de alimentos	3
Semilla de sésamo, ajonjolí	1	Bebidas no alcohólicas	3
Extractos de carne	1	Pastelería	2
Preparación de alimentos	1	Caucho natural	2
Anís, badián, hinojo, cilantro	1	Melazas	2
Papas	1	Cereales para desayuno	2
Dulces de azúcar, confitería	1	Semilla de sésamo, ajonjolí	1
Desperdicios de algodón	1	Plátano	1
Total	93	Total	82

Fuente: Elaboración propia sobre la base de FAOSTAT (2008).

b. Exportaciones dinámicas: tasa de crecimiento superior a la del comercio mundial, hasta dos veces.
c. Exportaciones estancadas: tasa de crecimiento positiva, pero inferior a la del comercio mundial.
d. Exportaciones en retroceso: tasa de crecimiento negativa.

En el cuadro 5.7 se ha empleado la clasificación de los 15 productos más importantes dentro de las exportaciones del sector agropecuario, de acuerdo con la tasa de crecimiento promedio en el período 2001–2006. Nueve de los productos se encuentran clasificados dentro de la categoría "exportaciones estancadas", mientras que tres de ellos se hallan en la categoría "exportaciones dinámicas" y otros tres, dentro de las "exportaciones muy dinámicas".

Cuadro 5.7 Dinamismo de los 15 principales productos de exportación agropecuaria

	Crecimiento promedio Guatemala	Crecimiento promedio Mercado Mundial	Clasificación de exportaciones
Aceite de palma	28	20	Dinámicas
Azúcar centrifugado	9	16	Estancadas
Banano	5	6	Estancadas
Bebidas no alcohólicas	70	21	Muy dinámicas
Café verde	1	7	Estancadas
Caucho natural	20	28	Estancadas
Caucho seco	33	26	Dinámicas
Cereales para desayuno	2	14	Estancadas
Materia orgánica	3	10	Estancadas
Melazas	51	13	Muy dinámicas
Nuez moscada, macis y cardamomo	2	-2	Muy dinámicas
Pastelería	12	12	Estancadas
Plátano	19	11	Dinámicas
Preparación de alimentos	4	12	Estancadas
Semilla de sésamo, ajonjolí	2	10	Estancadas

Fuente: Elaboración propia sobre la base de Faostat (2008).

Por su parte, las importaciones de productos agropecuarios también han mostrado una tendencia positiva, aunque el país continúa siendo un exportador neto de productos agropecuarios. Dentro de las principales importaciones se encuentran el maíz, el trigo, el arroz, la leche, los frijoles y el algodón.

En resumen, Guatemala presenta un sector de crecimiento modesto, que ha venido perdiendo importancia tanto a nivel de actividad económica, como a nivel de exportaciones (al menos en productos agroalimentarios). Las importaciones de bienes de capital del sector indicarían que este crecimiento por debajo del promedio de la economía guatemalteca es porque la acumulación de capital está también por debajo del promedio. Más aún, al ver la evolución de las tierras dedicadas al sector, sólo la ganadería y la caña de azúcar registran crecimiento. Este desempeño no ha sido igual en todos los productos. En particular, los tradicionales son los que menos crecimiento han registrado, mientras que los nuevos productos (como la arveja china, el brócoli) han venido demostrando dinamismo.

Restricciones al crecimiento

En esta sección se analizan en detalle los factores que restringen el crecimiento sectorial, según la metodología de diagnóstico del crecimiento adaptada al sector. El objetivo es obtener un diagnóstico que jerarquice los problemas y permita priorizar las reformas a implementar. Esto puede ayudar al abordaje de un sector caracterizado por grupos de interés muy definidos y altos niveles de conflictividad, lo cual dificulta la implementación de políticas públicas.[7]

Acceso al financiamiento

De acuerdo con Stein et al. (2007), "actualmente ésta no es una restricción fundamental que está frenando el crecimiento de la economía"; sin embargo, el sector agropecuario muestra problemas específicos que limitan la asignación del crédito hacia él, como falencias en el manejo de riesgos, falta de instrumentos, problemas de garantías, etc. Es claro que, si bien desde el nivel macro no se ven restricciones importantes, el crédito formal hacia el sector agropecuario muestra una tendencia decreciente y va

---

[7] Un ejemplo de esta complicación puede hallarse en el esfuerzo del Plan Visión de País (PVP), iniciativa surgida en 2005 y liderada por miembros del sector privado guatemalteco, quienes convocaron a líderes de distinta procedencia (empresarial, religiosa, académica, indígena, de movimientos sociales), dentro de un espectro político de centro-derecha y de centro-izquierda. El PVP elaboró una Propuesta de Política de Desarrollo Rural que en su momento contó con el apoyo de varios líderes nacionales, entre ellos el actual Presidente de la República y el principal líder de la oposición. En lugar de priorizar las políticas a partir de su impacto, alrededor del impulso al crecimiento económico o de las estrategias de reducción de la pobreza, se privilegió la implementación de las acciones en base a una secuencia lógica "porque esto permitirá el arranque coordinado y bien articulado del resto de los instrumentos (...)". Esta forma de proceder fue uno de los motivos que limitaron el avance de los acuerdos políticos alcanzados.

perdiendo peso en la cartera total de créditos. Si se compara a Guatemala y al país más exitoso de la región, Costa Rica, se observa que mientras que el primero logra financiar el 10% del PIB agropecuario, Costa Rica financia el 40%, y mientras que el crédito en términos del PIB sectorial ha estado creciendo en este último, en Guatemala se ha estado contrayendo. A continuación se analizan en detalle los aspectos que son críticos para entender esta diferencia sectorial.

Debilidad para administrar los altos riesgos de la actividad agropecuaria

Un primera contingencia que enfrenta el sector es el **riesgo de precio**, en tanto que sus principales productos se ven afectados por la alta volatilidad de los precios internacionales. Un caso destacado ha sido el del café, que a principios del siglo XXI (cuando representaba el 22% de las exportaciones del país) sufrió una caída en los precios, los cuales se desmoronaron desde picos cercanos a US$1,40 por libra en 1997 hasta llegar a US$0,45 por libra en 2001, es decir, una reducción del 65%. Según los entrevistados del sector bancario, el café afectó de forma negativa al sector financiero y ahora este es más precavido al momento de desembolsar recursos para las actividades agropecuarias en general. También se ha señalado que otros productos han sufrido de igual forma, como el ajonjolí y la tilapia, por ejemplo. En varios casos se reconoció que hay problemas de comercialización y coordinación en la cosecha de los productos.

Un segundo riesgo importante es el **riesgo climático**, ya que el país (y la región) es vulnerable a fuertes eventos de esta naturaleza, como ha sido el caso de los huracanes Mitch (1998) y Stan (2005), y también a distintas depresiones tropicales; además es vulnerable a sequías, como la que actualmente se vive en ciertas regiones del país y que está generando hambruna. Guatemala parece mostrar mayores riesgos climáticos que Costa Rica.

Lo importante es ver si existe cobertura para estos riesgos y es aquí donde el país muestra deficiencias, ya que tiene un mercado de seguros poco desarrollado. En primer lugar, debido a su ubicación geográfica y su tamaño, en Guatemala podría haber problemas para que las empresas de seguros diversificaran el riesgo climático, dado que los eventos de la naturaleza terminan afectando a una gran parte del territorio de los países (por ejemplo, la tormenta tropical Stan afectó

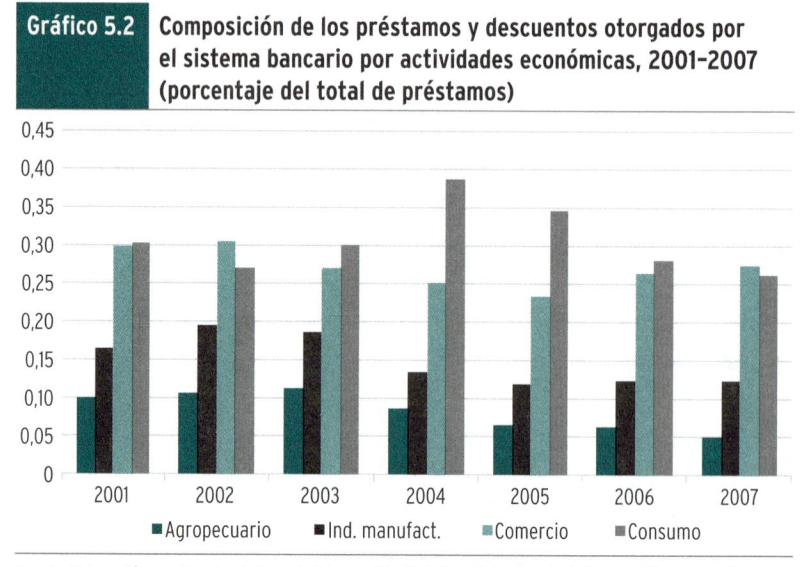

Gráfico 5.2 Composición de los préstamos y descuentos otorgados por el sistema bancario por actividades económicas, 2001-2007 (porcentaje del total de préstamos)

■ Agropecuario   ■ Ind. manufact.   ■ Comercio   ■ Consumo

Fuente: Elaboración propia sobre la base de información de la Superintendencia de Bancos. Véase www.sib.gob.gt.
Nota: Incluye crédito bancario y crédito de financieras.

al 40% de los municipios). Ello lleva a plantear la necesidad de abrir espacios para seguros agropecuarios con operaciones supranacionales o alternativas basadas en recursos nacionales, opciones ambas que aún no han sido exploradas (con el agravante de que los recursos fiscales son muy bajos como para generar un autoseguro). Actualmente, lo más cercano que existe en Guatemala para resolver este problema es el fideicomiso de Dacrédito (véase la sección de políticas), pero cabe señalar que este maneja un monto de recursos inferior al 5% de los créditos orientados al sector.

Un segundo problema con los seguros agrícolas es que afrontan mayores niveles de selección adversa y riesgo moral que otro tipo de seguros, debido a que "geográficamente en las áreas rurales los clientes están más dispersos y las características de la producción de cada parcela son bastante diferentes, los costos administrativos de un esfuerzo efectivo de monitoreo y diferenciación entre pérdidas legítimas y fraudulentas pueden ser prohibitivos" (Arias y Covarrubias, 2006). A ello se agrega la ayuda de los gobiernos en caso de catástrofes, lo cual disminuye el incentivo de los actores para querer adquirir un seguro, retrasa la aparición de un mercado de seguros agropecuarios y disminuye el acceso al financiamiento.

De acuerdo con Lases et al. (2008), se han creado seguros para algunos productos agropecuarios de exportación, pero el mercado sigue estando muy poco desarrollado y no alcanza a cubrir la necesidad de protección del sector ante eventos naturales; además, es claro que falta información metereológica para aprovechar el seguro por índice climático.

Cabe señalar que en este momento existe un proyecto en materia de seguro agropecuario para el área centroamericana. La Federación Interamericana de Compañías de Seguros (Fides), junto con las asociaciones de compañías de seguros de Guatemala, Honduras y Nicaragua, tienen un programa para desarrollar contratos de seguro climático (Arce, Arias y Pichón, 2007). Dicho programa cuenta con el apoyo financiero del Banco Interamericano de Desarrollo (BID), el Banco Mundial y el Banco Centroamericano de Integración Económica (BCIE).

Problemas para el uso de colaterales

Guatemala carece de mecanismos jurídicos para optar como alternativa al uso de garantías, lo que constituye una restricción para el acceso al crédito, y al haber limitaciones en el uso de colaterales, estos no se pueden utilizar como un mecanismo de señalización. Históricamente, al no haber una regulación de garantías mobiliarias, el único colateral que se podía usar era la propiedad inmueble, en un país con serios problemas de titularidad de las tierras. El Centro de Investigaciones Económicas Nacionales (CIEN, 2003a) realizó un estudio al respecto y observó que mientras "en la mayoría de países, el 80% de las transacciones de crédito son garantizadas con algún tipo de activo (…), en Guatemala, para 2002, solamente el 35% de la cartera de créditos estaba respaldada por algún tipo de garantía".

Las posibilidades de que mejore el uso de garantías inmobiliarias en el país son limitadas, debido al tiempo que toma la implementación de instituciones que garanticen la certeza jurídica de la tierra. De acuerdo con CIEN (2003a), los principales problemas son los siguientes:

a. La ejecución de las garantías es lenta y conlleva altos costos.
b. Los procedimientos de titulación supletoria son deficientes, lo cual impide generar certeza jurídica sobre la propiedad de un bien inmueble.

c. Persisten los conflictos en relación con la tierra, ante la ausencia de una normativa que permita la solución arbitral que contribuya a reducirlos.
d. Aún existen grandes extensiones del territorio guatemalteco fuera de catastro.
e. La centralización del registro impide su modernización, dificulta la publicidad adecuada de las propiedades y el conocimiento de los posibles gravámenes que existan sobre ellas, y además eleva los costos de consulta y registro.

Ante lo mencionado, los créditos prendarios se pueden convertir en una importante herramienta para lograr el acceso al crédito de una manera más sencilla que mediante una hipoteca, especialmente en el caso de los pequeños y medianos productores agrícolas. Muchos de estos productores no practican agricultura de subsistencia. Vodusek et al. (2008), por ejemplo, señalan que en los últimos 15 años los minivegetales, cultivados principalmente por pequeños productores rurales indígenas, se han posicionado entre los 50 productos de exportación más destacados del país. Sin embargo, ellos mismos reconocen que las exportaciones actuales se encuentran muy por debajo de su potencial en mercados internacionales. Uno de los problemas que afrontan estos agricultores es el acceso al financiamiento: "las altas tasas de interés (12%-35%), el tiempo y los costos asociados con los requisitos y garantías, así como la percepción de 'riesgo' que implica el otorgamiento de créditos al 'segmento rural e indígena' son los mayores obstáculos".

Guatemala tomó una medida importante para impulsar el uso de garantías prendarias: en 2007 fue aprobada la Ley de Garantías Mobiliarias, que se tratará con mayor detalle en la sección de políticas. Sin embargo, cabe señalar que el éxito de esta nueva ley, de su registro y de potenciales reformas adicionales debería residir en la posibilidad de garantizar los puntos que se detallan a continuación (CIEN, 2003a):

a. Que se exijan requisitos sencillos de identificación de las garantías, especialmente en el caso de activos genéricos, como granos y ganado.
b. Que haya un sistema confiable de registro, el cual no pueda distorsionarse fácilmente.
c. Que la consulta de registros resulte fácil para cualquier persona.

d. Que el registro exija que todas las transacciones se encuentren respaldadas por garantías mobiliarias, incluidas las que son activos intangibles.
e. Que la venta de un activo pueda estar a cargo del acreedor y que no se requiera necesariamente la intervención de los juzgados para la transacción.
f. Que la ejecución sea expedita y de bajo costo. Ello requiere un uso limitado del número de amparos y recursos de nulidad, en caso de que se llegue a instancias legales.[8]

Junto con los procesos para impulsar las garantías mobiliarias, en el mercado existen dos fuentes alternativas de financiamiento que cubren, de forma parcial, la demanda insatisfecha de financiamiento en Guatemala. La primera opera a través de dos modelos: el de cooperativas de crédito y el de las instituciones de microfinanzas. La segunda vincula el microcrédito comunitario con la producción y el canal de comercialización a nivel internacional.

Según FIDA, RUTA y Serfirural (2006), el 58,5% de los clientes correspondientes a micro y pequeñas empresas es atendido por organizaciones no bancarias del sistema financiero no convencional: cooperativas federadas, cooperativas no federadas, organizaciones privadas de desarrollo e instituciones de microfinanzas. El Fondo Internacional de Desarrollo Agrícola (FIDA) las caracteriza de la siguiente manera:

a. Instituciones de microfinanzas. Se encuentran aglomeradas alrededor de dos grupos: la Red de Instituciones de Microfinanzas de Guatemala (Redimif) y la Red Financiera de Asociaciones Comunitarias (Red Fasco). Ambas financian actividades agropecuarias, aunque ninguna pone en dicha actividad más del 10% de su cartera.
b. Cooperativas de ahorro y crédito. Se trata de 22 cooperativas agremiadas a la Federación Nacional de Cooperativas de Ahorro y Crédito (Fenacoac).

---

[8] Al respecto, cabe señalar los problemas existentes al momento de resolver el cumplimiento de un contrato. El Banco Mundial, en su reporte *Doing Business* 2009 señala que el total de días para solucionar una disputa de pago llega a tomar hasta 1.459 días, por arriba del promedio latinoamericano (710) y de los países de la OCDE (463).

c. Otras cooperativas. Son más de 1.500 afiliadas o no a federaciones especializadas.

Respecto de los microcréditos comunitarios con fines productivos, el estudio de CIEN (2005) analiza la exportación de brócoli proveniente de comunidades indígenas *kaqchikeles*, donde la empresa multinacional que se dedica a congelar el brócoli y a exportarlo contacta a líderes de la comunidad para que se involucren en el proyecto productivo. A los líderes se les provee financiamiento en especie (técnicas, semillas, fertilizantes, pesticidas) y se les garantiza un precio de compra por el brócoli a cambio de un volumen mínimo de esta planta que cumpla con determinados estándares de calidad, fácilmente observables. Los líderes se encargan de organizar grupos de productores y buscan agricultores de confianza para darles en préstamo lo recibido por la empresa. A cada uno se le exige un cierto volumen de producción de determinada calidad, a cambio de un precio de compra. De esta forma el crédito llega desde la empresa multinacional a los pequeños productores a través de los líderes comunales, que tienen ventajas informativas para asignar los recursos.

Problemas de demanda

El problema detrás de la falta de acceso al financiamiento podría ser el bajo nivel educativo de quienes solicitan el crédito. Debe recordarse que el prestamista evalúa la capacidad del prestatario en relación con su producto, sus procesos de producción y comercialización, y su visión empresarial. Al respecto, destaca esta preocupación porque un gran porcentaje de los productores carece de: a) la habilidad para tomar decisiones basadas en los estados financieros de la empresa; b) la capacidad de generar el estado patrimonial de la persona, y c) los conocimientos y la cultura empresariales necesarios para mejorar la administración de sus negocios, especialmente los costos.[9] CIEN (2008) coincide en

---

[9] El Presidente de la Cámara del Agro señaló que la barrera de financiamiento sólo resultaba relevante para aquellas operaciones agropecuarias con visión y que consolidan el proceso de comercialización, mercadeo y mejora del producto. Por su parte, el Presidente de la Asociación de Bancos de Guatemala comentó que la principal debilidad está en el nivel educativo de la persona para planificar adecuadamente el proyecto.

encontrar que uno de los factores limitantes para el acceso al crédito de los empresarios guatemaltecos (en ese caso informales) está relacionado con su capacidad para presentar de forma adecuada los proyectos, para lo cual se requieren conocimientos contables, administrativos y financieros. Esta aptitud constituye una señal importante para el prestamista, ya que le permite determinar qué tan bien podrá manejar el préstamo la persona que lo haya solicitado.

Una forma de ilustrar lo anterior se recoge en FIDA, RUTA y Serfirural (2007), cuando se analiza el caso de la comercializadora de minivegetales *Aj Ticonel*. La experiencia parece fortalecer el argumento de que la falta de conocimientos es la primera restricción que hay que superar a fin de mejorar la capacidad de producir para competir a nivel internacional. El caso demuestra una secuencia de prioridades:

1. Se libera la restricción del conocimiento administrativo. Ello implica invertir en el capital humano de los productores, especialmente en herramientas gerenciales-contables-empresariales, lo cual les permite una adecuada administración del negocio.
2. Se libera la restricción financiera. Una vez que se cuenta con la capacidad instalada para manejar el negocio, se requieren los recursos para poder ampliar el alcance de las operaciones.
3. Se libera la restricción del conocimiento tecnológico. Se orienta al productor en materia de tecnología, lo que le permitiría alcanzar mayores niveles de productividad.

Retornos a la inversión

Escaso capital humano

De acuerdo con Artana, Auguste y Cuevas (2007), la falta de escolarización es una de las más notables restricciones para el crecimiento de toda la economía guatemalteca, ya que no sólo el país muestra muy bajos niveles educativos, sino que el retorno a la educación se encuentra entre los más altos de América Latina, lo que redunda en la escasez de capital humano.

El sector agropecuario también se ve influido por esta carencia, con la dificultad adicional de que los indicadores educativos son aún peores en las áreas rurales (4,3 años de escolaridad promedio en relación con

6,8 años para el total país). La agricultura es la actividad económica que mayor cantidad tiene de trabajadores sin estudios (38,9%) o con niveles de escolaridad de primaria incompleta (40,8%). Además, cuenta con los porcentajes más bajos de trabajadores con escolaridad secundaria completa (0,7%), superior completa (0,3%) y posgrado (0%). Lo anterior pone en evidencia que la actividad agropecuaria muestra bajos niveles de capital humano en relación con otras actividades.

Una forma de poder sobreponerse a este problema sería mediante cursos de capacitación, pero no hay iniciativas en este sentido. Sólo el 2,8% de los guatemaltecos en actividades agropecuarias había recibido alguna capacitación en el año previo a la Encuesta de Condiciones de Vida 2006, el porcentaje menor de todos los sectores económicos.

Los bajos niveles educativos generan una serie de problemas para el desarrollo del sector, entre los que cabe mencionar:

a. Dificultan la adopción de tecnologías de alta productividad.
b. Obstaculizan la adopción de hábitos productivos que garanticen el cumplimiento de normas fitosanitarias, las cuales son demandadas por los sectores que pagan mayores precios.
c. Incrementan la competencia y la conflictividad por insumos (tierra y capital específicos de la actividad agropecuaria), ya que no se cuenta con el capital humano básico capaz de migrar hacia otras actividades económicas.
d. Aumentan la competencia en el mercado agropecuario de productos finales, lo cual reduce su precio y afecta la rentabilidad del negocio.
e. Entorpecen el acceso al crédito, porque restringen el conocimiento y la aplicación de prácticas administrativas modernas.
f. Dificultan la diversificación de cultivos o de actividades económicas, para reducir la exposición al riesgo y para explotar oportunidades y nichos emergentes.
g. Generan ineficiencias en el proceso productivo y administrativo, lo cual limita la capacidad de competencia de las empresas.

La evidencia disponible para el país muestra que estas dificultades están presentes. Por ejemplo, en relación con los primeros dos problemas señalados arriba, el Banco Mundial (2004b), a través de un análisis econométrico de los agricultores guatemaltecos, encuentra que la "educación conduce a una mayor productividad de las tierras existentes, y los agricultores más instruidos son capaces de aprovechar las ventajas de contar con mayor cantidad de tierra". Por otro lado, en Henson y Blandon (2007) se señala que uno de los principales problemas de los exportadores de frutas y vegetales de Guatemala es el cumplimiento de los estándares sanitarios de alimentos de los mercados mundiales, lo que implica seguir manuales de procedimientos y registrar las actividades realizadas, y esto requiere contar con cierto nivel mínimo de escolarización. La vinculación entre el cumplimiento de las normas fitosanitarias y la educación se hace evidente en las arvejas chinas, en cuyo caso, para incrementar las exportaciones hacia Estados Unidos, se ha tenido que mejorar la capacitación de la comunidad y de los productores, y han debido superarse los problemas de coordinación.

Los bajos niveles de escolarización en el sector agropecuario contrastan con los altos retornos a este. La experiencia de Fundación Ágil, recogida en Allen y Richards (2006), muestra que la capacitación en técnicas administrativas redujo en un 86% el costo promedio de la empresa agrícola LeStansa S.A. Además, en los sectores pujantes y las empresas establecidas, se aprecian inversiones en capital humano, tanto por el personal capacitado que se contrata como por el apoyo que se brinda para mantener los niveles de capacitación. Sobre esto último cabe mencionar las capacitaciones de la Asociación Nacional del Café (Anacafé) y la Escuela Superior de Ganadería Integral de la Gremial de Ganaderos de Guatemala.

Lo anterior lleva a enfocar el problema teniendo en cuenta que existen altos retornos a la inversión educativa, pero que los agricultores de subsistencia no cuentan con los recursos ni el financiamiento para poder invertir en su educación. Ello podría subsanarse mediante la educación pública. Sin embargo, como señala el Programa de Desarrollo de las Naciones Unidas (PNUD, 2008), "existen dos sistemas educativos en el país, definidos no por la fuente de financiamiento, sino por la ubicación geográfica: uno de baja calidad, localizado en la zona central del país, y otro, de peor calidad, en el resto del país".

Infraestructura

De acuerdo con Stein et al. (2007), Guatemala tiene en la infraestructura una de sus principales restricciones al crecimiento. El estudio concluye que la cobertura de la red vial y de electricidad presenta bajos niveles cuando se la compara con países similares, y señala que las principales debilidades se encuentran el área rural, la que por cierto está más vinculada con la agricultura. En ese sentido, los autores puntualizan que la falta de red vial adecuada limita el crecimiento de productos perecederos, específicamente frutas, legumbres y hortalizas, las cuales han tenido un crecimiento importante de sus exportaciones.

Para realizar un diagnóstico del impacto de la infraestructura en el sector agropecuario, se realizaron dos comparaciones, empleando índices elaborados por el Ministerio de Agricultura, Ganadería y Alimentación. La primera permitió determinar cómo está relacionada la extensión de carreteras asfaltadas con el valor de la producción efectiva agropecuaria y forestal (en quetzales). La segunda compara la extensión de carreteras asfaltadas con las áreas óptimas (o que presentan condiciones ideales) para producir brócoli. Esta última elección se realizó para tener una idea de cómo uno de los cultivos que más necesidad tiene de buena infraestructura vial podría no contar con las carreteras necesarias para crecer.

La primera comparación se llevó a cabo utilizando el Índice de Valor Bruto de la Producción Agropecuaria y Forestal y el Índice de Vialidad. Cuando se comparan ambos índices, es posible establecer que el 25% (51/202) de los municipios presenta un relativo alto valor agropecuario, frente a la infraestructura vial bastante pobre que posee. Este porcentaje parecería indicar que la mejora de la infraestructura en estos lugares podría permitir, en el mejor de los casos, reducir los costos de transporte para el 25% de los productores guatemaltecos, ya que estos contarían con una infraestructura vial equiparable a la de otros municipios.

La segunda comparación se realizó utilizando el Índice de Vialidad y el Índice de Áreas Óptimas para la producción de brócoli.[10] Se identificaron 75 municipios, en los cuales existen regiones con las condiciones óptimas para que se cultive el brócoli. Al realizar la comparación entre ambos índices, se encontró una deficiencia en infraestructura vial para

---

[10] Las áreas óptimas para la producción de brócoli provienen del Mapa de Diversificación Productiva y Aplicación realizado por el MAGA (2005b). A partir de allí, se categorizaron en cinco grupos para mantener la homogeneidad con los otros índices.

el 44% de los municipios (33/75), lo cual contribuye a demostrar que la falta de esta infraestructura podría ser una restricción relevante para los cultivos perecederos.

Respecto de la situación del sector agropecuario para acceder a energía eléctrica, la Encuesta de Condiciones de Vida 2006 reporta que dicho sector es el que menor acceso tiene a la distribución de energía eléctrica y a un contador de luz, con porcentajes cercanos al 60%. Estos valores se encuentran 20 puntos porcentuales por debajo del promedio nacional. Si bien la Encuesta de Condiciones de Vida se basa en hogares, ofrece una aproximación de las condiciones que imperan en el sector agropecuario, las cuales son inadecuadas para integrar procesos agroindustriales a gran escala y que estén cercanos al lugar de la cosecha de productos perecederos, como podría ser el congelamiento de los productos o su empacamiento. Ello resulta esencial en productos como el chile pimiento, que se cultiva en viveros para poder ser exportado a Estados Unidos. Esto podría ser un problema relativamente fácil de afrontar en el caso del procesamiento y del empaque si existiera la infraestructura vial adecuada, pero como ya se ha analizado, esta no siempre está disponible. Para los otros casos, la solución sí implicaría el desarrollo de infraestructura eléctrica.

Externalidades, efectos derivados y fallas de coordinación

Bathrick (2008) señala que Guatemala afronta una baja calificación en sanidad animal y vegetal, lo cual está vinculado con la capacidad de la unidad de inspección del Ministerio de Agricultura, Ganadería y Alimentación (MAGA). Por su parte, Artecona y Steneri Berro (2008), diseñaron una base de datos donde se registran las detenciones aduaneras de las principales frutas y los vegetales que son detenidos con mayor frecuencia en las aduanas norteamericanas. En el cuadro 5.8 se muestra que, para Guatemala, en el período 2001-2005, las detenciones afectaron principalmente los cultivos de frijol, arveja y calabacín.[11] En Henson y Blandon (2007) se indica que los principales países en incumplir con la normativa sanitaria y afrontar la detención

---

[11] Cabe señalar que el principal incumplimiento (89%) se debe a la exportación de productos farmacéuticos.

Cuadro 5.8 Frutas y vegetales de América Latina afectados por rechazos aduaneros en Estados Unidos

País	Frijoles	Pepinos	Guisantes (arvejas)	Ajo	Melones	Tamarindo	Mango	Ciruelas	Zapallo (calabacín)	Pepinos dulces	Berenjenas
Argentina								X			
Bolivia											
Brasil	X	X	X	X	X						
Chile			X					X			
Colombia	X					X				X	
Costa Rica							X				
Ecuador	X				X		X				
El Salvador		X			X						
Guatemala	X		X						X		
México	X	X	X	X	X	X	X	X	X		X
Nicaragua	X										
Panamá		X									
Paraguay											
Perú	X	X	X								
Rep. Dominicana	X	X		X	X	X			X	X	X
Uruguay				X							
Países afectados	8	6	5	4	4	4	3	3	3	2	2

Fuente: Artecona y Steneri Berro (2008).

aduanera del producto son Guatemala (73 detenciones) y México (36). Para el período 2002-2006, la mayoría de las detenciones guatemaltecas abarcó fruta fresca y vegetales, y las principales razones fueron la falta de información del producto y que superaba los niveles de pesticida permitidos.

Otra forma de apreciar el impacto que tiene la ausencia de controles fitosanitarios es a través del impacto logrado en aquellos productos que pudieron introducir buenas prácticas agrícolas en comunidades de agricultores indígenas. Allen y Richards (2006) encuentran evidencia de que el impacto ha sido positivo y se ha visto acompañado por mejoras en otras áreas, como la administración del negocio. Gracias a dicha experiencia, y por medio del Programa de Acceso al Mercado, los agricultores, que antes vendían a mercados locales, lograron acceder a mercados europeos, norteamericanos y regionales, y así alcanzaron un volumen de ventas totales de US$4,3 millones en 2005 y 2006. Implementar certificados que verifiquen buenas prácticas agrícolas es viable, como lo muestra la Fundación Ágil (2008), para una serie de productos distintos, entre ellos: fresas, ejote francés, lechugas, arvejas, zanahoria, acelga, brócoli, calabacines y durazno. Los casos exitosos, como los de Fundación Ágil, indican que el apoyo a la capacidad de asociación permite subsanar algunas de las falencias mencionadas y así mejorar la coordinación, difundir prácticas empresariales y facilitar el acceso al financiamiento.

Optimizar la calidad de los productos y cumplir con las normas internacionales es un proceso que requiere políticas de Estado específicas, debido a las dificultades de coordinación y las externalidades. Además, mejorar los niveles de capital humano y el acceso a la infraestructura también ayuda a extender las buenas prácticas, por lo que hay sinergias entre estos distintos factores.

Capacidad de apropiación

Inseguridad jurídica y ciudadana

A los problemas graves y generales del país en materia de seguridad y violencia señalados por Stein et al. (2007) y Artana y Cuevas (2007), cabe sumar problemas adicionales para el sector agropecuario, asociados con la inseguridad jurídica producto de la invasión de fincas y la expansión del narcotráfico,[12] y problemas históricos en la titulación de tierras. Para conocer el tamaño del conflicto, el gobierno de la República de Guatemala (2008) ha recolectado información sobre la situación de los distintos problemas de certeza jurídica existentes en el período 1997-2008. Lo que se evidencia es que la capacidad de respuesta del Estado no ha sido suficiente, ya que sólo se ha resuelto un porcentaje muy bajo de los casos ingresados. Cabe mencionar que además de la resolución de conflictos, se han implementado diferentes programas. En la sección de políticas se profundizará sobre el Programa de Arrendamiento de Tierras del Fondo de Tierras (Fontierras). Además, desde 2005 está funcionando el Registro de Información Catastral (RIC), orientado al ordenamiento técnico de la información territorial, como soporte de otras instituciones que garantizan la certeza jurídica, entre ellas, el Registro General de la Propiedad. Esto refleja un paso en la dirección adecuada, aunque no es suficiente para la resolución de los conflictos existentes.

Corrupción y gobernabilidad

Los elevados niveles de corrupción y los problemas de gobernabilidad afectan la calidad de las políticas y la seguridad jurídica del país. El sector agropecuario no es ajeno a este panorama. La evidencia parece indicar que la situación no es particularmente más grave en el sector agropecuario que en el resto del país, y los problemas que se mencionan en Artana, Auguste y Cuevas (2007) y Stein et al. (2007) se reflejan a nivel sectorial y constituyen también una restricción importante para el desarrollo de la agricultura, en especial por la incapacidad del Estado de generar condiciones básicas para el desarrollo de negocios.

---

[12] Previamente, los narcotraficantes presionaban para la invasión de áreas protegidas, lo cual les facilitaba la obtención de grandes superficies para establecer pistas de aterrizaje. Esto les granjeaba la simpatía de un grupo deseoso de poseer tierras, que los apoyaba y que estaba dispuesto a brindarles seguridad frente a las acciones del Estado guatemalteco. Ahora, han expandido su control territorial más allá de estas áreas y presionan por la "compra" de tierras de vocación agropecuaria. Esto les permite "lavar dinero", además de expandir su control de territorio.

Restricciones en cadenas específicas

A continuación, se analizan algunas cadenas productivas para ilustrar cómo los aspectos generales anteriormente mencionados impactan a un nivel más microeconómico. A tal efecto, se seleccionaron los sectores cafetalero, hulero, ganadero y porcino, que muestran las distintas caras del reto al crecimiento del sector agrícola. El sector cafetalero, uno de los más importantes en la historia del país, se eligió porque permite ahondar en la capacidad de resiliencia de un sector que afrontó una seria crisis en la última década; el sector hulero, porque tiene un alto potencial de crecimiento, del cual ha podido beneficiarse, pero que podría ser mucho mayor. En el caso del sector porcino, sus posibilidades de crecimiento futuro están seriamente amenazadas por debilidades internas y la creciente competencia internacional. Por último, el sector ganadero se encuentra en la encrucijada, con serias oportunidades y riesgos por delante.

La cadena productiva del café

La producción de café continúa siendo una actividad muy importante para la economía de Guatemala. Dentro de los cultivos tradicionales representa alrededor del 50% de la producción total. El número de fincas productoras representa el 37% del total de fincas dedicadas a la producción agropecuaria. La mayoría son pequeñas, el 92% de ellas tiene una extensión inferior a las 10 manzanas y produce el 23% del café (PNUD, 2008).[13]

---

[13] La cadena del café está conformada por los productores que se encargan de cosechar los granos, los cuales son vendidos a los beneficios ya sea directamente o por medio de un intermediario. Existen fincas en las cuales la cosecha y el beneficio están integrados verticalmente (productores medianos y grandes). Los beneficios se encargan de despulpar el café en cereza y secar el pergamino húmedo resultante (beneficiado húmedo) y luego se descascara el pergamino seco, lo que produce el café oro exportable (café verde). El paso siguiente es venderlo a un agente exportador, que se encargue de colocar el producto en el mercado internacional, o a una tostadora, la cual se encarga de desarrollar el aroma y de darle el tono oscuro al grano de café. Es un cultivo relativamente intensivo en capital, ya que el cafeto alcanza su producción óptima después de un tiempo, y el beneficio requiere importantes inversiones en maquinaria para el despulpado y el secado del grano de café, y camiones para el transporte, entre otros insumos.

Este sector se vio afectado por un fuerte shock de precios y, si bien luego de 2001 los precios internacionales se recuperaron, el volumen ha disminuido. Después de ser el principal producto de exportación, ahora el café está en segundo lugar, por detrás de los artículos de vestuario. La crisis motivó la transformación del sector, ya que disminuyó la producción de café de baja altura (cuyas propiedades son menos apreciadas en el mercado internacional) y se extendió la producción de café de altura y de mayor calidad: granos semiduros, duros y estrictamente duros. Asimismo, se abandonó la percepción del negocio como de producción masiva y se inició su transformación hacia un negocio basado en las relaciones públicas, en el cual se destaca la mística generacional del café, y se ha logrado cotizar el producto fuera de la bolsa y acercar al cliente a la finca mediante la oferta de *tours* a la plantación, iniciativa que ha atraído a clientes más exigentes, como los japoneses. Esto ha dado resultados asombrosos: si en la bolsa la cotización de la libra de café equivale a US$1,30, a través de las subastas, el café guatemalteco ha logrado batir récords al venderse a US$80,20 la libra de café oro.

Entre los factores coadyuvantes que han afectado positivamente al sector, cabe destacar la capacidad de responder en forma coordinada a la crisis cafetera. El accionar de Anacafé y el cooperativismo entre pequeños productores han servido para generar externalidades positivas, entre ellas, el impulso de proyectos de trazabilidad y de diversificación agropecuaria, y los talleres y los cursos de capacitación, lo que ha permitido disminuir algunos de los problemas del bajo nivel de capital humano del sector. La infraestructura deficiente no afecta mucho a la producción, gracias a que el producto es poco perecedero, en comparación con las frutas y las verduras.

En rigor de verdad, la transformación del sector ocurrió primero debido a los cambios en la demanda, con un refinamiento de las preferencias de los consumidores, lo cual ha sido explotado por cadenas como Stuarts y Starbucks, que crearon nichos de consumo de café mucho más sofisticado. La crisis motivó (o forzó) a los productores locales a explorar estrategias para realzar la calidad a fin de atender estos nichos con mucho mayores precios. Esto se logró a través de diversas estrategias. En primer lugar, se profundizó en el conocimiento de los perfiles del café[14]

---

[14] Elementos que generan la diferencia del café: altitud, precipitación pluvial, temperatura, humedad relativa y suelo.

y la identificación de perfiles regionales.[15] Este esfuerzo ha llevado a Guatemala a ser el líder en promover subastas de café como la Taza de la Excelencia. Dichas subastas han generado un proceso de descubrimiento del potencial cafetero guatemalteco, al exponer sus cafés a catadores de nivel internacional.

En segundo lugar, se ha trabajado en la obtención de certificaciones, previendo que en el futuro se requerirá contar con estándares de calidad. Estas incluyen características sobre el proceso productivo, como el trato laboral y el cuidado del medio ambiente.[16] En tercer lugar, hay que considerar que la trazabilidad supera la marca geográfica de Guatemala, y permite conocer subzonas y fincas. A través del desarrollo de una herramienta informática, el comprador puede elegir el perfil del café que quiere, las certificaciones que desea y la finca de donde quiere obtenerlo.

Además, el sector se encuentra en un proceso para dar lugar a ciertos subproductos dentro de la industria, tales como la generación de energía limpia a través de pequeñas centrales hidroeléctricas de bajo impacto, el fomento del turismo rural en las fincas, la venta de bonos de carbono (debido a que la caficultura guatemalteca se desarrolla a la sombra de los árboles, los cuales representan un 6,4% de la cobertura boscosa nacional) y la posibilidad de obtener ingresos mediante la venta de la madera de los árboles dentro de las zonas boscosas propias.

La volatilidad de los precios se ha logrado reducir gracias a la estrategia de mejoras en la calidad del producto y las relaciones con los nuevos comercializadores, ya que se pasó de una relación en la cual el precio era al contado y lo importante era ser un proveedor de bajo precio, a una en la cual lo que interesa es mantener la calidad del producto y, por lo mismo, se está dispuesto a establecer contratos de mediano plazo (de entre tres y cinco años) como un premio para mantener dicha calidad. También se observa un esfuerzo de diversificación: algunos cafeteros han incursionado en la exportación de frutas, en la ganadería o en la siembra de teca para explotarla dentro de varias décadas.

A pesar de estos factores positivos, el sector no ha podido resolver los problemas de capacidad de apropiación y financiamiento. La inseguridad jurídica ha sido un factor muy limitante, ya que el sector se ha

---

[15] Hay que considerar siete elementos: aroma, sabor, acidez, balance, nota globa, cuerpo y gusto posterior.
[16] Rainforest, UTZ Kapeh, Comercio Justo, entre otras.

visto sujeto a importantes invasiones en la región de Alta Verapaz y Baja Verapaz[17] y al crimen, puesto que ha sido vulnerable a los secuestros extorsivos. De acuerdo con el presidente de Anacafé el principal problema en relación con la inseguridad jurídica es la falta de implementación de las resoluciones de los jueces en materia de invasiones. Comentó que existen cerca de 1.500 fincas invadidas, la mitad de las cuales ya cuenta con la resolución de un juez, pero falta que se ejecute dicha resolución.

Otra restricción se observa en el acceso al financiamiento, en gran parte como consecuencia de la crisis del período 1999-2002, en la cual el sector financiero terminó afrontando la insolvencia de una gran cantidad de fincas cafetaleras. Esto último ha ocasionado que la disponibilidad de créditos para este sector se haya reducido y que existan dificultades para acceder a créditos en el mercado nacional. Sin embargo, gracias a los clientes a nivel internacional y a los bancos internacionales, en los últimos años el acceso al financiamiento externo le ha permitido al sector afrontar la situación. De todos modos, hay que tener en cuenta que la crisis económica y financiera internacional actual también ha afectado seriamente las posibilidades de financiamiento proveniente del exterior.

Este caso muestra la capacidad de un sector de redescubrirse a sí mismo en condiciones adversas; el shock en cierta forma actuó como un *sunspot* para facilitar la coordinación de los distintos agentes y para que, a través de esta coordinación, el sector pudiese proveerse los insumos (en muchos casos con características de bienes públicos locales) que le hacían falta para el cambio. Las limitaciones remanentes se asocian más con problemas generales de la economía que los productores tienen poca capacidad de revertir.

La cadena productiva porcina[18]

La producción porcina se destina mayormente al mercado interno; sólo un 7% se exporta, en su mayoría a Honduras y El Salvador, y se registran

---

[17] En el municipio de Senahú, por ejemplo, se han generado invasiones en 11 de 12 fincas importantes de café y en el municipio de San Miguel de Tucurú, el número asciende a 13 de un total de 15 fincas.
[18] Según la Encuesta Nacional Agropecuaria (INE, 2007b), en Guatemala existen 435.263 fincas que se dedican a la crianza y al engorde de cerdos. En total poseen 1.581.130 cabezas de cerdo. Se ubican principalmente en: Quetzaltenango, Guatemala e Izabal y San Marcos, Huehuetenango y Quiché.

importaciones que provienen principalmente de Costa Rica, Estados Unidos y Panamá.

En el sector se observa cierto proceso de tecnificación de las granjas productoras y también mejoras sanitarias. Mientras que a inicios de la década de 1990 sólo el 10% de la crianza alcanzaba los estándares sanitarios de calidad y utilizaba métodos científicos, en 2004 dicha cifra había ascendido a alrededor del 48% (ICEX, 2004). A pesar de esto, el sector sigue teniendo problemas fitosanitarios importantes y esta es una de sus restricciones principales. Existen serias limitaciones para exportar carne de cerdo desde Guatemala hasta que el país no esté declarado libre de fiebre porcina clásica. Desde el año 1997 existe el Proyecto de Prevención y Control de Peste Porcina Clásica, y recién en los primeros días de octubre de 2009 se hizo público el hecho de que Guatemala estaba libre de dicha enfermedad (Prensa Libre, 2009a).

La siguiente limitación se relaciona con la calidad de los procesos fitosanitarios para procesar la carne, lo cual lleva a cuestionar la calidad de los rastros en Guatemala. La principal preocupación en este sentido atañe a los rastros municipales, pues se considera que estos no cuentan con la infraestructura adecuada, que no existen controles funcionales para verificar el cumplimiento de la legislación y que no hay interés político suficiente para generar cambios en su funcionamiento.[19]

También se observan problemas de coordinación y cierta falta de autodescubrimiento (Hausmann y Rodrik, 2003). Ante la creencia de que el mercado interno "aún no está saturado", se considera que todavía no existe la necesidad de exportar. Sin embargo, la desgravación paulatina de la carne de cerdo, dentro del DR-CAFTA, puede poner en aprietos al sector. La competencia puede ser mayor, puesto que Canadá busca que su Tratado de Libre Comercio con Guatemala se equipare al DR-CAFTA, lo cual le permitiría procesar carne de cerdo originaria de Brasil.

---

[19] De acuerdo con un informe de la Procuraduría de Derechos Humanos de 2007, el 60% de los 46 rastros municipales no tenía la licencia sanitaria extendida por el MAGA y además no cumplía con las condiciones higiénicas mínimas exigidas por la ley. En Petén se intentaron establecer rastros, pero el proyecto ideado para tal fin no se ha puesto en marcha. Algunas de las necesidades se han logrado cubrir mediante rastros privados. Pero los esfuerzos no han sido suficientes para resolver los problemas de la demanda local ni el potencial sin explotar a nivel internacional.

Otra evidencia de la falta de coordinación del sector es que usualmente se lo ve como uno de los sectores "sacrificables" al momento de negociar la apertura comercial. Si bien afronta problemas de competitividad, uno de los factores que podrían afectarlo es que la Asociación de Porcicultores de Guatemala (Apogua) no está agremiada a la Cámara del Agro y, por su parte, no cuenta con el músculo político requerido.

La cadena productiva del hule[20]

El cultivo de hule ha ido ganando terreno en la producción agrícola nacional.[21] Según estadísticas de la FAO, en el período 1996-2006 el área cosechada para este cultivo aumentó en promedio un 6,5% anual. La producción de hule también se ha incrementado en forma sostenida en los últimos años: creció a un promedio anual del 20,3% en el período 2002-2008. En cuanto a las exportaciones, este sector ha sido uno de los más dinámicos en los últimos años, pues ha crecido a un promedio anual del 35,4% en el mismo período.[22] Por ello, puede decirse que este es un cultivo en plena expansión y de gran competitividad, que se ve favorecido por la fuerte expansión de la demanda mundial y el lento ajuste de la oferta (se requieren siete años para iniciar la cosecha del árbol).

En este cultivo no se observan problemas de transferencia tecnológica, ya que los exportadores están dispuestos a compartir información con los productores para lograr altos niveles de calidad del producto. Esto ha redundado en la promoción del conocimiento sobre las áreas

---

[20] Según datos de la Encuesta Nacional Agropecuaria (INE, 2007b), en 2007 había 788.989 fincas abocadas al cultivo de hule, lo que representa un 0,5% del total de fincas dedicadas a la producción agropecuaria. La superficie destinada a este cultivo representa a su vez alrededor de un 1,6% de la superficie total. La mayoría de las hectáreas sembradas se encuentran en los departamentos de Suchitepéquez, Quetzaltenango, San Marcos, Escuintla e Izabal.
[21] El caucho natural (hule) se produce de la coagulación del látex que emana del árbol de caucho. La cadena productiva del hule comprende el cultivo de los árboles de caucho, la recolección, el filtrado, la acidificación, la coagulación, la laminación y el empaque del látex (beneficio del látex), la obtención del caucho natural y el uso que las industrias hacen de este (elaboración de neumáticos, zapatos, etc.).
[22] México es el principal destino de las exportaciones de caucho natural, seguido por Colombia.

óptimas de cultivo y las variedades que tienen la mejor combinación de alta productividad y tolerancia a la enfermedad suramericana o Tizón de la Hoja (*microcyclus ulei*). La pobre infraestructura no afecta a este producto porque no es muy perecedero.

A pesar de esto, el sector enfrenta aún restricciones importantes. Hay poca certeza jurídica de la propiedad (la posibilidad de invasiones impide a los productores expandirse en otras regiones con alto potencial productivo, que son al mismo tiempo lugares con una alta problemática en relación con la certeza jurídica de la tierra) y existe un temor creciente al narcotráfico, pues puede poner en peligro la vida de los trabajadores y el empresario a cargo, la producción y la finca; asimismo, se teme que los narcotraficantes utilicen la actividad hulera para el lavado de dinero. Otro problema que se suma a todos estos peligros es la vulnerabilidad del sector a los riesgos climáticos.

Dado el período de maduración de la inversión, el acceso al crédito es clave. En Guatemala el principal apoyo proviene del Programa de Incentivos Forestales (Pinfor), el cual otorga fondos a la producción del hule en el área norte del país (lo que permite cubrir cerca del 50% del capital inicial, según los entrevistados). No se han hecho esfuerzos concretos para atraer capital extranjero. Otros países que promocionan el hule han apuntado a este aspecto para expandir la producción. Por ejemplo, Colombia, que ha incrementado en un 250% su producción de hule entre 2002 y 2006, ha apoyado al sector a través de programas gubernamentales, que no se limitan al financiamiento, sino que incluyen componentes para mejorar los problemas de competitividad. A esto se agregan iniciativas como el Acuerdo Regional de Competitividad de la Cadena Productiva del Caucho Natural y su Industria en los departamentos de Antioquia y Córdoba en Colombia. Por su parte, países como Bangladesh e India han apostado fuertemente a la inversión extranjera, y han procurado atraerla mediante ferias y exposiciones.

La cadena productiva del ganado

El subsector ganadero guatemalteco tiene un potencial de crecimiento parecido al del cultivo del hule. Cuenta con mercados atractivos en el exterior, especialmente si su producción se orienta a los mercados asiáticos. Sin embargo, también afronta ciertas debilidades que podrían atentar contra su supervivencia en el mediano plazo.

En los últimos años el stock de cabezas de ganado y la producción han estado creciendo (1,5% y 2,3% anual, respectivamente, desde 2002), pero apuntando a satisfacer el mercado interno; al igual que en el caso del cerdo, las exportaciones se orientan hacia El Salvador y Honduras, países con demandas menos exigentes en cuanto a la calidad, y las importaciones provienen en su mayoría de Nicaragua y Estados Unidos.

A pesar de su crecimiento, el sector afronta numerosas restricciones. Por un lado, no se han aprovechado las grandes oportunidades provenientes de la posibilidad de agregarle más valor a la producción y exportarla a Estados Unidos y Asia. Además, el ganado guatemalteco tiene la característica de ser bajo en grasa, lo cual no ha sido promocionado adecuadamente.

A fin de agregarle valor al producto para que sea exportado habría que realizar inversiones que aún no son apreciadas por el consumidor interno: un 80% de la carne se procesa en forma de "carne caliente", lo que implica que no se genera un proceso de enfriamiento/congelamiento del producto cárnico. Adicionalmente, hace falta tener control sobre la inocuidad de los alimentos y de los mercados de expendio de carne, que se cumplan las regulaciones establecidas por la salubridad pública y, para el caso de Guatemala en particular, es de especial relevancia enfrentar la presencia de brucelosis y tuberculosis bovina (OIE, 2008a y 2008b), ya que estas enfermedades constituyen una restricción fitosanitaria para las exportaciones. Al igual que en el caso de la cadena porcina, la situación de los rastros municipales es inquietante. Por último, tampoco existen plantas certificadas de transformación y exportación de carne de res.

La falta de apoyo de políticas gubernamentales podría deberse a que existen elementos internos que impulsan la informalización. Por un lado, excepto que se logre controlar la evasión fiscal (al menos en regiones grandes), los ganaderos en particular no tienen incentivos para entrar en el mercado laboral formal. Por otro lado, existe la presión de los narcotraficantes que, con tal de lavar el dinero, están dispuestos a vender su ganado por debajo del costo de producción.

Conclusión de las cuatro cadenas productivas

Los casos exitosos analizados permiten apreciar que, una vez organizado un sector, hay varias restricciones que pueden aliviarse aun en ausencia de acciones gubernamentales. Sin embargo, todos los sectores muestran una restricción en común que no han podido resolver incluso en el caso de lograr la coordinación necesaria: la falta de seguridad jurídica. También se observa que el hule y el café han logrado crecer recientemente enfocados en el mercado externo, en el primer caso mediante la mejora de la eficiencia a través de las relaciones entre productores agropecuarios y el *upstream* de la cadena, y en el segundo mediante la diferenciación del producto. Los casos de la carne vacuna y porcina muestran una realidad distinta: se enfocan en el mercado interno, que demanda menos calidad y valor agregado, lo que no los incentiva para explotar las oportunidades externas aparentemente existentes.

En todos los casos se observa que el Estado ha hecho poco por promover los sectores para mejorar la transferencia tecnológica, las condiciones del acceso al crédito, la infraestructura y otras barreras anteriormente mencionadas. Lo que las experiencias muestran es que, dependiendo del sector y de cuán intensivos sean en estos bienes públicos sus estructuras productivas, los sectores han podido resolver algunas cuestiones, pero hay aspectos básicos que recaen en el ámbito del gobierno que aún se encuentran inconclusos. Esto nos lleva a la próxima sección, donde brevemente se analizan las políticas públicas.

Políticas públicas e instituciones

Al día de hoy se encuentra vigente la Política Agrícola 2004-2007, publicada por el MAGA (2004).[23] Los cuatro objetivos específicos que persigue son:[24] 1) promover la reactivación y la modernización de la agricultura; 2) contribuir en la mejora de las condiciones de vida de la población rural vinculada a la agricultura de infrasubsistencia y subsistencia; 3) fomentar el uso y el manejo adecuados de los recursos naturales renovables, y 4) lograr la gobernabilidad democrática en el área rural. Para alcanzar dichos objetivos, se requiere desarrollar cuatro áreas prioritarias:

---

[23] Esta será la política que se evaluará aquí. Sin embargo, se reconoce que se encuentra en proceso de ser remplazada por el nuevo gobierno.
[24] El objetivo general es "contribuir al mejoramiento sostenido de la calidad de vida de la población que depende directa e indirectamente de la agricultura (...) en un clima favorable que propicie la acción coordinada de los diferentes entes involucrados" (MAGA, 2004).

a. *Agricultura competitiva*, por medio del impulso de las cadenas agroproductivas comerciales con potencial competitivo y el incremento de la inversión y la innovación tecnológica.
b. *Agricultura campesina*, mediante programas de desarrollo con enfoques de equidad de género y diversidad cultural.
c. *Recursos naturales*, con énfasis en el ordenamiento territorial en función de la vocación del suelo y el desarrollo de programas para su recuperación y para la cooperación.
d. *Fortalecimiento de la institucionalidad pública y privada del sector agrícola*, para generar un clima favorable a los actores del sector.

La política actual se deriva de la visión de un Estado subsidiario y descentralizado, preocupado por temáticas como la seguridad alimentaria de la población y la creación de un ambiente estable para las inversiones agrícolas del país. Su estrategia consiste, por un lado, en ofrecer mejores condiciones para aquellos cultivos con mayor potencial de desarrollo económico y que puedan convertirse en una fuente importante de empleo, impuestos e ingresos económicos para los guatemaltecos; y por otro, en apoyar al campesino, pensando en las actividades económicas de subsistencia. Para lograr resultados incluyentes, es importante visibilizar dicha disyuntiva.

Se considera que la política no incluyó ciertos temas importantes. Una primera debilidad es la falta de "indicadores de logro" claros, medibles, con un cronograma de cumplimiento. Esto dificulta que se pueda medir apropiadamente el grado de éxito (¿cuánto se esperaba hacer?), el grado de eficiencia (¿en qué tiempo se esperaba realizar?) y la eficacia (¿cómo se vincula la política con la calidad de vida de los involucrados?). Bathrick (2008) critica la falta de información sobre los programas concretos orientados a lograr los resultados esperados.

En la política también se encuentran ausentes una serie de temas medulares. Uno de ellos es la producción de biocombustibles, así como también el ordenamiento de las áreas de producción, la competencia por el uso de las tierras y las fuentes de agua. A ello debe sumarse la dicotomía de la seguridad alimentaria frente a los requerimientos energéticos de la sociedad. Tampoco se ofrece información sobre cómo afrontar el DR-CAFTA. Adicionalmente, no se incluyó el uso de organismos genéticamente modificados ni tampoco políticas para afrontar el cambio climático. A nivel práctico, una de las preocupaciones de la política actual fue el abandono de las estructuras de extensionismo, o transferencia y asistencia práctica de tecnologías agrícolas del nivel más básico, lo cual era necesario para el fortalecimiento de la producción nacional.

Finalmente, es importante destacar que si bien el peso del sector agrícola en el gasto público total ha venido cayendo, CIEN (2009b) muestra que el sector es el que más recursos ha recibido (Q 3.482 millones) en términos de políticas sectoriales (verticales) para impulsar las Políticas de Desarrollo Productivo (PDP) durante el período 2000-2007. Existe una gran cantidad de programas dentro y fuera del MAGA.[25] Estos programas han tenido suertes diversas. Según el estudio de CIEN (2009b), las políticas orientadas al acceso financiero de las pequeñas y medianas empresas (PyMe) y la labor de la Escuela Nacional Central de Agricultura (ENCA) resultan ser las más cercanas a abordar los problemas encontrados dentro del diagnóstico de restricciones al crecimiento, a pesar del bajo nivel de cumplimiento de las metas.

Las políticas públicas

De las restricciones presentadas en la tercera sección, aquí se abordan en detalle las políticas vinculadas con el acceso al financiamiento del sector y el mejoramiento de su seguridad jurídica. En el cuadro 5.9 se listan los cuatro programas que se analizarán: tres se vinculan con restricciones al crecimiento económico del sector y uno con el debate público actual en Guatemala, la seguridad alimentaria (véase el recuadro 5.1).

---

[25] Los programas dentro del MAGA son los siguientes: Dacrédito, que aporta recursos para garantías de préstamos; el Fondo Nacional para la Reactivación y Modernización de la Actividad Agropecuaria (Fonagro), que otorga crédito a las empresas agropecuarias; el Programa de Apoyo a la Reconversión Productiva Agroalimentaria (PARPA); y el programa de repartición de fertilizantes. Fuera del MAGA, se encuentran el Instituto de Ciencia y Tecnología Agrícola (ICTA) y la Escuela Nacional Central de Agricultura (ENCA). Entre los programas adicionales se pueden mencionar los apoyos específicos, como los recibidos por la actividad cafetalera, azucarera y forestal, que consisten en recursos económicos o disposiciones para proteger a los productos del mercado internacional mediante aranceles y medidas no arancelarias.

Cuadro 5.9 Programas de la política pública agropecuaria evaluados

Restricción al crecimiento	Política o institución a evaluar	Justificación
Deficiente regulación de créditos prendarios	Ley de Garantías Mobiliarias	Restricción al crecimiento del sector
Ausencia o deficiencia de regulación de sociedades de garantía recíproca	Dacrédito	Restricción al crecimiento del sector
Inseguridad jurídica	Programa de arrendamiento de tierras	Restricción al crecimiento del sector
Pobre difusión o transferencia tecnológica	Programa de fertilizantes	Debate de políticas (seguridad alimentaria)

Fuente: Elaboración propia.

Recuadro 5.1. Hambruna en el año 2009

Al igual que en 2001, en 2009 Guatemala experimentó una sequía con efectos negativos en el sector agrícola y en las familias que dependen de las actividades relacionadas. Según un informe del Ministerio de Salud, 54 niños murieron por falta de alimentos entre enero y julio de 2009, junto con otras 408 personas. Según declaraciones del Presidente de la República de Guatemala, la hambruna actualmente afecta a 54.000 familias y existe el riesgo de que se les sumen otras 400.000. Se considera que esta hambruna es consecuencia de la sequía generada por el fenómeno meteorológico conocido como El Niño.

Fuente: Elaboración propia.

La Ley de Garantías Mobiliarias

Recientemente fue aprobada la Ley de Garantías Mobiliarias (Decreto 51-2007), la cual pretende facilitar la constitución de prendas como garantía del pago de una obligación. Se espera que los principales beneficiarios sean las personas que, por carecer de un bien inmueble, puedan ser sujetos de crédito dando como garantía sus bienes muebles, pero también empresas medianas con acumulación de inventario. El nuevo marco jurídico surge por la demanda del sector privado y los esfuerzos por generar una legislación al respecto se remontan al año 1998.

Los cambios en el marco jurídico introducidos apuntan a: i) ampliar el rango de aquello que puede ser utilizado como garantía mobiliaria;[26] ii) generar un marco de certeza jurídica para el establecimiento de garantías

---

[26] Véase el artículo 4 de la ley.

mobiliarias, lo que repercute en menores tasas de interés y un mayor acceso al crédito, en particular para los pequeños y medianos empresarios, y iii) acelerar la resolución de conflictos sobre la ejecución de prenda. A nuestro juicio, la nueva legislación es un paso positivo pero no suficiente para mejorar el acceso al crédito en el país. Se requiere que las entidades públicas realicen esfuerzos adicionales para lograr avances en acciones complementarias de dicha ley, tales como:

a. Capacitar a los actores que estarán involucrados en el proceso, para que tanto jueces como abogados y usuarios lo cumplan.
b. Reforzar el carácter expedito de resolución de conflictos al momento de ejecutar la garantía. Esto implicaría aprobar reformas a la Ley de Amparos que permitan restringirlos, lo cual impulsaría el uso del arbitraje para la resolución de conflictos.
c. Hacer una revisión adecuada de las ventajas y las desventajas que tendrá el establecimiento de un registro híbrido.[27]

Dacrédito/Guateinvierte
El Fideicomiso para el Desarrollo Rural Guateinvierte/Programa Dacrédito[28] se inició en 2005 con la finalidad de incrementar la oferta crediticia destinada a pequeños y medianos productores, principalmente del sector agropecuario, y a algunos productores no agropecuarios (por ejemplo, del sector del turismo, de las artesanías y de la industria rural), mediante el establecimiento de un fondo de garantías que estimulase la participación de la banca privada, impulsara el seguro agrícola, facilitara el acceso al crédito y brindara asistencia técnica y capacitación.[29]

---

[27] Actualmente existe un proyecto de préstamo del Banco Interamericano de Desarrollo (BID) para "diseñar y hacer totalmente funcional un registro electrónico híbrido orientado a permitir la creación, perfeccionamiento y ejecución de garantías en propiedades móviles y personales" (BID, 2004b). Debe prestarse atención para que el registro híbrido mantenga las ventajas de un registro electrónico: el flujo de información y la internacionalización de la prenda. En todo caso, se espera que esta colaboración sea positiva.
[28] Creado mediante el Acuerdo Gubernativo No. 133-2005.
[29] Existen nueve entidades privadas que otorgan crédito, cuatro aseguradoras que participan en el programa y varias organizaciones que brindan asistencia técnica. Para que un crédito sea garantizado por medio del programa, debe ser destinado a un proyecto viable y rentable, ser ejecutado en el área rural, disponer de un estudio de preinversión y de seguro agrícola, y contar con asistencia técnica.

El programa reconoce la incapacidad del Estado para financiar a gran escala proyectos agropecuarios, para lo cual requiere el acompañamiento del sector privado. Para lograr esto, se hace preciso generar confianza entre el sector financiero privado y los agricultores, lo cual implica:

a. Otorgar certificados de garantía a créditos productivos.[30] Se garantiza hasta un 80% del monto total de los créditos concedidos.
b. Apoyar la elaboración de estudios de preinversión.[31] Se financia hasta un 90% de los costos de estos estudios.
c. Brindar asistencia técnica. Se paga hasta un 90% del costo de estos servicios.
d. Proporcionar apoyo para el pago de primas del seguro agrícola.
e. Fomentar la innovación tecnológica.
f. Desarrollar cadenas productivas en el área rural.

Desde el inicio del programa, el monto promedio de los créditos atendidos ha tendido a descender, aunque es superior al que se indica en Trivelli y Venero (2007) para la cartera de créditos de Banrural[32] (Q 26.000), lo que indicaría que el programa de gobierno atiende en promedio a empresarios de mayor tamaño que desarrollan proyectos de mayor proyección.

Parece ser que en la práctica, Dacrédito se ha encontrado con una serie de problemas para tratar con productores pequeños.[33] El primero,

---

[30] El servicio de garantía se otorga a los créditos conforme a lo siguiente: i) personas individuales: créditos en un rango de entre Q 5.000 y Q 1 millón; ii) personas jurídicas: créditos en un rango de entre Q 2 millones y Q 5 millones, y c) casos especiales que representen un alto impacto para una región determinada del país: crédito superior a Q 2 millones.

[31] Los apoyos directos proporcionados por el programa están contemplados en el Reglamento para la Administración de la Preinversión y Asistencia Técnica y el Reglamento para la Administración del Apoyo Financiero a Primas de Seguro Agropecuario.

[32] Banrural es el banco con mayor presencia fuera de la ciudad capital y en muchos casos es casi la única opción en el área rural. Por ejemplo en los departamentos de Quiché, Huehuetenango, Baja Verapaz y Petén, la participación de Banrural supera el 80% de las operaciones crediticias realizadas por el sector formal (Trivelli y Venero, 2007).

[33] Aunque no son exclusivos de los productores pequeños, los costos de transacción podrían resultar lo suficientemente elevados como para preferir productores medianos o asociaciones de productores.

Cuadro 5.10 Indicadores de Dacrédito, 2005-2008

Indicadores Guateinvierte/ Dacrédito	2005-2006[a]	2007	2008
Volumen de créditos atendidos	Q 105.075.744,46	Q 94.184.606,43	Q 56.515.184,84
Volumen de créditos garantizados	Q 81.240.980,04	Q 67.800.022,54	Q 41.097.047,87
Beneficiarios directos[b]	7.059	9.132	21.023
Número de empleos	10.158	8.110	16.269
IVA generado	Q 37.274.766,69	Q 29.955.619,84	Q 24.229.123,44
Pago de garantías[c]	0	Q 14.462.744,15	Q 9.483.853,74
Número de créditos atendidos	832	767	616
Número de productores con créditos	2.967	868	3.715
Monto promedio por crédito atendido	Q 126.292,96	Q 122.796,09	Q 91.745,43
Monto promedio por productor con crédito	Q 35.414	Q 108.507,61	Q 15.212,70

Fuente: Información proporcionada por Dacrédito.
[a] Los años 2005 y 2006 han sido fusionados. En diciembre de 2005 se inició la emisión de certificados de garantía con un 4,39% del volumen de créditos reportados en el cuadro.
[b] Se consideran beneficiarios directos aquellas personas que hayan recibido créditos y su respectivo núcleo familiar directo.
[c] Los pagos de garantías indicados son los pagos iniciales reportados, de los cuales se han logrado recuperar ciertas alícuotas.

y el más importante, reside en la percepción de que por ser un programa de crédito del gobierno no existe obligación de pagarlo.[34] En ello podrían estar desempeñando un papel destacado ciertos intermediarios políticos que suelen oficiar de mediadores en caso de conflictos de crédito con el gobierno, así como también ciertos proyectos gubernamentales anteriores que pudieron estar orientados a dicho fin. Una segunda dificultad es la falta de cultura empresarial que se ha encontrado entre los agricultores: si bien hay gran capacidad de producción, no cuentan con la suficiente capacidad para vender el producto. Otra dificultad es la poca cultura de uso de seguros agrícolas y un último aspecto es la dificultad existente para presionar a los agricultores que están incumpliendo a pagar el crédito.

---

[34] A criterio del director de Dacrédito, un 80% de los problemas de pago son morales y no de capacidad de pago.

Si bien aún se necesita realizar un mayor análisis y recurrir a otras fuentes de información para poder obtener mejores conclusiones, debe mencionarse que la conceptualización del programa es positiva, en el sentido de que intenta ser una solución a la restricción del crecimiento relacionada con el acceso al crédito a nivel micro, específicamente para los pequeños y medianos empresarios ubicados en el área rural. Tanto la garantía como el seguro agrícola generan condiciones para que, ante una reducción en el riesgo de que los deudores no puedan hacer frente a sus obligaciones, haya una mayor cantidad de entidades financieras dispuestas a ofrecer sus servicios en áreas donde normalmente no habían estado presentes.

Ahora bien, quedan una serie de retos por afrontar. Primero, identificar si la experiencia acumulada por Dacrédito le permite lograr mejores resultados y minimizar la ejecución del fideicomiso. Segundo, si lo anterior resulta en una respuesta positiva, habrá que encontrar fuentes adicionales de recursos que permitan incrementar el monto del fideicomiso, el cual desde su origen no ha superado el 5% de los créditos bancarios al sector agropecuario. Tercero, para reducir la ejecución de garantías que lo afecten, podría aprovecharse el uso del Registro de Garantías Mobiliarias a fin de establecer las garantías prendarias, en lugar de fiduciarias, y así se recortaría con un proceso de ejecución de garantías que mantendría incentivado al agricultor para que cumpla con el pago del crédito.

Programa de arrendamiento de tierras
A partir de la última década, se ha venido suscitando una escalada en las invasiones de fincas rurales tanto de vocación agrícola como pecuaria. Además, existen amplias regiones sin titularidad o cuya propiedad de las tierras por parte de los actuales poseedores no ha sido comprobada, lo cual limita la venta, el traspaso, las herencias y especialmente el acceso al crédito. Todo esto fomenta la inestabilidad social y restringe las posibilidades de un desarrollo rural sostenible.

En respuesta a los movimientos de organizaciones sociales e indígenas, como uno de los Acuerdos de Paz, el Estado de Guatemala y la comunidad internacional iniciaron políticas de acceso a la tierra, reorganización territorial, legalización de tierras, modernización del Registro General de la Propiedad y ordenamiento catastral. La visión integral de la política incluye proveer acceso a la tierra sin violentar el

Estado de Derecho, manteniendo la gobernabilidad y promoviendo la estabilidad del ambiente de inversión en el ámbito rural. Para lograrlo, se constituyeron instituciones operativas y se generaron el Fondo de Tierras (Fontierras) y el reciente Registro de Información Catastral (RIC); asimismo, actualmente se encuentra bajo discusión la potencial instauración de tribunales agrarios.

Fontierras se creó en mayo de 1999, mediante el Decreto 24-1999. Actualmente cuenta con tres programas: i) regularización, que permite tener acceso a certeza jurídica a quienes han recibido tierras por parte del Estado;[35] ii) acceso a la tierra, que permite la compra de fincas de forma grupal o individual,[36] y iii) el Programa de Arrendamiento de Tierras, iniciado en 2004 como resultado de las críticas al programa de acceso a la tierra. El funcionamiento de este programa consiste en los siguientes pasos:

a. Los campesinos interesados en beneficiarse del plan deben entrar en pláticas, de forma privada y sin intervención de Fontierras, con finqueros interesados en darles en alquiler las tierras.[37]
b. Una vez que se realiza el pacto, se llena la solicitud requerida en Fontierras.
c. El Comité Técnico de Fontierras decide quienes serán los beneficiarios del programa.
d. El campesino recibe un crédito, de carácter fiduciario, el cual consta de:
   i. Un aporte para cubrir el costo del arrendamiento de la tierra durante un año.
   ii. Un subsidio orientado a constituirse en su capital de trabajo para empezar a producir.

En el cuadro 5.11 se observa la situación de la cartera crediticia de Fontierras a finales de 2008. Allí se puede apreciar que el tamaño de

---

[35] Este programa surge para afrontar las irregularidades en la entrega de tierras que cometió el Estado desde 1962, pues no entrega títulos de propiedad registrados.
[36] Esta modalidad se implementó en el año 2006. Véase *www.fontierras.gob.gt/?mnu=2*.
[37] De acuerdo con el coordinador del programa, el promedio del arrendamiento de una manzana de tierra por año ronda entre los Q 500 y los Q 1.200, aunque dichos valores ascienden en el sur del país.

Cuadro 5.11 Situación de la cartera crediticia de Fontierras, 2004-2008 (en miles de quetzales)

	Fase I (2004)	Fase II (2005)	Fase III (2006)	Fase IV (2007)
Créditos otorgados	Q 10.814	Q 25.478,70	Q 39.453	Q 41.633
Préstamos no recuperados (a diciembre de 2008)	18%	30%	31%	37%
Total de préstamos	10.814	19.599	26.007	24.497
Razón femenina	32%	45%	49%	53%
Monto de crédito promedio	Q 1.000	Q 1.300	Q 1.517,01	Q 1.699,51

Fuente: Elaboración propia a partir de Fontierras (2009).

la cartera crediticia pasó de Q 10 millones a Q 41 millones entre 2004 y 2008.[38] Por otro lado, la proporción de créditos no recuperados ha pasado del 18% al 37%.[39]

Bajo su conceptualización, Fontierras dejó de operar en diciembre de 2008, lo cual generó un vacío en la operatividad de la política de acceso a la tierra. Se discute que es probable que la iniciativa sea sustituida por un nuevo programa de desarrollo rural. Sin embargo, según las declaraciones vertidas a los medios de comunicación, existe la intención de ampliar la vida de Fontierras por otros 10 años más y se propone realizar cambios en su estructura. En todo caso, no sólo debe resolverse la situación jurídica de la entidad, sino también la situación financiera, pues según ha trascendido cuenta con un fideicomiso por Q 300 millones, pero también presenta deudas por Q 441 millones con el sistema bancario (Prensa Libre, 2009b).

El programa de fertilizantes

Este programa tiene como fin contribuir a la reducción de la inseguridad alimentaria, fomentando la producción agrícola de autoconsumo por

---

[38] En el período mencionado, la cantidad de familias que reciben el crédito se ha incrementado en un 126% y el monto del crédito ha aumentado un 69%.

[39] En cuanto a la reducción de la recuperación de créditos, se trata de una preocupación importante, debido al carácter fiduciario del crédito. Si bien existen codeudores al momento del crédito, no resulta sencillo cobrar la deuda. Este programa también podría estar sufriendo los mismos problemas que Dacrédito.

medio del suministro de insumos agrícolas subsidiados. Asimismo, busca el incremento de la productividad y a la vez generar un excedente de producción que permita a los campesinos mejorar sus ingresos.

En un principio, el programa estaba dirigido a pequeños y medianos agricultores; sin embargo, en 2001 la estrategia cambió y el programa se diseñó únicamente para beneficiar a pequeños agricultores (todos aquellos que practiquen una agricultura de subsistencia y cuenten con un área menor a 10 manzanas). Desde sus inicios hasta 2002, se vendían únicamente fertilizantes a precios subsidiados, pero para 2003 el programa se amplió y entonces comenzaron a entregarse fertilizantes químicos, orgánicos, semillas de frijol y maíz, y herramientas elementales para el trabajo agrícola.[40]

En un estudio realizado por CIEN (2007), para evaluar el funcionamiento del programa, se encontraron las siguientes debilidades:

a. No existe una clara medición del alcance del programa.
b. No se cuenta con una línea de base claramente definida para medir el impacto que el programa pueda tener.
c. Incluso si se asume que el programa funciona según lo planificado, no tiene un verdadero impacto en la productividad agrícola.
d. El programa no ha logrado un incremento significativo en la productividad agrícola de sus beneficiarios.
e. Las compras voluminosas de fertilizantes que el gobierno ha estado efectuando durante los últimos siete años y el mecanismo utilizado para distribuirlas han incentivado la reventa del fertilizante, el nuevo embolsado y el robo de estos productos.

Con la administración de Álvaro Colom, la política rural tomó un nuevo rumbo y, en especial, aquella vinculada con el programa de fertilizantes. De acuerdo con las declaraciones de personas involucradas en el programa, existen algunas modificaciones importantes respecto de su organización y funcionamiento bajo la estructura de Pro-Rural.[41]

---

[40] Debido a limitaciones en el presupuesto, los productos distribuidos en el período 2004–2007 fueron únicamente de tres tipos: 15-15-15, Urea y 20-20-0, más la semilla de maíz HB-83.
[41] ProRural abarca distintos proyectos productivos, entre ellos, turismo, artesanías y energía. En este caso, nos centraremos en el programa de maíz y su desarrollo en 2008.

La primera diferencia es que no se trata sólo de un programa de fertilizantes, sino que otorga insumos al agricultor: fertilizantes, herbicidas, insecticidas, semillas, productos tratantes para las semillas y capacitación. Una segunda diferencia es que el programa atiende de manera distinta a los pequeños agricultores con bajo potencial de rendimiento y a los pequeños agricultores en áreas con alto potencial.[42] Tercero, los insumos se adquieren a precio de mercado. Cuarto, hay planes para facilitar los procesos de comercialización, al menos de maíz. Una última diferencia reside en el proceso de administración del programa.[43]

¿Por qué la agricultura ha perdido importancia en la política nacional y cómo la ha empezado a recuperar?

Como se ha mencionado anteriormente, las actividades agropecuarias han perdido un espacio importante en la economía nacional. Lo mismo ha sucedido en materia política. Esto resulta preocupante porque determina la capacidad de generar acuerdos políticos mínimos alrededor de la dirección de los esfuerzos de provisión de bienes y servicios públicos para este sector de la economía.

En medio de la guerra interna, en los últimos años de la década de 1980, la situación llevó al Presidente Vinicio Cerezo a buscar alianzas para lograr la estabilidad en el gobierno y sus políticas. Esto implicaba realizar acuerdos entre estos actores: el ejército, el sector privado y los sectores sociales. Para lograr una alianza entre los empresarios, debía provocarse una fractura,[44]

---

[42] A los primeros se les provee variedades de semillas de maíz, capacitación para seleccionar semillas, tratadores de semillas y Fertimaiz. A los agricultores de alto rendimiento, se les proveen semillas de híbridos, instrumentos de labranza, herbicidas, insecticidas y capacitación para incrementar la densidad de siembra.

[43] Pro-Rural está utilizando la herramienta de los cupones para la entrega del producto; se encarga directamente de la emisión de los cupones, que son enviados a las asociaciones, las cuales posteriormente los entregan a los agricultores asociados, y se convoca a cotizaciones para identificar dónde se pueden lograr mejores precios. Los cupones no son transferibles, pues se lleva un control mediante la cédula de vecindad; además, los agricultores firman un compromiso por el cual se hacen responsables de retornar el capital en el tiempo estipulado. Se cuenta con el apoyo de una estructura de extensionismo para respaldar a las asociaciones con el proceso.

[44] "Un ataque político muy preciso, dirigido contra su eslabón más débil (del sector privado): los vínculos entre los finqueros reaccionarios de la Unagro (Unión Nacional de Agricultores) y las élites dinámicas representadas en la CIG (Cámara de Industria de Guatemala)" (Dosal, 2005).

la cual se logró entre los industriales (dejando a un lado a los empresarios del sector agropecuario), quienes compartían una visión de estabilidad política orientada a impulsar medidas de libre mercado. El interés de este grupo era claro: estabilizar la economía nacional, sujeta a problemas de inflación y devaluación generados por los déficits fiscales, y lograr la apertura de los mercados, aprovechando las ventajas que implicaban la Iniciativa de la Cuenca del Caribe y otras medidas provenientes de Estados Unidos y de Europa. En tanto y en cuanto esta nueva élite económica empezó a ocupar espacios políticos, se impulsó una serie de medidas económicas favorables a la estabilidad macroeconómica y al comercio exterior.

Los acontecimientos mencionados coincidirían con una mayor liberalización de las economías mundiales, y la divulgación y la promoción de políticas públicas, como las emanadas del Consenso de Washington. Ello generó una percepción negativa en relación con los privilegios de grupos económicos y el gasto público excesivo, y una visión positiva del comercio internacional. De acuerdo con Segovia (2004), lo anterior viene a formar parte de una serie de creencias del sector empresarial, incluida la percepción de que el sector agrícola es el más retrasado y el que se convierte en un lastre para el desarrollo del país. Este tipo de creencias genera el ambiente propicio para eliminar programas importantes para el sector agropecuario, sin un examen técnico adecuado del impacto que ello podría tener y de cómo podría sustituirse gradualmente de forma privada, o de la posibilidad de realizar recortes presupuestarios en programas de menor prioridad. Esto implicó la eliminación de laboratorios para el análisis pecuario, así como también una reducción notable del extensionismo, programas que han resultado relativamente difíciles de sustituir de manera privada en estos pasados 10 años.

En los últimos años, el sector agropecuario ha empezado a ganar un mayor terreno en materia política, debido a los biocombustibles, la seguridad alimentaria, y la capacidad de organización y manifestación de grupos de campesinos e indígenas. Si bien estos temas no son nuevos, cobraron fuerza política recientemente, gracias a los crecientes precios del petróleo, a los Objetivos de Desarrollo del Milenio (ODM) y a su incipiente apoyo a partidos políticos.

Por último, cabe señalar que hay una tendencia dentro del sector agropecuario que ha sido significativa en términos económicos y en términos políticos. La apertura comercial ha permitido el surgimiento y la consolidación de productos agrícolas no tradicionales. Además, ha generado ejemplos positivos de integración de agricultores indígenas, quienes a pesar de la pobreza han logrado integrarse al mundo y mejorar su condición económica. Esto abre toda una nueva forma de ver al sector agropecuario y ha recibido mayor atención por parte de distintos actores políticos. De la mano de asociaciones gremiales como Agexport, se ha logrado impulsar la agenda política y se han logrado posiciones importantes en los últimos gabinetes de gobierno.

Recomendaciones

La secuencia de reformas para el crecimiento
El presente capítulo se orientó a comprender dónde se encuentran los "cuellos de botella", las restricciones, que están deteniendo el crecimiento del sector agropecuario en Guatemala. De esta manera, se sugiere a los encargados de formular políticas una secuencia de reformas para lograr un mayor impacto, a saber:

1. Liberar la restricción del bajo nivel de conocimiento para la administración de negocios.
2. Liberar la restricción financiera.
3. Liberar las demás restricciones relevantes, léase: resolver los problemas de seguridad y justicia, proveer bienes públicos sanitarios e infraestructura.

Políticas para liberar la restricción del capital humano
Algunas medidas que pueden ayudar a liberar esta restricción son las siguientes:

1. *Atraer capital humano.* Esto puede lograrse a través de políticas tales como becas de trabajo para que especialistas extranjeros lleguen a Guatemala a brindar su apoyo en los procesos de desarrollo de productos y nuevos mercados. Esta debe ser una política horizontal capaz de favorecer a cualquier sector de la agricultura, aunque deberían priorizarse los sectores organizados, con alto impacto laboral y elevado potencial de crecimiento. Para lograr lo anterior, se requiere facilitar los procesos de visa a fin de permitir la entrada de personas con alto capital humano. La misma facilidad debe aplicarse para inversionistas.

2. *Educar para el trabajo.* Deben revisarse los *pensa* de educación secundaria y de primaria acelerada para contar con módulos en donde se incluyan las herramientas cognoscitivas necesarias para que los guatemaltecos puedan iniciar y administrar un negocio.
3. *Apostar por la educación básica.* Debe hacerse una apuesta de país por mejorar la cantidad y la calidad de la educación, desde el ciclo de preprimaria hasta la formación secundaria.

Políticas para liberar la restricción financiera
1. *Crear acceso financiero mediante las garantías prendarias.* Para lograrlo, debe trabajarse de cerca con el Registro de Garantías Mobiliarias en tres temas. Primero, garantizar la facilidad de acceso al registro de deudores y la facilidad para la internacionalización de la prenda, a pesar de que se trata de un registro híbrido. Segundo, hay que garantizar una plataforma tecnológica segura y amigable para el usuario. Tercero, debe realizarse un proceso de divulgación de las ventajas del Registro y de cómo usarlo.
2. *Construir confianza en los proyectos productivos agropecuarios.* La orientación de Dacrédito responde a una de las restricciones importantes del sector. Para mejorar su funcionamiento se requieren una serie de cambios. Primero, impulsar el uso del Registro de Garantías Mobiliarias para incrementar los incentivos de los productores a fin de que cumplan con sus responsabilidades crediticias. Segundo, realizar una evaluación de campo para establecer recomendaciones de cómo mejorar su funcionamiento a un nivel más operativo. Tercero, buscar apoyo financiero para hacer crecer el fideicomiso de Dacrédito y lograr una expansión relevante para el sector agropecuario.
3. *Abrir el mercado de seguros agropecuarios.* Debe impulsarse la apertura multilateral en materia de seguros agropecuarios. En este aspecto podría existir poca oposición del sector privado, debido a que este nicho se encuentra escasamente desarrollado; además, mediante instancias del tipo de Dacrédito se podría llegar a impulsar una mayor oferta de servicios, al facilitarse los mecanismos para que un mismo proyecto productivo pueda ser cubierto parcialmente por distintas aseguradoras. Asimismo,

debe trabajarse en la generación de los insumos necesarios para crear índices climáticos que faciliten la entrada de más oferentes de seguros agropecuarios, al reducir sus costos de operación.

Políticas para liberar la restricción de falta de seguridad y justicia
1. *Afrontar al narcotráfico.* Es urgente afrontar el lavado de dinero que se realiza mediante actividades agropecuarias, y la amenaza y el uso de la fuerza para ocupar terrenos. Mientras más tiempo le tome al gobierno reaccionar de forma enérgica frente a este flagelo (con órdenes de cateo, expropiaciones, etc.), más costoso y difícil será resolverlo, sin olvidar los efectos morales que ello puede generar en la sociedad.
2. *Trabajar en la certeza jurídica del país.* Existe una serie de reformas institucionales pendientes que deben impulsarse a nivel jurídico y luego en el plano de la implementación. Esto parte de reformar la titulación supletoria y generar legislación que permita resolver los problemas ya existentes de conflictividad por bienes inmuebles, hasta llegar a acelerar el funcionamiento del Registro de Información Catastral. Lo anterior debe ir unido a una política clara, que abarque la capacidad de la Policía Nacional Civil para ejecutar las órdenes de desalojo giradas por un juez competente.
3. *Desactivar la conflictividad agraria.* Independientemente de la suerte de Fontierras, el programa de arrendamiento de tierras tiene que seguir operando. Esto debe estar sujeto a la realización de una evaluación que permita identificar los resultados alcanzados, las debilidades existentes y las reformas necesarias para mejorar su funcionamiento. Lo anterior implicaría un proceso para priorizar su intervención en lugares de alto potencial conflictivo, más que en los mapas de pobreza u otros instrumentos. Los mecanismos de compra directa deben eliminarse para evitar caer en las acusaciones de corrupción y de empobrecer aún más a los campesinos con los altos intereses que se les cobran.

Políticas para liberar la restricción de fallas de coordinación
1. *Proveer la coordinación necesaria para resolver los problemas fitosanitarios del país.* La incapacidad del sector privado para llenar estos espacios de los cuales se fue retirando el gobierno

en la última década lleva a concluir que la participación del Estado es totalmente necesaria. El problema reside en lograr la coordinación del sector y comprometerse en el cumplimiento de estándares. Entre otros, se debe contar con laboratorios para la inspección de exportaciones que permitan a los exportadores saber si cumplen con los requisitos fitosanitarios antes de llegar a la aduana estadounidense. Otro punto importante es seguir con los programas que generan bienes públicos valiosos, como la erradicación de enfermedades que detienen las posibilidades de exportación (por ejemplo, fiebre aftosa, brucelosis). Por último, es preciso contar con la voluntad política y proveer los recursos humanos y financieros para inspeccionar los rastros municipales o impulsar alianzas público-privadas en este campo.

Reformas institucionales
De forma paralela a las reformas anteriores, se requiere mejorar la calidad de las políticas públicas y para ello se sugieren ciertas modificaciones institucionales:

1. *Implementar políticas horizontales para incrementar la competitividad.* La falta de políticas horizontales efectivas tiene un efecto negativo en el desarrollo de todos los sectores de la economía. El enfoque excesivo en políticas verticales (sectoriales) que no responden a un objetivo global ha redundado en la ineficacia de las mismas para mejorar el desarrollo productivo de los sectores a los cuales han sido destinadas, entre ellos, el sector agropecuario. Las políticas de desarrollo productivo, incluidas las que han sido implementadas para este sector, deben concordar con un plan de competitividad nacional de largo plazo. Si bien Guatemala cuenta con una Agenda Nacional de Competitividad 2005-2015, aún hace falta la institucionalidad necesaria para que las políticas gubernamentales y los esfuerzos público-privados estén orientados a alcanzar las metas establecidas en ella. En este sentido el Programa Nacional de Competitividad (Pronacom) ha servido como un canal coordinador entre el sector público y el privado, y esos esfuerzos deben continuarse y fortalecerse, priorizando su accionar en aspectos horizontales.

2. *Mejorar la administración pública.* Esta es una reforma prioritaria para todas las políticas públicas en Guatemala. Los programas de gobierno deben contar con la planificación necesaria para generar los indicadores de gestión y de resultados que se precisen para poder monitorear y evaluar su desempeño. Lo anterior debe ir acompañado de un proceso de monitoreo y evaluación que genere retroalimentación a los encargados de la toma de decisiones y a la sociedad.

Otras políticas recomendadas
1. *Desarrollar la infraestructura del país.* El sector agropecuario carece de caminos adecuados para expandir sus productos perecederos, de niveles de cobertura eléctrica apropiados para impulsar la agroindustria y de la infraestructura de agua requerida para cumplir con las medidas fitosanitarias. Todo esto debe resolverse mediante la generación de alianzas público-privadas, que deberían gestarse tomando en cuenta criterios de potencial económico y potencial de generación de empleo.
2. *Evaluar el funcionamiento de ProRural.* El otrora programa de fertilizantes ha logrado un avance importante en cuanto a su conceptualización. Sin embargo, dicho progreso no quita que este programa pueda convertirse fácilmente en un instrumento de clientelismo político con resultados deficientes para mejorar las condiciones económicas de las familias de campesinos. Por ello, se recomienda el uso de la metodología conocida con el nombre de Public Expenditure Tracking Survey (PETS) como herramienta para la evaluación de la eficiencia del programa. Esta metodología permitiría generar un sistema de retroalimentación acerca del funcionamiento real del programa, lo cual haría posible la toma de decisiones acerca de su conveniencia y su beneficio.

Conclusiones

A lo largo de este capítulo se analizaron las restricciones al crecimiento del sector agropecuario guatemalteco y el funcionamiento de las políticas públicas vinculadas, partiendo del estudio de Artana, Auguste y Cuevas (2007) sobre las restricciones de la economía del país. Siguiendo la estructura planteada por Hausmann, Rodrik y Velasco (2005), estas restricciones se pueden estructurar en tres temas: altos costos de financiamiento, bajos retornos sociales y baja capacidad de apropiación de los retornos de la inversión.

Respecto de los altos costos de financiamiento, se encontró que el sector agropecuario debe resolver ciertas debilidades existentes para tener acceso a mejores condiciones financieras para crecer. Por un lado, el mercado local de seguros agropecuarios se encuentra poco desarrollado. Hay dos problemas: i) los seguros nacionales no pueden diversificar el riesgo geográfico ante eventos climáticos, debido al tamaño pequeño del país, y ii) se carece de las mediciones meteorológicas necesarias para establecer instrumentos que reduzcan los costos de administrar estos seguros. Por otro lado, las PyMe podrían acceder al crédito empleando garantías prendarias, debido a las desventajas en el uso de garantías reales. En todo caso, se observó que es vital liberar las restricciones financieras y mejorar la capacitación administrativo-financiera de los agricultores, pues también hay un problema en la capacidad de la demanda para manejar los créditos.

En cuanto a los bajos retornos sociales, las restricciones relevantes son las siguientes: bajo capital humano específico, infraestructura deficiente y falta de bienes públicos sanitarios. Los indicadores de educación y salud muestran resultados inferiores a los nacionales, los cuales a su vez son insuficientes a nivel internacional. En cuanto a la infraestructura, se observaron deficiencias en la infraestructura vial para el 44% de los municipios del país vinculados con productos perecederos. También se encontró que el crecimiento de este sector se ve afectado por la ausencia de bienes y servicios para certificar la sanidad de los alimentos, empezando por el acceso a redes de agua potable y el cumplimiento de procesos fitosanitarios, ya que ello limita el acceso a mercados externos. Además, se hallaron bajos niveles de cobertura eléctrica en el área rural, lo cual reduce la posibilidad de ofrecer mayor valor agregado a los productos por la vía de la industrialización.

Las restricciones producto de la baja capacidad de apropiación de los retornos de la inversión son la inseguridad ciudadana y jurídica y la corrupción. Resultaron especialmente preocupantes factores como las invasiones de tierras por parte de los campesinos y las deficiencias para garantizar la certeza jurídica de la propiedad. Además, cada vez con mayor fuerza, el narcotráfico afecta a este sector. También se encontró que la corrupción incide en la capacidad del Estado para proveer bienes y servicios públicos vinculados con las restricciones de bajos retornos sociales.

En cuanto a la secuencia de reformas, el caso Aj Ticonel parece ilustrarla:

1. Liberar la restricción del bajo nivel conocimiento administrativo.
2. Liberar la restricción financiera.
3. Liberar las demás restricciones relevantes, léase: proveer bienes públicos sanitarios, proveer infraestructura, y resolver los problemas de seguridad y justicia.

La política agrícola vigente se deriva de la visión de un Estado subsidiario y descentralizado, preocupado por temas como la seguridad alimentaria y la creación de un ambiente estable para las inversiones agrícolas del país. Entre las estrategias que esta posee cabe mencionar: el mejoramiento de las condiciones de aquellos cultivos con mayor potencial de desarrollo económico y el apoyo al campesino en actividades económicas de subsistencia. Si bien se reconocen estas realidades que deben afrontarse en el país, la política agrícola adolece de debilidades importantes: carece de metas medibles y de un cronograma de cumplimiento, e ignora temas medulares, como el DR-CAFTA y el cambio climático.

Las restricciones encontradas sugieren redirigir y rediseñar las políticas sectoriales, aumentar la calidad de las mismas, y apuntar a optimizar la competitividad del sector. Las políticas particulares analizadas muestran que se debe mejorar en la implementación para que haya un impacto. Los sectores exitosos han logrado superar las barreras principalmente a través del esfuerzo privado. Aspectos tales como la seguridad jurídica, donde el sector privado poco puede hacer, están desatendidos en el país y ello requiere una mejora generalizada.

Las actividades agropecuarias han empezado a recuperar lentamente un espacio importante en la economía nacional, gracias a temas como los biocombustibles, la seguridad alimentaria, y las manifestaciones de campesinos e indígenas. Esto podría llevar a que el sector vea crecer políticas de corto plazo. Al margen de ello, existen tendencias que están atrayendo la atención de los políticos y que implican un crecimiento de largo plazo para el sector, como la apertura comercial, que ha permitido el surgimiento y la consolidación de productos agrícolas no tradicionales, de la mano de asociaciones indígenas integradas a un mundo globalizado.

El sector agrícola guatemalteco tiene oportunidades para explotar; la capacidad local determinará cómo se sobrepasan las actuales restricciones.

Referencias

Allen, Andrea y Michael Richards. 2006. *USAID Access to Market Program (AMP): A Model Program Approach.* Washington, D.C.: USAID.

Anacafé (Asociación Nacional del Café). 2004a. *Porcicultura. Programa de diversificación de ingresos en la empresa cafetalera.* Ciudad de Guatemala: Anacafé.

———. 2004b. *Cultivo de hule. Programa de diversificación de ingresos en la empresa cafetalera.* Ciudad de Guatemala: Anacafé.

———. 2007. *Reaching New Heights. Coffe Atlas 2007/2008.* Ciudad de Guatemala: Anacafé.

———. 2008. *Green Book. Libro verde.* Ciudad de Guatemala: Anacafé.

APHIS (Animal and Plant Health Inspection Service). 2006. *Import Health Requirements of Guatemala for Bovine Embryos from the United States.* Washington, D.C.: APHIS.

———. 2008a. *Questions and Answers: Bovine Tuberculosis Eradication, Herd Indemnity and Trade Issues.* Washington, D.C.: APHIS. Disponible: *www.aphis.usda.gov/publications/animal_health/.*

———. 2008b. "Facts About Brucellosis." Washington, D.C.: APHIS. Disponible: *www.aphis.usda.gov/animal_health/.*

Arce, Carlos, Diego Arias y Francisco Pichón. 2007. *En breve. ¿Es posible ofrecer seguros agropecuarios para pequeños productores centroamericanos en forma sostenible?* Washington, D.C.: Banco Mundial.

Arias, Diego y Katia Covarrubias. 2006. *Seguros agropecuarios en Mesoamérica: una oportunidad para desarrollar el mercado financiero rural.* Washington, D.C.: BID.

Artana, Daniel, Sebastián Auguste y Mario Cuevas. 2007. *Tearing Down the Walls: Growth and Inclusion in Guatemala.* Washington, D.C.: BID.

Artecona, Raquel y Carlos Steneri Berro. 2008. *La exportación de alimentos a Estados Unidos: principales desafíos para América Latina y el Caribe y guía de acceso a la información.* Santiago de Chile: CEPAL-CIDA.

Banco Mundial. 2004. *Coffee Markets. New Paradigms in Global Supply and Demand.* Washington, D.C.: Banco Mundial.

———. 2004b. *Motores de crecimiento rural sostenible y reducción de la pobreza en Centroamérica. Estudio de caso de Guatemala.* Documento de trabajo Nro. 21. San José de Costa Rica: Banco Mundial-RUTA.

———. 2009. *Commodity Price Data (Pink Sheet)*. Washington, D.C.: Banco Mundial. Disponible: *go.worldbank.org/2O4NGVQC00*.

Bathrick, David. 2008. *Optimizando la contribución del CAFTA-DR al crecimiento económico y la reducción de la pobreza*. Washington, D.C.: USAID.

Banguat (Banco de Guatemala). 2009. Consulta de datos. Ciudad de Guatemala: Banguat. Disponible: *www.banguat.gob.gt*.

Cámara de Agricultores de Leche. 2006. *Programa Nacional de Brucelosis y Tuberculosis Bovina*. Ciudad de Guatemala: Cámara de Agricultores de Leche. Disponible: *www.lecheros.org/revista/19/4.pdf*.

Cámara del Agro. 2008. *La certeza jurídica sobre la propiedad de la tierra como pilar para un desarrollo rural integral*. Ciudad de Guatemala: Cámara del Agro.

Cardona, Hugo. 2006. "*Importancia relativa del sector agrícola nacional*". En: *Boletín CIAGROS*. Ciudad de Guatemala: Ciagros.

CEPAL (Comisión Económica para América Latina y el Caribe). 2003. *La competitividad agroalimentaria de los países de América Central y el Caribe en una perspectiva de liberalización comercial*. Santiago de Chile: CEPAL.

———. 2005. "Efectos en Guatemala de las lluvias torrenciales y la tormenta Tropical Stan, octubre de 2005". Documento mimeografiado. Santiago de Chile: CEPAL.

———. 2008. Base de datos CEPASTAT. Santiago de Chile: CEPAL. Disponible: *www.eclac.org/estadisticas*.

CIEN (Centro de Investigaciones Económicas Nacionales). 2003a. *Análisis de los impedimentos a la competitividad en Guatemala: garantías financieras*. Ciudad de Guatemala: Fundesa.

———. 2003b. *Informe sobre obras de infraestructura de los consejos de desarrollo urbano y rural*. Ciudad de Guatemala: CIEN.

———. 2005. *Impactos, oportunidades y desafíos en el mercado laboral del Mercado Común Centroamericano a la luz del DR-CAFTA*. Buenos Aires: RED-INTAL.

———. 2006. *Economía informal, superando las barreras de un estado excluyente*. Ciudad de Guatemala: CIEN. Disponible: www.cien.org.gt.

———. 2007. *DR-CAFTA un año después: su impacto y recomendaciones para Guatemala*. Ciudad de Guatemala: CIEN. Disponible: www.cien.org.gt.

———. 2008. *Programa de fertilizantes del Gobierno de Guatemala*. Ciudad de Guatemala: CIEN.

———. 2009a. *Derechos de propiedad inmueble en Guatemala*. Ciudad de Guatemala: CIEN.

———. 2009b. *Industrial policy in Guatemala. IDB Country Studies Initiative*. Ciudad de Guatemala: CIEN.

Cuevas, Mario y Jorge Lavarreda. 2008. *Expenditure Tracking to Improve Effectiveness of Public Education in Guatemala*. Ciudad de Guatemala: CIEN.

De Soto, Hernando. 2002. *El misterio del capital*. Buenos Aires: Editorial Sudamericana.

Dosal, Paul. 2005. *El ascenso de las élites industriales guatemaltecas*. Ciudad de Guatemala: Piedrasanta.

FAOSTAT (Organización de las Naciones Unidas para la Agricultura y la Alimentación). 2009. *FAOSTAT. Base de datos de la FAO*. Washington, DC. FAO. Disponible: *faostat.fao.org*.

Fernández, Luis. 2006. Los tribunales agrarios. Videoconferencia disponible en *www.newmedia.ufm.edu/ghersitribunalesagrarios*.

FIDA (Fondo Internacional de Desarrollo Agrícola), RUTA (Unidad Regional de Asistencia Técnica) y Servirural (Programa de Apoyo a los Servicios Financieros Rurales. 2006. *Políticas públicas y servicios financieros rurales en Guatemala*. Ciudad de Guatemala: FIDA-RUTA-Servirural.

———. 2007. *Estudios de caso para análisis del financiamiento de las cadenas agrícolas de valor*. Ciudad de Guatemala: FIDA-RUTA-Servirural.

Fontierras (Fondo de Tierras). 2009. *Informe final de resultados. Programa especial de arrendamiento de tierras fase V-2008*. Ciudad de Guatemala: Fontierrras.

Fundación Ágil. 2008. "Grupos certificados por Fundación Ágil". Documento mimegrafiado. Ciudad de Guatemala: Fundación Ágil.

Gobierno de la República de Guatemala. 2008. *Conflictividad agraria en Guatemala 2008*. Ciudad de Guatemala: Gobierno de la República de Guatemala.

González, Carlos. 2006. *Una aproximación a los impactos del DR-CAFTA en la agricultura, industria y servicios en Guatemala*. Vista Hermosa: Universidad Rafael Landívar.

Hafemeister, Jason. 2008. *Identifying Market Priorities, SPS Barriers, and Technical Assistance Need in Central America*. Washington, D.C.: Allen F. Johnson and Associates.

Hausmann, Ricardo y Dani Rodrik. 2003. *Economic Development as Self-discovery*. Cambridge, MA: John F. Kennedy School of Government, Harvard University.

Hausmann, Ricardo, Dani Rodrik y Andrés Velasco. 2005. *Growth Diagnostics*. Cambridge, MA: John F. Kennedy School of Government, Harvard University.

Henson, Spencer y Jose Blandon. 2007. "The Impact of Food Safety Standards on an Export-oriented Supply Chain: Case of the Horticultural Sector in Guatemala".En: *Programa para el fortalecimiento de las capacidades relacionadas con el comercio en el contexto del ALCA*. Santiago de Chile: CEPAL-CIDA.

Hidalgo, Edgar y Clara Aurora García. 2008a. *El sistema de salud en Guatemala 1. ¡Cómo hemos cambiado! Transición demográfica en Guatemala*. Ciudad de Guatemala: PNUD.

———. 2008b. *El sistema de salud en Guatemala 2. Entre el hambre y la obesidad: la salud en un plato*. Ciudad de Guatemala: PNUD.

ICEX (Instituto Español de Comercio Exterior). 2004. *El mercado del cerdo en Guatemala*. Ciudad de Guatemala: Oficina Económica y Comercial de la Embajada de España en Guatemala.

INE (Instituto Nacional de Estadística). 2000. *Encuesta Nacional de Condiciones de Vida —ENCOVI-2000—*. Ciudad de Guatemala: INE.

———. 2007a. *Encuesta Nacional de Condiciones de Vida —ENCOVI-2006—*. Ciudad de Guatemala: INE.

———. 2007b. *Encuesta Nacional Agropecuaria —ENA-2007—*. Ciudad de Guatemala: INE.

Klein, Benjamin. 1996. "Why Hold-ups Occur: The Self-enforcing Range of Contractual Relationships". En: *Economic Inquiry*, Vol. XXXIV, No. 3, julio.

Klein, Benjamin y Keith Leffler. 1981. "The Role of Market Forces in Assuring Contractual Performance". En: *Journal of Political Economy*, Vol. 89, No. 4: 615–41.

Lases, Raúl, et al. 2008. *Fortalecimiento del marco regulatorio para el uso y desarrollo de instrumentos innovadores de seguros agropecuarios en Centro América*. Consultoría para la Federación Interamericana de Empresas de Seguros (FIDES) con la cooperación financiera del Banco Centroamericano de Integración Económica (BCIE), Banco Interamericano de Desarrollo (BID) y Banco Mundial (BM).

Macours, Karen. 2004a. *Acceso a la tierra para los pobres por el mercado de arrendamiento en Guatemala.* Washington, D.C.: SAIS-Johns Hopkins University.

———. 2004b. *Ethnic Divisions, Contract Choice and Search Costs in the Guatemalan Land Rental Market.* Washington, D.C.: SAIS-Johns Hopkins University.

MAGA (Ministerio de Agricultura, Ganadería y Alimentación). 2004. *Política Agraria 2004-2007.* Ciudad de Guatemala: Gobierno de la República de Guatemala.

———. 2005a. *Clasificación de Municipios para el desarrollo de obras viales prioritarias.* Ciudad de Guatemala: Gobierno de la República de Guatemala.

———. 2005b. *Mapa de diversificación productiva y aplicación.* Ciudad de Guatemala: Gobierno de la República de Guatemala.

Maul, Hugo. 2006. *Ley de seguros.* Ciudad de Guatemala: CIEN.

Ministerio de Agricultura y Desarrollo Rural. 2002. *Acuerdo sectorial de competitividad de la cadena productiva del caucho natural y su industria.* Bogotá: Gobierno de la República de Colombia.

———. 2006. *Acuerdo regional de competitividad de la cadena productiva del caucho natural y su industria en los departamentos de Antioquía y Córdoba.* Bogotá: Gobierno de la República de Colombia.

———. 2007. *Dinámica del caucho natural en Colombia y el mundo (2002-2006).* Bogotá: Gobierno de la República de Colombia.

Ministerio de Energía y Minas. 2008a. *Memoria de Labores 2007. Dirección General de Hidrocarburos.* Ciudad de Guatemala: Gobierno de la República de Guatemala. Disponible: www.mem.gob.gt/portal/documents/imglinks/2008-01/inf/hidrocarburos.pdf.

———. 2008. *Precios de combustibles. Diario 2008.* Ciudad de Guatemala: Gobierno de la República de Guatemala.

National Law Center for Inter-American Free Trade. 2006. *NLCIFT 12 Principles of Secured Transactions Law in the Americas.* Tucson: National Law Center for Inter-American Free Trade. Disponible: *www.natlaw.com/bci9.pdf.*

OIE (Organización Mundial de Sanidad Animal). 2008a. *La peste porcina clásica.* París: OIE.

———. 2008b. *Brucelosis*. París: OIE. Disponible: *www.oie.int/esp/ressources/BCLS-ES-dc.pdf*.

———. 2008c. *Tuberculosis bovina*. París: OIE.

PNUD (Programa de las Naciones Unidas para el Desarrollo). 2005. *Informe nacional de Desarrollo Humano 2005*. Ciudad de Guatemala: PNUD.

———. 2008. *Informe nacional de desarrollo humano 2007/2008*. Ciudad de Guatemala: PNUD.

Prensa Libre. 2009a. "Guatemala se declara libre de fiebre porcina". *Prensa Libre*, Guatemala, 9 de octubre de 2009. Disponible: *www.prensalibre.com/pl/2009/octubre/10/347816.html*.

———. 2009b. "Fontierras va en busca de presupuesto y dinamismo". *Prensa Libre*, Guatemala, 2 de enero de 2009. Disponible *www.prensalibre.com/pl/2009/enero/02/286204.html*.

Pronacom (Programa Nacional de Competitividad). 2005. *Agenda nacional de Competitividad 2005-2015*. Ciudad de Guatemala: Gobierno de la República de Guatemala.

Rasch, Christian. 2008. *Truly Green*. Ciudad de Guatemala: Anacafé.

Rodríguez, Mónica y Miguel Torres. 2003. *La competitividad agroalimentaria en los países de América Central y el Caribe en una perspectiva de liberación comercial*. Santiago de Chile: CEPAL.

Rodrik, Dani. 2008. *Second-best Institutions*. Cambridge, MA: John F. Kennedy School of Government, Harvard University.

Sack, Adrian. 2004. "Nace el primer banco musulmán que ni cobra ni paga intereses". *El Mundo*, España, 15 de agosto de 2009.

Samayoa, Otto. 2006a. *Guía básica por producto para aprovechar el DR-CAFTA. Sector agrícola: frutas y vegetales*. Ciudad de Guatemala: Ministerio de Economía.

———. 2006b. *Guía básica por producto para aprovechar el DR-CAFTA. Sector agrícola: productos orgánicos*. Ciudad de Guatemala: Ministerio de Economía.

———. 2006c. *Guía básica por producto para aprovechar el DR-CAFTA. Sector agrícola: plantas ornamentales, follaje y flores*. Ciudad de Guatemala: Ministerio de Economía.

Segovia, Alexander. 2004. *Modernización empresarial en Guatemala: ¿cambio real o nuevo discurso?* Ciudad de Guatemala: Democracia y Desarrollo Consultores/F&G Editores.

Stein, et al. (eds.). 2007. *Más crecimiento, más equidad. Prioridades de desarrollo en Guatemala.* Washington, D.C.: Banco Interamericano de Desarrollo.

Trivelli, Carolina e Hildegardi Venero. 2007. *Banca de desarrollo para el agro: experiencias en curso en América Latina.* Lima: Instituto de Estudios Peruanos.

USAID (Agencia de los Estados Unidos para el Desarrollo Internacional) y EPA (Agencia de Protección Ambiental de Estados Unidos). 1993. *Nontraditional Agricultural Exports Regulatory Guide for Latin America and the Caribbean.* Washington, D.C.: USAID & EPA.

Vodusek et al. 2008. "Guatemala: inserción internacional y participación de los pequeños productores". Int Policy Note 01. Washington, D.C.: Banco Interamericano de Desarrollo.

Yamada, Gustavo y Juan Castro. 2008. *Gasto público y desarrollo social en Guatemala. Diagnóstico y propuesta de medición.* Lima: Centro de Investigación de la Universidad del Pacífico.

CAPÍTULO 6

Honduras

Eduardo Zegarra y Sebastián Auguste

El sector rural tiene una importancia estratégica para Honduras, tanto por su potencial como por su estructura demográfica. Actualmente el 60% de la población hondureña vive en zonas rurales, el porcentaje más elevado de América Latina y el Caribe, y una buena parte de sus ingresos están relacionados al desempeño productivo del sector, en forma directa o a través de encadenamientos intersectoriales en los territorios rurales. En las últimas décadas, el estancamiento de la productividad del trabajo agropecuario ha implicado que el crecimiento del sector tenga un efecto moderado en la reducción de la pobreza rural. Este estancamiento está relacionado, a su vez, con limitaciones para generar un cambio tecnológico. Las intervenciones públicas sectoriales no parecen haber sido muy exitosas para revertir la situación.

El bajo crecimiento de la productividad no es algo específico del agro, sino que también se observa para la economía en su conjunto. La evidencia de los estudios de diagnóstico de crecimiento para la economía de Honduras (Banco Mundial, 2004; Auguste, 2009) apuntan a una multiplicidad de factores que operan deprimiendo los retornos privados de la inversión y de la innovación. El ritmo de cambio estructural no sólo ha sido lento, sino que al parecer las condiciones institucionales y las políticas públicas no han favorecido un crecimiento de "buena calidad". El país se ha caracterizado en las últimas décadas por una baja estabilidad política y cambios erráticos en la económica. La falta de credibilidad y reputación de las políticas terminan por desalentar el espíritu empresarial y enrarecen el clima de negocios, distorsionando las señales y los precios relativos.

Es evidente que estos factores, que afectan el desarrollo económico del país en general, también juegan un papel limitante en la agricultura, sector que tiene un peso importante dado que representa el 12% del PIB. En este capítulo se estudia en más detalle cuáles han sido los factores que más han restringido y restringen el crecimiento del sector agropecuario hondureño. También se hace un análisis de las políticas públicas que lo afectan, evaluando si están bien orientadas para enfrentar las restricciones del crecimiento sectorial.

El capítulo se divide en cuatro secciones además de esta breve introducción. En la segunda sección se describe y se caracteriza el crecimiento agropecuario hondureño con una mirada de largo plazo, utilizando datos de series de tiempo de las últimas décadas. Se analizan con cierto detalle las fuentes de ese crecimiento y se compara el desempeño de Honduras con el de otros países de Centroamérica. Igualmente, se evalúan las tendencias de exportación y del mercado doméstico en cuanto a crecimiento sectorial. La tercera sección presenta propiamente el análisis de las restricciones que afectan el crecimiento sectorial tratando de identificar las de mayor relevancia relativa. En este caso se han podido también utilizar microdatos de hogares rurales para evaluar el impacto de algunas restricciones en los ingresos de los productores. La cuarta sección analiza la política agropecuaria y su relación con las restricciones identificadas previamente. La quinta y última desarrolla algunas conclusiones y recomendaciones para las políticas públicas del país.

El sector agropecuario: crecimiento y estructura productiva

El sector agropecuario hondureño ha crecido en los últimos 45 años a una tasa razonable para los parámetros de América Latina y el Caribe (3,2% anual), sólo inferior a Costa Rica (3,9%) y Guatemala (3,5%). Sin embargo, debido al elevado aumento poblacional, su producto agropecuario per cápita se ha incrementado tan sólo al 0,4% anual, similar al crecimiento de toda la economía.

En términos de productividad, no le ha ido tan mal al agro: desde 1960 el producto por trabajador muestra la segunda tasa más alta de crecimiento en la región después de Costa Rica y el producto por hectárea destinada a la actividad presenta la mayor tasa, mientras el crecimiento de la productividad total de los factores es la tercera después de Costa Rica y Guatemala. Sin embargo, el país parte en los sesenta de niveles muy bajos en términos relativos. El producto por trabajador rural, por ejemplo, que era el segundo más bajo de la región en 1961, ha crecido al 2,4% anual hasta 2006, las segunda tasa más alta, pero sólo mejoró un lugar en su posición relativa y únicamente supera a El Salvador y Guatemala. Comparado con Costa Rica, el país de mayor producto por trabajador rural y líder en la región en términos de crecimiento, Honduras no logra converger. En 1961 Costa Rica tenía un producto por trabajador 2 veces mayor; en 2006 esta diferencia se incrementó a 2,7 veces. Esto muestra que a pesar de un relativamente buen desempeño sectorial, Honduras tiene posibilidades y oportunidades para mejorar aún más.

La descomposición del crecimiento sectorial indica que el cambio tecnológico explica sólo el 30%, mientras que el 70% se debe a un mayor uso de factores productivos.[1] El incremento promedio en la productividad total de los factores de la agricultura de Honduras ha sido del 1%, bastante por debajo del 5,9% para Costa Rica y del 2,1% para El Salvador, aunque superior a Guatemala y Panamá, y sobre todo a Nicaragua, que muestra una tasa negativa de cambio técnico (ha tenido que basar todo su crecimiento en un mayor uso de factores) (véase el cuadro 6.1).

En el gráfico 6.2 se compara la evolución de la productividad del trabajo y de la tierra en el país, y se ve una creciente brecha a favor de la segunda, especialmente en las últimas dos décadas, que es cuando la agricultura hondureña creció con mayor dinamismo. El panel de abajo muestra a Honduras en comparación al promedio del resto de los países de Centroamérica, donde un indicador menor a 1 implica que el factor tiene un uso inferior al del promedio y si es mayor a 1, ha tenido un uso superior. Allí puede observarse que la mayor productividad de la tierra se debe a un mayor uso de fertilizantes y tractores, y un relativo declive del uso de la tierra (se dejó de producir en tierras marginalmente menos

---

[1] Para esta evaluación se estimó un modelo de función de producción: $y_{it} = f(x_{it}, b) + e_{it}$, donde y_{it} es el log de la producción agropecuaria, x_{it} el log de factores de producción, b el vector de parámetros de la función de producción y e_{it} es un residuo distribuido normalmente y con varianza σ^2. El cambio técnico se define como: $df(.)/dt$, es decir, los cambios en la función de producción en el tiempo. Se estima $y_{it} = a + b^*x_{it} + c^*time + d^*(time)^*x_{it} + e_{it}$, donde entonces la tasa de CT = $df/dt = c + d^*x_{it}$. Los datos utilizados fueron tomados de FAOSTAT y el período es 1960–2007. La estimación del modelo permite calcular separadamente los dos factores de crecimiento sectorial: uso de factores y productividad total de los factores.

Cuadro 6.1 Desempeño histórico del sector agropecuario, países de Centroamérica y regiones de América, 1961-2006

	Producto agropecuario por trabajador (en L) 1961	2006	Tasas anualizadas de crecimiento del PIB agrícola (1961-2006) En L	Per cápita (en L)	Por trabajador agropecuario (en L)	Por hectárea destinada a la actividad agropecuaria (en L)	Descomposición del crecimiento PTF	Factores	Total
Costa Rica	1.393	5.350	3,9%	1,3%	3,0%	2,4%	5,9%	-1,9%	4,0%
El Salvador	766	1.052	1,7%	-0,4%	0,7%	1,2%	2,1%	-0,5%	1,6%
Guatemala	549	1.186	3,5%	0,9%	1,7%	2,3%	0,6%	2,9%	3,5%
Honduras	674	1.953	3,2%	0,4%	2,4%	3,1%	1,0%	2,3%	3,3%
Nicaragua	911	2.532	2,4%	-0,1%	2,3%	1,5%	-2,1%	5,0%	2,9%
Rep. Dominicana	1.219	3.389	1,8%	-0,5%	2,3%	1,5%	0,3%	1,0%	1,3%
Mundo	715	1.207	2,3%	0,5%	1,2%	2,0%			
América del Norte	16.853	64.839	1,6%	0,6%	3,0%	1,8%			
Centroamérica	979	2.754	3,1%	0,8%	2,3%	2,8%			
Centroamérica (excl. México)	782	1.807	3,0%		1,9%	2,2%			
América del Sur	1.660	6.074	3,1%	1,1%	2,9%	2,5%			

Fuente: FAOSTAT y estimaciones propias.

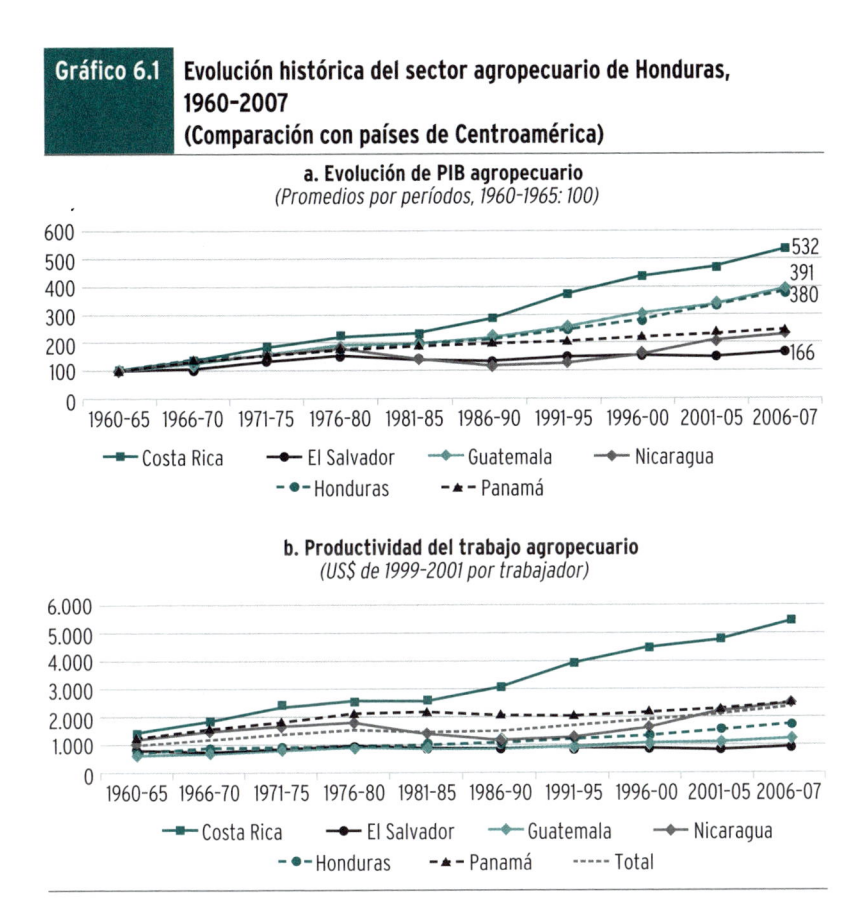

Gráfico 6.1 — Evolución histórica del sector agropecuario de Honduras, 1960-2007
(Comparación con países de Centroamérica)

a. Evolución de PIB agropecuario
(Promedios por períodos, 1960-1965: 100)

Costa Rica: 532
Honduras: 391
Guatemala: 380
Nicaragua: 166

Series: Costa Rica, El Salvador, Guatemala, Nicaragua, Honduras, Panamá

b. Productividad del trabajo agropecuario
(US$ de 1999-2001 por trabajador)

Series: Costa Rica, El Salvador, Guatemala, Nicaragua, Honduras, Panamá, Total

Fuente: FAOSTAT.

productivas, lo que incrementa el promedio nacional). El gráfico sugiere también que Honduras tuvo un gran atraso relativo en el uso de insumos modernos (fertilizantes y tractores) con respecto a países similares en las décadas de 1960 y 1970, pero que en la última década ha conseguido equipararse por lo menos al promedio regional.

En el último decenio el sector agropecuario ha estado creciendo al 5% anual (a precios constantes), una tasa elevada para América Latina y el Caribe y el mundo (la mayor de la región y más del doble que el promedio mundial). Este crecimiento está asociado a ciertos cambios estructurales en la agricultura de Honduras, tanto en sus dimensiones como en su composición. El área dedicada a cultivos muestra una disminución notoria, dado que pasó de representar el 16,3% del territorio en 1990 al 12,8% en

Gráfico 6.2 Uso de insumos productivos en Honduras, 1960-2007

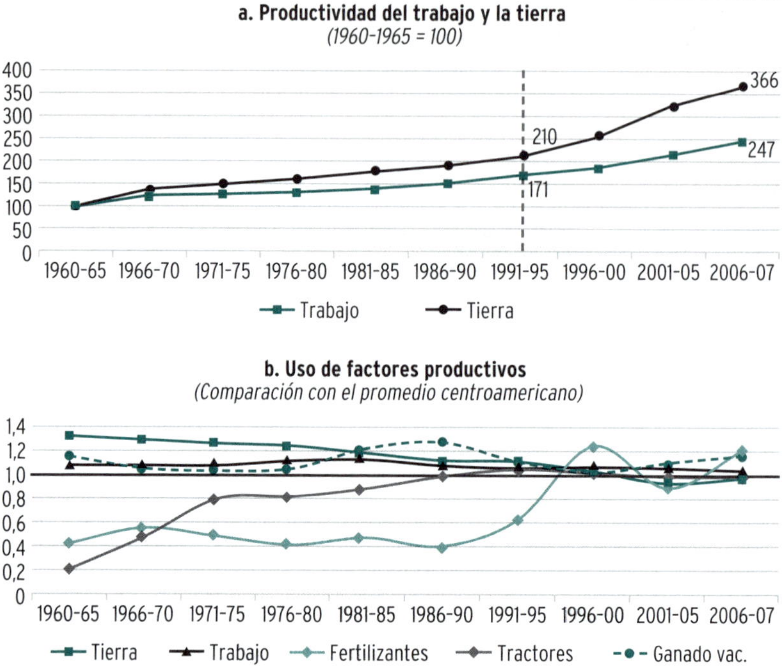

a. Productividad del trabajo y la tierra
(1960-1965 = 100)

b. Uso de factores productivos
(Comparación con el promedio centroamericano)

Fuente: FAOSTAT.

2005, cayendo en casi 400 mil hectáreas. Esto se explica especialmente por la disminución de los cultivos de labranza (se redujeron casi 600 mil hectáreas), aunque se ha compensado relativamente con el aumento de los cultivos permanentes que se acrecentaron en 150 mil hectáreas. Esto significa una recomposición importante de la agricultura. Las tierras en pastos prácticamente no se modificaron (participan con el 35,5% del total del territorio), mientras que las áreas forestales disminuyeron: pasaron de representar el 66% en 1990 al 41,5% en 2005.

La producción y el área cultivada se concentran en unos pocos productos. El grueso de la producción agrícola se reúne en café, banano, maíz y caña de azúcar, que representan el 62% del valor del sector agrícola y el 42% del sector agropecuario en su conjunto, mientras que en la producción pecuaria el principal producto es la leche, seguido de la carne vacuna y los pollos. Si bien esta situación no ha cambiado en términos generales, se obervan algunos incrementos importantes en

Cuadro 6.2 Valor agregado bruto de la producción agropecuaria, 2000-2008 (en millones de lempiras)

Actividad económica	2000	2001	2002	2003	2004	2005	2006	2007p	2008e	Crec. anual 2000-2008
Precios corrientes	15.329	15.591	15.737	16.587	19.657	22.915	24.459	27.671	32.823	10,0%
Maíz	961	985	956	996	1.105	1.211	1.016	1.294	1.537	6,0%
Frijol	544	594	599	534	644	737	682	799	899	6,5%
Sorgo	90	112	97	97	108	143	152	172	194	10,1%
Arroz en granza	19	20	25	27	30	28	35	41	46	11,8%
Palma africana	801	761	833	1.235	1.300	1.224	1.453	1.729	2.087	12,7%
Banano	1.014	1.951	1.598	1.015	2.180	3.128	3.080	3.471	4.768	21,3%
Café	3.484	2.054	2.223	2.529	3.473	4.576	5.433	6.295	7.451	10,0%
Tubérculos, hortalizas, legumbres y frutas	2.163	2.347	2.611	2.825	2.998	3.341	3.568	3.993	4.723	10,3%
Cría de ganado vacuno	2.359	2.549	2.671	2.805	3.005	3.327	3.423	3.669	4.218	7,5%
Actividades de pesca[2]	817	856	708	789	768	660	638	646	512	-5,7%
Cría de otros animales[3]	216	223	190	193	198	224	239	269	310	4,6%
Cría de aves de corral	550	650	726	750	736	963	862	1.013	1.217	10,4%
Silvicultura	766	854	863	950	1.024	1.172	1.330	1.455	1.637	10,0%
Otros cultivos y actividades agrícolas[4]	1.544	1.635	1.639	1.843	2.086	2.181	2.548	2.826	3.225	9,6%

(continúa en la página siguiente)

Cuadro 6.2 Valor agregado bruto de la producción agropecuaria, 2000-2008 (continuación) (en millones de lempiras)

Actividad económica	2000	2001	2002	2003	2004	2005	2006	2007[p]	2008[e]	Crec. anual 2000-2008
Precios constantes de 2000[1]	15.329	15.654	16.359	16.743	17.952	17.540	18.870	19.950	20.625	3,8%
Maíz	961	937	992	1.073	1.081	1.084	1.122	1.298	1.373	4,6%
Frijol	544	565	582	640	637	647	674	731	747	4,0%
Sorgo	90	107	100	109	113	133	135	144	147	6,4%
Arroz en granza	19	19	22	35	38	33	40	43	43	10,8%
Palma africana	801	808	818	889	860	804	864	951	1.030	3,2%
Banano	1.014	1.139	1.170	1.321	1.679	1.622	1.706	1.860	1.910	8,2%
Café	3.484	3.457	3.589	3.373	3.682	3.068	3.660	4.014	4.175	2,3%
Tubérculos, hortalizas, legumbres y frutas	2.163	2.182	2.306	2.386	2.508	2.595	2.718	2.887	3.088	4,6%
Cría de ganado vacuno	2.359	2.373	2.455	2.494	2.613	2.646	2.593	2.653	2.718	1,8%
Actividades de pesca[2]	817	913	1.146	1.236	1.385	1.483	1.815	1.642	1.544	8,3%
Cría de otros animales[3]	216	202	166	171	183	191	185	194	199	-1,1%
Cría de aves de corral	550	605	681	700	742	791	828	893	955	7,1%
Silvicultura	766	782	798	806	794	810	793	811	835	1,1%
Otros cultivos y actividades agrícolas[4]	1.544	1.564	1.533	1.509	1.636	1.634	1.737	1.828	1.861	2,4%

Fuente: Banco Central de Honduras.
[p] preliminar
[e] estimado
[1] Índices encadenados de volumen y precio con base de referencia 2000.
[2] Actividades de cría de peces y camarones, así como la captura de peces, camarones, langostas y otros productos acuáticos en alta mar.
[3] Actividades de cría de cerdos y otros animales.
[4] Cultivos de tabaco, caña de azúcar, servicios agropecuarios, obtención de productos de animales vivos y otros n.c.p.

Cuadro 6.3 Valor de la producción e indicadores de algunos cultivos agrícolas de Honduras, 1980-2007

Cultivo	VALOR BRUTO DE PRODUCCIÓN a millones de lempiras constantes 1980-1989	1990-1999	2000-2007	ÁREA CULTIVADA Miles de hectáreas 1980-1989	1990-1999	1900-1907	RENDIMIENTO Tonelada por hectárea 1980-1989	1990-1999	2000-2007	PRECIO PAGADO AL PRODUCTOR US$/TON 1980-1989	1990-1999	2000-2007
Arroz	2,7%	-12,0%	13,0%	-2,6%	-8,0%	7,3%	4,3%	2,1%	7,0%	2,0%	-1,7%	-1,5%
Frijol	-2,4%	0,0%	3,4%	2,7%	-0,3%	-1,3%	1,4%	-1,8%	0,7%	4,5%	7,2%	-1,2%
Maíz	2,3%	-2,0%	3,8%	0,9%	0,1%	-1,7%	-1,6%	-1,0%	0,9%	4,8%	4,1%	2,7%
Sorgo	-0,3%	-2,0%	6,0%	-2,5%	0,9%	-10,2%	-3,4%	-4,5%	0,1%	1,2%	5,6%	-0,8%
Banano	0,9%	-11,7%	11,2%	0,3%	2,1%	-0,2%	0,6%	-11,7%	10,1%	8,1%	-3,2%	2,8%
Café	3,2%	5,1%	1,1%	1,0%	3,5%	2,6%	1,4%	1,6%	-2,3%	0,5%	8,3%	8,9%
Caña de azúcar	-1,4%	3,7%	1,0%	-0,8%	1,1%	6,7%	-0,6%	0,9%	-2,1%	-0,2%	6,6%	0,9%
Palma	15,6%	6,8%	25,2%	2,4%	3,4%	22,3%	12,7%	4,0%	4,4%	1,5%	7,8%	3,3%
Tabaco	-6,0%	-3,2%	4,1%	-3,1%	4,9%	-14,1%	-4,8%	-8,0%	17,2%	3,4%	5,6%	0,2%

Fuente: Cálculos propios sobre cifras CEPAL, FAO.
Nota: De 1950 a 1999 en millones de lempiras a precios constantes de 1978. De 2000 en adelante en millones de lempiras a precios constantes de 2000.

Cuadro 6.4 Área cosechada y producción por cultivo, 1997-2007 (Participación y crecimiento)

Producto	Área en 2007 (hectáreas)	Part.% 2007	Crecim. área década	Crecim. producción década
Maíz	361.804	35,8%	-1%	-1%
Café verde	250.000	24,8%	3%	2%
Frijol seco	106.000	10,5%	2%	0%
Caña de azúcar	72.000	7,1%	5%	3%
Nuez de palma	46.000	4,6%	4%	8%
Sorgo	38.000	3,8%	-7%	-9%
Naranja	21.500	2,1%	10%	12%
Plátano	21.500	2,1%	4%	2%
Banano	21.000	2,1%	-1%	0%
Otros melones (incl. cantal.)	11.000	1,1%	5%	6%
Total área agrícola	1.009.336		1%	

Fuente: FAOSTAT.
Nota: Datos organizados según área cosechada en 2007.

nuevos productos, como naranja, melones, piña, tomates y aceite de palma, en desmedro de la producción de bananas, la producción porcina y la de vegetales frescos que se contraen. Se observa que el país ha incrementado su diversificación: en 1961 los principales cinco productos agropecuarios (bananas, carne vacuna, leche, maíz y café) representaban el 65% de la producción agropecuaria; en 1990 estos productos, que seguían siendo los cinco principales, representaban el 58%; y en 2007, todavía los principales, el 52%.

La producción de piña, por ejemplo, creció a una tasa de más del 11% anual entre 2000 y 2007, sustentada en progresivos aumentos de la productividad (15% anual); de hecho, es el país que registra los más altos rendimientos por hectárea del mundo: casi tres veces el promedio mundial. Una parte significativa de la producción se dirige al mercado internacional. La producción de melones creció más de dos veces al pasar de 5 a 10,7 mil hectáreas entre los años 1999 y 2006 con incrementos muy notables en los rendimientos (aumentó a una tasa del 1,9% anual) que le permitió una expansión de la producción acelerada del 11,3% anual, la cual mayormente se exporta. Las actividades pecuarias y la sivicultura, por otro lado, muestran estancamiento.[2]

Los productos de alto crecimiento entre 2000 y 2007 son la palma africana, el arroz y el banano; de crecimiento medio, el maíz, el sorgo, el tabaco y el frijol; y de crecimiento bajo, el café y la caña de azúcar. En cuanto a rendimiento, 7 de los 9 productos muestran mejoras, que son mayores en tabaco, banano y arroz. Los que han expandido el área cultivada son: la palma africana, la caña de azúcar y el arroz y, en menor medida, el café. Finalmente, 6 de los 9 productos estudiados, especialmente el café y en menor medida la palma, el banano y el maíz, registran aumentos en los precios pagados al productor.

Estos datos muestran que hubo un desplazamiento de cultivos transitorios pero con aumentos significativos en la siembra de cultivos permanentes con mayores precios, tales como el café, la palma africana, la caña de azúcar, la naranja, entre otros. Sin embargo, el maíz y el café, dos cultivos tradicionales, continúan representando más del 60% del área cultivada, a pesar de que muestran un bajo incremento de productividad.

El cambio en el perfil productivo parece ajustarse a las señales de precio en una economía abierta como la de Honduras. La pregunta es si este desarrollo ha sido suficiente para incrementar sustancialmente los rendimientos y la productividad agropecuaria. En el cuadro 6.5 se presentan los rendimientos promedio de algunos cultivos en el país y en otros países de Centroamérica. Los resultados indican que a pesar de las mejoras, continúa mostrando cierto rezago y sólo tiene un claro mayor rendimiento que el promedio en cultivos tradicionales como el algodón

---

[2] La actividad pecuaria muestra un crecimiento lento, explicado especialmente por el comportamiento de la ganadería vacuna, aunque se advierte una notoria ampliación de la avicultura. De igual manera se nota el crecimiento del valor de la producción de camarones, la pesca y la piscicultura. La avicultura creció a tasas del 26,5% anual y amplió su participación en más de cuatro puntos porcentuales en el valor de la producción agropecuaria. Por otro lado se observa una escasa expansión del valor agregado de la silvicultura, donde el área dedicada al sector forestal cayó notablemente. Honduras es el principal productor de madera acerrada (400 mil m3 en 2006), de madera de rollo (5,8 millones de m3) y de leña (5,8 millones de m3) del istmo centroamericano y de las Antillas, solamente superado por Costa Rica en el primero y por Guatemala en el segundo y el tercero. Pero esta producción está generando deforestación: el CIEF reporta para 2002 una área deforestada de 1,65 millones de hectáreas (CEPAL, 2008).

Cuadro 6.5 Rendimientos comparativos de algunos cultivos, 2000-2007 (Promedio del período, kg/ha)

	Costa Rica	Rep. Dominicana	El Salvador	Guatemala	Nicaragua	Panamá	Honduras	Prom. otros	Hond./Otros
Algodón	10.000	19.081	21.416	16.966			19.059	16.866	113,0
Arroz	34.713	48.264	66.446	26.503	33.335	21.947	34.162	38.535	88,7
Banano	487.228	265.875	108.333	506.578	473.816	412.437	372.192	375.711	99,1
Café	12.186	2.850	5.818	9.571	6.247	6.374	8.326	7.174	116,0
Caña	820.494	500.851	804.844	883.919	836.935	502.002	732.755	724.841	101,1
Frijol	6.538	7.106	9.433	6.891	7.840	3.587	7.230	6.899	104,8
Maíz	20.509	13.527	26.934	16.379	14.013	13.405	14.821	17.461	84,9
Naranja	150.982	165.555	105.493	278.536	43.275	88.988	126.597	138.805	91,2
Plátano	67.229	89.687	317.082	319.854	98.211	103.510	143.860	165.929	86,7
Tomate	387.543	380.404	275.056	280.970	145.969	325.649	270.892	299.265	90,5

Fuente: FAOSTAT.

y el café. Por otro lado, muestra rendimientos visiblemente inferiores al promedio en arroz, maíz, plátanos, naranjas y tomates. En conjunto, la agricultura de Honduras no parece haber generado mayores rendimientos que el promedio de países similares, pese a un mayor uso de fertilizantes y tractores durante las últimas dos décadas.

Inserción en el mercado mundial

El sector agrícola de Honduras es bastante abierto al intercambio internacional pero se caracteriza históricamente por una elevada concentración de sus exportaciones en unos pocos productos tradicionales como el café, los bananos y la piña, y en la última década la palma aceitera. Como ya se mencionó, ha habido algunas mejoras en la diversificación de la oferta exportable en esos mismos años, aunque aún en un contexto de elevada concentración en pocos productos.

El país es exportador neto de alimentos, pero el superávit ha venido cayendo aceleradamente ya que las importaciones de alimentos han estado creciendo más rápido que las exportaciones. Particularmente es exportador neto de productos no procesados e importador neto de productos procesados, a pesar de que el peso de las exportaciones agroindustriales en el total ha venido creciendo a tasas elevadas, pasando del 12,7% del total en 1997 al 25,2% en 2007, representadas en gran parte por productos como el aceite de palma y las preparaciones alimenticias.

En la última década se ha observado un incremento en las importaciones de algunos productos agropecuarios no procesados como cereales (arroz, maíz amarillo), semillas oleaginosas, frutas y hortalizas, lo que

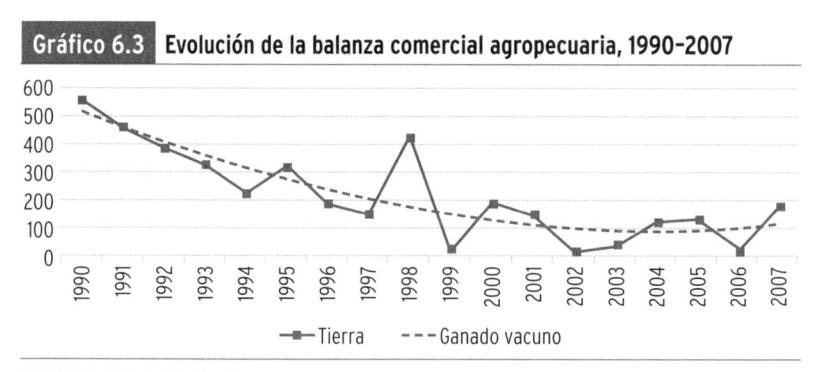

Gráfico 6.3 Evolución de la balanza comercial agropecuaria, 1990-2007

─■─ Tierra   --- Ganado vacuno

Fuente: Banco Central de Honduras.

parece reforzar un patrón de especialización del país. Igualmente, si bien han mejorado los rendimientos en cereales, están muy por debajo de los países líderes en producción.

Analizando los productos, se encuentra que el aceite de palma, el azúcar, el melón, la piña y la naranja tienen un buen grado de competitividad, y a su vez evidencian los mayores incrementos en productividad y área cultivada. Esto indica que el sector agropecuario del país tiene dinamismo, lo que en parte explica el reciente *boom* de crecimiento. Sin embargo, estos productos dinámicos tienen todavía un peso relativamente pequeño en la producción del sector y conviven con los tradicionales, cuyas ganancias de productividad han sido más moderadas.

En conclusión, la evidencia del desempeño de largo plazo de la agricultura hondureña señala los siguientes rasgos básicos:

- El sector agricultor ha tenido un crecimiento dentro del promedio centroamericano en las últimas décadas, aunque se ha basado principalmente en un mayor uso de factores (70%) y en menor medida en procesos de cambio técnico (30%).
- La productividad del trabajo es una de las más bajas de Centroamérica, con un crecimiento moderado que no ha sido suficiente para reducir la pobreza rural en el largo plazo.
- Honduras partió de un uso bastante bajo de insumos modernos como tractores y fertilizantes en el decenio de 1960, en comparación al promedio centroamericano. En los ochenta alcanzó un uso promedio de tractores y de fertilizantes, en los noventa. Pese a esta recuperación, no ha conseguido generar rendimientos de los principales cultivos de su agricultura superiores a los otros países y el crecimiento más intensivo en insumos de las últimas dos décadas ha estado más orientado al aumento de la productividad de la tierra pero con poca capacidad para incrementar la productividad del trabajo.
- El sector primario agro-exportador ha jugado, y sigue jugando, un rol central en el crecimiento agropecuario de Honduras, pero se ha concentrado históricamente en pocos productos tradicionales como el café, el banano y el aceite de palma, y viene mostrando algunos avances en diversificación aún incipientes.
- Si se mantienen las tendencias de fuerte crecimiento en las importaciones de alimentos en un contexto de limitada expansión

de la oferta exportadora, es probable que el país empiece a tener una balanza comercial agro-alimentaria deficitaria en los próximos años.

En conjunto, estos rasgos indican que el problema central de la agricultura de Honduras es su limitación para incrementar la productividad del trabajo y por ende para reducir sustancialmente la pobreza rural en el largo plazo. Contribuyen a esta restricción general el bajo nivel de cambio técnico de la actividad agropecuaria en un contexto de sobrepoblación rural. En la siguiente sección se analizan factores más específicos que puedan dar cuenta de esta limitación general.

Restricciones al crecimiento de la agricultura hondureña

El sector agropecuario no es ajeno a lo que sucede en la economía en su conjunto, por lo que antes de comenzar con el análisis sectorial se resumen algunos resultados de diagnóstico agregado. La evidencia muestra que una limitante del crecimiento en Honduras es la baja productividad total de los factores (Banco Mundial, 2004; Auguste, 2009), lo que se relaciona con importantes fallas en la asignación eficiente de recursos y con una débil asimilación del cambio técnico en los procesos productivos. El estudio del Banco Mundial, apoyándose en el análisis de Loayza, Fajnzylber y Calderón (2002), encontró que existen cuatro restricciones principales: i) el nivel de capital humano; ii) la infraestructura pública; iii) el desarrollo del mercado financiero; y iv) la mejor gobernabilidad.

El Índice de Competitividad Global (ICG 2009/2010) ubica a Honduras en el puesto 89 de 133 países, catalogado en el grupo que se encuentra en la etapa inicial de acumulación de factores y requisitos básicos. De acuerdo a los pilares que constituyen el índice, Honduras muestra mayores obstáculos en aspectos centrados en la eficiencia y la innovación. Esto es, desde la perspectiva de una mayor eficiencia productiva, debe: mejorar los niveles de educación y capacitación para el trabajo, aumentar la eficiencia de los mercados de bienes y trabajo, profundizar la sofisticación financiera, promover la transferencia de tecnología, y ampliar los tamaños de los mercados. Y desde la perspectiva de la innovación, debe promover el emprendimiento y la sofisticación de los negocios, así como todas las capacidades de investigación, desarrollo e innovación (I+D+i).

Estas cuestiones se presentan como las hipótesis básicas en este trabajo para el sector agropecuario. Resta analizar en qué medida el sector se ve más o menos influenciado, y qué aspectos particulares son restrictivos a nivel sectorial.

La rama del financiamiento

Para la economía en su conjunto, el país muestra indicadores aceptables de acceso al crédito, aunque persisten diversas distorsiones y limitantes a nivel microeconómico que afectan la asignación de los recursos en forma eficiente.

Existen razones para que la banca considere de alto riesgo al sector agropecuario, ya que tiene elevados riesgos climáticos, falta de cobertura de seguros y problemas con la titulación de tierras. En los noventa, con la Ley de Modernización y Desarrollo del Sector Agrícola de 1992, se buscó promover la participación de la banca privada formal, para lo que se llevó a cabo un proceso de titulación de tierras, el ordenamiento y la tecnificación del registro de las propiedades rurales y la organización de los mercados de crédito, otorgando incentivos a los agentes privados con el fin de promover el ahorro y la oferta de crédito (por ejemplo, se crearon las Cajas Rurales de Ahorro y Crédito). Consecuentemente, con los intereses de esta política se observó una expansión del crédito al sector agropecuario en esa década, que se vio seriamente afectada por el Huracán Mitch en 1998. Esta catástrofe mostró la vulnerabilidad del sector y, a partir del pico de ese año, el crédito al sector agropecuario se contrajo significativamente perdiendo peso en el total (véase el gráfico 6.4).

Los factores limitantes del crédito en el sector no provienen, por lo tanto, de falta de fondos, sino más bien de elevados riesgos por falta de instrumentos para diversificarlos. Por un lado el mercado de seguros en Honduras presenta los mejores indicadores de la región, pero la cobertura es muy baja respecto de las exigencias de los desastres naturales. Además los eventos de gran escala como el huracán Mitch son fuentes de riesgo sistémicos, sobre todo en las zonas de ladera en el oeste y el sur que además son las más pobres del país, y exigen políticas de manejo más sofisticadas que involucran los mercados internacionales de seguros. Por otro lado, a pesar de los esfuerzos de titulación de tierras iniciados a principios de los noventa, la inseguridad de la tenencia sigue siendo un problema importante en las zonas rurales, en especial para los pequeños

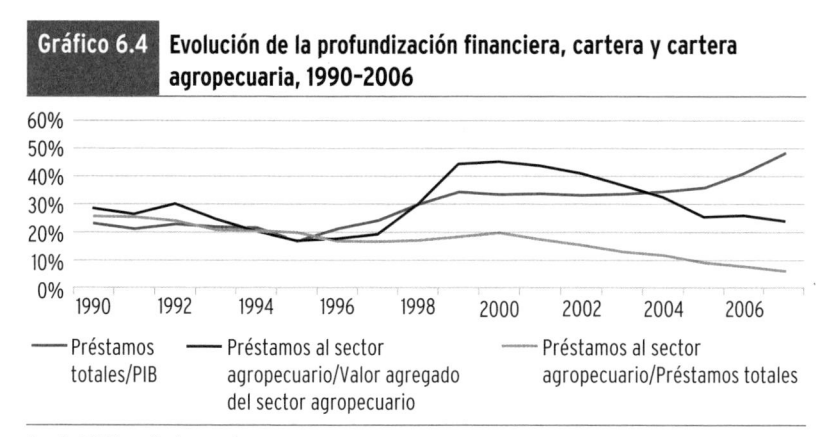

Gráfico 6.4 Evolución de la profundización financiera, cartera y cartera agropecuaria, 1990-2006

— Préstamos totales/PIB
— Préstamos al sector agropecuario/Valor agregado del sector agropecuario
— Préstamos al sector agropecuario/Préstamos totales

Fuente: CEPAL y cálculos propios.

productores en las zonas de ladera, que son los más pobres: mientras que solamente el 42% de los productores con menos de 5 ha tiene título de propiedad, dicho porcentaje es del 76% para fincas mayores de 50 ha (Jansen, Siegel y Pichón, 2005).

El crédito bancario del sector privado se concentra en la producción de plantación y en los productos destinados al comercio exterior (banano, café, caña de azúcar), que en general corresponden a las unidades productivas con mejores condiciones para acceder al crédito formal. Existen, sin embargo, otras fuentes de financiamiento alternativas como cooperativas de ahorro, ONG y asociaciones de productores, que en el país tienen una importancia superlativa. Por ejemplo, de acuerdo a la Encuesta de Condiciones de Vida (Encovi) de 2004, el 8,1% de los agricultores encuestados recibieron crédito de alguna fuente (formal o informal), pero de ese total sólo el 22% lo obtuvo de un banco.

Los sistemas de microcrédito alcanzan una cobertura del orden del 19,3% de los hogares de las regiones más pobres de Honduras, un porcentaje para nada despreciable. Las Cajas de Crédito Rurales y los bancos comunales proveen de servicios financieros a los pequeños productores, en particular en esas mismas zonas. Se estima que existen cerca de 3.320 Sistemas Financieros Alternativos Rurales (Sifar), que cubren cerca de 15 mil afiliados y ofrecen servicios de ahorro y de crédito de corto plazo con mecanismos de garantía prendaria, fiduciaria y de cosecha, entre otros. Las tasas de interés están por encima del mercado formal convencional, los valores oscilan entre el 35% y el 60% efectivo anual (Falck et al., 2005). En general, los esquemas funcionan relativamente bien a pequeña escala.

Cuadro 6.6 Agricultores con acceso a crédito por fuente y zona

	Sur	Centro-Oc.	Norte	Atlántico	Nor-Orien.	Centro-Or.	Occidental	Total
1. Banco privado	1	4	1	2	5	1	3	17
2. Banadesa	2	1	0	2	5	4	0	14
3. Financieras	0	1	1	1	0	0	0	3
5. Cooperativa de ahorro	1	9	2	3	1	3	5	24
6. Asociación de productores	0	0	1	0	0	0	13	14
7. Banco comunal	0	0	1	2	0	0	3	6
8. ONG	1	3	0	0	0	1	14	19
9. Proyecto agropecuario	1	0	0	0	0	0	0	1
10. Caja rural	0	0	0	0	0	2	2	4
12. Prestamista particular	0	4	5	4	1	3	4	21
13. Amigos/parientes	4	5	3	4	3	6	4	29
14. Otro	1	3	3	1	1	3	3	15
Total	11	30	17	19	16	23	51	167

Fuente: Encovi 2004, INE.

Existe una baja cartera morosa y los créditos son del doble o el triple del monto ahorrado por el socio. El destino de la cartera es principalmente para actividades agropecuarias.

Evaluación de la restricción crediticia en el crecimiento sectorial
Desde una perspectiva histórica no se observa una relación entre el crecimiento del PIB agropecuario y la cantidad de crédito que recibe el sector a nivel agregado. Fuertes caídas en la oferta de crédito no han generado descensos en el PIB. Si se incluye en el análisis econométrico de fuentes de crecimiento la variable "crédito al sector", la misma muestra una elasticidad de 0,02, que no es estadísticamente significativa, lo que exhibe un bajo nivel de asociación entre estas variables; tampoco se encuentra relación con especificaciones dinámicas que incluyen la variable crédito con rezagos.

Cuadro 6.7 Probabilidad de acceso al crédito
(Modelo Probit para hogares con producción agropecuaria)

	Crédito formal				Crédito informal		
	Coef.	Err. Est.	z		Coef.	Err. Est.	z
log(tamaño hh)	0,178	0,115	1,55		0,128	0,126	1,01
log(edad)	-0,169	0,179	-0,95		-0,506	0,184	-2,75 **
jvaron	0,421	0,227	1,85	*	0,167	0,218	0,77
log(tierra)	0,204	0,044	4,65	**	0,138	0,046	3,02 **
hh_reg	0,045	0,116	0,39				
log(años de educ.)	0,220	0,067	3,28	**	-0,012	0,070	-0,17
Centro-Occidental	0,248	0,226	1,10		0,157	0,232	0,67
Norte	-0,389	0,263	-1,48		0,058	0,235	0,25
Atlántico	-0,137	0,240	-0,57		-0,042	0,243	-0,17
Nor-Oriental	-0,047	0,248	-0,19		-0,242	0,276	-0,88
Centro-Oriental	-0,119	0,235	-0,51		0,078	0,231	0,34
Occidental	0,705	0,210	3,36	**	0,047	0,233	0,20
constante	-2,266	0,762	-2,97	**	-0,421	0,765	-0,55
Number of obs		2.017				2.017	
LR chi2(12)		102,6				19,0	
Prob > chi2		0				0,0616	
Pseudo R2		0,1271				0,033	

Fuente: ENCOVI 2004, estimaciones propias.
* Significativo al 90%.
** Significativo al 95%.

Para entender un poco mejor qué características tienen los productores que reciben crédito y de qué depende acceder a él, se hicieron dos estimaciones econométricas utilizando la Encovi 2004. En primer lugar se estimó un modelo Probit de acceso al crédito para los productores agropecuarios en función de las características y los activos de los agricultores (tamaño de la familia, edad, género, superficie de la tierra operada, acceso a registro de la tierra, educación), e incluyendo variables regionales. Los resultados se presentan en el cuadro 6.7, donde los coeficientes estimados tienen el signo esperado, aunque existen algunas

Cuadro 6.8 Estimaciones del impacto del acceso al crédito formal e informal en el consumo de los agricultores

logc	Modelo 1 Coef.	Err. Est.	t		Modelo 2 Coef.	Err. Est.	t		Modelo 3 Coef.	Err. Est.	t	
log(tamaño hh)	0,49	0,11	4,24	**	0,48	0,11	4,14	**	0,7	0,11	4,08	**
log(tamaño hh)2	-0,01	0,04	-0,17		0,00	0,04	0,07		0,00	0,04	0,13	
log(edad)	1,76	0,81	2,18	**	1,69	0,80	2,11	**	1,62	0,80	2,02	**
log(edad)2	-0,18	0,11	-1,65	*	-0,18	0,11	-1,65	*	-0,17	0,11	-1,56	
jvaron	-0,01	0,04	-0,21		-0,01	0,04	-0,27		-0,02	0,04	-0,40	
log(tierra)	0,04	0,01	3,58	**	0,07	0,01	5,60	**	0,07	0,01	5,31	**
log(tierra)2	0,03	0,00	7,19	**	0,03	0,00	7,10	**	0,03	0,00	7,05	**
log(años de educ.)	0,32	0,02	17,97	**	0,30	0,02	11,8	**	0,30	0,02	16,98	**
Recibe cred. formal	0,21	0,06	3,2	**					0,20	0,06	3,19	**
Prob. cred. form. munic.					3,15	1,49	2,12	**	3,01	1,49	2,02	**
Recibe cred. informal	-0,01	0,08	-0,13						-0,01	0,08	-0,12	
Prob. cred. inf. munic.					-23,03	3,68	-6,26	**	-22,78	3,67	-6,20	**
Centro-Occidental	-0,07	0,06	-1,26		0,13	0,07	1,97	**	0,12	0,07	1,91	*
Norte	0,04	0,06	0,67		0,19	0,06	2,87	**	0,19	0,06	2,89	**

(continúa en la página siguiente)

Cuadro 6.8 **Estimaciones del impacto del acceso al crédito formal e informal en el consumo de los agricultores** *(continuación)*

logc	Modelo 1 Coef.	Err. Est.	t		Modelo 2 Coef.	Err. Est.	t		Modelo 3 Coef.	Err. Est.	t	
Atlántico	0,03	0,06	0,57		0,06	0,06	1,11		0,06	0,06	1,15	
Nor-Oriental	0,04	0,06	0,69		-0,12	0,08	-1,60		-0,12	0,08	-1,53	
Centro-Oriental	-0,11	0,06	-1,9		0,09	0,06	1,38		0,09	0,06	1,39	
Occidental	-0,25	0,06	-4,57	**	-0,39	0,13	-2,98	**	-0,40	0,13	-3,03	**
Oriental	0,04	0,12	0,3		(dropped)				(dropped)			
constante	2,97	1,50	1,98	**	3,75	1,50	2,51	**	3,89	1,50	2,60	**
# de obs	2.046				2.017		7		2.017		7	
F(17, 2028)	65,05				71,46				64,35			
Prob > F	0				0				0			
R2	0,3529				0,3638				0,367			
R2-ajustado	0,3474				0,3587				0,3613			
Root MSE	0,6143				0,6087				0,60744			

Fuente: Encovi 2004, estimaciones propias.
* Significativo al 90%.
** Significativo al 95%.

diferencias en la importancia relativa de los factores según se trate de crédito formal o informal. Este último se concentra mayormente en los hogares más jóvenes, sin discriminar por nivel educativo, y el tamaño es menos relevante, lo que indica que atiende a un mercado distinto que el crédito formal.

El segundo modelo estimado asocia los niveles de consumo con el acceso al crédito. Si la restricción crediticia es importante para los agricultores, el acceso debiera tener un impacto positivo en el consumo. El problema técnico es que el uso de crédito es una variable endógena en ecuaciones de ingresos o consumo. Dado que no existe un instrumento específico se muestra la correlación entre los dos índices con tres especificaciones: i) a nivel hogar, ii) a nivel hogar pero utilizando la probabilidad de acceso al crédito de la comuna, y iii) combinando las dos anteriores.

Los resultados muestran una asociación positiva. La correlación entre el acceso al crédito comunal y el hogar es baja, por lo que los coeficientes estimados en i y ii no cambian mucho en la especificación iii. Si en la especificación ii, que incluye el crédito comunal que no está muy correlacionado con el individual, de todos modos se encuentra una asociación positiva, esto indica que el crédito es asignado con mayor probabilidad a hogares de consumo alto, lo que implica que parte de la asociación positiva entre acceso a crédito y consumo al nivel del hogar está contaminada por problemas de endogeneidad, con lo cual no se pueden extraer conclusiones sólidas al respecto.

La rama de la apropiabilidad

La baja apropiabilidad de retornos en la agricultura puede estar asociada a temas de inseguridad jurídica (riesgos de expropiación o invasiones a la propiedad); a riesgos de precio y tipo de cambio; a problemas con los canales de comercialización que reducen los precios que recibe el productor; al alto riesgo climático; y a dificultades de coordinación para generar una adecuada apropiación de las ganancias de las inversiones.

El riesgo climático

Un factor distintivo del sector agropecuario en Honduras es la alta exposición a desastres naturales. Las pérdidas que acumula la economía en su conjunto desde 1960 por esta causa es la más elevada de la región, influenciada por el huracán Mitch, que en el caso del agro destruyó el

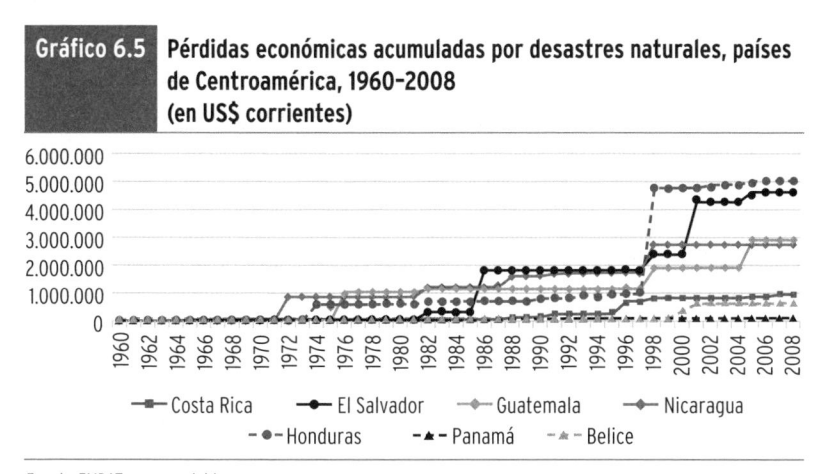

Gráfico 6.5 Pérdidas económicas acumuladas por desastres naturales, países de Centroamérica, 1960-2008 (en US$ corrientes)

```
6.000.000
5.000.000
4.000.000
3.000.000
2.000.000
1.000.000
        0
         1960 1962 1964 1966 1968 1970 1972 1974 1976 1978 1980 1982 1984 1986 1988 1990 1992 1994 1996 1998 2000 2002 2004 2006 2008
```

—■— Costa Rica   —●— El Salvador   —◆— Guatemala   —◆— Nicaragua
- ● - Honduras   - ▲ - Panamá   - ▲ - Belice

Fuente: EMDAT, www.emdat.be.

70% de su producción. Esta medición no muestra el riesgo climático del sector, sino los daños a la economía en su conjunto. Sin embargo expone la relevancia de esta variable en el país, que evidentemente tiene efectos negativos en el corto y el largo plazo para el crecimiento, por ejemplo al desincentivar en forma permanente las potenciales inversiones sectoriales. Diversos eventos naturales, además, podrían incrementarse en los próximos años como consecuencia del cambio climático que viene sufriendo el planeta.

Riesgos de expropiación

Los problemas de violencia y corrupción en Honduras son delicados. Los estudios sobre cultura política y ciudadana reflejan que los hondureños identifican los actos de corrupción pública entre los más importantes. En un estudio de 2004 se encontró que el 73,6% de los encuestados consideraba que la corrupción de los funcionarios públicos era la principal falla del Estado. El grado de corrupción, en una escala de 0–100, se estimó en 69,5. Adicionalmente, cerca del 19% de las personas reconoció haber sido víctima de un hecho de corrupción. Entre las actividades más recurrentes se identificó el pago de sobornos en las oficinas municipales, que mostró una frecuencia en la muestra del 10,2% (Cruz y Córdova, 2004).

Por otra parte, como lo muestra el Informe del Estado de la Región (2008), la situación de violencia e inseguridad ciudadana es grave y existe una muy alta probabilidad de amenaza al orden democrático. Se observa también un aumento preocupante del crimen organizado en materia de secuestros, tráfico de drogas y homicidios. La ruta del tráfico de drogas afecta zonas agropecuarias.

Riesgos de inseguridad jurídica
Honduras es una democracia frágil que recibe bajas calificaciones en los *ránkings* globales de gobernabilidad. Asimismo, tiene una inveterada disputa con Transparencia Internacional por su mal desempeño en los indicadores de percepción de la corrupción, que usualmente han ubicado al país entre las naciones con mayor incidencia de este flagelo en América Latina y el Caribe.

Honduras ocupa un lugar muy bajo en el *ranking* de indicadores de calidad de la gobernabilidad, especialmente en lo que se refiere a la aplicación de la ley, el control de la corrupción y la estabilidad política. Se ubica por debajo del promedio de países de similar ingreso por habitante. No obstante estos problemas, califica mejor en términos de calidad regulatoria, y en voz y rendición de cuentas. Sin embargo, el país revela una tendencia hacia el deterioro en el desempeño en la casi

Cuadro 6.9 Indicadores de gobernabilidad en Centroamérica

		Guatemala	Nicaragua	Honduras	El Salvador	Costa Rica
Voz y rendición de cuentas	Índice	−0,37	−0,01	−0,14	0,26	0,99
	Posición	134	111	120	99	50
Estabilidad política	Índice	−0,89	−0,16	−0,78	−0,14	0,76
	Posición	167	129	160	128	64
Efectividad gubernamental	Índice	−0,70	−0,78	−0,64	−0,30	0,30
	Posición	148	158	144	114	76
Calidad regulatoria	Índice	−0,26	−0,31	−0,44	0,12	0,61
	Posición	109	117	128	87	64
Estado de derecho	Índice	−1,04	−0,70	−0,78	−0,37	0,54
	Posición	178	140	151	117	72
Control de la corrupción	Índice	−0,98	−0,62	−0,67	−0,39	0,38
	Posición	168	133	140	114	69

Fuente: Banco Mundial, Indicadores de Gobernabilidad.

totalidad de estos indicadores, lo que evidencia un proceso de desgaste en su gobernabilidad.

La rama de los retornos sociales

La rama de los retornos sociales se refiere a la provisión de bienes públicos importantes para la productividad y el crecimiento sectorial. La provisión de estos bienes depende crucialmente de la capacidad estatal para organizar, financiar y promover su provisión en la medida que el mercado no está capacitado para hacerlo eficazmente. No obstante, si el Estado no cuenta con mecanismos eficientes, tampoco podrá proveerlos en la cantidad y la calidad necesarias, afectando el crecimiento. En este acápite analizamos algunos de los bienes públicos importantes para el crecimiento sectorial en Honduras.

Acceso a servicios públicos de los agricultores

La Encuesta de Hogares de Honduras (Encovi 2004) incluye preguntas sobre el acceso a servicios públicos agropecuarios por parte de los agricultores. Entre estos servicios se encuentran la asistencia técnica, la pertenencia a organizaciones de productores y la participación en proyectos de desarrollo, cuyos resultados resume el cuadro 6.10. Sólo en el 9% de las comunidades existe algún servicio de asistencia técnica,

Cuadro 6.10 Acceso a servicios e instalaciones, regiones de Honduras

	Asistencia técnica en comercialización	Pertenencia a organización	Recibió proyecto de desarrollo
Sur	4,0%	3,6%	0,8%
Centro-Occidental	14,6%	3,8%	1,0%
Norte	8,1%	4,4%	0,1%
Atlántico	6,2%	4,5%	1,7%
Nor-Oriental	9,8%	2,3%	1,0%
Centro-Oriental	7,2%	3,9%	3,1%
Occidental	11,7%	5,6%	2,4%
Oriental	3,5%	0,0%	0,0%
Total	9,0%	4,1%	1,5%

Fuente: Encovi 2004, INE.

mientras que solamente el 4,1% de los agricultores pertenece a alguna organización de productores y el 1,5% se benefició con algún proyecto de desarrollo agropecuario en el año previo a la encuesta. En conjunto, se observa una muy baja provisión de servicios públicos y proyectos de desarrollo para los agricultores de Honduras.

A fin de evaluar la importancia de estos servicios para los agricultores se estimaron las funciones de ingresos y el gasto como variables dependientes, y las características de los agricultores y las alternativas de servicios en el municipio como variables independientes. Los resultados indican que el servicio de asistencia técnica en las comunidades donde viven los agricultores tiene un efecto positivo y significativo tanto en los ingresos como en el gasto de los hogares agropecuarios (en promedio de 17% y 20%, respectivamente). Por otro lado, la pertenencia a organizaciones de productores o ser beneficiarios de proyectos de desarrollo agropecuario no tienen mayor impacto en los niveles de bienestar de los productores (véase el cuadro 6.11)

La Encovi también indagó por la ocurrencia de plagas que afectan la producción agropecuaria de los encuestados. El problema es mayor en las regiones del Atlántico y Centro-Oriental, y menor medida en la parte Oriental. La incidencia de plagas tiene un efecto negativo y estadísticamente significativo en el ingreso del agro (en promedio del 15%), lo que indica que un buen servicio de sanidad agropecuaria, acompañado de servicios de asistencia técnica, puede tener efectos potencialmente importantes en el ingreso y el bienestar de los productores, promoviendo en crecimiento sectorial.

La inversión en riego
Honduras es uno de los países de Centroamérica con menor desarrollo de la infraestructura de riego (véase el gráfico 6.6) y sólo ha cubierto un 10% de la superficie con potencial para ser irrigada.

Para estimar el impacto del acceso a riego de los agricultores se incluyó como variable explicativa una dicotómica que considera la tenencia de tierra bajo riego en las funciones de ingreso y gasto estimadas anteriormente. Según los resultados de que disponen los autores, se encontró que el acceso a tierra bajo riego incrementa el ingreso de los agricultores en un 55% y el gasto promedio en un 35%, ambos con coeficientes estadísticamente significativos. Si bien podrían existir sesgos por endogeneidad en la inversión en riego, es esperable que al

Cuadro 6.11 — Estimación del efecto del acceso a los servicios agropecuarios en ingresos y gastos de los hogares agropecuarios

	Ingreso Coef.	Err. Est.	t		Gasto Coef.	Err. Est.	t	
Tamaño de familia	0,476	0,029	16,62	**	0,302	0,064	4,70	**
log(edad JH)	0,454	0,045	10,20	**	0,547	0,098	5,56	**
JH es varón	-0,027	0,045	-0,60		0,272	0,095	2,86	**
Tamaño tierra op.	0,091	0,011	8,32	**	0,025	0,023	1,08	
log(años de educ. JH)	0,326	0,018	18,53	**	0,483	0,038	12,81	**
Asist. tec. en com.	0,171	0,048	3,56	**	0,203	0,104	1,95	**
Recibió proy. de desarrollo	0,017	0,111	-0,15		0,125	0,240	0,52	
Pertenece a org.	0,061	0,070	0,87		0,121	0,149	0,81	
Centro-Occidental	-0,094	0,057	-1,64		-0,188	0,127	-1,48	
Norte	0,031	0,056	0,56		-0,112	0,124	-0,91	
Atlántico	0,030	0,057	0,53		0,099	0,126	0,78	
Nor-Oriental	0,074	0,063	1,17		0,073	0,141	0,52	
Centro-Oriental	-0,122	0,056	-2,16	**	-0,078	0,126	-0,62	
Occidental	-0,264	0,056	-4,70	**	-0,373	0,126	-2,96	
Oriental	0,010	0,125	0,08		0,072	0,259	0,28	
Constante	5,401	0,191	28,29	**	4,208	0,418	10,06	
# de obs	1.707				2.046			
F(16, 1690)	18,93				68,69			
Prob > F	0				0			
R-2	0,1438				0,3367			
R-2 ajustado	0,1362				0,3318			
Root MSE	1,2291				0,6217			

Fuente: Elaboración propia sobre la base de Encovi (2004).
* Significativo al 90%.
** Significativo al 95%.

Gráfico 6.6 Porcentaje de la tierra bajo riego, países de Centroamérica, 1961-2006

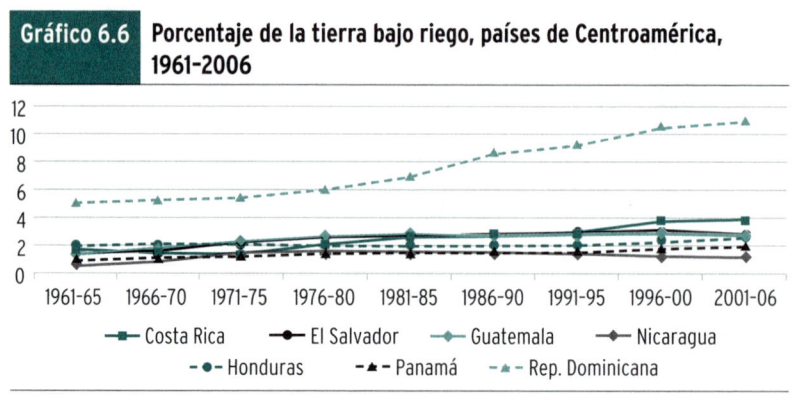

[Gráfico de líneas con ejes: eje Y de 0 a 12; eje X con períodos 1961-65, 1966-70, 1971-75, 1976-80, 1981-85, 1986-90, 1991-95, 1996-00, 2001-06. Series: Costa Rica, El Salvador, Guatemala, Nicaragua, Honduras, Panamá, Rep. Dominicana.]

Fuente: FAOSTAT, 2010.

reducir significativamente la variabilidad climática y generar la posibilidad de tener dos cosechas, el riego amplía las opciones de cultivos que los agricultores pueden producir, lo que tiene un efecto positivo en el crecimiento sectorial. No obstante debería evaluarse con más detalle si este beneficio justifica erogar los gastos necesarios para expandir la superficie bajo riego.

Capital humano

La educación adquirida por los agricultores en Honduras es sumamente baja: representa la mitad de los años de estudio de quienes no son agricultores.

En las regresiones anteriores se encontraba un efecto significativo de la educación del jefe de hogar en los ingresos agropecuarios y en la probabilidad de acceder al crédito formal. Las elasticidades ingreso-educación y gasto-educación son elevadas: 0,47 y 0,32 respectivamente. Estos retornos son muy altos, aún para los observados en las zonas rurales. Auguste (2009) computó retornos a la educación por un año más de escolaridad y por nivel educativo para las zonas urbanas y rurales del país, y encontró que en los últimos años, y en forma coincidente con el muy buen crecimiento del sector agropecuario, se incrementaron. Por ejemplo, en 2003 un año más de escolaridad elevaba el ingreso en 10,6% en las zonas urbanas y en 11% en las rurales; en 2007 estos retornos se habían incrementado a 11,5% y 13,2%, mucho más en las zonas rurales. Por niveles educativos, se observa que los que más se han acrecentado son los retornos en los niveles superiores.

Cuadro 6.12	Años de educación del jefe de hogar, regiones de Honduras		
	No agricultores	Agricultores	Total
Sur	4,6	2,3	3,4
Centro-Occidental	5,9	3,4	4,7
Norte	6,5	3,4	6,1
Atlántico	5,2	3,2	4,6
Nor-Oriental	5,3	3,2	4,3
Centro-Oriental	7,9	3,3	7,3
Occidental	4,8	2,3	3,4
Oriental	6,0	5,0	5,6
Total	6,6	3,1	5,7

Fuente: Encovi 2004, INE.

El crecimiento económico de los últimos años, impulsado por el incremento de los precios de los productos básicos y un menor capital humano en el sector agropecuario, es el factor que explica el aumento en los retornos a la educación a nivel país, valores en los que tiene gran incidencia lo sucedido en las zonas rurales. Nótese que la mejora en educación de Honduras fue mayormente en los niveles básicos, por lo que el fuerte incremento en los retornos para los niveles elevados muestra que la demanda está superando la oferta. Esta evidencia revela que en el nuevo contexto el país requiere más y mejor capital humano, y que se demanda mano de obra calificada en el sector rural.

Restricciones de infraestructura

Las políticas dirigidas a la reducción de la pobreza de los últimos diez años han tenido efectos significativos en la expansión de la infraestructura de servicios públicos para los hogares urbanos y rurales, aunque persisten las diferencias en cobertura y calidad.

La red de carreteras nacionales y regionales se encuentra concentrada en la llamada Zona T del desarrollo, por lo que en estas regiones no existe un serio problema de acceso a caminos y redes viales que conecten a los productores con los mercados nacionales y de exportación. Sin embargo, se reconoce que en las áreas de ladera y alejadas de esa zona la infraestructura de transporte está menos desarrollada, y en las estaciones invernales prácticamente quedan aisladas del resto del país.

Cuadro 6.13 Escolaridad y retornos a la educación en Honduras, 2002-2007

Total	2002	2003	2004	2005	2006	2007	Cambio 2002-2007
Años de escolaridad promedio							
Total país	6,37	6,32	6,46	6,84	6,6	6,68	
Urbano	7,87	7,81	8,01	8,59	8,15	8,18	
Rural	4,41	4,42	4,55	4,68	4,7	4,82	
Retorno a la educación por año de escolaridad							
Total país	0,127	0,123	0,133	0,146	0,141	0,142	0,015
Urbano	0,109	0,106	0,112	0,116	0,114	0,115	0,006
Rural	0,123	0,11	0,111	0,127	0,133	0,132	0,009
Retorno a la educación por nivel educativo							
Total país							
Primaria	0,523	0,519	0,479	0,466	0,578	0,601	0,078
Secundaria	1,176	1,120	1,135	1,143	1,248	1,267	0,091
Superior	1,946	1,958	2,012	2,007	2,104	2,115	0,169
Urbano							
Primaria	0,358	0,326	0,347	0,296	0,329	0,402	0,045
Secundaria	0,895	0,849	0,841	0,850	0,842	0,900	0,006
Superior	1,662	1,655	1,682	1,696	1,675	1,714	0,052
Rural							
Primaria	0,414	0,456	0,345	0,385	0,467	0,462	0,048
Secundaria	1,229	1,062	1,069	1,250	1,263	1,192	-0,036
Superior	1,779	1,854	1,905	2,089	2,083	2,017	0,237

Fuente: Auguste, 2009.

Impactos diferenciados por tipos de agricultores

Dentro del enfoque de diagnóstico de crecimiento aplicado a la agricultura, la heterogeneidad es un tema crucial a tomar en cuenta para entender mejor el rol diferenciado que pueden tener las restricciones para distintos tipos de agricultores y regiones. Se ha usado una tipología basada en la clase de producto principal sobre la base de la encuesta Encovi.[3] Se han

---

[3] Existe una correlación importante entre el tipo de cultivo y los activos a los que acceden los agricultores, e igualmente, los productos también se relacionan con diversas formas de articularse en el mercado.

Cuadro 6.14 Tipología de agricultores de acuerdo al producto principal y al tamaño de la operación

	Granos	Café	Frutas	Ganado	Diversificados	No clasificados	Total
0-1ha	137.736	9.451	696	3.350	20.005	21.048	192.286
1-5ha	118.122	24.089	2.691	4.446	70.374	10.343	230.065
5-10ha	14.822	7.119	198	3.507	13.796	1.532	40.974
10-20ha	6.399	2.195	589	2.465	6.512	1.398	19.559
20-50ha	7.908	827	428	3.312	4.263	499	17.237
>50ha	2.893	132		1.282	2.430	1.167	7.903
Total	287.879	43.813	4.602	18.362	117.380	35.988	508.024
Distribución							
0-1ha	48%	22%	15%	18%	17%	58%	38%
1-5ha	41%	55%	58%	24%	60%	29%	45%
5-10ha	5%	16%	4%	19%	12%	4%	8%
10-20ha	2%	5%	13%	13%	6%	4%	4%
20-50ha	3%	2%	9%	18%	4%	1%	3%
>50ha	1%	0%	0%	7%	2%	3%	2%
Total	100%	100%	100%	100%	100%	100%	100%

Fuente: Encovi 2004.

empleado cinco categorías de productores: granos, café, frutas, ganado y diversificados, considerando que al menos el 50% de su producción cae en alguno de los grupos.

Se pueden ver patrones bastante claros en términos de la tipología y el tamaño de la operación. En primer lugar, los productores de granos se concentran generalmente en muy pequeñas unidades de menos de 1 hectárea, y entre 1 y 5 hectáreas. Los productores de café, por otro lado, se concentran en el estrato de entre 1 y 5 hectáreas, al igual que los diversificados. Los productores ganaderos tienden a concentrarse también en ese segmento, pero lo hacen asimismo en los estratos más grandes. Igual distribución bimodal muestran los productores orientados a la producción de frutas.

En términos de acceso a servicios públicos agropecuarios y su impacto en el ingreso y el gasto del hogar, se encuentran resultados que difieren de acuerdo al tipo de productor. Por ejemplo, las plagas no tienen incidencia en los granos, pero sí en el café. La asistencia técnica es importante y tiene

| Cuadro 6.15 | Impactos diferenciados de acceso a servicios por tipo de agricultor |

	Plagas			Asistencia técnica			Proyecto de desarrollo			Organización		
Ingresos	Coef.	Err. Est.		Coef.	Err. Est.		Coef.	Err. Est.		Coef.	Err. Est.	
Granos	0,10	0,08		−0,09	0,15		0,05	0,32		0,25	0,22	
Café	−0,54	0,18	**	0,59	0,21	**	1,04	0,61	*	−0,32	0,30	
Permanente	−0,46	0,27	*	0,49	0,68		0,00	0,00		1,92	0,62	**
Ganado	−0,49	0,26	*	0,65	0,43		1,14	1,10		−0,33	0,64	
Diversificados	−0,13	0,22		0,24	0,33		0,63	0,66		0,01	0,37	
No comercial	−0,58	0,31	**	0,37	0,31		−0,87	0,69		−0,13	0,88	
Gasto												
Granos	0,06	0,04		0,03	0,07		0,07	0,14		0,08	0,10	
Café	−0,12	0,08		0,39	0,10	**	−0,25	0,26		0,04	0,13	
Permanente	0,01	0,14		−0,13	0,32		0,00	0,00		0,80	0,34	**
Ganado	0,01	0,15		0,22	0,26		0,57	0,66		−0,18	0,33	
Diversificados	−0,01	0,12		0,14	0,17		0,14	0,37		0,04	0,20	
No comercial	−0,06	0,16		0,14	0,16		−0,36	0,39		−0,24	0,41	

Fuente: Elaboración propia sobre la base de Encovi (2004).
* Significativo al 90%.
** Significativo al 95%.

efectos en este último: un productor cafetero que recibe asistencia técnica tiene mayores ingresos (59%) y gasto (39%) que uno de que no lo hace. El acceso a organizaciones de productores tiene un efecto positivo tanto en ingresos como en gasto solamente para los productores de cultivos permanentes (frutales), pero no para otro tipo de productores.

Estos resultados muestran que en el sector agropecuario existe mucha heterogeneidad y que las restricciones al crecimiento pueden ser distintas para diferentes tipos de productores.

Políticas públicas e instituciones

Antecedentes

A principios de los años setenta se consideró que el principal obstáculo para el desarrollo equitativo de la nación hondureña residía en la alta concentración de la propiedad de la tierra y en la ausencia de apoyo financiero a los campesinos. Las acciones implementadas en las décadas de 1970 y 1980 buscaron aumentar la producción de alimentos y la comercialización de la producción. La Ley de Reforma Agraria tuvo el propósito de redistribuir la propiedad rural por medio del reparto de baldíos públicos y la promoción de empresas cooperativas de producción agrícola. Adicionalmente, se crearon líneas de crédito directo a los campesinos y el Estado apoyó la creación de redes de comercialización.

Sin embargo, los resultados fueron prácticamente nulos en lo referente a la reducción de los índices de concentración de la propiedad, aunque se mejoraron las redes de comercio de los productos (Isgut, 2004). La crisis de los años ochenta alteró el panorama. La implementación de los programas de ajuste macroeconómico exigió desmontar gran parte de las políticas de intervención directa del Estado, entre ellas, la acción directa de redistribución y las políticas de crédito subsidiado. Durante los noventa, como en el resto de las economías del continente, se implementaron reformas de libre mercado.

Esta apuesta por profundizar las relaciones de mercado se sustentó en un cambio dramático en la organización del sector agrícola hondureño. Durante los primeros años de la década de 1990 el país optó por un modelo de crecimiento dirigido por el sector exportador centrado en la liberalización del mercado y del comercio. Los principales instrumentos de esta reforma fueron la reducción de las barreras comerciales, por las cuales se pasó de un nivel arancelario medio de cerca del 42% a 8,1% y se redujo la dispersión de aranceles (Morley, 2006); la flexibilidad de la tasa de cambio; la liberalización del mercado financiero; el ajuste en las tarifas de servicios públicos; y la reducción del papel del Estado en la economía, que se evidenció en una disminución de las instituciones del sector público tales como la extensión agrícola.

Se liberaron asimismo las tasas de interés rurales, se suprimieron los montos de sustentación de precios al productor, se eliminó el Instituto Nacional de Comercialización Agrícola y se anularon los impuestos a la exportación de productos como las flores y el banano. Después de varias décadas de intervención, reforma agraria y apoyo al crédito rural, se introdujeron un número de iniciativas en pro de la liberalización del mercado de la tierra. La ley de modernización y desarrollo del sector agrícola se firmó en 1992 y empezó a operar desde 1993. Dicha ley eliminó las restricciones sobre la percepción de rentas por parte de los beneficiarios de la reforma agraria y permitió la venta de predios bajo dominio de las cooperativas, todo lo cual favoreció la transacción de la propiedad en los mercados de tierra. Esta ley asimismo eliminó de los estatutos que rigen el sector la lucha contra el minifundio, buscó titular tierras ocupadas ilegalmente antes de 1989 y promovió los derechos de propiedad de las mujeres. Para ello se debió montar toda la infraestructura de registro de títulos, y los mecanismos de transparencia y rigor necesarios para garantizar su operación sin corrupción ni interferencia de grupos de presión (Boucher, Barham y Carter, 2005).

En lo referente a la organización de los mercados de crédito, se reconoció la necesidad de otorgar incentivos a los agentes privados con el fin de promover el ahorro y la oferta de crédito. Esto se buscó mediante la eliminación de los controles de precios, es decir, se liberaron las tasas de interés, mientras que se reestructuró el banco estatal de crédito agrario, Banadesa, especializado en la provisión de recursos financieros a los pequeños propietarios y agricultores. Los mecanismos fueron una drástica reducción de la burocracia, lo que disminuyó los costos de operación y los incrementos de las tasas de interés, lo cual a su vez restringió la probabilidad de déficit y se limitaron los montos de los créditos.

El gobierno reconoció que las reformas tendrían una cuota de perdedores. Para dicha población se desarrolló un esquema de red de protección social consistente en aliviar su situación de pobreza. El instrumento fue el Plan de Acción para la Seguridad Alimentaria y Nutrición que se inició en 1994. También se introdujeron nuevos instrumentos de acción social, como el programa de subsidios a las familia y la inversión en pequeños proyectos de infraestructura, los cuales buscaban complementar el ingreso de los hogares más pobres y aquellos afectados por las reformas (Isgut, 2004; Boucher, Barham y Carter, 2005).

Aunque la tasa de crecimiento económico de Honduras se recuperó de manera notable en el período de reforma liberal, los problemas de concentración y pobreza rural se mantuvieron. En 2004 el gobierno constituyó una comisión encargada de evaluar los resultados de la reforma y el camino a seguir, proceso que terminó en una propuesta de Política de Estado y en el Plan Estratégico. Aun en este contexto, se mantiene un reducido apoyo estatal a la actividad del agro. Esto, si tenemos en cuenta que el gasto agropecuario dentro del gasto del gobierno central se ha reducido en forma importante, como se analiza a continuación.

| Cuadro 6.16 | Participación del GPA en el presupuesto público total, países de Centroamérica, 1980-2006 |

	1980-1985	1986-1990	1991-1995	1996-2000	2001-2006
Costa Rica	14%	11%	10%	2%	1%
Rep. Dominicana	15%	15%	11%	7%	4%
El Salvador	8%	6%	3%	2%	1%
Guatemala	4%	4%	3%	3%	4%
Honduras	19%	14%	6%	3%	4%
Panamá	4%	3%	2%	1%	2%
Total	10%	8%	5%	3%	3%

Fuente: CEPALSTAT.

Evolución del gasto público agropecuario

Honduras fue uno de los países de la región que más contrajo el gasto público agropecuario (GPA) durante las reformas de los noventa.[4] La caída de la participación del GPA en el gasto total ha sido bastante fuerte en todos los países, especialmente en este. Tales niveles de gasto son bastante inferiores al peso que tiene el sector agropecuario en el PIB de cada país, o más aún, con respecto al peso de la población involucrada en el sector agropecuario, lo que muestra un cambio estratégico hacia el sector.

Políticas para las restricciones clave del crecimiento

En el contexto de las restricciones halladas en esta sección se analizarán las políticas de financiamiento, el acceso a mercados, el acceso a recursos productivos (tierra e infraestructura), la política de capital humano, y la política de investigación, innovación y transferencia de tecnología.

Financiamiento agrícola y rural, atracción de inversiones y manejo de riesgos
En la actual "Política de Estado para el Sector Agroalimentario y el Medio Rural en Honduras 2004-2021", la estrategia de financiamiento a

---

[4] Se excluye a Nicaragua por valores extremos en dos años de la serie de CEPAL.

las actividades rurales, de alguna manera, intenta superar las anteriores limitaciones. Entre las medidas más significativas cabe mencionar:

- Resolución del problema del sobreendeudamiento: se buscó consolidar los decretos existentes y se espera que con este mecanismo legal adoptado se contribuya a disminuir los saldos adeudados por los agricultores y a resguardar los recursos públicos. Esta medida es una acción a corto plazo, ya que sería necesario diseñar una política agrícola de financiamiento a mediano y largo plazo, que permita resolver los problemas que enfrenta el sector productivo.
- Fortalecimiento del sistema estatal de financiamiento, cuyo objetivo es evaluar la situación financiera, operativa y legal de organismos como Fonaprovi (Fondo Nacional para la Producción y la Vivienda), Banadesa (Banco Nacional de Desarrollo Agrícola) y Pronaders (Programa Nacional de Desarrollo Rural Sostenible), con el fin de desarrollar mecanismos necesarios para coordinar acciones, incrementar eficiencia, reducir costos de operación e incrementar la cobertura. La estrategia parece apuntar a reducir costos de intermediación financiera, por lo que es adecuada.
- Formulación de mecanismos para reducir las tasas de interés: se pretende reducirlas en general y particularmente para la agricultura. Se estudiará además el impacto de los subsidios a las tasas de interés en el mercado financiero agropecuario.
- Diseño de mecanismos para facilitar la constitución de garantías complementarias, en donde se crea el seguro agrícola y el Fongac (Fondo Nacional de Garantía Complementaria). Ello permitirá consolidar los mecanismos e instrumentos que posibiliten reducir el riesgo crediticio.
- Proyección de estrategias para atraer inversiones productivas hacia el sector agropecuario.
- Reorganización y fortalecimiento del Banco Nacional de Desarrollo Agrícola (Banadesa), a través de la expedición de una ley por parte del Congreso, para transformarla en una institución estable, rentable y financieramente sana.
- Creación del Fondo Nacional para el Desarrollo Agroalimentario y Rural.

El impacto de estas políticas aún está por determinarse. No obstante, la estrategia es positiva, dado que busca solucionar una restricción que, sin bien no parece haber tenido un efecto agregado en el crecimiento sectorial, sí tiene algunas implicancias para sectores específicos de la agricultura hondureña.

Acceso a recursos y activos productivos: la tierra
Una de las restricciones al crecimiento del sector rural en Honduras se deriva de la dificultad de acceso a activos y servicios, especialmente de la tierra, lo cual no permite el despliegue de las iniciativas de los productores y es un factor determinante de la pobreza rural.

La reforma agraria y la titulación de tierras han sido objetivos importantes de la política pública durante varias décadas. En el diagnóstico anterior, se encontró que mas allá de transferir la tierra privada y pública poco utilizada a los minifundistas y a los "sin tierra", se encuentra el problema de que la mayoría de los pequeños cultivadores no son elegibles para titulación porque trabajan tierra arrendada o porque ocupan tierras públicas inelegibles para titular. Se han levantado restricciones vinculadas a la propiedad social o colectiva de cooperativas y asociaciones, que favorecieron las formas privadas e individuales de propiedad, mediante enmiendas a las leyes de reforma agraria o a aquellas que rigen las cooperativas. Asimismo, se encuentran vigentes otros instrumentos en la legislación actual que permiten la conversión y el arrendamiento, que en el pasado eran causa de expropiación.[5] Por otro lado, se están llevando a cabo programas de medición y titulación de predios, además de la organización de sistemas modernos de registro y catastro de la propiedad, campos en los que existía un enorme vacío que ha dado lugar a irregularidades históricas en la posesión de la tierra y a fuertes conflictos en las zonas rurales.

Entre 1993 y 1997 se entregaron más de 56.000 títulos a pequeños productores independientes y a más de 500 grupos de reforma agraria. Es decir, una cifra por encima de la mitad de la propiedad rural tendría

---

[5] La Ley de Reforma Agraria de 1975 prohibía el arrendamiento de tierras en el país en general y en el sector reformado en particular. La ley además convirtió el incumplimiento de la norma en causa de expropiación en el caso de que el arrendador fuera un terrateniente y de recuperación en el caso que el arrendador fuera un grupo campesino del sector reformado (Posas, 1996).

un título legal. Sin embargo, el 60% de los grupos de reforma agraria y el 67% de las fincas individuales todavía carecen de títulos válidos.

Se considera que la titulación de una parte de las explotaciones ya ha dado paso a un mercado de tierras, porque se han eliminado también una serie de restricciones que existían en el pasado, que afectaban las posibilidades de transar esos títulos de dominio pleno. Adicionalmente a estos programas que ha venido impulsando el INA, todos los proyectos de desarrollo rural de la Secretaría de Agricultura y Ganadería consideran el componente de tenencia de la tierra. Por esa razón, se realiza un catastro jurídico para determinar la naturaleza de los predios: si son nacionales, ejidales o privados, así como su vocación. En aquellas tierras identificadas como nacionales de vocación agrícola y que se destinan a fines de reforma agraria, se inicia un proceso de titulación.

Políticas en materia de infraestructura
En el diagnóstico previo se encontró que existen muchas disparidades en torno a la cobertura de servicios públicos entre la parte rural y la urbana. De igual forma, la infraestructura vial no constituye un problema en la llamada Zona T del desarrollo, porque se cuenta con una red vial que permite la distribución de productos del sector agrícola hacia los principales centros de consumo, como es el caso del café. Pero en el resto de las regiones se presentan carencias en materia de infraestructura rural, tanto de aquella necesaria para la producción (riego, red vial, electrificación, telefonía, centros de acopio, cuartos fríos, puertos y otras) como de aquella que está más estrechamente vinculada a la calidad de vida de la población rural (agua potable, servicios de salud, educación, guarderías, comedores infantiles, entre otras).

En cuanto al riego, en los últimos años las inversiones no fueron prioritarias en el desarrollo sectorial, ya que la Secretaría de Agricultura y Ganadería (SAG) no ha dispuesto de una secuencia continua de proyectos de irrigación y ha perdido capacidades operativas, lo que la obliga a realizar diversos ajustes institucionales orientados a la transformación de la Dirección General de Riego y Drenaje para alcanzar las metas señaladas. Este es un factor adverso que requiere la intervención del Estado en el diseño de una política de largo plazo que estimule la participación tanto privada como pública en la inversión en riego. De igual forma, para avanzar en los procesos de estímulo a la inversión en el sector, se debe diferenciar la responsabilidad del sector público y del sector privado mediante el diseño de una coordinación interinstitucional con los organismos competentes.

Capital humano

Ya se ha ilustrado que el capital humano en Honduras es precario, pese a sus altos retornos en el sector rural. Esta situación implica para el gobierno el reto de diseñar estrategias encaminadas no sólo a aumentar la cobertura de la educación, sino a lograr mejoras en la calidad y hacer llegar los servicios educativos a la población rural del país.

En el caso de la educación del sector rural, el objetivo general de las políticas públicas es acercar de manera cualitativa la demanda de los productores y las empresas agroalimentarias a la oferta de profesionales de formación universitaria y técnica que generan los centros de educación. En el marco de la Estrategia para la reducción de la pobreza, el gobierno central ha fijado metas generales para 2015, tales como duplicar la cobertura de educación neta pre-primaria, elevarla al 95% en los dos primeros ciclos de educación básica, al 70% en el tercer ciclo, y al 50% de la educación emergente con educación secundaria completa.

Investigación, transferencia tecnológica e innovación

Una restricción clave para el crecimiento del sector agrícola hondureño se refiere al escaso cambio técnico, el cual está asociado a la falta de investigación, desarrollo tecnológico e innovación (I+D+i). Esto, a su vez, requiere de asistencia y transferencia técnica.

Este tema ha sido abordado por la misma Ley de Modernización y Desarrollo del Sector Agrícola de 1992, donde la generación, la asistencia y la transferencia de tecnología han sido consideradas ejes estratégicos de la política agroalimentaria. Más aun, en dicha ley ya se insinuaba la necesidad de un nuevo diseño institucional centrado en la Dicta (Dirección de Ciencia y Tecnología Agrícola) y la constitución de cadenas productivas con acceso a servicios técnicos y tecnológicos ofrecidos por el sector privado, como instrumento clave.

Desafortunadamente la adecuada formulación de una política pública de I+D+i, incluyendo la explícita planeación de recursos, no ha correspondido con su implementación. En otras palabras, existe una total desarticulación entre planeamiento y puesta en funcionamiento de la I+D+i, en Honduras en general y en el sector agroalimentario en particular. Los mismos diagnósticos de la SAG demuestran que la política se ha limitado a la formalización de una institucionalidad en la Dicta, y a un programa específico de corto plazo sobre seguridad alimentaria, denominado el "Bono Tecnológico". Con respecto al resto, no existe el Sistema Nacional de Ciencia y Tecnología Agroalimentaria (Snitta) y la institucionalidad planeada no se corresponde con la realidad actual. Dentro del llamado Sistema de Innovación sólo se aprecian esfuerzos particulares de algunas cadenas modernas en lo institucional (café o palma, por ejemplo), esfuerzos de entidades de investigación privadas como "Zamorano" y ejemplos a seguir como la Mesa de Cooperantes.

En suma, el análisis de la política de I+D+i, resultado de la lectura de estudios y programas pero en particular del trabajo de campo llevado a cabo en Honduras, permite concluir que la política agrícola de I+D+i se ha alimentado correctamente para su formulación de referentes internacionales, incluido el apoyo explícito de instituciones cooperantes como el BID o el IICA, lo cual ha permitido plantear un diseño institucional y operativo idóneo. Sin embargo, en un altísimo porcentaje esta política ha fracasado en su implementación. Los casos de éxito de productos de I+D+i de la Fundación Hondureña de Investigación Agrícola (FHIA) o de Zamorano (instituciones con referente externo) son sólo la excepción que confirma la regla.

Conclusiones

En el presente estudio se han identificado las restricciones que afectan el crecimiento del sector agropecuario hondureño y su escaso impacto en la reducción de la pobreza rural. Este sector ha estado marcado por una baja productividad del trabajo, la cual no sólo es reducida en comparación con otros países de la región, sino que tampoco ha mostrado un dinamismo suficiente para lograr una convergencia con otros países de referencia. Esta situación se relaciona en forma directa con un bajo nivel de cambio técnico en la agricultura, cuyo crecimiento ha estado mayormente explicado por el uso de recursos antes que una mayor productividad de estos.

Otro rasgo importante de la agricultura hondureña es que, pese al alto grado de apertura comercial, las exportaciones sectoriales muestran aún un bajo nivel de diversificación y procesamiento de productos primarios, aunque se han observado algunas mejoras en la última década en cuanto a diversificación. Esto también limita las posibilidades de que el sector impacte en forma más amplia en los ingresos agrarios y en la producción de mayores impactos en territorios rurales.

Cabe señalar la importancia de la heterogeneidad de los agentes productivos sectoriales: existe una muy alta fragmentación productiva a causa de la predominancia de la pequeña producción familiar, por tener el país una gran diversidad geográfica y de dotación de recursos agropecuarios. Esta heterogeneidad obliga a evaluar las restricciones y las posibles políticas para enfrentarlas en términos diferenciados, utilizando tipologías de productores y regiones.

El análisis de restricciones ha arrojado que la mayor parte parece jugar roles importantes en el crecimiento sectorial. La restricción crediticia, por ejemplo, no parece ser importante para el crecimiento agregado, pero sí puede serlo para pequeños productores de granos. Igualmente, varios servicios agropecuarios de asistencia técnica, sanidad y programas productivos tienen impactos significativos en los ingresos y los gastos de sólo algunos tipos de productores. Esto indica que se deben diseñar políticas selectivas de provisión de servicios destinados a los agricultores en función a sus características y demandas específicas, para lo cual es clave tener plataformas regionales de servicios. Igualmente, es importante tener criterios de integración y aprovechamiento de economías de escala para la provisión de estos servicios al nivel local y regional.

Las restricciones ligadas a temas de seguridad jurídica juegan un rol en el crecimiento de largo plazo. Este panorama requiere del diseño de políticas de estabilidad en las reglas de juego, de erradicación de la corrupción en el sector público y privado, y de mejoras sustanciales en las interacciones entre el sector público y el privado. Mecanismos más transparentes para asignar recursos, un uso más agresivo de fondos que puedan concursarse y procesos competitivos para movilizarlos pueden ser maneras más eficientes de promover más estabilidad jurídica al mismo tiempo que se interviene en temas importantes del crecimiento sectorial.

Otro ámbito de políticas que debe ser resaltado para la gestión pública sectorial es el de la infraestructura y el capital humano. En particular, se ha encontrado que el acceso a riego tiene impactos muy altos en los ingresos de los productores y que el capital humano juega un rol crucial en una mayor capacidad de acceder a servicios y obtener mayores ingresos. Los retornos de ambos tipos de inversiones aparecen como bastante altos y deberían ser parte de políticas sostenibles de inversión pública para lograr mayores tasas de crecimiento y reducción de la pobreza rural.

Finalmente, uno de los hallazgos importantes de este estudio se refiere a la escasa articulación observada entre las políticas públicas y sus instrumentos, y las restricciones encontradas, tanto a nivel agregado como a nivel de tipos de productores o regiones específicas. En general, se ha observado que las políticas sectoriales de Honduras han carecido de diagnósticos detallados y específicos que permitan priorizar intervenciones con objetivos de crecimiento y reducción de la pobreza rural. Una de las propuestas metodológicas centrales del presente análisis es que dicho ejercicio puede realizarse de forma participativa con los diversos actores del sector agroalimentario, a fin de que se logre articular mejor la política nacional con el levantamiento de las restricciones que más afectan a los productores en sus esfuerzos productivos y de relación con los mercados.

Referencias

Achard, Diego y Luis Eduardo González (eds.). 2006. "Política y desarrollo en Honduras, 2006-2009. Los escenarios posibles". Tegucigalpa: PNUD. Disponible: www.papep-undp.org.

Auguste, Sebastián. 2009. "Competitividad y Crecimiento en Honduras", Documento mimeografiado. Washington, D.C.: Banco Interamericano de Desarrollo.

Banco Mundial. 2004. "Honduras Development Policy Review: Accelerating Broad-Based Growth". World Bank Report No. 28222-HO. Washington D.C.: BM.

Boucher, Stephen R., Bradford L. Barham y Michael R. Carter. 2005. "The impact of Market-Friendly Reforms on Credit and Land Markets in Honduras and Nicaragua". En: *World Development*, 33(1), pp. 107-128.

Castillo, Alcides. 2003. "Situación de la caña de azúcar, maíz, arroz, fríjol, sector lechero, palma africana, melón, sandía, banano, plátano y café antes y después del fenómeno natural del Mitch". Documento mimeografiado. Tegucigalpa: USAID-Honduras.

Castro Zuñiga, Hermann. 2005. *Export-led growth in Honduras and the Central American Region*. Tesis de maestría. Louisiana: Louisiana State University. Disponible: www.lsu.edu.

Cruz, José Miguel y Ricardo Córdova. 2004. *The Political Culture of Democracy in Honduras, 2004*. Nashville: Vanderbilt University-USAID. Disponible: www.vanderbilt.edu/lapop/honduras.php

Díaz, Aquiles. 2004. "Prioridades en Ciencia y Tecnología – Honduras". Informe de Consultoría. Tegucigalpa: BID-COHCIT-CTCAP.

Falck, Mayra et al. 2005. *Dinámicas de la economía agrícola y no agrícola e intensificación sostenible. El caso de Lempira Sur en Honduras*. Tegucigalpa: Universidad de Zamorano-FAO.

Falck, Mayra y Rodolfo Quiros. 2005. *Oportunidades de crear vínculos y alianzas para masificar los servicios rurales. El caso de la Fundación José María Covelo en Honduras*. Tegucigalpa: Universidad de Zamorano-FAO.

Gutiérrez Alejandro A. 2004. *Microfinanzas rurales: experiencias y lecciones para América Latina*. Santiago, Chile: CEPAL. Disponible: www.eclac.cl/publicaciones/

Hausmann Ricardo y Dani Rodrik. 2003. "Economic Development as Self-Discovery". En: *Journal of Development Economics*, 72 (2), pp. 603-633.

Hausmann, Ricardo, Bailey Klinger y Rodrigo Wagner. 2008. "Doing Growth Diagnostics in Practice: A 'Mindbook'". CID Working Paper No. 177. Cambridge, MA: Harvard University. Disponible: www.hks.harvard.edu

IICA (Instituto Interamericano de Cooperación para la Agricultura), Cosude (Agencia Suiza para el Desarrollo y la Cooperación) y Red SICTA. 2007. *Mapeo de las cadenas agroalimentarias de maíz blanco y frijol en Centroamérica*, Managua: Red SICTA-IICA-Cosude. Disponible: www.redsicta.org.

Isgut, Alberto. 2004. "Non-farm Income and Employment in Rural Honduras: Assessing the Role of Locational Factor". En: *The Journal of Development Studies*, vol. 40(3), pp. 59-86.

Jansen, Hans, Sam Morley y Máximo Torero. 2007. *Impacto del tratado de libre comercio de Centroamérica en el sector agrícola y el sector rural en cinco países centroamericanos*, San José de Costa Rica: IFPRI-CEPAL-RUTA. Disponible: www.ruta.org.

Jansen, Hans G. P. et al. 2003. "Draft sustainable development in the hillsides of Honduras: a livelihoods approach". Trabajo presentado en el taller internacional "Reconciling Rural Poverty Reduction and Resource Conservation: Identifying Relationships and Remedies", Washington, DC: Cornell University.

Jansen, Hans G. P., Paul B. Siegel y Francisco Pichón. 2005. "Identifying the drivers of sustainable rural growth and poverty reduction in Honduras". DSGD Discussion paper No. 19. Washington, DC: IFPRI. Disponible: www.ifpri.org.

Loayza, N., Fajnzylber, P. y Calderon, C. 2002. "Economic Growth in Latin America and the Caribbean". World Bank Report. Washington D.C.: BM.

Márquez, José Silverio. 2005. "Estimación del impacto del DR-CAFTA en el bienestar de los hogares". Documento de trabajo. Tegucigalpa: Unidad de Apoyo Técnico.

Mejía, Walter. 2007. "Desafíos de la Banca de Desarrollo en el siglo XXI. El caso de Honduras". Serie Financiamiento y Desarrollo No. 194. Santiago de Chile: CEPAL. Disponible: www.eclac.cl/publicaciones/

Morley, Samuel. 2006. "Liberación comercial en el marco del CAFTA: Análisis del Tratado con especial referencia a la agricultura y a los pequeños agricultores en Centroamérica". Documento de trabajo No. 19. Washington, DC: IFPRI-RUTA.

Morris, Saul S. et al. 2002. "Hurricane Mitch and the Livelihoods of Rural poor in Honduras". En: *World Development*, 30(1), pp. 48-60.

Nelson, Richard T. 2003. "Honduras country brief: property rights and land markets". Documento mimeografiado. Madison: Lan Tenure Center-University of Wisconsin–Madison. Disponible: minds.wisconsin.edu.

Núñez Sandoval, O. A. 2008. "Honduras, inversión y crecimiento", Working Paper CIPRES. Tegucigalpa: FIDE-CIPRES.

Posas, Mario. 1996. "El sector reformado y la política agraria del Estado". En: Baumeister, Eduardo (coord.). *El agro hondureño y su futuro*, Tegucigalpa: Editorial Guaymuras.

Reyes Pacheco, Jorge. 2000. "Análisis de las propuestas de solución al problema financiero del agro". Documento mimeografiado. Tegucigalpa: Proyecto de Políticas Económicas y Productividad.

Ruerd, Ruben y M.M. van den Berg. 2001. "Non-farm employment and Poverty alleviation of rural farm households in Honduras". En: *World Development*, 29(3), pp. 549-460

Ruerd, Ruben y H. Kolk. 2005. "Credit use, factor substitution and rural income distribution: a study on maize farmers in occidental Honduras". En: *Investigación Económica*. Vol. LXIV, No. 51, pp.13-32.

RUTA. 2008. "Honduras: Estrategia para mayor eficiencia y equidad del gasto público en el sector agroalimentario", Borrador para discusión No. 2, San José: RUTA.

Sanders, Arie, Angélica Ramírez y Lilian Morazán. 2006. "Cadenas agrícolas en Honduras, desarrollo socioeconómico y ambiente". Documento mimeografiado. Tegucigalpa: Universidad de Zamorano.

Secretaría de Agricultura y Ganadería – Gobierno de Honduras. 2005. *Política de Estado para el sector agroalimentario y el medio rural en Honduras 2004-2041*. Tegucigalpa: Gobierno de Honduras. Disponible: www.mcahonduras.hn

Secretaría de Industria y Comercio – República de Honduras. 2009. "RESOLUCIÓN No. 15-2009". Tegucigalpa: SIC.

Serna, Braulio. 2007. *Honduras: tendencias, desafíos y temas estratégicos de desarrollo agropecuario*. Serie Estudios y Perspectivas No. 70. Santiago de Chile: CEPAL.

Tejo, Pedro. 2004. *Políticas públicas y agricultura en América Latina durante la década del 2000*. Serie Desarrollo Productivo No. 152. CEPAL: Santiago de Chile. Disponible: www.eclac.org/publicaciones.

Trackman Brian, William Fisher y Luis Salas. 1999. "Reform of Property Registration Systems in Honduras: A Status Report". Documento mimeografiado. Disponible: www.incae.edu/es/clacds.

CAPÍTULO 7

Nicaragua

Selmira Flores, Ivonne Acevedo y Adelmo Sandino

En este capítulo se analiza el desempeño del sector agrícola nicaragüense en el período 1997-2007, se identifica el conjunto de factores que influyen como restricciones a su crecimiento y se detallan las oportunidades existentes a partir de casos que dejan en evidencia las restricciones. También se presenta un análisis de las políticas vigentes para el sector y se hace un llamado de atención sobre aspectos que deberían ser considerados por las autoridades del gobierno y por los actores a cargo de definir las políticas para el agro.

El sector agropecuario de Nicaragua

El sector agropecuario ha desempeñado un papel insustituible en la economía nicaragüense y ha sido históricamente la base de las exportaciones. Los cultivos de café y algodón fueron los ejes principales de acumulación entre finales de la década de 1940 y la de 1970.[1] Durante ese período, el gobierno mantuvo una eficaz política de fomento agrícola, basada en la asistencia técnica y crediticia al sector (Medal, 1998). En la década de 1980, la agricultura continuó siendo un sector estratégico, se impulsó una ambiciosa reforma agraria y se dio prioridad a la producción alimentaria de granos básicos. Sin embargo, el modelo de economía planificada adoptado por el gobierno, que controlaba toda la cadena productiva del agro, así como la guerra civil extendida en áreas rurales, provocaron una drástica reducción de la producción y generaron

---

[1] En 1977 las exportaciones de algodón en rama contribuyeron con un 23,6% del total de exportaciones (US$150,6 millones), proporción sólo superada por las exportaciones de café oro en ese mismo año (31,2%).

rezagos en el sector, ya que los desarrollos tecnológico y productivo se restringieron (Barrios de Chamorro, 1996).

En la década de 1990, los esfuerzos gubernamentales estuvieron orientados a la reactivación agrícola mediante la revisión y el ordenamiento de la propiedad, la liberalización del comercio exterior y la reestructuración y descentralización del sector público agropecuario. Con la creación del Ministerio de Agricultura a principios de la década se articularon una serie de programas, apoyados por organismos internacionales y países donantes, encaminados a la ejecución de proyectos de inversión en la ganadería y el arroz de riego, la renovación de cafetales y la producción de cultivos no tradicionales y de granos básicos.

Una característica importante del sector es su heterogeneidad: dentro de un mismo producto se encuentran productores con diversas características y con diferentes prácticas, capacidades y limitaciones para producir.

El PIB agropecuario y el valor agregado

El producto interno bruto agropecuario (PIBA) mostró una tendencia creciente hasta finales de la década de 1970, con un comportamiento muy similar al de Costa Rica. A partir de 1976 sufrió un desplome y a finales de 1995 entró en un proceso de recuperación hasta llegar a ubicarse en niveles similares a los observados en 1976, tal como se presenta en el gráfico 7.1. En el período 1997-2007 la contribución anual del sector agropecuario al producto interno bruto (PIB) fue de alrededor del 20% (véase el gráfico 7.2). En este último período, el subsector agrícola creció al 2,9% anual (con el café como el producto de mayor contribución, entre el 17% y el 25% del valor agregado), mientras que el sector pecuario lo hizo al 5% anual. Este crecimiento se debe en su mayor parte a una extensión de las tierras destinadas a la producción agrícola, que creció un 11% entre 1997 y 2007, más que al uso de otros factores de capital (véase el cuadro 7.1).

La contracción que sufrió la producción durante los quinquenios comprendidos entre 1976-1980 y 1991-1995 está asociada a un considerable rezago en el uso de bienes de capital (fertilizantes y tractores) respecto de la región, situación que se vio influida por los años de guerra. Por otra parte, el repunte de la ganadería extensiva, debido a las oportunidades de mercado y de rentabilidad, ha vuelto menos atractivos los

NICARAGUA | 305

Gráfico 7.1 Producto interno bruto agropecuario (PIBA); países de Centroamérica 1961-2006
(índice de mediana de quinquenios, 1961-1965 = 100)

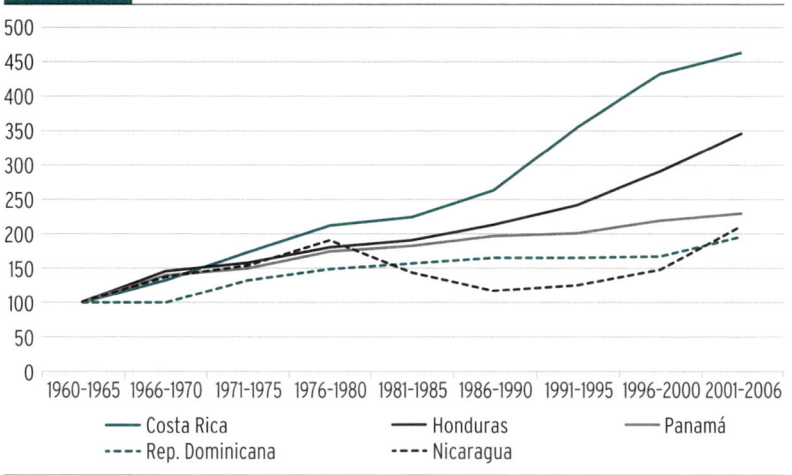

— Costa Rica — Honduras — Panamá
---- Rep. Dominicana ---- Nicaragua

Fuente: Elaboración propia con datos de FAOSTAT.

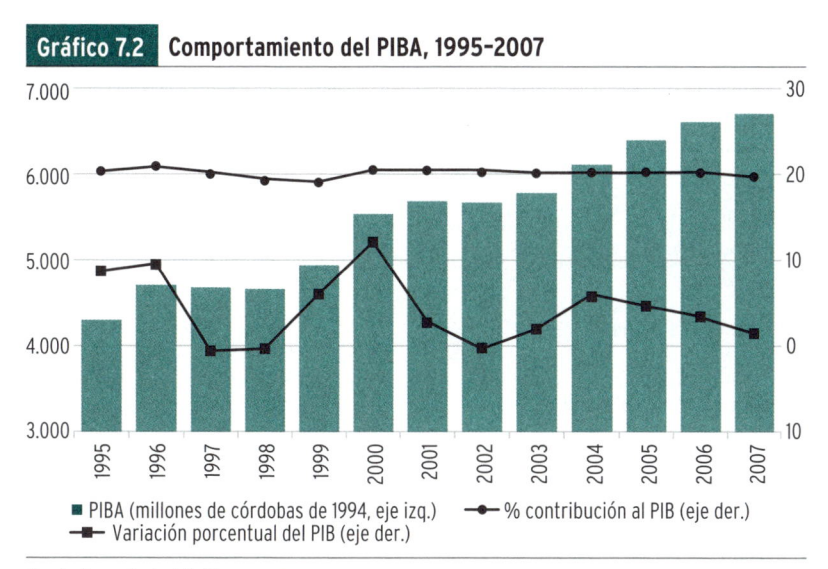

Gráfico 7.2 Comportamiento del PIBA, 1995-2007

■ PIBA (millones de córdobas de 1994, eje izq.) —●— % contribución al PIB (eje der.)
—■— Variación porcentual del PIB (eje der.)

Fuente: Banco Central de Nicaragua.
Nota: El PIBA incluye la pesca y el área forestal.

Cuadro 7.1 Uso de factores de capital, 1960-2006

	Área agrícola	PEA agropecuaria	Fertilizantes	Tractores	PIB agrícola	Ganado
1960-1965	1,72	0,67	0,58	0,88	0,88	1,45
1966-1970	1,70	0,66	0,78	0,60	1,02	1,68
1971-1975	1,61	0,68	0,53	0,27	0,91	1,54
1976-1980	1,55	0,70	0,77	0,33	0,97	1,60
1981-1985	1,52	0,72	0,99	1,50	0,71	1,23
1986-1990	1,39	0,73	0,68	1,23	0,55	1,13
1991-1995	1,45	0,75	0,34	0,15	0,50	1,55
1996-2000	1,67	0,76	0,29	0,31	0,52	1,59
2001-2006	1,76	0,78	0,36	0,28	0,68	1,86

Fuente: Elaboración propia en base a datos de FAOSTAT.

cultivos agrícolas, lo cual ha llevado a un menor uso de fertilizantes y tractores en la agricultura, actividad que también se ha visto afectada por los altos precios de los insumos para la producción y la disminución de los precios al productor al momento de vender la cosecha.

Finalmente, el sector agropecuario nicaragüense es el que brinda empleo al mayor número de personas, pero su participación se ha venido reduciendo desde 1995. Esta disminución puede ser, en parte, un efecto de las migraciones de trabajadores agrícolas nicaragüenses hacia Costa Rica, en donde pueden obtener mayores ingresos que los que reciben en el sector agropecuario de Nicaragua.[2]

El uso de la tierra

De acuerdo con el III Censo Nacional Agropecuario (Cenagro) de 2001, la superficie de tierra destinada a la explotación agropecuaria[3] en

---

[2] Morales y Castro (2006) plantean que en las actividades agropecuarias calificadas el ingreso medio mensual nicaragüense equivale al 59,4% del ingreso de los costarricenses. También señalan que en 2001 el 39,9% de los trabajadores ocupados en el sector agropecuario de Costa Rica eran nicaragüenses, dato que representaba el 57,8% del empleo rural en ese país.

[3] Se trata de las propiedades privadas, las fincas o las unidades de producción que respondieron al Censo Agropecuario.

Nicaragua asciende a 6 millones de hectáreas: el 33% está ocupada por pastos, el 19% por tacotales o tierras abandonadas y el 14% por bosques. El área agrícola como tal ocupa sólo el 16% de la tierra en explotaciones agropecuarias (el 11% corresponde a cultivos anuales-temporales y un 5% a cultivos permanentes).

Dentro del uso del suelo agrícola cabe notar la existencia de 70.000 hectáreas de cultivos orgánicos que, aunque representan menos del 10% del total de área agrícola de cultivos (permanentes y temporales), constituyen un potencial importante, dada la creciente demanda de productos orgánicos a nivel internacional.[4] Estos cultivos se han implementado por iniciativa de pequeños productores (el 98% del total en este sistema) vinculados al comercio justo[5] y su desarrollo no corresponde a ninguna política de fomento del gobierno, sino que ha surgido como respuesta a una oportunidad abierta por el desarrollo a nivel internacional de este

---

[4] De acuerdo con la Estrategia Nacional para el Fomento de la Agricultura Orgánica en Nicaragua, en el ciclo 2002-2003 existían 6.390 productores orgánicos certificados y en proceso de transición a la certificación y 5.977 fincas que en su conjunto tenían 54.271 hectáreas.

[5] El comercio justo es una forma alternativa de comercio promovida por varias organizaciones no gubernamentales (ONG), las Naciones Unidas y movimientos sociales y políticos (como el pacifismo y el ecologismo), que promueven una relación comercial voluntaria y justa entre productores y consumidores. Se basa en una clientela sensibilizada hacia los problemas del desarrollo, con cierto nivel de ingreso, que acepta esta nueva forma de contribuir mediante el pago de un sobreprecio por productos que son certificados con el sello de comercio justo. La mayoría de estos productos es orgánica y producida por pequeño productores organizados en cooperativas en diferentes países de América Latina y África. El comercio justo surgió en 1964, con la Conferencia de las Naciones Unidas sobre Comercio y Desarrollo (UNCTAD), en la cual algunos grupos plantearon suplantar la ayuda económica hacia los países pobres por un régimen de apertura comercial de los mercados de alto poder adquisitivo. En 1969 se abrió la primera tienda de comercio justo en los Países Bajos (Brenkelen). Desde entonces el movimiento cobró auge y ahora existen organizaciones de comercio justo en Canadá, varios países de Europa, Estados Unidos y Japón. El movimiento cuenta con más de 3.000 tiendas solidarias que realizan ventas directas y por catálogo en Internet. También es considerable la participación en la red de diferentes organizaciones religiosas. La aparición de los sellos de identidad ha dado un gran impulso al sistema. La primera marca de calidad de comercio justo tuvo lugar en los Países Bajos en 1988. A partir de ese ejemplo, surgieron varias iniciativas de "etiquetado justo". En 1997, varias de ellas se organizaron formando la Organización Internacional de Etiquetado Justo (FLO, por sus siglas en inglés).

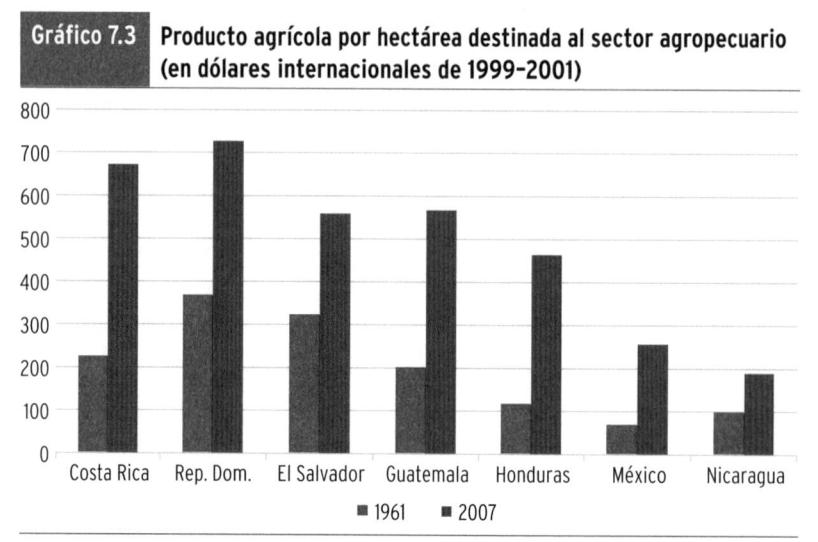

Gráfico 7.3 — Producto agrícola por hectárea destinada al sector agropecuario (en dólares internacionales de 1999-2001)

País	1961	2007
Costa Rica	~220	~680
Rep. Dom.	~370	~720
El Salvador	~320	~560
Guatemala	~200	~570
Honduras	~110	~460
México	~60	~250
Nicaragua	~95	~180

Fuente: FAOSTAT.

mecanismo de comercio. El rubro ha carecido de políticas de promoción y regulación por parte de los gobiernos de turno, y a menudo los productos terminan siendo incorporados a los canales tradicionales de productos agrícolas y perdiendo sus atributos como productos orgánicos, con lo cual se desaprovechan oportunidades. En la actualidad estos productores tienen una oferta de 25 rubros en las superficies orgánicas certificadas, y hay aproximadamente otros 10 rubros más en áreas en transición, con potencial de formar parte de la oferta para el mercado nacional e internacional.

En términos del rendimiento de la tierra, si se analiza el PIBA por hectárea destinada al sector, se observa que Nicaragua tiene la razón más baja de la región y el menor crecimiento.

Evolución por producto

Utilizando información para el período 1997-2007, se analiza el comportamiento de los principales productos agropecuarios. El **grupo en crecimiento dinámico** está conformado por aquellos productos que crecieron en área y en rendimiento; pertenecen a este grupo el maíz, la caña de azúcar y el tabaco bruto. El grupo de productos que más crecieron en áreas y no tanto en rendimiento se denomina **grupo extensivo**,

Gráfico 7.4 Tipología de la producción agrícola en función del crecimiento en el área y el rendimiento (mediana de crecimiento 1997-2007)

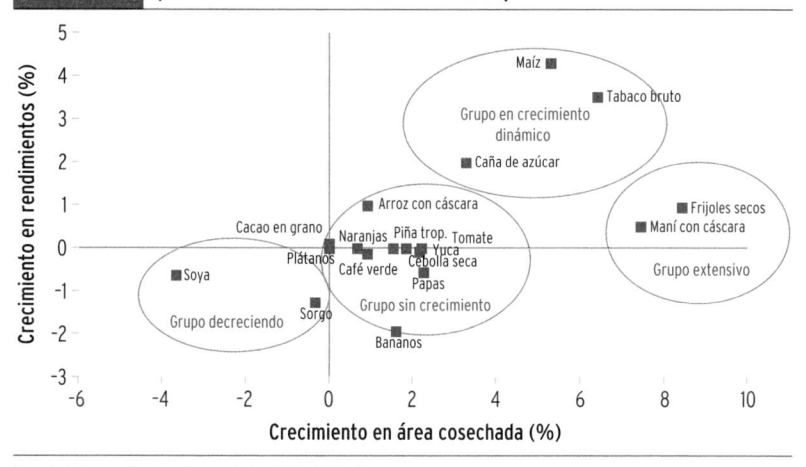

Fuente: Elaboración propia con datos de la FAO (s/f).

y en él se encuentran el maní con cáscara y los frijoles secos.[6] El *grupo en estancamiento* está formado por aquellos productos que tienden a ampliar el área de cultivo pero no crecen en rendimiento y en cuyo caso este último tiende más bien a disminuir; en este grupo se encuentran el arroz, la cebolla, el café, la papa, el banano y la yuca, entre otros. Finalmente, el *grupo de productos en decrecimiento* incluye aquellos que se ubican en el cuadrante negativo, tanto en área como en rendimiento, y en el cual se ubican la soya y el sorgo.[7]

---

[6] Estos cultivos presentan un crecimiento extensivo acelerado con tasas cercanas al 10% en aéreas cosechadas.

[7] A pesar de que los precios pagados al productor a nivel internacional han experimentado incrementos importantes entre 1996 y 2006 para los cultivos de la soya y el sorgo (del 189% y del 685%, respectivamente), en el caso de la primera el factor principal que explica esta paradoja se encuentra en el régimen volátil de lluvias de la región donde se siembra más del 80% de la soya, lo cual ha influido en la disminución de las aéreas sembradas, que se habían reducido hasta un 56% para 2006 y un 12% para 2007. En el caso del sorgo (rojo, blanco y millón) sufrió una disminución de área cosechada del 17%. Esta reducción estuvo motivada por una menor cosecha del sorgo industrial, lo que provocó una caída de la producción del 32% para el período 2002–2007. Según Magfor (2008a) esto fue consecuencia de la baja observada de hasta un 14% en la productividad del sorgo industrial.

Gráfico 7.5 Tipología de exportaciones agropecuarias en función del crecimiento de precios y volumen (mediana de crecimiento 1996-2006)

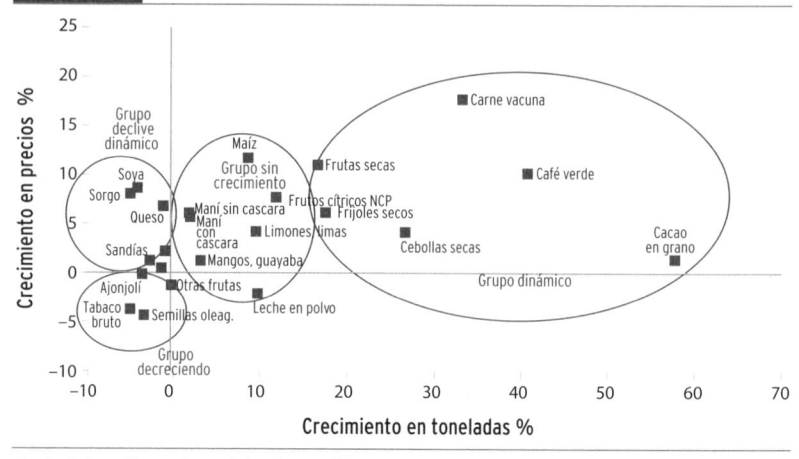

[Gráfico de dispersión con ejes: Crecimiento en precios % (vertical, de -10 a 25) y Crecimiento en toneladas % (horizontal, de -10 a 70)]

Grupos identificados:
- **Grupo declive dinámico**: Soya, Sorgo, Queso, Sandías, Ajonjolí, Tabaco bruto, Semillas oleag.
- **Grupo sin crecimiento**: Maíz, Maní sin cáscara, Maní con cáscara, Frutas secas, Frutos cítricos NCP, Frijoles secos, Limones/limas, Mangos, guayaba, Otras frutas, Leche en polvo
- **Grupo dinámico**: Carne vacuna, Café verde, Cebollas secas, Cacao en grano
- **Grupo decreciendo**

Fuente: Elaboración propia con datos de FAO (s/f).

Por otra parte, al relacionar el volumen producido con los precios internacionales, se obtiene otra perspectiva del comportamiento de los productos. En este nuevo esquema el grupo de productos en **crecimiento dinámico** varía y sobresalen el cacao en grano, el café verde, la carne vacuna, las cebollas secas y los frijoles.[8] El café y la carne ocupan los primeros lugares de mayor exportación en el país y los frijoles se han incorporado a la lista de los 20 productos más importantes en exportaciones.[9] En este mismo grupo aparecen nuevos productos agrícolas (cacao, cebolla, frutas y cítricos), aunque con un impacto limitado en

---

[8] Nicaragua se ha posicionado como el principal exportador de frijoles dentro de la región centroamericana. Hay estudios anteriores (Red Sicta e IICA, 2007) que indican que las importaciones y las exportaciones de este grano en la región se mueven desde Nicaragua hacia Costa Rica, El Salvador y Estados Unidos.

[9] Cuando se compara con otros países, pese a la reducción del área cosechada de café, Costa Rica tiene el rendimiento más alto, seguido de Guatemala y Honduras, país este último que duplica los rendimientos de Nicaragua. Nicaragua ocupa el último lugar en producción de café de la región centroamericana y su bajo rendimiento se asocia con problemas de manejo técnico de la fertilidad de los suelos.

la dinámica del sector exportador; no obstante, se perfilan con buen potencial de crecimiento.[10]

El *grupo en declive dinámico* está compuesto por el sorgo, la soya, la sandía y el queso, que se caracterizan por un crecimiento de sus precios internacionales pero una reducción sustancial en las cantidades exportadas. En el *grupo sin crecimiento* se hallan el maíz, el maní con y sin cáscara, el limón y la lima, el mango y la leche en polvo. Finalmente en el *grupo en decrecimiento* se ubican el tabaco bruto, las semillas de oleaginosas y el ajonjolí. En el caso del tabaco, aunque las exportaciones de tabaco en rama (sin procesar) han disminuido, es importante señalar que la producción está siendo captada por las fábricas de puros para exportación que operan en el país.

A partir del análisis anterior, teniendo en cuenta estadísticas de cuentas nacionales adicionales, es posible afirmar que los ingresos vía exportaciones de productos agrícolas en Nicaragua han dependido altamente del desempeño de dos productos: el café y la carne.

Desempeño del sector pecuario y de la agroindustria de la carne, la leche y sus derivados

Nicaragua es el país de la región con mayor superficie de praderas y pastos permanentes, y con mayor cantidad de cabezas de ganado (3,6 veces la existencia de ganado bovino de Costa Rica; 1,6 veces la de República Dominicana; 1,4 veces la de Honduras y 1,3 la de Guatemala).

Los principales productos que genera la ganadería bovina en el país son: carne, productos lácteos (leche, queso, crema, mantequilla) y cuero. En el período 1997-2007 la producción de carne creció un 73,5% y el número de animales sacrificados el 61,4%; la producción de leche aumentó en un 209% y el número de animales en producción en un 222%. Este incremento de la producción ha sido resultado de una mayor incorporación de animales y no de un incremento de los rendimientos productivos. El bajo rendimiento en carne y leche por animal en Nicaragua se relaciona con varios factores: primero, que la ganadería en general es de doble propósito (es decir, sirve tanto para la leche como para la carne); segundo, que hay

---

[10] El cacao tiene una mayor demanda por parte de la industria de chocolates en Europa (Alemania, Austria y Países Bajos).

deficiencias en la alimentación de los animales, principalmente durante el verano, ya que no hay lluvias; y tercero, que es común la práctica extensiva de la ganadería (libre pastoreo en amplias extensiones de tierra).

El reciente aumento en la oferta de leche fresca ha creado una dinámica de pequeña industria en materia de productos lácteos (principalmente queso) que aún no supera el sistema de producción artesanal existente, pero que lo presiona a mejorar. En términos generales, las exportaciones de lácteos han crecido más en valores a partir de 2005, cuando el precio promedio por kilo pasó de US$1,70 a US$2,10 en 2006 y a US$2,22 en 2007.

En resumen, si bien el sector agrícola de Nicaragua ha registrado un comportamiento similar al de la economía del país, manteniendo su participación en el PIB, se ha caracterizado por su lento crecimiento, bajos rendimientos productivos, un escaso esfuerzo tecnológico en la producción y la transformación, y la poca incorporación de nuevos cultivos. En años recientes ha habido un repunte del sector y se destaca el crecimiento de la ganadería extensiva, debido a las oportunidades de mercado y de rentabilidad. Sin embargo, esto ha vuelto menos atractivos los cultivos agrícolas, lo que puede explicar la poca aparición de nuevos productos. Aparte de la ganadería, al revisar el desempeño en términos de producción y rendimiento por productos, se observa que los productos dinámicos son principalmente los tradicionales.

Restricciones al crecimiento

Acceso al financiamiento

En lo que respecta a las barreras a la inversión, se han identificado básicamente dos tipos: la primera relacionada con problemas de acceso y con el alto costo del financiamiento para los pequeños productores, y la segunda relacionada con la ausencia de instrumentos que provean mayor seguridad a la inversión, tales como la agricultura de contrato y los seguros agrícolas.

Problemas de acceso y alto costo del financiamiento en el sector
De acuerdo con el análisis de Agosin, Bolaños y Delgado (2007), donde se detallan las restricciones al crecimiento para la economía en general del país, "Nicaragua no parece tener problemas de alto costo del crédito,

Cuadro 7.2 Acceso al financiamiento en países seleccionados de Centroamérica, 1991-2007 (en porcentaje)

	Préstamos totales/PIB		Préstamos al agro/VA Agro	
	1991-1999	2000-2007	1991-1999	2000-2007
Costa Rica	17	27,6	17	19,8
El Salvador	31,10	33,8	26,9	13,9
Guatemala	7,9	14	n.d.	8,8
Honduras	23,6	36,5	25,6	34,4
Nicaragua	21,5	28,4	43,3	28,2

Fuente: Elaboración propia en base a CEPAL.
n.d. = no hay datos.

por lo menos en las empresas que tienen acceso al sistema financiero formal". Dicha afirmación se desprende del análisis de las tasas de interés y los márgenes de intermediación del país en comparación con otros de similar ingreso en donde las tasas no son realmente mayores, sino que —por el contrario— parecen significativamente inferiores (véase el cuadro 7.2).[11] A pesar de este resultado, cabe destacar que el mercado financiero en Nicaragua es aún limitado, los indicadores demuestran que el país cuenta con una baja presencia de la banca formal en el territorio nacional y que está rezagado respecto de América Latina en lo atinente a sucursales, cajeros automáticos, préstamos y depósitos.[12]

Si se compara el promedio de la década de 2000 con el de la década de 1990, el crédito en términos del PIB mejoró para todas las economías de la región, pero no pasó lo mismo con el crédito asignado al sector agropecuario. En el caso de Nicaragua, este sector ha perdido peso en la

---

[11] La tasa de interés activa real en Nicaragua entre 2003-2005 fue del 6%, mientras que en los países de ingreso medio bajo fue del 10,7%. El margen de intermediación para el mismo período en Nicaragua era de un 8,9%, mientras que en los países de similar ingreso ascendía a 10,2%.

[12] En el país existen 2,84 sucursales por cada 100.000 habitantes en comparación con el promedio de América Latina, que corresponde a 8,45 sucursales; el número de cajeros automáticos por cada 100.000 habitantes asciende a 2,61 (Felaban, 2007). Otros datos señalan 1,29 oficinas bancarias por km, 1,18 cajeros por km, 95,61 préstamos cada 1.000 personas y 96 depósitos cada 1.000 personas. El promedio para el resto de América Latina de estos mismos indicadores corresponde a 5,20; 10,64; 120,2 y 489, respectivamente.

cartera total de créditos y también se ha reducido en forma significativa la cobertura (crédito al sector sobre el PIB del sector), aunque aún muestra niveles elevados para los estándares de la región.

Entre la década de 1990 y la de 2000, el sector agropecuario nicaragüense dejó de percibir recursos del sistema financiero nacional. De acuerdo con las estadísticas del Ministerio Agropecuario y Forestal (Magfor), las actividades que presentaron reducciones en el crédito recibido fueron la caña de azúcar, que pasó de CO$ 126.000 (1999-2000) a CO$ 40.000 (2006-2007), y la ganadería, que pasó de contar con 103.892 cabezas de ganado habilitadas por la banca (1996) a tener sólo 56.181 (2005), a pesar del incremento en el stock observadó entre estos años.

Por otro lado, las instituciones de microfinanzas invierten cerca de la mitad de su cartera en el sector agropecuario (47,5% en 2007).[13] Estas instituciones han organizado servicios financieros para miles de clientes que no pueden acceder a los requerimientos de la banca comercial y han reportado tan buenos resultados que algunos de los bancos han empezado a incursionar en el mercado de las microfinanzas con programas de microcréditos dirigidos principalmente a pequeñas empresas urbanas y rurales *(downscaling)*.

Las entidades financieras encuentran ciertas dificultades para canalizar más recursos financieros al sector agropecuario; por ejemplo: i) hay poca correspondencia entre el diseño de los productos financieros y la situación particular del sector; ii) muchas unidades de producción agropecuarias no disponen de sus propios registros de flujos de caja ni de planes de negocio, no distinguen entre las necesidades del consumo familiar y las necesidades de la demanda en general, no tienen compradores seguros, operan bajo la informalidad, y no logran crear colaterales o garantías. Estos son problemas por el lado de la demanda, más que de la oferta, y afectan mayormente a los pequeños productores.

En conclusión, aunque el sector recibe crédito de diversas fuentes, se considera insuficiente, tiende a ser de corto plazo y presenta problemas de acceso para los pequeños productores, en gran parte debido a sus características que los hacen poco atractivos para la banca comercial.

---

[13] Existen 19 instituciones aglutinadas en la Asociación de Micro Financieras (Asomif).

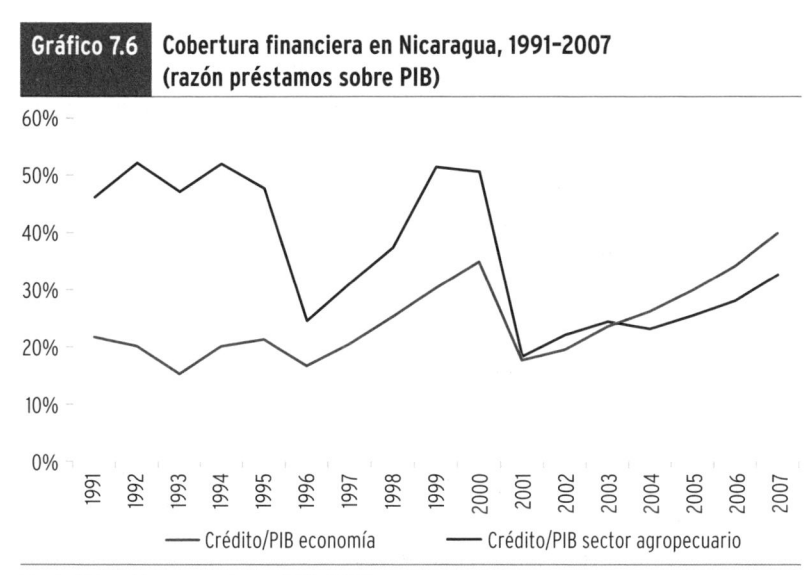

Gráfico 7.6 Cobertura financiera en Nicaragua, 1991-2007 (razón préstamos sobre PIB)

—— Crédito/PIB economía   —— Crédito/PIB sector agropecuario

Fuente: Elaboración propia en base a CEPAL (2009).

Ausencia de la agricultura de contrato y los seguros agrícolas
En Nicaragua existen pocas iniciativas documentadas sobre agricultura por contrato.[14] Una de ellas es el caso de Tierra Fértil, programa ejecutado por Hortifruti, empresa proveedora exclusiva de vegetales frescos para las tiendas de Wal-Mart Centroamérica. El programa persigue mejorar los ingresos de cientos de agricultores que dependen de cultivos de subsistencia para que puedan desarrollar sembrados diversificados, de calidad global y de acuerdo con las necesidades del mercado.[15]

---

[14] De acuerdo con Eaton y Shepherd (2001) la agricultura por contrato puede definirse como un acuerdo entre agricultores y empresas de elaboración y/o comercialización para la producción y el abastecimiento de productos agrícolas para entrega futura, frecuentemente a precios predeterminados. Los productores pueden encontrar un espacio seguro para desarrollar su actividad agropecuaria, y se les permite acceder a los servicios de producción y crédito, así como también al conocimiento de nueva tecnología, y cuestiones como la reducción del riesgo y la incertidumbre en los acuerdos vinculados con los precios, además de la oportunidad de diversificar con nuevos cultivos, lo que sería imposible sin disponer de las instalaciones para elaboración y/o marketing que proporciona la empresa inversionista.
[15] Según datos de Wal-Mart Centroamérica en su Reporte de Responsabilidad Social y Sostenibilidad, en 2007, el número de proveedores en Nicaragua alcanzó la cifra de 2.850 agricultores de granos, vegetales y frutas (muchos de los cuales forman parte de asociaciones y cooperativas), lo cual beneficia a 3.350 familias, mediante la operación de 37 proyectos agrícolas en 30 municipios del país.

El modelo de Tierra Fértil, se apoya en organizaciones estatales y no gubernamentales de cooperación que de manera conjunta promueven la organización, la capacitación y el financiamiento de los micro y pequeños agricultores. A su vez, Hortifruti, que controla el 60% del mercado hortícola nicaragüense, se encarga de garantizar la compra de cosechas bajo estándares globales y su suministro a una amplia red de mercados minoristas, que son principalmente supermercados. El cuadro 7.3 resume las dificultades de la agricultura por contrato, tanto para los agricultores como para los patrocinadores.

En cuanto al desarrollo del mercado de seguros en Nicaragua, este es relativamente reciente. Entre 1979 y 1995 operó una compañía estatal que ejercía un poder monopolístico. Sin embargo, la apertura financiera que detonó el auge bancario de la década de 1990 introdujo una nueva dinámica de competencia. En 2007 operaban en el mercado cuatro aseguradoras privadas, además de la estatal (que aún mantiene la mayor participación del mercado).

Sin embargo, el mercado no ofrece muchos productos para el sector agropecuario, a pesar de que Nicaragua es un país asediado por eventos adversos en la agricultura, como las sequías y las inundaciones. El mercado de seguros se concentra en la rama de seguros personales (27,3%) y de seguros patrimoniales (71,9%), y en el caso de estos últimos sobresale el seguro de automóviles (45,9%).[16] De acuerdo con los representantes de la industria, la ausencia de seguros en el sector agropecuario se justifica por el alto riesgo de siniestros y la baja penetración, lo que magnifica los costos de acceso.

En ese sentido, la oferta y la demanda de seguros agropecuarios se encuentran poco desarrolladas, por lo que no han sido utilizadas como instrumentos para la promoción y el desarrollo del sector agropecuario, ni como herramienta para garantizar los créditos de producción de las cosechas (Acevedo, 2008). Recientemente se han implementado algunas iniciativas novedosas que han empezado a gestarse en el sector. En 2007 la compañía estatal de seguros INISER puso en marcha un proyecto piloto de seguro de cosechas para la producción de maní y arroz de riego,

---

[16] Información basada en en el *Informe del Sistema Financiero Nacional* de diciembre de 2007 de la Superintendencia de Bancos y de Otras Instituciones Financieras (SIBOIF).

Cuadro 7.3 Problemas que se presentan en la agricultura por contrato

Problemas enfrentados por los agricultores	Problemas enfrentados por los patrocinadores (empresas)
En el caso particular de los cultivos nuevos, los agricultores se ven enfrentados a los riesgos de fallas en el mercado y a los que conllevan los problemas de producción.	Los agricultores contratados pueden enfrentar restricciones de tierra, lo que amenaza la sostenibilidad de las operaciones a largo plazo.
La administración ineficiente o los problemas de marketing pueden conducir a que las cuotas sean manipuladas de forma tal que no se adquiera toda la producción contratada.	Las restricciones sociales y culturales pueden afectar la capacidad de los agricultores para producir de acuerdo con las condiciones de los administradores.
Puede suceder que las empresas patrocinadoras no sean confiables o que estén explotando una posición monopolística.	La administración deficiente y la falta de contacto con los agricultores pueden conducir al descontento de estos últimos.
Es posible que el personal de las organizaciones patrocinadoras esté expuesto a la corrupción, especialmente en la asignación de cuotas.	Los agricultores pueden vender por fuera del contrato (marketing extracontractual), con lo cual afectan el abastecimiento de la industria elaboradora.
Los agricultores pueden llegar a endeudarse demasiado debido a problemas de producción y excesos en los anticipos.	Los agricultores pueden desviar hacia otros propósitos los insumos recibidos, con lo cual se ven afectados los rendimientos.

Fuente: Tomado de Eaton y Shepherd (2001).

ambos tecnificados y de menores riesgos relativos. En el futuro se prevé incursionar en otras ramas de la actividad agropecuaria para proteger la inversión del productor y posibilitarle el crédito bancario. Aunque la póliza es accesible para pequeños productores, estos no adquieren el seguro por desconocimiento.

Retornos a la inversión

Poco desarrollo del capital humano

Agosin, Bolaños y Delgado (2007) concluyen que a pesar de que los indicadores de acumulación de capital humano de Nicaragua se encuentran por debajo de los de los países comparables, esta no parece ser una restricción tan vinculante o activa, ya que no se refleja en los premios salariales.

La encuesta de medición del empleo de 2005 indica que el nivel educativo de la población económicamente activa (PEA) de las zonas rurales de Nicaragua es bajo: hay un 24% de la PEA que no tiene ningún nivel de escolaridad y un 51,5% que sólo ha realizado estudios primarios (un 20,8% hasta tres grados y un 30,7% entre cuatro y seis grados). Sumado a lo anterior, el gasto total en educación con relación al PIB se redujo del 3,9% al 3,1% en el período 2000-2003 (CEPAL, 2007),[17] mientras que ocurrió lo contrario en otros países como Costa Rica y El Salvador, donde dicho gasto se incrementó en el mismo período y pasó del 4,7% al 5,5% y del 2,5% al 2,8%, respectivamente.

Además, los productores tienen poco acceso a cursos de capacitación técnica que les permitan mejorar su nivel de conocimientos. Los datos del III Censo Nacional Agropecuario (Cenagro), realizado en 2001, revelaron que sólo el 15% de las familias que viven de actividades agropecuarias recibe capacitación productiva. Rocha (2001), sobre la base de la Encuesta de Medición del Nivel de Vida (EMNV) realizada en 1998, indica que en el caso de los hogares agropecuarios solamente el 17% de los hogares no pobres y el 13% de los hogares pobres reciben asistencia técnica. La Fundación Internacional para el Desafío Económico Global (FIDEG, 2008) plantea que la media de asistencia técnica y de capacitación productiva del período 1998-2006 fue de 4,7% y de 8,5%, respectivamente.[18] La formación de técnicos para el sector agropecuario osciló entre 1.024 y 2.655 alumnos matriculados en el período 1991-2006. Esto representa el 13% del total de matriculados en educación técnica en el país (Inatec, 2006).

La evaluación realizada por Marín (2008) reconoce como uno de los problemas históricos la formación de profesionales para el agro, y la poca correspondencia entre el contenido de formación y las características particulares del sector. El resultado ha sido que se prepara personal que puede ser empleado solamente por un 5% ó un 10% de los productores más grandes, que pueden invertir en tecnologías más sofisticadas, mientras que el 90% ó el 95% de los productores pequeños y medianos demandan servicios de tecnología que se adecuen a sus condiciones (topografía, tamaño de parcelas, dispersión, etc.) y que no sean costosas.

Una característica de los trabajadores nicaragüenses rurales es el bajo salario real, ya que se trata del menor de la región, lo que ha

---

[17] Solamente para este período se reportan los datos en la CEPAL.
[18] No obstante, hay que señalar que en el país casi todas las ONG que trabajan con proyectos de desarrollo, así como diferentes entidades del Estado relacionadas con el sector agropecuario, incluyen procesos de capacitación en sus proyectos, pero no existe un sistema de registro que permita dar cuenta de los mismos.

Cuadro 7.4	Salario de un peón agrícola, países de Centroamérica (dólares por jornal)							
País	1995	2000	2001	2002	2003	2004	2005	2006
Costa Rica	6,5	7,6	8,1	8,1	7,8	8,0	8,1	8,8
Nicaragua	1,4	1,3	1,2	1,1	1,1	1,3	2,8	2,0
Guatemala	2,4	2,8	3,2	3,3	4,0	4,0	4,2	5,2
Honduras	1,8	2,2	2,1	2,4	2,9	3,2	n.d	n.d

Fuente: CEPAL (2008).

motivado la migración de estos trabajadores, principalmente a Costa Rica. El hecho de que puedan obtener mejores remuneraciones en el país vecino parece mostrar que el problema de sus bajos ingresos no reside en su capital humano, aunque este sea escaso, sino en la productividad del sector (como se dijo anteriormente, Nicaragua tiene el menor producto por hectárea y por trabajador de la región). Esto no quiere decir que el capital humano no constituya una restricción, ya que el salario sólo captura el retorno privado y no el social de este factor. Sin lugar a dudas, mejorar el capital humano de quienes toman decisiones en el agro podría ayudar a mejorar la productividad, a adoptar nuevas tecnologías y a producir más valor agregado por hectárea.

Infraestructura limitada y deficiente

La infraestructura, tanto vial como productiva, es insuficiente e impide generar un proceso dinámico de acceso a mercados de forma competitiva y ágil (Magfor, 2003). Estos factores han afectado la competitividad internacional ya que el incremento en los costos de transporte contrarresta las ganancias obtenidas por las reducciones arancelarias.

Carreteras. Nicaragua es el país centroamericano con la menor densidad de caminos pavimentados: un 15% en comparación con el 29% que constituye el promedio de la región. En general, sólo el 22% de la población nicaragüense tiene acceso a caminos pavimentados y nada más que alrededor del 20% de la red está en condiciones buenas o aceptables de acuerdo con los indicadores de desarrollo internacionales (WDI) del Banco Mundial (2007).

De acuerdo con datos del Ministerio de Transporte e Infraestructura de Nicaragua (MTI), para 2005 el país tenía una red vial de 19.137 km de longitud para unir las principales ciudades y demás poblados del país. De estos, 8.188 km son de red vial básica, un 25% de los cuales se encuentra en un estado funcional entre regular y bueno, y el restante 75% tiene un alto grado de deterioro, por lo que requiere intervenciones de reconstrucción.

Puertos. La infraestructura portuaria es también limitada; los puertos en general poseen una infraestructura obsoleta, sistemas operativos deficientes y personal poco especializado. Además, no se dispone de un puerto de aguas profundas en el Caribe, por lo que los exportadores se ven obligados a trasladar sus productos a Puerto Cortés (Honduras) o Puerto Limón (Costa Rica), lo cual incrementa los costos. El 80% de los productos nicaragüenses de exportación se envían a Puerto Cortés (FIDEG, 2007a).

Electricidad. Según la Organización Latinoamericana de Energía (Olade), en 2006 los índices de cobertura eléctrica nacional para los países de la región se encontraban entre el 55,2% y el 97%. Costa Rica es el país con mayor cobertura nacional de electricidad, inclusive de América Latina. En el extremo opuesto, Nicaragua tiene al 54,8% de su población sin electricidad, principalmente en las zonas rurales.

Riego. Aunque en Centroamérica Nicaragua es el país que posee el mayor potencial de riego, no existe una estructura organizativa en torno de esta actividad. El máximo histórico de áreas bajo riego apenas ha alcanzado el 7,6% de su potencial (93.000 ha), y la mayor parte se concentra en la región del Pacífico y en la Región Central. El Cenagro contabilizó solamente 6.924 unidades de producción con uno o más sistemas de riego.[19] Este sistema es utilizado básicamente para la producción de hortalizas, caña de azúcar y arroz. Se estima que el país podría desarrollar la agricultura bajo riego en 1.210.100 ha (Magfor, 2008b) a partir

---

[19] De estos sistemas, 4.973 unidades de producción utilizaban riego por gravedad para una superficie de 60.000 ha, 423 fincas empleaban el sistema de goteo para un área de 2.900 ha, 1.683 trabajaban por aspersión tradicional para regar 15.600 ha y 38 por aspersión pivote para cubrir 14.300 ha.

de inversiones realizadas para capturar aguas subterráneas. Entre los factores limitantes para el desarrollo de las áreas de riego sobresale la alta inversión que tiene lugar en infraestructura debido a los elevados costos operacionales para la extracción y el uso del agua (según Magfor, el costo de la energía representa del 30% al 33% de los costos de producción en el sistema de riego).

Las iniciativas gubernamentales para implementar sistemas de riego son el programa de crédito de la Financiera Nicaragüense de Inversiones (FNI), que financia hasta el 100% de la solicitud de préstamos presentada al banco por el cliente. Adicionalmente, el Gobierno de Reconstrucción y Unidad Nacional (GRUN) ha elaborado una propuesta de desarrollo de la irrigación. Contempla priorizar áreas con condiciones óptimas de riego para granos básicos, hortalizas, frutales, ganado, musácea y caña de azúcar. Se estima que la productividad de estos rubros bajo riego se incremente en un promedio de 30%, lo cual constituye un valor significativo para el autoconsumo y la exportación. Está previsto que el programa se realice en cinco años para una cobertura de 35.000 ha, pero se requiere una disponibilidad de fondos de US$92,4 millones.

Telecomunicaciones. Aún son insuficientes, deficientes, poco confiables y costosas. En el cuadro 7.5 se compara la situación del país frente a los otros países de la región centroamericana, para revelar su situación.[20]

En conclusión, aunque se han realizado inversiones, las deficiencias en infraestructura no están superadas; el nivel de infraestructura no se equipara al de otros países de la región y, por tanto, esto sigue siendo una restricción al crecimiento del sector. Se necesita aumentar y mejorar el acceso de los sectores productivos a caminos y carreteras de todo tipo, desarrollar programas de fomento para inversiones de mediano y largo

---

[20] El 60% de las líneas telefónicas fijas se concentra en la capital; el 63% de los municipios (96) posee telefonía, el 26% de los municipios (39) tiene acceso a teléfonos públicos y el 11% (16) no tiene ningún acceso a teléfonos de línea fija. En cambio, la telefonía celular, en el período 2000-2006, se incrementó de 102.860 usuarios a 2.755.795, con la disponibilidad de una red de fibra óptica de 3.000 km. Este aumento ha tenido un impacto directo en el sector productivo rural. Por ejemplo, el 73% de los centros de acopio de leche tienen acceso a la telefonía celular (Canislac, 2007).

Cuadro 7.5. Caracterización del acceso a las telecomunicaciones en países centroamericanos, 2006

Indicador	Nicaragua	Guatemala	El Salvador	Panamá	Costa Rica	Honduras
Teléfonos fijos (por 100 hab.)	4,5	10,4	15,3	13,2	30,7	10,2
Tráfico internacional de llamadas (min. por persona)	62	195	410	—	127	96
Teléfonos celulares (por 100 hab.)	33,1	55,1	57	52,4	32,8	32,2
Porcentaje de la población con acceso a celular	60	—	95	89	86	—
Usuarios de Internet (por 100 hab.)	2,8	10,1	9,6	6,7	27,6	4,8
Población con PC (por 100 hab.)	4	2,1	5,2	4,6	23,1	1,8

Fuente: Elaboración propia sobre la base de los Informes de Producción de Magfor, diversos volúmenes.

plazo en infraestructura para el riego, y ampliar la cobertura de energía eléctrica, incluidos los sistemas alternativos como la energía solar y la eólica. Este tipo de inversiones requiere la intervención del Estado y la coordinación con diversos actores privados, entre ellos los pequeños productores organizados.

Adopción limitada de tecnología y falta de investigación aplicada
En general, se percibe que el desarrollo tecnológico en el sector agropecuario es incipiente y la escasa investigación aplicada tiene poco efecto, a pesar de la existencia de una serie de organizaciones relacionadas con el agro que ejecutan fondos para extensión e investigación.[21] Varios autores coinciden en esta afirmación (Harthwich et al., 2006; Stads y

---

[21] Entre las organizaciones del gobierno cabe citar el INTA, IDR, Inatec y Funica (público-privado); las principales universidades son Universidad Agraria, Instituto de Investigación y Desarrollo Nitlapan de la Universidad Centroamericana, Universidad Politécnica, Universidad Nacional Autónoma de Nicaragua, Universidad de Ciencias Comerciales; y en cuanto a las entidades de cooperación, Technoserve, AID, GTZ, IICA, CATIE, entre otros.

Beintema, 2009). Sin embargo, la falta de registros y estudios sobre el tema impiden conocer los resultados reales de este esfuerzo de incorporación de nuevas tecnologías en el sector e identificar las dificultades para mejorar la situación.

Aunque el Instituto Nicaragüense de Tecnología Agropecuaria (INTA), como entidad gubernamental, ha logrado desarrollar un catálogo de tecnologías para el sector y esto se complementa con la labor que realizan la Fundación para el Desarrollo Tecnológico Agropecuario (Funica) u otras entidades, como las universidades, el Instituto Interamericano de Cooperación para la Agricultura (IICA) y el Centro Agronómico Tropical de Investigación y Enseñanza (CATIE), en general se reconoce que hay problemas en la difusión y la adopción de tecnologías. Esto también ocurre con tecnologías desarrolladas por otras instancias, a través de proyectos particulares, en determinadas zonas del país.

Por ejemplo, la incorporación de semillas certificadas sólo la ha llevado a cabo el 17% de los productores, pese a los avances que se han realizado en la creación de nuevas variedades, mientras que el número de productores agrícolas que recurre al uso de fertilizantes asciende a un 47% (un 13% utiliza abonos orgánicos). El uso de equipos también es limitado: sólo el 8% de los productores de café poseen despulpadoras, el 1% bombas de riego, el 3% tractores y el 0,2% cosechadoras (Cenagro, 2001). Por otra parte, la capacidad de investigación en biotecnología agropecuaria está limitada a un poco más de 30 profesionales concentrados en seis instituciones que trabajan en áreas de menor complejidad científica, básicamente sistemas de diagnóstico y técnicas de micropropagación.

Barrios de Chamorro (2005) señala los siguientes como problemas de adopción en la zona cafetera Las Segovias: 1) el desencanto con las semillas o plántulas que les son entregadas a los productores porque estas no se adaptan a las condiciones locales, 2) la poca adopción de biofertilizantes y biopesticidas foliares, como consecuencia de la escasez de suministro local de materiales de compostaje que requieren los productores para su elaboración, y 3) el pobre suministro de minerales como azufre, sulfato de zinc, manganeso, entre otros. De acuerdo con Barrios de Chamorro, en esta zona la innovación más reciente (cubre a más del 30% de los productores) ha sido la oferta del servicio de comercialización de café a través de cooperativas para el comercio justo y el mercado orgánico, así como también la certificación del cultivo. Estas cooperativas se han desarrollado rápido aún sin la masificación de las nuevas tecnologías como los biofertilizantes, en parte debido a que desde hace años la producción era de naturaleza orgánica tradicional.

El estudio sobre tecnologías disponibles para la producción de frijoles de Funica (2007)[22] concluye que sólo una tercera parte de los productores conoce, comprende y usa algunas de las tecnologías desarrolladas. Aproximadamente la mitad de los productores consultados para este estudio de mercado no conocen las tecnologías que se han desarrollado; tampoco existen oferentes de servicios tecnológicos que promocionen y masifiquen su uso. Esto ocurre aun cuando el 61,3% de los investigadores del país se encuentra concentrado en cultivos agrícolas: el 23% en café, el 12% en sorgo, el 9% en maíz, y el 8% en arroz y frijoles (Stads y Beintema, 2009).

Algo similar ocurre en el sector pecuario, en el que se estima que un 85% de los productores siguen prácticas ganaderas inadecuadas (Jaime, 2008). Las innovaciones han tenido lugar en el acopio y la comercialización de la leche (tanques para enfriar la leche y de pasteurización en menor medida), así como también en el procesamiento de productos derivados.

Toda esta evidencia indica que el poco uso de tecnología e investigación aplicada es un tema que amerita mayor atención y se presenta como una restricción significativa al crecimiento del sector. El hecho de que no se adopten nuevas tecnologías se debe en parte a la ineficacia de los mecanismos de difusión (oferta), así como a problemas de la demanda (probablemente la falta de capital humano por parte de los productores incida en esto en gran medida).

Escasa organización gremial y empresarial
En el sector agropecuario existen 3.939 organizaciones agrarias, la mayoría de las cuales son colectivos agropecuarios (1.476), seguidos por cooperativas de producción y servicios (881), y en menor medida cooperativas de ahorro y crédito (294). En los colectivos agropecuarios se contabiliza la mayor cantidad de asociados: 59.619 (Cipres, 2008).

---

[22] Algunas de las tecnologías para la producción de frijoles son: el abono verde, la semilla certificada, la sembradora, la descascaradora y los silos.

La organización existente de productores es notoria, aunque encierra dificultades en rubros como el café, la ganadería y el arroz, tanto a nivel de cooperativas como de gremios productivos. Los estímulos para la organización gremial son variados. Los productores de leche organizaron la Cámara Nicaragüense de la Industria Láctea (Canislac) para relacionarse con el gobierno y con agencias de cooperación en búsqueda de inversiones en el sector, mientras que los productores de arroz de riego lo hicieron para protegerse de las importaciones y evitar quedar excluidos de la producción. Los más pequeños en la producción de café se agremian para acceder a recursos (particularmente crédito o certificaciones, en el caso de los productores de productos orgánicos) y para la comercialización, aunque en estas cooperativas de productores de café existen serios problemas de gerenciamiento y organización, lo que genera descontento ante casos de corrupción e inexperiencia técnica y administrativa (Barrios, 2005).

En este escenario se puede concluir que las debilidades organizativas del sector tienen como efecto la escasa participación de los productores en el análisis de políticas y estrategias, en el acceso a servicios públicos y privados que mejoren la competitividad, en el manejo sostenible de sus activos, y en su vinculación con el mercado interno y el de exportación. Si se observa que los productores son en gran medida tomadores de precios, la falta de coordinación es poco comprensible.

Alta vulnerabilidad a los cambios climáticos
Durante los últimos 40 años Nicaragua se ha visto afectada por episodios recurrentes de sequías provocados directamente por el fenómeno climatológico de El Niño, o como se le conoce en el mundo científico, la Oscilación del Sur (ENOS). Por ejemplo, las sequías continuas entre 1989 y 1991 generaron pérdidas del 19% en la producción de maíz, del 36% en la de frijoles, del 20% en la de arroz y del 23% en la de sorgo (algo similar se observó en la sequía de 1997/1998)[23]. Posteriormente en el ciclo agrícola 1998/99 el huracán Mitch produjo un fuerte impacto negativo en los rendimientos agrícolas y dejó severas secuelas en la infraestructura, que aún no se han logrado recuperar (Acevedo, 2008).

---

[23] Los datos de la EMNV de 1998 ubican la sequía como el principal problema agropecuario para un 84,5% de los hogares agropecuarios. Dicha encuesta, así como sus sucesoras, se inician durante los meses de junio y julio.

Cuadro 7.6 Pérdidas en las áreas sembradas por ciclo agrícola, 2000-2008

Ciclo	Áreas sembradas (en miles de mz.)	Áreas perdidas (en miles de mz.)	Porcentaje de pérdidas (porcentaje del área total)
2000-2001	1.153	121	10,5
2001-2002	1.172	145	12,4
2002-2003	1.129	46	4,1
2003-2004	1.124	51	4,5
2004-2005	964	104	10,8
2005-2006	1.123	51	4,5
2006-2007	1.005	50	5,0
2007-2008	1.079	101	9,3

Fuente: Elaboración propia sobre la base de los informes de producción de Magfor, al 31 de diciembre de cada ciclo.

La baja cobertura del riego —según Cenagro (2001) sólo el 2% de los hogares agropecuarios entrevistados en Nicaragua reportó contar con sistemas de riego—[24] hace que el sector tenga una exposición muy alta a las recurrentes sequías. En el cuadro 7.6 se detallan las pérdidas en las aéreas sembradas por ciclo agrícola de los últimos ocho ciclos. Los años con una mayor área perdida con respecto al área sembrada total corresponden a los ciclos 2001-2002 (12,4%) y 2004-2005 (10,8%). Según los informes de producción de Magfor, en ambos ciclos hubo diversas causas de daños y pérdidas en la producción (plagas y enfermedades, mal manejo técnico de los cultivos, así como también problemas debidos a la mala calidad de las semillas), y se atribuye como el principal factor los bajos niveles de precipitaciones.

Por lo tanto, los factores climáticos no sólo incrementan la volatilidad sino que reducen en promedio los rendimientos. El clima obviamente es un factor externo que el país no puede alterar; sin embargo, se pueden mejorar los procesos productivos para aminorar el efecto adverso de estos shocks en la producción agropecuaria, cosa que Nicaragua hasta hora no ha hecho decididamente.

---

[24] En la más reciente encuesta (EMNV, 2005), esta relación se ubica en 1,9%.

Capacidad de apropiación

Inseguridad jurídica sobre la tierra
La confiscación de propiedades, el impulso de la Reforma Agraria de la Revolución Sandinista en la década de 1980 y la distribución de tierras realizada desde los años noventa tuvieron lugar en medio de una serie de irregularidades (mal manejo legal, asignación desordenada y falta de registros de los títulos), que crearon conflictos e incertidumbre. De manera particular, los problemas se pueden resumir de la siguiente manera: varios dueños sobre una misma propiedad, linderos imprecisos y desmembración de la tierra de áreas colectivas cedidas a cooperativas sin el correspondiente registro catastral. Por otra parte, la Constitución del país reconoce los derechos de propiedad comunal de pueblos indígenas y comunidades multiétnicas que viven en la Costa Caribe (la cual cubre casi la mitad del territorio nacional), pero aun no se logra avanzar lo suficiente en las delimitaciones de las áreas, la definición clara del rol del Estado y de las comunidades indígenas en la propiedad de los recursos naturales, ni en el establecimiento de acuerdos sobre aquellas familias que ya habitan y trabajan en áreas de propiedad comunal.

La magnitud del problema fue resumido por la *Revista Envío* (1997) de la siguiente manera: "…durante el gobierno sandinista cambiaron de manos por confiscaciones, expropiaciones, compras y asignaciones, 2,5 millones de manzanas, el 32% de las tierras en fincas de todo el país. Durante el gobierno de Chamorro (…) cambiaron de manos más de un millón de manzanas, el 12% de las tierras en fincas. A esto hay que agregar las ocupaciones de facto de otras 300 mil manzanas a lo largo de estos años (…) sólo el 29% del área agrícola explotada de Nicaragua no está involucrada en alguno de los procesos transformadores por los que la propiedad pasó de unas a otras manos".

Actualmente, los problemas de la tenencia de la tierra no están relacionados sólo con la legalidad, sino también con la concentración de la tierra en pocas manos en un proceso de mercado informal que crea tensiones con las zonas forestales.[25] Para las autoridades a cargo del tema

---

[25] Dos hechos llaman la atención: por un lado, la distribución de tierra realizada por la Intendencia de la Propiedad, que hasta 2007 contabilizó un total de 3.715.543 manzanas de tierra, gran parte de las cuales responden a los compromisos asumidos por el gobierno con los acuerdos de paz. Por otro lado, el hecho de que

(Intendencia de la Propiedad), los problemas con la tenencia se derivan de un marco legal débil y disperso en diferentes leyes e instituciones, de la poca articulación entre las instituciones involucradas, del hecho de que los trámites sean lentos y tengan un alto costo, de la falta de demarcación, titulación y registro de tierras en manos de comunidades indígenas y étnicas, de las distorsiones en el mercado de tierra, y de las escasas oficinas de catastro, pues estas cubren sólo el 20% de las propiedades, principalmente en la zona del Pacífico.

Infortunadamente no existen estudios en el país, ni datos que permitan dar cuenta del nivel productivo ni de las estrategias que siguen los productores en estas propiedades con problemas de legalidad, así como tampoco de la relación de contraste entre estos hechos observados. Es entendible que la falta de seguridad jurídica impacte en otros aspectos, tales como la adopción de tecnologías, la falta de espíritu empresario y aún en la cooperación entre productores, por lo que su interacción con otras restricciones hasta ahora identificadas es evidente y constituye un problema para el país.

Clima de negocios poco favorable
El informe del Banco Mundial *Doing Business* (2009) ubica a Nicaragua en la posición 107 de una escala de 181, lo cual se interpreta como un escenario complicado para emprender negocios en el país, pese a que algunos indicadores han mejorado a través del tiempo.[26] Las áreas menos favorables para hacer negocios actualmente son el pago de impuestos (en la cual se alcanza la posición 162), el registro de propiedades (posición 136), el manejo de permisos de construcción (posición 134) y el comercio transfronterizo (posición 99). Esto dificulta la evolución de la actividad productiva tradicionalmente manejada con la modalidad de fincas hacia empresas. El principal efecto es el desincentivo para formalizar y desarrollar la noción de agronegocios.

---

parte de los que reciben esta tierra, luego la venden e invaden áreas de bosques, incluidas áreas protegidas sobre las que posteriormente reclaman derechos por posesión, lo cual genera una especie de mercado negro sobre la tierra.

[26] Por ejemplo, en 2003 se requerían 48 días para abrir un negocio y en 2007 esa cifra disminuyó a 39 días. En los mismos años, el costo para abrir un negocio como proporción del ingreso per cápita, bajó de 161 a 119 (Banco Central de Nicaragua, 2008).

Inestabilidad política y dependencia de las donaciones
Los últimos 30 años han estado signados por una marcada polarización política entre los gobiernos de turno y la oposición. El Foro Económico Mundial (2008) señala en su informe de 2008-2009 que el cuarto factor negativo para el ambiente de la actividad económica es la inestabilidad política del país.[27] Por otra parte, el economista Néstor Avendaño ha afirmado que Nicaragua tiene un índice de riesgo país alto (FIDEG, 2007b),[28] particularmente en las vísperas de procesos electorales. En los últimos años la inversión extranjera directa (IED) ha aumentado considerablemente (beneficiando más al sector de comunicaciones y al industrial, que constituyen zonas francas); asimismo, el registro de inversiones a través de la Ventanilla Única de Inversiones ha aumentado de la misma forma. Esto no implica que la inestabilidad política no sea una restricción, sino más bien que hay sectores que logran captar inversión a pesar de dicha inestabilidad. Es probable que el riesgo político de contrarreformas y la falta de estabilidad afecten a sectores que son más sensibles en estos aspectos. Para el caso particular del sector agropecuario, este riesgo no se ha materializado en cambios seguidos en las reglas de juego, por lo que no parece ser una restricción importante para el sector.

En cuanto a las donaciones internacionales, el país muestra una elevada dependencia que puede distorsionar el funcionamiento de su economía. Para comprender la relevancia de las donaciones, considérese que en 2008 la mitad del gasto incluido en los presupuestos municipales se cubría con fondos de la cooperación. Esto se vio afectado por el retiro de los donantes, tras las controversias por las elecciones municipales, lo que muestra una incidencia directa de los riesgos políticos en los recursos fiscales. En 2008 también tuvo lugar la suspensión de los fondos de la

---

[27] En el *ránking* de 1 a 134 que utiliza el índice global para analizar la competitividad de los países, Nicaragua se encuentra en el extremo más negativo. Se ubica en el lugar 127 en cuanto a la eficiencia del marco legal, en el 126 en la confianza hacia los políticos, en el 123 en el favoritismo en las decisiones de gobierno, en el 119 en derechos de propiedad y en el 115 en la transparencia para la toma de decisiones gubernamentales.
[28] En el riesgo país se evalúan variables económicas, sociales y políticas. Según Avendaño, en Nicaragua un índice superior a los 3.000 puntos se considera elevado. En 2007 el país alcanzó 6.000 puntos, y la variable de mayor peso fue la política y no tanto la económica.

Cuenta Reto del Milenio (CRM), que se dirigían a inversiones en carreteras y caminos en zonas productivas del Occidente, a la legalización de propiedades y al apoyo de agro-negocios. Estas afectaciones, sumadas a la reducción de las exportaciones y de las remesas producto de la crisis internacional, llevaron a recortes presupuestarios (CO$ 1.300 millones entre enero y marzo de 2009).

Fallas de coordinación entre agentes
De acuerdo con Agosin, Bolaños y Delgado (2007), en Nicaragua existe evidencia de que estarían surgiendo nuevos productos agroindustriales de exportación, pero su volumen es todavía muy poco significativo para impulsar un proceso de crecimiento que pueda sostenerse en el tiempo y reducir la pobreza. El estudio también indica que para que las exportaciones agrícolas puedan incrementarse y continuar diversificándose es necesario coordinar decisiones entre el sector público y el privado a fin de superar algunos obstáculos fundamentales: la ausencia de bienes públicos sectoriales (asegurar la trazabilidad e inocuidad alimentaria, cumplir con las normas fitosanitarias en los países de destino), la inexistencia de servicios de logística (acopio, redes de frío, contacto con los importadores en países de destino, uniformidad en la calidad, etc.), la pobre calidad de la infraestructura rural, y la escasa capacidad de aeropuertos y puertos, entre otros.

Los problemas de coordinación son comunes en el país. Urcuyo (2007) los ejemplifica con los estudios de cadenas realizados por el IICA. En la cadena de la yuca, que muestra un crecimiento en las exportaciones del país, hay problemas de almacenamiento y transporte (condiciones de refrigeración) que influyen en la calidad del producto. En la cadena de la papaya, que tiene demanda en el mercado externo, los productores no cuentan con instalaciones adecuadas para el almacenamiento, el acopio, el empaque ni el manejo posterior a la cosecha. A esto hay que sumar las dificultades de organización para comercializar el producto.

Sin embargo, hay otros casos en los que los problemas de coordinación se solucionan. En ese sentido, la iniciativa de diferenciación del café busca otorgar incentivos y premios a la calidad, así como también a la distinción del producto en el contexto de la crisis del sector provocada por la caída de los precios en el mercado internacional; este es el caso de los cafés especiales, que se exportan con los sellos de comercio justo y de la Taza de la Excelencia del Café.[29] Por otro lado, se encuentra la experiencia del conglomerado lechero, que pretendía disminuir la incidencia de barreras no arancelarias al comercio en la región centroamericana. La coordinación entre agentes ha sido decisiva en el modelo empresarial que requiere asistencia técnica, recursos financieros, asesoramiento organizativo, capacitación, acompañamiento gerencial, y la promoción y comercialización.

El movimiento cooperativo vinculado a la producción de café se ha fortalecido con procesos de capacitación, asistencia técnica y apoyo para infraestructura de beneficios húmedos, control de aguas de lavado del café y diversificación de cultivos en las plantaciones que terminan siendo benéficas para la calidad de este producto. La necesidad de hacer frente a la crisis tuvo como base la existencia de cierto nivel de organización a través de las cooperativas, la receptividad y el compromiso de los funcionarios de entidades del gobierno con la problemática de estos sectores, a lo cual hay que sumar las propuestas de acciones, la confianza en el esfuerzo conjunto, y la participación de agencias de cooperación y organizaciones no gubernamentales (ONG) locales. Este proceso de vinculación entre agentes públicos y privados, aunque no ha sido perfecto ni ha implicado un proceso de largo plazo de inversiones en recursos financieros, ha coincidido en la necesidad de generar cambios.[30]

En conclusión, las fallas de mercado relacionadas con los problemas de coordinación inciden directamente como restricciones al desarrollo del sector. Los casos señalados permiten corroborar su existencia y la forma en que han sido enfrentados por algunos sectores. Estos casos muestran que la coordinación entre los diversos agentes ha sido provechosa no sólo para resolver crisis, sino para incentivar y desarrollar la capacidad de ciertos grupos de productores.

---

[29] La Taza de la Excelencia es el premio más prestigioso que se otorga a los mejores cafés. Estos premios provienen de una competencia estricta mediante la cual se selecciona el mejor café producido en ese país para un año en particular y se vende al mejor postor durante una subasta en Internet.

[30] Pese a estos avances, el sector enfrenta cíclicamente el inconveniente de la deficiente infraestructura vial, que incrementa los costos de transporte, pone en riesgo la calidad del grano y retrasa las entregas de los productos. La disponibilidad de créditos de largo plazo para mejoras técnicas e inversiones en equipos sigue siendo restringida, y aún no se encuentra la solución más idónea para dar mantenimiento permanente a las carreteras y caminos, lo cual está relacionado con problemas de inversión del Estado para el mediano y el largo plazo.

Diagnóstico general

En base a la descripción anterior, se puede concluir que el diagnóstico general para el sector agropecuario del país indica que este se encuentra en un estado crítico, en tanto se observa un estancamiento debido a la escasa productividad y la poca capacidad humana para aprovechar oportunidades de mercado. Esta situación se ve influida por la fuerte presencia de factores como la falta de inversión en capital humano, la incertidumbre acerca de los derechos de propiedad, la falta de acceso y adopción de tecnología, lo costoso que resulta el crédito y las dificultades de acceso a él, así como también el escaso desarrollo de un espíritu y una educación empresarial en el sector. Estos factores están fuertemente relacionados entre sí de manera compleja y resulta bastante difícil determinar el peso de cada uno respecto del otro. Además, actúan como restricciones al crecimiento del agro, ya que influyen directamente de forma negativa en la inversión privada.

Políticas públicas e instituciones

A partir de 1990, con la implementación de los Planes de Ajuste Estructural, las políticas del país apuntaron a una disminución de la intervención del Estado en la producción y los mercados; las fuerzas del mercado tomaron relevancia en el marco de la apertura de la economía, y la política económica se dirigió a la búsqueda de la estabilidad macroeconómica y a la incorporación del país en la dinámica del mercado internacional. La inserción económica de Nicaragua en este último ha seguido tres estrategias: la apertura unilateral o desregulación arancelaria, las negociaciones comerciales multilaterales, y la apertura bilateral y regional.

En Nicaragua los planes de desarrollo y los programas dirigidos al sector agropecuario han sido formulados con ambiciosos objetivos que apuntan a mejorar la posición competitiva del agro, pero en la práctica se presentan como poco operables e incompletos (Magfor, 2005). Un dato positivo es que la proporción del gasto destinado al sector agropecuario respecto del gasto total del gobierno central muestra una tendencia favorable en comparación con lo ocurrido con otros países cuya proporción se ha venido reduciendo.

Los tratados de libre comercio como una expresión de la política comercial: retos y potencialidades para el sector agropecuario

Nicaragua tiene firmados cuatro tratados de libre comercio (TLC): con México, vigente desde 1998; con Centroamérica y República Dominicana, en rigor desde el mismo año; el DR-CAFTA, desde 2006; y el tratado con Taiwán, desde 2008. En 2007 Nicaragua se adhirió a la Alternativa Bolivariana para las Américas (Alba). Además, se encuentran en proceso de negociación los TLC con Chile, Panamá y Canadá, así como también el Acuerdo de Asociación con la Unión Europea. Asimismo, el país cuenta con dos Acuerdos de Alcance Parcial (Colombia y Venezuela), tres esquemas generalizados de preferencia (Unión Europea, Canadá y Japón), y 18 acuerdos bilaterales para la protección y la promoción recíproca de inversiones con un igual número de naciones.

En los procesos de negociación de diferentes TLC, muchos sectores del agro han argumentado que Nicaragua no está lista para competir en el mercado internacional debido a los problemas estructurales del sector. No obstante, este es el marco más amplio en el que pueden tener incidencia las políticas, dado que buena parte de la oferta exportable de productos nicaragüenses se origina en el sector agropecuario. Aunque esta oferta está en manos de 181.490 pequeños y medianos productores, en el contexto de los TLC el actor principal es el sector exportador, que aún pequeño como es (104 firmas)[31] cumple una función de intermediación comercial sin acelerar los cambios en los sistemas productivos.

En opinión de algunos especialistas entrevistados para este estudio, las dificultades para ampliar el número de exportadores, incluida la posibilidad de que los productores agropecuarios organizados del país incrementen su participación como exportadores directos, están relacionadas con varios factores, a saber: i) trámites de exportación engorrosos, ii) dificultades para sostener la oferta según la demanda externa, iii) débil

---

[31] En el directorio de exportadores del Centro de Exportaciones e Inversiones (CEI), los exportadores de productos agropecuarios son: exportadores de café oro (42), café molido (4), café tostado en grano (1), café descafeinado (1) y café instantáneo (1), y exportadores de carne (4). El número de exportadores en otros productos es bastante concentrado. Por ejemplo en banano (1), plátano (6) melón (1), papaya (1) yuca parafinada (3), okra (1), quequisque (3), sandía (2), maní con cáscara y descortezado (8), queso (17), mantequilla (2) y quesillo (6).

visión empresarial por parte de los productores y poca capacidad de acceso financiero, y iv) falta de conocimiento de otros idiomas y escasa comprensión de las regulaciones en materia de comercio exterior.

Resultados de los TLC vigentes
No se observa un cambio en el patrón de productos exportados luego de la firma de los tratados. En particular el país no logró diversificar sus exportaciones agropecuarias y continuó exportando los mismos productos. A continuación se citan dos ejemplos: el tratado con México y el tratado con Estados Unidos.

El TLC con México. Si bien el valor de las exportaciones totales ha aumentado anualmente, estas no se han podido diversificar como se esperaba a partir de la entrada en vigencia del acuerdo. Anteriormente, las exportaciones de maní y ganado en pie ocupaban más del 50% del valor de las exportaciones, y así lo siguen haciendo 11 años después de haber entrado en vigencia el acuerdo. En 2008 las exportaciones de ambos productos representaron el 75% del total de las exportaciones (un 58% el maní y un 17% el ganado bovino en pie). El beneficio del TLC para los productos agropecuarios nicaragüenses ha sido muy marginal para el país. En cambio, México ha incrementado sustancialmente el valor de sus exportaciones hacia Nicaragua con productos de naturaleza industrial.[32]

DR-CAFTA. La oferta exportable de productos de origen agropecuario hacia Estados Unidos sigue siendo la misma del período previo al DR-CAFTA. En 2003 el principal producto de exportación del sector agropecuario era el café, que alcanzó el 37,8% del total del valor de las exportaciones, seguido de la carne, con un 24% del valor, y el azúcar, con un 12%. En 2008 las exportaciones de café continuaron siendo las más importantes, con un 48% del valor total exportado, seguidas por la carne, con un 26%. Algunos productos que han reducido su volumen y valor exportable, considerados en las estadísticas del Ministerio de Fomento, Industria y Comercio como "productos perdedores", son: cebolla, mango, leche y sus derivados, okra, piña y ajonjolí, entre otros. No obstante, ciertos productos mejoraron su participación en las exportaciones; por

---

[32] Datos a octubre de 2008.

ejemplo: cacao, café oro, carne, cuero bovino, frijoles, frutas y vegetales en conserva, legumbres y hortalizas, tubérculos (malanga y quequisque), maní y queso.

El enfoque general y la pertinencia de las políticas agropecuarias

Las políticas pueden estar orientadas a resolver problemas, o dirigirse al aprovechamiento de oportunidades y el desarrollo de capacidades, o a una combinación de ambos. Esta distinción es relevante en tanto influye en los resultados finales de las políticas implementadas. El enfoque en los problemas es más reactivo, se queda atrapado en la situación conflictiva, genera una dinámica de acción-reacción y crea la falsa idea de que solucionado el inconveniente en cuestión se genera el desarrollo. En cambio, el enfoque en oportunidades y desarrollo de capacidades es proactivo, pone la mirada en generar nuevas pautas, en desafiar el estado alcanzado, y sobre todo imagina el futuro y trabaja para crearlo.

Las políticas agropecuarias del país se caracterizan por su enfoque en problemas. Abordan la manera de mejorar en algunos aspectos para continuar trabajando del mismo modo de siempre, e ignoran o dejan al margen iniciativas ya existentes, emergentes o en estado potencial. Es obvio que se necesita un cambio de enfoque en las políticas para crear incentivos que permitan desarrollar la capacidad de descubrir oportunidades y organizar acciones en función de su aprovechamiento.

A partir de 2005 Nicaragua adoptó en sus políticas de desarrollo sectorial el enfoque de conglomerados económicos y de subsectores agroalimentarios. Este enfoque es parte de una política que busca enfatizar la creación de una economía agrícola competitiva mediante la transformación de actividades productivas dispersas, poco integradas y creadoras de bienes primarios, para orientarse hacia una economía altamente articulada, con mayores economías de escala y generación sostenible de bienes y servicios.[33]

---

[33] Los lineamientos de políticas incluyeron: i) promover la generación de tecnología y el acceso a ella, ii) elevar los estándares de sanidad animal y vegetal para que fuesen compatibles con los requeridos por el comercio internacional, iii) fomentar la coordinación entre el sector público, el sector privado y la sociedad civil, incluidas las universidades para la búsqueda de soluciones a los problemas del sector de manera conjunta, iv) desarrollar un sistema financiero rural y v) desplegar un sistema de información para facilitar la toma de decisiones de los productores.

El enfoque de la política agropecuaria se concentró en productos de exportación, lo cual se corresponde con la política de apertura económica adoptada por el país. Sin embargo, es un enfoque que ha recibido diversas críticas de algunos gremios productivos, dado que muchos productos agrícolas que no alcanzan economía de escala se destinan al mercado interno, un espacio al que se encuentran vinculados pequeños productores agrícolas. La mayor crítica al enfoque (sólo en exportaciones) es que favorece a los productores más acomodados y excluye a los más pequeños y de menos recursos, además de poner en riesgo la seguridad alimentaria del país.

En 2007 la Global Union Research Network (GURN) estableció como prioridad de la política sectorial la seguridad alimentaria del país, con énfasis en los sectores productivos de menores recursos y empobrecidos, lo cual abarca a los trabajadores agrícolas e indígenas de la Costa Caribe. En ambos casos, las políticas agropecuarias de gobiernos anteriores y las del gobierno actual coinciden en mostrar una tendencia a favorecer a un determinado sector productivo, se dirigen sólo a actividades de producción, y no incluyen la perspectiva del encadenamiento de actores y actividades que se origina a partir de los productos agropecuarios (intermediación, procesamiento, consumo). Sin entender la estructura ni la dinámica de las cadenas (que además van cambiando con el tiempo), las políticas dirigidas al agro son limitadas y van a continuar teniendo poca efectividad.

La relación entre instituciones y la participación en la formulación de políticas
Las instituciones vinculadas al sector agropecuario por lo general actúan de manera desarticulada unas de otras. Esta problemática se ha intentado solventar con la implementación de la Estrategia de Desarrollo Rural Productivo (Prorural), la cual se ha venido ajustando hasta concebirse como un mecanismo de concertación y complementariedad de acciones.[34]

---

[34] En 2006 Prorural contó con 38 fuentes diferentes de financiamiento y en 2007 participaron 37, incluidos los fondos bilaterales y de la cooperación al desarrollo, que alcanzan el 70% de los recursos y los fondos nacionales (tesoro y rentas de destino específico), que a su vez representan el 30%. Las diferentes dinámicas de trabajo de las agencias de cooperación han llevado a desfases en los desembolsos de los fondos, de tal manera que cada año aparecen recursos en subejecución al comparar lo presupuestado con lo ejecutado.

Este propósito ha debido superar varias dificultades que se derivan de la fragmentación de las agencias de cooperación externa, las rigideces administrativas con las que trabajan y los inconvenientes para conciliar intereses particulares. Por otra parte, la relación gobierno-comunidad de donantes empezó a tensionarse en 2008, tras conocerse que los resultados del proceso electoral municipal habían sido alterados. Algunas agencias suspendieron los fondos para el presupuesto 2009, amparadas en este escenario de incertidumbre política.

El segundo grupo de actores que deben coordinarse y complementarse son las propias entidades del Sector Público Agropecuario y Rural (SPAR): el Magfor, el INTA, el Instituto Nacional Forestal (Inafor) y el Instituto de Desarrollo Rural (IDR). Desde 2008 se han incorporado formalmente también la Empresa Nicaragüense de Alimentos Básicos (Enabas), el Fondo de Crédito Rural (FCR) y otras entidades relacionadas, como el Ministerio de Fomento, Industria y Comercio (Mific), para impulsar el desarrollo agroindustrial y las cadenas dirigidas a la exportación, y el Ministerio de Salud.

La coordinación tiene como propósito que las entidades del SPAR implementen arreglos institucionales que les permitan prestar un mejor servicio. Para ello, se ha propuesto un proceso de modernización de entidades claves como el Magfor, a fin de que lidere al SPAR en la elaboración de las políticas y estrategias del sector rural productivo; la Dirección General de Productos y Sanidad Animal (DGPSA), para mejorar los servicios de sanidad e inocuidad alimentaria en el marco de los acuerdos y tratados internacionales firmados por el país, y el INTA, para acelerar la innovación tecnológica y apoyar a proveedores de servicios tecnológicos. Se han logrado algunos avances, pero aún hace falta trabajar más en los procesos de coordinación interinstitucional para generar una sinergia de actores públicos en el sector.

Otra instancia de coordinación es el Consejo Nacional de Producción organizado por el Magfor. Este se concibe como un ámbito de consulta para la definición de políticas. Está integrado por 42 organizaciones, entre gremios productivos y organizaciones de la sociedad civil (ONG) ligadas al sector agropecuario. Los temas prioritarios de discusión han sido el crédito agropecuario, la seguridad de la propiedad y la protección del medio ambiente.

En resumen, si bien existen mecanismos e instancias para la coordinación entre instituciones y se logra participar en la discusión de documentos de políticas, tanto las instituciones como la población en general tienen la percepción de que es poco lo que se avanza. Esta creencia se deriva de la lentitud con que se organizan los mecanismos o instrumentos operativos para la concreción de los lineamientos de las políticas. Estas permanecen como una declaración de buenos deseos, pero su ejecución (la puesta en práctica) es el mayor problema. A su vez, la lentitud o el progreso escaso se ven influidos por las rigideces de la burocracia institucional y por una falta de cultura institucional de evaluación periódica sobre la dinámica y el efecto de lo que se decidió como política. Este aspecto debería ser considerado como punto de evaluación periódico en el marco de las políticas definidas para el sector.

Políticas y prácticas de innovación tecnológica e investigación en el agro
Respecto de las capacidades existentes, las instituciones dedicadas a la investigación y la innovación tecnológica en el sector agropecuario son: el INTA, la Fundación para el Desarrollo Tecnológico Agropecuario (Funica), la Universidad Nacional Agraria (UNA), el Instituto de Investigación Aplicada y Desarrollo Nitlapan de la Universidad Centroamericana (UCA), la Universidad Nacional Autónoma de Nicaragua (UNAN), la Universidad de Ciencias Comerciales (UCC) y la Universidad Politécnica (Upoli).

Aunque no es exclusivo para el sector agropecuario, también existe el Consejo Nicaragüense de Ciencia y Tecnología (Conicyt) con el cual no hay una relación fluida. También cabe considerar al Instituto Nacional Tecnológico (Inatec) en lo que atañe a la formación de técnicos agropecuarios y otras instancias relacionadas a partir de su vinculación a sectores del agro menos tradicional: la Comisión Presidencial de Competitividad (CPC), con incidencia en la organización de conglomerados, el Mific (PyMe agroindustriales) y algunos programas de cooperación para el desarrollo (Technoserve, AID). En este conjunto de instituciones, se observa una fragmentación de responsabilidades que dan como resultado brechas en la promoción de innovaciones tecnológicas y ponen en evidencia la falta de coordinación para políticas públicas de mayor consenso.

Por otra parte, en el período 1981-2006, la orientación institucional de la investigación en el sector agropecuario ha recaído en el sector universitario (un 69,9% en 1981 y un 67% en 2006, frente a una participación gubernamental del 29,7% y del 32,7%, respectivamente), esfuerzo que descansa principalmente en el INTA (Stads y Beintema, 2009), aunque este se encuentra sobrecargado, lo que no permite llegar a la mayor parte de los productores (Harthwich et al., 2006).

Respecto de los Servicios de Asistencia Técnica (SAT), casi todas las organizaciones que los proveen parecen compartir un mismo modelo: trabajar con promotores.[35] El vínculo técnico-promotor busca potenciar la experiencia de ambos para mejorar el conocimiento, estimular la apropiación de diferentes tecnologías, fortalecer habilidades y destrezas, y lograr el mejoramiento organizativo de los productores. Sin embargo, el modelo tiene un efecto limitado, porque se trabaja sólo desde la oferta, priorizando los riesgos de los productores en la producción, y poco se consideran los criterios de la demanda sobre los productos (calidad, frecuencia, tiempos de entrega, etc.). Tampoco existen acciones dirigidas a evaluar o medir la efectividad del modelo técnico-promotor.

Aunque Nicaragua dispone de instituciones e infraestructura de investigación, ambas parecen estar insuficientemente financiadas y poco conectadas entre sí y con el sector productivo, tanto con los pequeños productores como con los empresarios de mayor escala (Harthwich et al., 2006).

La política de seguridad alimentaria: el Programa Productivo Alimentario

La política de seguridad alimentaria tiene como instrumento más conocido para su ejecución el bono productivo alimentario,[36] publicitado por el gobierno como parte de su estrategia para reducir el hambre a cero,

---

[35] Los 204 técnicos del INTA se vinculan con 1.779 promotores rurales que a su vez asisten de 10 a 12 productores cada uno.
[36] El bono productivo alimentario incluye la entrega a 75.000 familias (en un lapso de cinco años) de: una vaca preñada, una cerda cubierta, cinco gallinas y un gallo, semillas, y plantas frutales y forestales que se convierten en un crédito revolvente. Se entrega a familias muy pobres (con preferencia a mujeres), las que se supone deben velar por la utilización correcta de los bienes que respaldarían la deuda contraída. El bono se entrega bajo el supuesto de que resulta suficiente para que la familia pueda producir los alimentos balanceados (carne, huevos, leche y frutas) que diariamente necesita en su mesa para mejorar su nivel nutricional, y generar excedentes para la venta sólo después de asegurar su propio alimento.

de donde también proviene su denominación "hambre cero". Aunque la política está orientada a priorizar la producción de alimentos para la población, lo que es legítimo y apropiado, ha dado lugar a muchos cuestionamientos. Primero, porque se habla de reducir a cero la pobreza en un lapso de cinco años (período de vida del instrumento) y segundo, por la forma en que se ha diseñado el bono productivo, con lo cual una familia pobre del campo difícilmente pueda resolver su situación de pobreza, cuando hay otros factores de influencia que la política no contempla, por ejemplo: el manejo del agua, la disponibilidad, el tamaño y la calidad de la tierra, o bien las estrategias de vida de las familias pobres.

En la práctica, la ejecución del bono se revela como un programa altamente asistencialista de corto plazo y en nada diferente de otros programas impulsados por gobiernos anteriores (Cáceres, 2008). Asimismo, se presta a ser utilizado como un instrumento de clientelismo político que favorece a los simpatizantes del gobierno de turno. También hay otros problemas relacionados con la forma en que se administra el programa y la falta de mecanismos de control transparente para la adquisición de los animales que luego se distribuyen. El mismo programa separó oficialmente a un grupo de funcionarios acusados de malos manejos y actos de corrupción. Además, la práctica de donaciones y la cultura latente de no efectuar los pagos por los bienes recibidos del Estado atenta contra los objetivos del programa. En escenarios de esta naturaleza, sería apropiado que el gobierno obviara la ejecución directa de este tipo de programas, y en su lugar creara alianzas con gremios y otras ONG que trabajan con programas de reducción de la pobreza en una perspectiva no asistencialista.

¿Hay políticas para servicios financieros en el sector agropecuario?

Después de la desaparición del Banco del Estado, en 1998 se creó el Fondo de Crédito Rural (FCR) para financiar a medianos, pequeños y micro empresarios de producción rural, asociaciones de productores, exportadores y comercializadores de productos e insumos, de procesamiento agroindustrial y empresas de servicios agropecuarios. El FCR se enfoca en canalizar los recursos a través de la intermediación financiera: cooperativas, ONG, asociaciones, alcaldías, gobiernos regionales, empresas comunitarias, fundaciones y comercializadoras, y otorga prioridad a las cooperativas. Es administrado por el Estado y se prevé que una vez que se vuelva a constituir el Banco de Fomento, el Fondo pasará a ser parte del nuevo banco.[37]

Los subsectores con mayor acceso al crédito del FCR han sido el pecuario (compra de ganado, mejoramiento de la infraestructura productiva: cercas, corrales, salas de ordeño y compra de maquinaria y equipos, como cortadores de pasto y máquinas para la siembra de pasto) y el cafetero (beneficios húmedos). En ambos casos se han canalizado recursos para iniciativas de comercialización.

La principal dificultad para expandir el servicio de crédito a través de este mecanismo la constituyen las deficiencias organizativas de las cooperativas, dado que prestan poca atención a los temas de su legalidad jurídica, invierten poco esfuerzo para manejar información actualizada respecto de sus estados financieros, y en general presentan anomalías en el manejo empresarial, debido a que la mayoría de las cooperativas no disponen de planes de negocios ni de proyectos de inversión, requisitos para tener acceso a los recursos.

Por otra parte, el FCR opera aisladamente como un fondo más entre los existentes para el sector rural, entre ellos el Fondo de Desarrollo Campesino (Fondeca) o los que son manejados por las microfinancieras o por otras entidades del Estado para proyectos específicos. Esto se traduce en un vacío en términos de políticas públicas sobre los servicios financieros al sector.

El instrumento de la intermediación financiera de los recursos para crédito es un mecanismo apropiado para ampliar la cobertura del servicio financiero, en tanto permite llegar a más productores y reducir costos en comparación con una entrega individualizada de los créditos desde una sola entidad. Sin embargo, es poco útil si no se complementa con otros instrumentos que permitan a todos los productores organizados en cooperativas desarrollar su visión y capacidad empresarial tanto a

---

[37] Los resultados indican lo siguiente: en 2005 se otorgaron CO$ 79,9 millones en créditos que beneficiaron a 2.523 productores; en 2007 se atendieron 14.342 productores y los desembolsos ascendieron a CO$ 120,65 millones canalizados a través de 26 instituciones financieras, 20 de ellas cooperativas (76,53% del total de créditos en ese año), 5 ONG (19,88%) y 1 asociación (3,57%). En 2008 los desembolsos se incrementaron a CO$ 415,8 millones en créditos a una tasa de interés anual del 9% mediante 89 intermediarias (80% cooperativas), que atendieron a 28.936 productores (un 37% fueron mujeres).

nivel individual como colectivo, y cambiar la noción del cooperativismo que prevaleció durante los años ochenta.[38] Los servicios de desarrollo empresarial del sector agropecuario siguen siendo escasos, poco desarrollados y costosos. Por lo tanto, el reto consiste en diseñar un modelo de fomento de la pequeña empresa rural (individual y cooperativa) a partir de un marco conceptual que considere las dificultades señaladas y concluya con una elaboración de políticas orientadas a crear un clima empresarial para agronegocios, cuyo principal atractivo no sea la captación de impuestos.

Políticas para el desarrollo de las PyMe

Las políticas para las pequeñas y medianas empresas (PyMe) no parecen aplicar al sector productivo primario, en donde las fincas o unidades de producción no se asumen y no se ven como unidades empresariales. Aunque el IDR tiene una Dirección para el Desarrollo de PyMe Rurales, en la práctica no está claro cómo se entiende la noción de PyMe rural, dado que no se especifica cuáles son las características en el país y cuál es la estrategia propuesta para su desarrollo.

La Dirección para el Desarrollo de PyMe Rurales del IDR menciona como instrumentos para lograr dicho desarrollo la articulación de estas empresas con otros actores de la cadena y el fomento de la autogestión. Esto sólo aparece en enunciados generales sin que se defina claramente qué se debe entender por ello. Por otra parte, los cuatro programas (repoblación ganadera, fondo de desarrollo campesino, programa para la región seca y fondo para medios de vida) a través de los cuales se busca desarrollar a las PyMe rurales operan más con una lógica de ejecución de proyecto, sin diferenciarse demasiado de otros proyectos manejados por el IDR.

Además, la Dirección para el Desarrollo de PyMe rurales está desarticulada de las políticas emprendidas por el Mific que gestiona recursos y dice trabajar por el desarrollo de las PyMe. Entre 2002 y 2007 el Mific impulsó un proyecto de apoyo a la innovación tecnológica

---

[38] En esa época las cooperativas se percibieron como un instrumento de la Revolución para afianzar el sistema político que se buscaba implementar, es decir, las cooperativas tenían una connotación política pero partidaria a favor del partido en el gobierno y no tanto una estrategia de desarrollo económico.

para PyMe, como un instrumento de respaldo de la competitividad en el marco del DR-CAFTA. El proyecto fue concebido como un nuevo mecanismo de fondos compartidos no reembolsables para cofinanciar Proyectos de Innovación Tecnológica (PIT) en PyMe, y Proyectos de Adaptación de la Oferta Tecnológica (PAOT) en Proveedores de Servicios Tecnológicos (PST), para que mejoren su oferta en beneficio de las PyMe. Durante los cuatro años de su ejecución, el proyecto cofinanció 102 proyectos, con una inversión de US$3.002.282,66 que se distribuyeron entre 89 PyMe (US$2.156.443,18), 10 de las cuales eran agrícolas y 13 conformaban prestadores de servicios tecnológicos[39] (US$845.839,48) (Mific, 2007).[40]

Ante todo, se requiere desarrollar un marco conceptual más amplio para considerar la dinámica propia de las actividades económicas que tienen como base las actividades agropecuarias y no agropecuarias en el medio rural, lo que a su vez permita disponer de un marco de referencia para elaborar políticas orientadas a desarrollar la visión empresarial y a promover sociedades de productores.

La política de sanidad agropecuaria e inocuidad agroalimentaria

La sanidad animal y la inocuidad agroalimentaria es un tema sensible y se ha priorizado. En mayo de 2004 se creó el Sistema Integrado Nicaragüense de Inocuidad Alimentaria (Sinial), cuyo mandato fue la conformación de un Comité Nacional de Coordinación de Inocuidad Alimentaria (Conacia) con la participación del Ministerio de Salud (Minsa), el Magfor y el Mific, a efectos de trabajar en la elaboración de una serie de propuestas sobre el tema, donde a la vez se ponga énfasis en la necesidad del uso de laboratorios de manera coordinada entre las diferentes entidades.

Las prioridades se han centrado en la vigilancia de plagas y enfermedades en animales (tuberculosis y brucelosis en el ganado bovino, gripe aviar y enfermedades en cerdos de 843 fincas) y cultivos (plagas

---

[39] Laboratorios y universidades.
[40] Los criterios para acceder a los fondos no reembolsables excluyeron a las PyMe rurales debido a las deficiencias que estas presentan en términos de su desarrollo y gestión empresarial, pero tampoco se ofreció una alternativa para llevarlas a un estado que les permitiera participar y competir por los fondos públicos.

cuarentenadas y control de la calidad de las semillas, tanto las que se producen internamente como las que se importan). También se incluye el rastreo del movimiento del ganado (en 6.162 fincas) y el mejoramiento genético de animales (en 1.000 fincas), además del control de la semilla certificada, la trazabilidad de productos orgánicos y buenas prácticas agrícolas (en 987 fincas), y el control de la calidad de insumos agropecuarios (en 409 establecimientos registrados).

Las inspecciones y la capacitación (a técnicos de diferentes instituciones, ONG y productores) han sido actividades que han permitido tener cierto tipo de control, al igual que el impulso de iniciativas como las Buenas Prácticas de Manufactura y las Buenas Prácticas Agrícolas para asegurar una producción cada vez más limpia. Hace falta organizar un sistema nacional que cuente con la participación coordinada de las diferentes entidades del Estado (DGPSA, Minsa), del sector empresarial en la producción (primaria y de transformación), y de la intermediación comercial de los productos sobre la inocuidad agroalimentaria, puesto que es una responsabilidad conjunta, y hay que considerar las limitaciones (de personal y recursos financieros) del Minsa para ejercer su función de evaluar e inspeccionar las condiciones sanitarias, incluida la emisión de licencias sanitarias (igual dificultad se encuentra en la DGPSA). Debido a todo ello, no es casual el reducido número de establecimientos bajo registro, supervisión y control.

El país no sólo requiere normas elaboradas e instituciones que controlen (lo que ha sido el énfasis de las acciones impulsadas), sino también un proceso educativo de carácter masivo para que sea incorporado como un elemento básico de su trabajo por cada actor de la cadena del producto (productor, acopiador, intermediario, procesador, distribuidor, consumidor). En particular, educar a los consumidores del mercado interno sobre la importancia de la inocuidad de los alimentos ayudaría a presionar por una mayor inocuidad alimentaria en todos los niveles. Lo realizado hasta ahora en esta materia es insuficiente para hacer frente a la capacidad de competitividad del país en sus productos agrícolas.

La infraestructura rural

Una buena infraestructura es elemental para el desarrollo de una política sobre productividad y para la competitividad del país. Las acciones emprendidas a través de Prorural en el componente de infraestructura rural se han dirigido a corregir las fallas del gobierno en la provisión de estos bienes públicos. El objetivo ha sido mejorar el acceso vial y terrestre de la producción rural de bienes y servicios a los mercados de interés. Hasta ahora el énfasis se ha puesto en construir nuevos caminos y puentes, rehabilitar y mantener caminos y carreteras, y reacondicionar las instalaciones físicas de Enabas (bodegas).[41]

De acuerdo con funcionarios del IDR, los sectores más beneficiados han sido el cafetero, el de los granos básicos y el de los ganaderos. Los productores aportan entre el 10% y 30% de los costos de reparación o mantenimiento, según sea el caso.[42] Este tipo de proyectos se realiza a través de las alcaldías, con fondos propios mediante transferencias a través del fondo de mantenimiento vial.

Por lo tanto, las acciones emprendidas se vuelven paliativas de la deteriorada situación de la infraestructura vial y no constituyen una solución de larga duración, como lo sería la pavimentación de las carreteras. Lo anterior tiene que ver con la asignación de recursos y la capacidad instalada. Por ejemplo, la capacidad instalada en el IDR en cuanto a personal para trabajar en este componente abarca pocos funcionarios y escasa maquinaria,[43] con la cual sólo se pueden asegurar 500 km de mantenimiento anual (el inventario de caminos para dar mantenimiento es de 18.000 km). En la actualidad no hay capacidad de asegurar un buen mantenimiento, ya que se depende principalmente de fondos de cooperación.

Análisis de las políticas agropecuarias

Para concluir, luego de más de 20 años de apertura económica, continúa habiendo problemas de organización de la oferta productiva de manera estable y sostenida, y se observa que la diversificación de dicha oferta es

---

[41] En el caso de las inversiones en carreteras y caminos, estas son complementarias de las inversiones realizadas por los productores y cofinanciadas por las municipalidades.

[42] Esta contribución, sobre todo en zonas de granos básicos y café, suele realizarse mediante la aportación de mano de obra de parte de los productores. La reparación de caminos y carreteras no siempre incluye el uso de maquinaria, sino piocha y pala, con lo cual las restauraciones realizadas son pasajeras.

[43] Se cuenta con 12 funcionarios para supervisar el componente de infraestructura vial y con 52 máquinas.

escasa. Los productos agrícolas tradicionales en las exportaciones siguen siendo casi los mismos (café, carne, azúcar) y las oportunidades que se vislumbran con la apertura comercial finalmente no se aprovechan.

El desequilibrio entre las políticas y las acciones concretas tiene que ver con problemas de enfoque. En general, las políticas hacia el sector agropecuario del país se orientan únicamente al eslabón primario de la cadena, e ignoran la perspectiva de los otros eslabones (sobre todo en cuanto a la articulación hacia adelante) y por ello no están en condiciones de facilitar soluciones a las fallas de coordinación. Tampoco consideran las interrelaciones del sector con otras políticas sectoriales, como las de la industria, la promoción de exportaciones o la promoción de inversiones. Las políticas tienden a simplificar la dinámica compleja que tiene el sector agropecuario en el conjunto de la economía y se asumen como responsabilidad casi exclusiva del Estado.

El sector agropecuario es muy heterogéneo en cuanto a sus actores, en sus dinámicas y racionalidades, en cuanto a productos y condiciones agroclimáticas, y esta diferenciación no se expresa en las políticas orientadas al sector. Parte de la heterogeneidad tiene que ver con la existencia de diferentes subsistemas de producción (agroforestal, agro-silvo-pastoril, agroturismo, producción de subsistencia-producción mercantil) dentro de las unidades productivas que responden a las diferentes estrategias de vida de los productores. Pero las políticas se orientan por rubros de producción (granos, café, ganado, ajonjolí) y separan así lo que en la práctica no está unido. Por ello, las políticas no se corresponden en la práctica con los sistemas de producción existentes.

El proceso de formulación de políticas demanda una participación más activa y efectiva de los actores económicos en los distintos niveles, así como también un ambiente institucional para mejores transacciones (clima de negocios). Una planificación de políticas sectoriales nacionales debería hacerse sobre la base de políticas territoriales en diálogo con los diferentes sectores vinculados a la actividad agropecuaria. La definición de instrumentos de política tendría que operar más en este nivel de territorios. En este sentido, hace falta lograr una mayor coherencia nacional entre las entidades del SPAR y particularmente buscar un mayor acercamiento sectorial para el diálogo más abierto en los territorios con la diversidad de productores y de actores relacionados con el sector, incluidos los proveedores de insumos, los intermediarios y la industria.

Los desafíos para aprovechar las oportunidades y enfrentar las restricciones corresponden tanto al Estado como al sector privado (productores y sus organizaciones empresariales), a las ONG y a los gremios, y a los organismos de cooperación internacional. En este sentido, la descentralización de recursos y la democratización de los procesos de toma de decisiones en los territorios podrían contribuir más al crecimiento del sector agropecuario y al desarrollo de las poblaciones que viven de o en torno al mismo.

En conclusión, las políticas aquí presentadas, aunque se dirigen a reducir el peso de las restricciones, no logran mejorar sustancialmente las condiciones en las que tiene que desenvolverse el sector agropecuario. Existen muchos vacíos que no se cubren y las políticas terminan siendo ineficientes. Las entidades públicas se caracterizan por una excesiva lentitud en el proceso de aprobación de nuevas políticas que son útiles al sector. Esta lentitud no sólo se observa en el proceso de aprobación, también tiene lugar en la puesta en marcha de una determinada política. Desde hace algunos años existe la Propuesta de Política Nacional de Biotecnología Agropecuaria y Forestal, como también la Política de Fomento de la Agricultura Orgánica. Ambas siguen esperando ser discutidas y aprobadas por la Asamblea Nacional.

Conclusiones

El sector agropecuario nicaragüense ha presentado a lo largo del tiempo oportunidades y restricciones para su crecimiento, pero las políticas destinadas al sector parecen haber sido poco adecuadas para aprovechar las oportunidades identificadas y eliminar las barreras al crecimiento. El mayor desafío es un cambio de enfoque hacia las oportunidades y el desarrollo de capacidades diversas (técnicas, de articulación, de diálogo, de incorporación de gestión empresarial, de innovación, de autodescubrimiento). La articulación del Estado con el sector privado, las ONG y los organismos de cooperación resulta fundamental para impulsar cambios tecnológicos, y una mayor investigación y experimentación. Se requiere ahondar en el estudio de las complejidades del sector, de sus diferentes sistemas de producción, de las estrategias de vida de las familias que viven en el campo, de las restricciones que impone la desigualdad (incluida la de género), así como desarrollar una gestión empresarial que considere tanto la producción de subsistencia como la producción para el mercado y la articulación con los otros sectores de la economía.

Desde 1990 las políticas hacia el agro se han concentrado en productos de exportación como estrategia para entrar en la dinámica del mercado internacional. Este tipo de mercado se mueve por economías de escala y otra serie de parámetros de calidad, tiempos y entregas. Pero contradictoriamente las políticas internas no crean esa economía de escala para vincularse, permanecer y ampliar la participación en el mercado externo. Valga como ejemplo lo que ocurre con la cuota de carne en el marco de las negociaciones con la Organización Mundial del Comercio (OMC) o con las cuotas pactadas en el marco del DR-CAFTA, ya que ninguna se puede llenar, pese al crecimiento de la ganadería y a la existencia de una industria de la carne. Algo similar ocurre con otros productos (por ejemplo, la miel y el plátano), en cuyo caso los productores no sólo no logran alcanzar el volumen, sino que tampoco disponen de infraestructura con condiciones para el almacenamiento y el empaque.

Este tipo de incongruencias necesitan ser consideradas en la revisión de las políticas. Es necesaria una diferenciación e idear estrategias de apoyo destinadas a productos y actores para un mercado internacional (Estados Unidos, la Unión Europea y Japón), productos y actores para el mercado regional (Centroamérica y el Caribe), y productos y actores para el mercado nacional. También hay que establecer una diferencia entre los productos y actores en economías de escala y en nichos de mercado, a fin de perfilar políticas e instrumentos más adecuados a las características particulares de los grupos de actores en torno a los productos. Se trata de instituir políticas agropecuarias inclusivas y opuestas a la exclusión de los sectores con menores recursos.

La heterogeneidad del sector agropecuario no se expresa en las políticas al sector. Aunque el primer texto de Prorural reconoció las diferencias entre zonas geográficas y el ajuste realizado por el Gobierno de Unidad y Reconciliación Nacional incluye una tipología de productores entre los que se cuentan indígenas de la Costa Caribe, sin embargo, en ambos casos, los instrumentos de política no se corresponden con las diferencias identificadas. En la práctica, termina predominando una distinción por rubros de producción (café, granos básicos, ganado, etc.).

Otro sesgo de la política es que se enfoca en productos y desconoce la lógica de los actores productivos, de sus características y sus estrategias de vida y de integración a los mercados. Gran parte de los actores productivos no se dedican a monocultivos y desarrollan sistemas de producción que tienden a la diversidad de productos, los cuales se pueden usar con diferentes fines. En ocasiones, la diversificación puede responder a más productos para la comercialización; en otras, puede estar dirigida a servir de insumos para la alimentación animal.

El tema de la infraestructura básica de soporte de la actividad productiva, como el contar con caminos y carreteras en óptimas condiciones, la extensión del servicio de energía eléctrica, los servicios de agua corriente o los puertos, sigue siendo un cuello de botella en el sector. No obstante, se requiere la construcción de mayor consenso en los territorios entre los actores y las autoridades para determinar cuáles son las rutas que deben priorizarse. Otros cuellos de botella abarcan las normativas sanitarias, y los controles y la certificación de la calidad de los productos, tanto para consumo interno como para el mercado internacional. Estos aspectos requieren mayores inversiones a las realizadas hasta ahora, así como el establecimiento de árbitros imparciales que puedan dirimir conflictos entre partes.

El financiamiento de la producción, particularmente de mediano y largo plazo, para crear infraestructura productiva (pozos, sistemas de riego, bodegas, adquisición de maquinaria agrícola, medios de transporte), para investigar y para modernizar implementos y equipos continúa siendo una de las limitaciones. En Nicaragua se ha hablado desde hace algunos años de la necesidad de volver al sistema de un banco de fomento. En la campaña electoral del GRUN, el tema tuvo mayor relevancia, pero en la práctica hay pocos avances en esta línea. Un diálogo entre el sector financiero, los productores y sus organizaciones, los proveedores de insumos y equipos, los intermediarios, los exportadores de productos agrícolas y el gobierno podría traducirse en políticas de financiamiento de las cadenas, de tal manera que permitan una relación en la que todos los actores involucrados salgan ganando.

Finalmente, el proceso de formulación de políticas demanda una participación más activa y efectiva de los actores económicos en los distintos niveles, así como también un ambiente institucional para lograr mejores transacciones (clima de negocios). Una planificación de políticas sectoriales nacionales debería hacerse sobre la base de políticas territoriales y la definición de instrumentos de política debería operar más en este nivel. Por eso, no se trata tanto de buscar coherencia nacional entre las entidades del SPAR como de lograr la coherencia sectorial en los territorios. Los desafíos para aprovechar las oportunidades y enfrentar las restricciones corresponden tanto al Estado como al sector privado (productores y sus organizaciones empresariales), a las ONG y los gremios, y a los organismos de cooperación internacional. En este sentido, la descentralización de recursos y la democratización de los procesos de toma de decisiones podrían contribuir más al crecimiento del sector agropecuario y al desarrollo de las poblaciones que viven de o en torno a este.

¿Dónde se requiere poner atención de manera particular?

Hay que prestar atención a la rigidez de la burocracia institucional y a la poca cultura de evaluación periódica sobre la dinámica y el efecto de lo que se ha definido como política. También hay que atender la lentitud en el procedimiento para la aprobación de políticas, entre ellas: la Política Nacional de Biotecnología Agropecuaria y Forestal, y la Política de Fomento de la Agricultura Orgánica.

Otro tema de importancia es la poca coordinación existente entre las entidades que trabajan en el desarrollo y la innovación de tecnología agropecuaria: el INTA, el Funica, las universidades, el Inatec y el Conicyt. Se necesita un marco más amplio y consensuado de políticas de innovación tecnológica y de asistencia técnica. Por ello, se sugiere crear espacios de discusión y reflexión sobre temas de interés, el primero de los cuales podría centrarse en los avances y las dificultades que las diferentes entidades encuentran para la adopción de tecnologías que van desarrollando o promoviendo.

Se debe prestar atención al tipo de asistencia técnica que se ofrece a los productores. Se sugiere crear condiciones para estimular el incremento de un SAT con lógica de agricultura de contrato para ayudar a mejorar la coordinación de los actores en torno al producto. Se requiere un mayor acercamiento entre las diferentes entidades que introducen tecnología en el sector, no sólo para evaluar su contribución al problema tecnológico del agro, sino también para definir políticas más incluyentes de todos los actores a fin de lograr un mayor impacto.

En el caso de la política de seguridad alimentaria, sería apropiado que el gobierno obviara la ejecución directa de este tipo de programas, y en su lugar creara alianzas con gremios y otras ONG que trabajan con programas de reducción de la pobreza en una perspectiva no asistencialista.

Dado que los servicios de desarrollo empresarial en el sector agropecuario siguen siendo escasos, poco desarrollados y costosos, el reto es diseñar un modelo de fomento de la pequeña empresa rural (individual y cooperativa), a partir de un marco conceptual que considere las dificultades señaladas y concluya con una elaboración de políticas orientadas a crear un clima empresarial para agronegocios en diferentes niveles de desarrollo, cuyo principal atractivo no sea la captación de impuestos.

Sería oportuno que tanto el FCR como las compañías microfinancieras que canalizan recursos al sector pudieran constituir una estancia para la discusión de políticas que hagan accesible el crédito y definir mecanismos de graduación de las cooperativas, de tal manera que más tarde esto les permita tener acceso a los recursos del mismo FCR y de cualquier entidad del servicio financiero en general. Lo anterior demanda una política financiera para el sector que incluya servicios de desarrollo empresarial y políticas orientadas a crear un clima de negocios que atienda las diferencias existentes en los variados tipos de agronegocios.

El país no sólo requiere normas elaboradas e instituciones que controlen la calidad o la inocuidad de los productos. También es preciso impulsar un proceso educativo de carácter masivo para que cada actor de la cadena (productor, acopiador, intermediario, procesador, distribuidor, consumidor) se sienta y actúe en corresponsabilidad con los otros. En particular, habría que pensar en educar a los consumidores del mercado interno sobre la importancia de la inocuidad de los alimentos. Esto ayudaría a estimular la demanda, presionando a productores, acopiadores y procesadores en pos de una mayor calidad en todos los niveles.

Referencias

Acevedo, I. 2008. "Industria de seguros: ¿solución a desastres?". En: *El Observador Económico*, No. 189, julio.

Agosin, M., R. Bolaños y F. Delgado. 2007. *Nicaragua: a la búsqueda del crecimiento perdido*. Washington, D.C.: BID.

Agurto, Sonia et al. 2008. *Mujeres nicaragüenses, cimiento económico familiar: estadísticas e investigaciones de FIDEG, 1998-2006*. Managua: FIDEG.

Banco Mundial. 2007. *World Development Indicators*. Washington, D.C.: Banco Mundial. Disponible: data.worldbank.org/data-catalog.

Barrios de Chamorro, V. 1996. *Memorias de mi gobierno 1990-1996*. Tomo III. Managua: Socio-Económico.

———. 2005. *Estudio sobre las potencialidades para el mercado de tecnologías en Las Segovias*. Managua: Funica.

Banco Central de Nicaragua. 2008. *Nicaragua en cifras*. Managua: Banco Central de Nicaragua. Disponible: *www.bcn.gob.ni*.

BID (Banco Interamericano de Desarrollo). 2008. *Apuntes metodológicos para el diagnóstico del sector y la política agrícola en Belice, Centroamérica, Panamá y República Dominicana*. Documento interno del proyecto de investigación. Washington, D.C.: BID.

Canislac (Cámara Nicaragüense del Sector Lácteo). 2007. *Contribución a la formulación de propuestas de políticas públicas y privadas para beneficio del sector lácteo*. Managua: Canislac.

Cáceres, S. 2008. "Ante la crisis alimentaria: necesitamos más acciones y menos discursos". En: *Envío Digital*, No. 315, junio. Disponible: http://www.envio.org.ni.

CEPAL (Comisión Económica para América Latina y el Caribe). 2007. *Anuario estadístico*. Santiago de Chile: CEPAL.

———. 2008. *Sub-Región Norte de América Latina y el Caribe: información del sector agropecuario. Las tendencias alimentarias 1995-2007*. Santiago de Chile: CEPAL.

———. 2009. "Crisis financiera global y la política fiscal en América Latina". Presentación de la Secretaría Ejecutiva de la CEPAL, Alicia Bárcen, Santiago de Chile: CEPAL. Disponible: *www.eclac.cl/noticias/paginas/8/33638/SecretariaEjecutiva-PoliticaFiscal.pdf*.

Cipres (Centro para la Promoción, la Investigación y el Desarrollo Rural y Social). 2008. *Las cooperativas agroindustriales en Nicaragua, análisis socioeconómicos de 10 organizaciones que aglutinan a 171 cooperativas*. Managua: Cipres.

Doing Business. 2009. *Doing Business 2009*. Washington, DC: IBDR-Banco Mundial. Disponible: www.doingbusiness.org

Eaton, Charles y Andrew W. Shepherd. 2001. *Contract Farming. Partnerships for Growth*. Roma: FAO.

FAOSTAT (Organización de las Naciones Unidas para la Agricultura y la Alimentación). s/f. *Faostat: Estadísticas agropecuarias*. Roma: FAO. Disponible: *www.faostat.fao.org*.

Felaban (Federación Latinoamericana de Bancos). 2007. *Promoviendo el acceso a los servicios financieros: ¿qué nos dicen los datos sobre bancarización en América Latina?* Bogotá: Felaban. Disponible: *www.felaban.com*.

FIDEG (Fundación Internacional para el Desafío Económico Global). 2007a. "Infraestructura: talón de Aquiles de Nicaragua". En: *El Observador Económico*, No. 176 (abril).

———. 2007b. "Nicaragua registra alto riesgo país". En: *El Observador Económico*, No. 177 (mayo).

Foro Económico Mundial. 2008. *The Global Competitiveness Report 2008-2009*. Washington, D.C.: Foro Económico Mundial.

Funica (Fundación para el Desarrollo Tecnológico Agropecuario y Forestal de Nicaragua). 2006. *Empezando a caminar. Informe anual*. Managua: Funica.

———. 2007. *Investigación de mercados, tecnologías del subsector frijol*. Managua: Funica. Disponible: *www.funica.org.ni*.

Fundec (Fundación para el Desarrollo Comunitario). 2006. *Informe del estudio de productores de "El Paraíso" (Terrabona, Chontales)*. Managua: Fundec.

Hartwich, F. et al. 2006. *Estado de la innovación en el sector agroalimentario de Nicaragua: oportunidades para el desarrollo subsectorial*. ISNAR, documento de discusión No. 12. Washington, DC: IFPRI. Disponible: www.ifpri.org.

Goldberg, M. 2008. "Clima de negocios en Nicaragua, ¿cómo está y qué se puede hacer?" Presentación del Financial & Private Sector Development. Washington, D.C.: Banco Mundial.

IICA (Instituto Interamericano de Cooperación para la Agricultura) et al. 2004a. *Estudio de la cadena de comercialización del maíz*. Managua: IICA.

———. 2004b. *Estudio de la cadena agroindustrial del frijol*. Managua: IICA.

———. 2004c. *Estudio de la cadena agroindustrial del maní*. Managua: IICA.

———. 2004d. *Estudio de la cadena agroindustrial del café*. Managua: IICA.

———. 2004e. *Estudio de la cadena agroindustrial del queso*. Managua: IICA.

Inatec (Instituto Nacional Tecnológico). 2006. *Boletines estadísticos*. Managua: Inatec.

Jaime, A. 2008. *Protocolo de validación del sistema silvopastorial (árboles dispersos en potreros) y su efecto de sombra en gramíneas y en la producción de leche en los municipios de El Rama, Chontales y San Carlos*. Managua: INTA.

Magfor (Ministerio Agropecuario y Forestal). 2003. *Política Agropecuaria Sectorial*. Managua: Magfor.

———. 2005. *Prorural Nicaragua. Desarrollo rural productivo. Documento de políticas y estrategias*. Managua: Magfor.

———. 2008a. *Informe de producción agropecuaria*. Managua: Magfor.

———. 2008b. *Subprograma desarrollo y reactivación del riego para contribuir a la seguridad alimentaria en Nicaragua*. Managua: Magfor.

Marin, Y. 2008. *Informe sobre oferentes y organizaciones de asistencia técnica*. Managua: Nitlapan-UCA.

Medal, J. L. 1998. *Nicaragua: estrategia de desarrollo y políticas de ajuste (1950-1997)*. Ginebra: UNCTAD.

Mific (Ministerio de Fomento, Industria y Comercio). 2004. *Evolución de la aplicación del TLC Nicaragua-México (período 1998-2004) y estrategia de políticas comerciales*. Managua: Mific.

———. 2007. *Informe de logros de proyectos de inversión pública 2002-2006*. Managua: Mific.

———. 2008. *Informe de relaciones comerciales Nicaragua-México*. Managua: Dirección General de Comercio Exterior.

Morales, A. y Castro C. 2006. *Migración, empleo y pobreza*. Buenos Aires: FLACSO.

Nitlapan (Instituto de investigación aplicada y promoción del desarrollo social). 2001. *Revisitando el agro nicaraguense: tipología de los sistemas de producción y zonificación agrosocioeconómica*. Managua: Nitlapan. Disponible: www.mitlapan.org.ni.

Olade (Organización Latinoamericana de Energía). 2006. *Informes de estadísticas energéticas*. Quito: Olade.
Red Sicta e IICA. 2007. *Mapeo de las cadenas agroalimentarias de maíz blanco y frijol en Centroamérica*. Managua: Red Sicta IICA.
Revista Envío. 1997. "Propiedad, el hilo rojo". No. 180 (marzo). Disponible: www.envio.org.ni/articulo/272.
———. 2008. "Asistencialismo de corto plazo, en el mar, el barco y los timoneles". No.314 (mayo). Disponible: www.envio.org.ni/articulo/3752.
Rivas, C. 2006. "Resumen de los principales cambios de la política comercial de Nicaragua entre 2000-2005". Managua: Mific.
———. 2008. *El arroz en Nicaragua. Análisis y descripción*. Documento mimeografiado.
Rocha, J. 2001. *Un paso arriba y dos abajo, los hogares agropecuarios en Nicaragua*. Managua: Instituto Nacional de Estadísticas y Censos.
SIECA (Secretaría de Integración Económica Centroamericana). 1982. *Estadísticas macroeconómicas de Centroamérica 1971-1981*. Ciudad de Guatemala: SIECA.
Stads, G. y N. Beintema. 2009. *Public Agricultural Research in Latin American and The Caribbean. Investment and capacity trends*. Washington, D.C.: ASTI, IFPRI, BID.
Trackman, B. et al. 1999. "The Reform of Property Registration System in Nicaragua: A Status Report". Documento de discussion No. 726. Cambridge, MA: Harvard Institute for International Development.
Urcuyo, R. 2007. *Identificando barreras al crecimiento*. Managua: Funides.
USAID (Agencia de los Estados Unidos para el Desarrollo Internacional). 2008. *Optimizing the Economic Growth and Poverty Reduction Benefit of CAFTA-DR, Accelerating Trade Led Agricultural Diversification (T-LAD)*. Washington, D.C.: USAID.
Wal-Mart Centroamérica. 2007. *Reporte de responsabilidad social y sostenibilidad*. Managua: Wal-Mart Centroamérica.

CAPÍTULO 8

La República Dominicana

Eduardo Zegarra

De los países incluidos en este estudio, la República Dominicana es, junto con El Salvador, el país con mayores limitaciones de tierras disponibles para la agricultura. Por esta razón las posibilidades de crecimiento del sector deben buscarse en los incrementos de productividad y en una asignación más eficiente de la tierra y del agua.

El análisis del desempeño de la agricultura del país muestra resultados mixtos en las últimas cuatro décadas. El mayor crecimiento se generó en las décadas de 1960 y 1970, impulsado por la expansión de los proyectos de irrigación financiados por el Estado, con tasas de crecimiento superiores a las de países similares. Sin embargo, en las dos décadas siguientes el desempeño fue sustancialmente inferior al de otros países de comparación.

En este período el país no ha podido ampliar el uso del factor tierra, en el cual tiene restricciones de cantidad y calidad. Tampoco ha incorporado más mano de obra o maquinaria agrícola al proceso productivo en términos relativos, los que han tendido a reducirse o estancarse en el tiempo, a diferencia de lo que ha sucedido en los países de comparación, que sí han podido (y aún pueden) expandir el uso de estos factores de producción.

La limitación en el uso de factores productivos podría ser superada con altos niveles de cambio técnico. Sin embargo, la República Dominicana presenta la segunda tasa más baja de cambio técnico en el producto sectorial de los países de Centroamérica. Esto implica que el país ha tenido problemas tanto para desplazar su frontera de producción agropecuaria como para asignar más eficientemente sus recursos agrarios en comparación con otros países similares, y que la mayor parte de su crecimiento agropecuario se explica por el mayor uso de factores en el tiempo.

En cuanto al comercio exterior, el país es importador neto de alimentos (debido a su limitada dotación de factores agrarios y a la alta demanda proveniente de su dinamismo turístico), pero tiene un sector agroexportador con demostrada capacidad de adaptación a la demanda mundial y acceso favorable a nichos de mercado con buenos precios para sus productos. A pesar de ser relativamente dinámico, el sector agroexportador es pequeño y la mayor parte de la producción se encuentra orientada al mercado interno, y es la que enfrenta los mayores problemas estructurales que restringen las posibilidades de un mayor crecimiento en el mediano plazo.

La agricultura tradicional, centrada básicamente en el mercado interno, está estancada y tiene una muy débil articulación con sectores dinámicos como el turístico o el de exportación no tradicional. Estas condiciones limitan la capacidad de respuesta de la producción nacional frente a mayores precios u oportunidades de mercado. Entonces, las preguntas relevantes para el sector agropecuario del país son: por qué la producción no se desplaza hacia los sectores más dinámicos, qué obstáculos existen para reasignar los recursos y cuáles son las restricciones que enfrenta el sector tradicional orientado al mercado interno.

El sector agropecuario de la República Dominicana

Crecimiento y productividad

Por ser una isla, la República Dominicana comparte con el Caribe algunas de sus características; sin embargo, ese trata de una isla varias veces mayor que el resto, que casi iguala la superficie de todas las islas del Caribe. Esto plantea el problema de comparabilidad, ¿con quién debería compararse la República Dominicana para establecer su desempeño relativo? Por el tamaño de la isla, y la afinidad histórico-cultural, en este estudio se compara al país con el resto de los países de Centroamérica, junto con los cuales también ha negociado y firmado el Tratado de Libre Comercio entre Estados Unidos, Centroamérica y República Dominicana (DR-CAFTA).

En las últimas dos décadas la agricultura de la República Dominicana ha crecido a tasas bastante inferiores al resto de la economía. Entre 1991 y 2007, el valor agregado de la agricultura creció en un 60%, mientras que el resto de la economía lo hizo en más del 150%. La tasa promedio de crecimiento agropecuario fue del 2,9% anual, frente al 6,0%

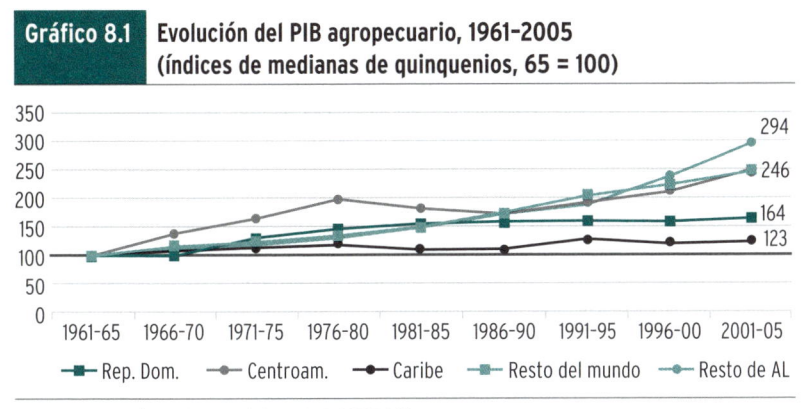

Gráfico 8.1 Evolución del PIB agropecuario, 1961-2005 (índices de medianas de quinquenios, 65 = 100)

[Gráfico: líneas para Rep. Dom. (164), Centroam. (294), Caribe (123), Resto del mundo (246), Resto de AL, a lo largo de los quinquenios 1961-65 a 2001-05]

Fuente: Elaboración propia sobre la base de FAOSTAT (s/f).

para el resto de las actividades económicas. Por eso, el peso del sector agropecuario en el conjunto de la economía cayó significativamente, de 13,3% en 1991 a sólo 8,8% en la actualidad.

La tierra, principal activo del sector agropecuario, es escasa, y el país ya destina para el sector el 71%, un porcentaje muy alto para la región (sólo superado por El Salvador, que destina para ello el 82%, y lejos del promedio regional, que no supera el 50%). Asimismo tiene una dotación importante de tierra bajo riego (en general, la de mayor capacidad productiva), con lo cual supera en tres veces a Guatemala, el segundo país de la región en términos de cantidad absoluta de hectáreas bajo riego. La República Dominicana tiene sólo un 65% de la tierra agrícola disponible de calidad aceptable para la agricultura.

En cuanto al crecimiento, el producto interno bruto (PIB) agropecuario a precios constantes tuvo un desempeño por debajo del de los países de Centroamérica, del resto de América Latina y del resto del mundo (véase el gráfico 8.1).[1] Sólo mostró un mejor desempeño

---

[1] El PIB agropecuario que registra la FAO está en dólares internacionales de 1999-2001. Las series son del tipo de un índice Laspeyres, es decir, de evolución de cantidades con precios relativos del año (o de los años) base. En este sentido, la serie no refleja necesariamente las ganancias (o pérdidas) de ingreso de los productores por cambios en los precios relativos. Actualmente no se cuenta con una base de datos internacional del PIB agropecuario a precios corrientes para los países que permita ver la evolución de los precios relativos y su impacto en los ingresos agropecuarios.

Gráfico 8.2 Evolución reciente de la producción agropecuaria y uso de factores de producción, 1961-2005

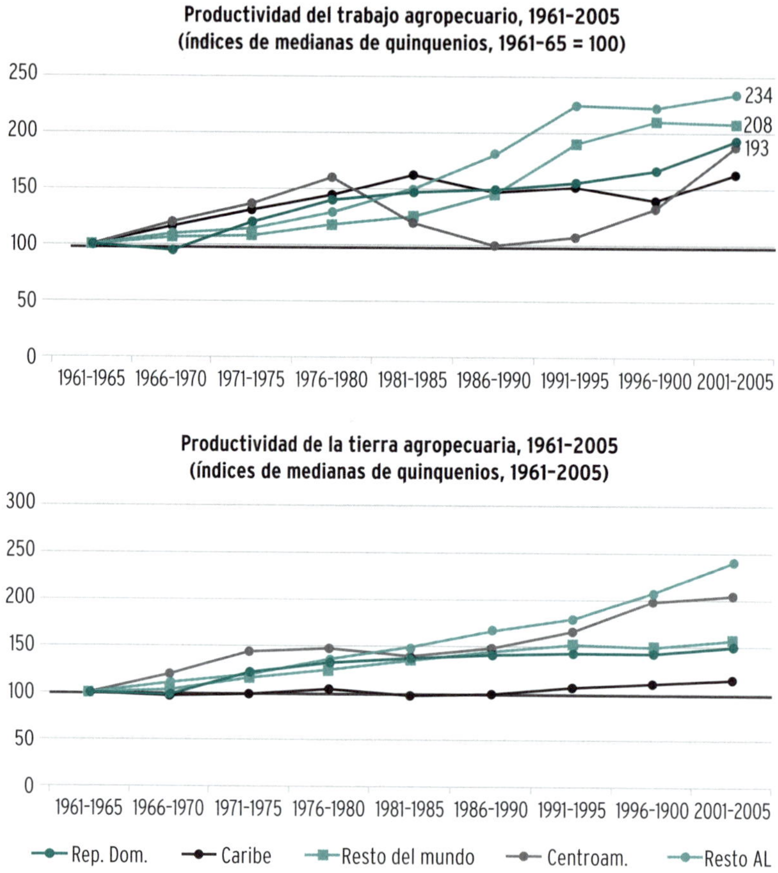
Productividad del trabajo agropecuario, 1961-2005
(índices de medianas de quinquenios, 1961-65 = 100)
250
200
150
100
50
0
234
208
193
1961-1965 1966-1970 1971-1975 1976-1980 1981-1985 1986-1990 1991-1995 1996-1900 2001-2005
Productividad de la tierra agropecuaria, 1961-2005
(índices de medianas de quinquenios, 1961-2005)
300
250
200
150
100
50
0
1961-1965 1966-1970 1971-1975 1976-1980 1981-1985 1986-1990 1991-1995 1996-1900 2001-2005
Rep. Dom.
Caribe
Resto del mundo
Centroam.
Resto AL

Fuente: FAOSTAT (s/f).

histórico que los países del Caribe, los cuales enfrentan limitaciones severas en su dotación de tierras y mano de obra, y una fuerte competencia del factor tierra para otros usos (en particular para el turismo y el uso residencial).

Como se aprecia en el panel superior del gráfico 8.2, comparado con Centroamérica, durante las décadas de 1960 y 1970 la República Dominicana tenía el mayor producto agropecuario. Sin embargo, el país se estancó hacia finales de los años setenta, y paulatinamente el resto de los países de la región lo fueron alcanzando (o incluso superando, como en el caso de Guatemala y Costa Rica). Este crecimiento inferior al resto de los países de la región tuvo lugar en un contexto de deterioro relativo en el uso de factores productivos (panel inferior). La República Dominicana decayó respecto del resto de los países en cuanto al uso de tierras para el sector agropecuario, a la utilización de tractores y de fertilizantes y al empleo, al tiempo que se incrementó (en términos relativos) el stock de ganado vacuno. Esto evidencia que en este período el resto de los países ha logrado crecer aumentando el uso de factores productivos, mientras que en la República Dominicana esta posibilidad se agotó más tempranamente, por lo que en parte la incapacidad de crecer al mismo ritmo parece estar asociada al limitado uso de factores productivos, el más importante de los cuales es la tierra.

La limitación en el uso de factores no sería un problema mayor si se pudiera incrementar sistemáticamente la productividad total de los factores (PTF) existentes, lo cual básicamente requiere un cambio técnico y mayor eficiencia en la asignación de los escasos recursos. Para evaluar la capacidad de la agricultura de la República Dominicana de generar mayor productividad a partir de sus limitados recursos agrarios es posible usar una función de producción agropecuaria, que puede descomponerse en dos fuentes de crecimiento: i) mayor uso de factores productivos, e ii) incrementos en la PTF. Sobre la base de esta descomposición, se puede comparar a la agricultura del país con la de los otros países de referencia.

Para hacer esta evaluación se debe estimar un modelo de frontera de producción estocástica móvil para la agricultura de la República Dominicana y la de los países de comparación, usando los datos de Faostat entre 1960 y 2005 (FAO, 2008).[2] La estimación del modelo permite calcular separadamente los dos factores de crecimiento sectorial: uso de factores y PTF. Los resultados de la descomposición se presentan en el cuadro 8.1.

---

[2] Para los datos anuales de los países del cuadro 8.1, se estimó una frontera de producción paramétrica de tipo Cobb-Douglas intertemporal, teniendo en cuenta los siguientes factores con incidencia en la producción: tierra agrícola, trabajadores, fertilizantes, tractores, ganado vacuno y tierra bajo riego. Todas estas variables se expresan en logaritmos, y se incluyó una variable temporal específica para cada país. El componente de ineficiencia técnica se asumió como variable en el tiempo. Se utilizó el programa © Stata versión 10, con el comando xtfrontier y opción tvd.

Cuadro 8.1 Descomposición del crecimiento agropecuario (tasas porcentuales de crecimiento anual)

	Productividad total de los factores	Cambio en el uso de factores	Cambio total
Costa Rica	3,4	0,6	4,0
El Salvador	0,8	0,6	1,4
Guatemala	1,8	1,3	3,1
Honduras	1,6	2,1	3,7
Nicaragua	0,1	2,8	2,9
Panamá	1,1	1,1	2,2
República Dominicana	0,3	1,0	1,3
Total	0,8	1,4	2,7

Fuente: Estimación propia de modelo de frontera con datos anuales entre 1960-2005.

Como se puede ver, la República Dominicana ha tenido la tasa promedio de crecimiento del producto más baja (1,3%) del grupo, pero dentro de esta sólo un 0,3% es atribuible a una mayor productividad de factores o cambio técnico (este componente se estima como una tendencia temporal específica por país en el modelo), cifra que sólo supera a la de Nicaragua (0,1%), pero se halla muy lejos de la de Costa Rica (3,4%) y por debajo de Guatemala (1,8%). Esto implica, como ya se había adelantado al principio de este capítulo, que la República Dominicana ha tenido problemas tanto para desplazar su frontera de producción agropecuaria como para asignar más eficientemente sus recursos agrarios en el tiempo que otros países. Aún más, el cuadro muestra que, pese a sus limitaciones en recursos, el grueso del crecimiento sectorial del país se explica en realidad por el mayor uso de factores en el tiempo (1%).

Este patrón de crecimiento de la República Dominicana contrasta con el de países más exitosos en el grupo de comparación. Costa Rica, por ejemplo, aparece como el caso de mejor desempeño productivo, con un crecimiento anual promedio del 4,0%, un 3,4% del cual se debe a una mayor productividad de sus factores. Por otra parte, Honduras es el país con la segunda mayor tasa de crecimiento total, pero se ha basado casi exclusivamente en el mayor uso de factores (2,1% anual). Nicaragua es el caso más extremo de crecimiento solamente basado en el mayor uso de factores (2,8% anual), con nulas ganancias en la PTF.

La evidencia presentada sustenta a la falta de cambio técnico e innovaciones productivas como una de las principales causas del estancamiento productivo de la agricultura de la República Dominicana. En un contexto de limitada dotación del factor tierra, el país podría haber crecido más si hubiera reproducido las tasas de cambio técnico o la eficiencia en asignación de factores que han conseguido otros países similares de la región. En este sentido, este es uno de los rasgos más importantes del crecimiento agropecuario de la República Dominicana.

La situación por productos

Dentro del estancamiento relativo que se observa a partir del análisis comparativo con otros países, el sector agropecuario de la República Dominicana ha venido mostrando algunos cambios de estructura en los últimos años. Por ejemplo, ha aumentado el peso de la actividad ganadera, la silvicultura y la pesca, principalmente por el fuerte crecimiento del sector avícola, que actualmente ocupa un 55% del producto sectorial. Al mismo tiempo, se observa una caída en la importancia de los cultivos tradicionales de exportación, como el azúcar, el café o el plátano, que han pasado a tener un peso del 25%, mientras que otros cultivos no tradicionales han adquirido un peso relativo superior al 10%.

Una buena parte de estos cambios obedece a variaciones en las condiciones de los mercados externos a los cuales la República Dominicana viene orientando sus exportaciones agropecuarias, que se tratarán más adelante. El cultivo del arroz, de gran relevancia en la agricultura interna (y en la dieta dominicana), se ha mantenido en torno al 7% del valor agregado sectorial en los últimos años.

Actualmente el sector agrícola del país tiene una gran complejidad y diversidad de productos. Para identificar dinámicas diferenciadas, se generó una tipología basada en el dinamismo productivo relativo de los cultivos en el período 1998-2006,[3] para el cual se cuenta con información desagregada de la producción y de los rendimientos provistos por la Secretaría de Estado de Agricultura (SEA). Según los resultados de

---

[3] Para la elaboración de la tipología, se estimó la media de la tasa de crecimiento en el área cosechada y en los rendimientos de todos los cultivos registrados en la SEA durante el período 1998-2006.

este análisis, se han establecido los siguientes grupos de cultivos para la tipología:

- Grupo 1: alto crecimiento en área y rendimientos (dinámico).
- Grupo 2: alto crecimiento en área pero bajo o negativo en rendimiento (extensivo).
- Grupo 3: crecimiento moderado en área y bajo o negativo en rendimiento (estancado).
- Grupo 4: crecimiento en rendimientos pero caída en área cosechada (en declive dinámico).
- Grupo 5: caída en área y rendimientos (retroceso).

La clasificación de los cultivos se muestra en el gráfico 8.3. Los cultivos se agrupan de acuerdo con sus tasas de crecimiento en área (eje horizontal) y rendimientos (vertical).

En el gráfico 8.4 se presenta la evolución del área promedio cosechada de cada uno de los cultivos de cada grupo y de los grupos agregados (el grupo 3 está en el eje secundario del gráfico). El grupo 1 (dinámico, con alto crecimiento en rendimientos) ha tenido un incremento en área del 24%, y dentro del grupo se destacan los cultivos permanentes de alto crecimiento, tanto en área como en rendimientos, entre ellos la lechosa (papaya), el guineo y el tomate de ensalada. La papa y la cebolla son

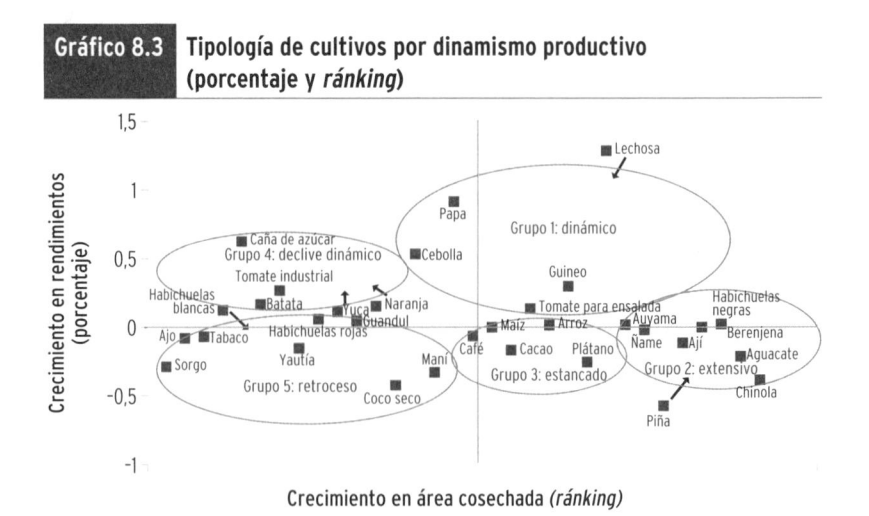

Gráfico 8.3 Tipología de cultivos por dinamismo productivo (porcentaje y *ránking*)

Fuente: SEA (2008).

Gráfico 8.4 Superficie promedio cosechada, 1998-2007 (en has; grupo 3 en eje secundario)

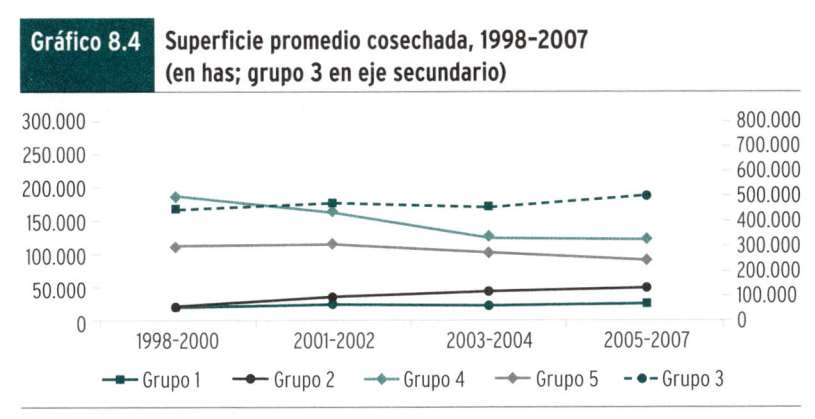

Fuente: SEA (2008).

dos cultivos que pertenecen a este grupo debido a su alto crecimiento en rendimientos, aunque la superficie sembrada ha caído ligeramente.

El grupo 2 se caracteriza por un fuerte crecimiento en área pero con rendimientos bajos o declinantes. Lideran este grupo el aguacate y la chinola, dos productos permanentes que en el período crecieron un 200% en área cada uno. También las habichuelas negras, la berenjena y los ajíes han tenido un crecimiento alto en este indicador. Sin embargo, los rendimientos en este grupo han mostrado un desempeño bastante limitado: sólo la auyama y las habichuelas negras lograron un crecimiento muy moderado en rendimientos, mientras que el resto de los productos ha sufrido caídas fuertes. En el caso del aguacate y la chinola, una posible explicación para la caída de los rendimientos puede encontrarse en la instalación de nuevas plantaciones en los últimos años, que inicialmente incrementaron el área cosechada pero con menores rendimientos promedio.

El grupo 3 (estancado en rendimientos) es el más destacado, ya que representa más del 60% del área cosechada, con cultivos de amplia presencia en la República Dominicana, como el arroz, el plátano, el cacao y el café. Este grupo creció en área en un 12,5% en el período en estudio. Todos los cultivos aumentaron en área (salvo en el caso del café), pero tuvieron nulo crecimiento en rendimientos (arroz, maíz) o caídas significativas (cacao y plátano).

Los grupos 4 y 5 (en declive dinámico y en retroceso) han tenido caídas significativas en la superficie cosechada. En estos dos grupos se encuentran cultivos que han venido retrocediendo en forma rápida en el área cosechada, probablemente por menor rentabilidad o por limitaciones en las condiciones de producción frente a otros cultivos. El grupo 4, donde están la naranja, la yuca, la caña de azúcar, la batata y el tomate industrial se caracteriza por caídas en área pero incrementos en rendimientos. El caso de la caña de azúcar es importante, ya que este cultivo tradicional ha tenido una disminución notable de áreas cosechadas, pero incrementos muy significativos de más del 50% en rendimientos.[4]

Mercado externo
La economía de la República Dominicana tiene una amplia apertura comercial, la cual se ha consolidado aún más luego de la entrada en vigencia del DR-CAFTA en 2007. Dentro de este contexto, el valor de las importaciones de alimentos e insumos y bienes de capital para la agricultura se ha venido incrementando sostenidamente desde 2004, cuando se inició una reactivación de la economía nacional y aumentó la demanda interna.

El incremento más notable de las importaciones agropecuarias se ha concentrado en los bienes de consumo final alimentario y de los recursos que utiliza la industria alimenticia local, ya que los insumos y los bienes de capital que usa la agricultura se han mantenido más o menos constantes.

Dentro de los productos finales importados, se destacan los elaborados y semielaborados, que son los que prácticamente explican el grueso del aumento en este rubro de importaciones, cuyos montos han alcanzado una cifra récord de más de US$500 millones en 2007. Es posible que una buena parte de estas importaciones de alimentos preparados se destine a abastecer al importante sector turístico de la isla, con mayores precios debido a la fuerte subida de los valores de los alimentos de los últimos dos años.

En cuanto a las exportaciones agropecuarias, los productos destinados al exterior se pueden clasificar en cuatro grupos (tipología que se presenta en el gráfico 8.5), de acuerdo con su desempeño entre 1998 y 2007:

---

[4] Al momento de realizar este estudio, a fines del año 2008, aún no se había puesto en marcha ningún proyecto de biocombustibles en base a la caña de azúcar en la República Dominicana, pero se esperaba el inicio de este tipo de actividad en los próximos años.

| Gráfico 8.5 | Tipología de productos por dinámica exportadora, 1998-2007 (tasas de cambio promedio) |

```
1,0
      ↑ melón        ■ remolacha         Aumento de precio            ■ repollo
0,8                                      de exportación
      Grupo 3                                                                    Grupo 1
0,6               ■ piña          cítricos       ■ mango
                               cacao ■                    ■ tomates
0,4   ■ cilantro                                 ■ ají
                              ■ yuca
0,2              yautía                   ■ berenjena
                 ■           ■                              ■ guineo
                           caña azúcar
0,0 ─────────café───────────────────────
                 ■ tabaco    ñame         ■ ■ lechosa
-0,2  ■                                   apio  ■ aguacate
      guandul                                        ■ tayota
-0,4                          batata ■                                           Grupo 2
      Grupo 4         ■ auyama
-0,6                              ■       Aumento en volumen
                             cebolla      exportado
-0,8
```

Fuente: SEA (2008).

- Grupo 1: crecimiento en volumen y precio de exportación.
- Grupo 2: crecimiento en volumen pero con menores precios de exportación.
- Grupo 3: caída en volumen pero mayores precios de exportación.
- Grupo 4: caída en volumen y en precio de exportación.

En el grupo 1, el de mayor dinamismo, ya que en este caso no sólo aumentan los volúmenes sino también el valor exportado, se destaca el guineo, que en promedio ha pasado a representar US$56 millones en exportaciones anuales. Los otros productos del grupo son de menor importancia.

En el grupo 2, que abarca los cultivos cuyo volumen va en aumento pero no así el precio de exportación, se destaca el aguacate, que en promedio ya tiene un valor de unos US$13 millones en exportaciones anuales, mientras que otros cultivos de crecimiento en volumen pero no en precios son la lechosa (papaya) y la tayota, cuya importancia es marginal en el total exportado.

El grupo 3 es el más grande y comprende cultivos cuyo volumen exportado ha disminuido, pero que debido a una suba en los precios han gozado en algunos casos de un aumento en el valor exportado. En este grupo se encuentran tres cultivos tradicionales de exportación: el azúcar, el cacao y el café, y se observa una fuerte caída en la importancia de este último pero un incremento importante en el caso del cacao. El azúcar ha tenido una recuperación del valor exportado debido a una mejora en los precios en 2005-2007. Los cítricos constituyen otro cultivo en cuyo caso el aumento de los precios ha generado un incremento en el valor exportado. Por otra parte, los cultivos que han sufrido una caída en valor exportado en este grupo son: la yautía, el melón y sobre todo la piña.

Finalmente, el grupo 4 incluye aquellos cultivos que han experimentado una caída tanto de volumen exportado como de precios. En este grupo se encuentran el tabaco, el guandul, el ñame y la batata. Todos han venido perdiendo peso en las exportaciones y pasaron en conjunto de un promedio de US$40 millones en 1998-2000 a sólo US$16 millones en 2005-2007.[5]

El desempeño exportador del sector agropecuario de la República Dominicana puede aproximarse mejor en un análisis comparativo con países similares, que en este caso son los de Centroamérica. El Centro Internacional de Comercio (ITC, por sus siglas en inglés) genera un índice de desempeño exportador para todos los países del mundo en base a la información de la base de datos estadísticos de las Naciones Unidas sobre el comercio de mercaderías (Comtrade, por sus siglas en inglés).[6] La evaluación de desempeño exportador del ITC agrupa a los bienes y servicios exportables en 14 sectores, de los cuales aquí interesa analizar el caso de los alimentos frescos no procesados, que básicamente reflejan la capacidad exportadora de los sectores agropecuarios de cada país. La evaluación presenta dos tipos de indicadores. El primer tipo (G) está orientado a generar un perfil general de cada país, mientras que segundo tipo de indicadores (P) es el que se usa para construir el índice de desempeño y su evolución en el tiempo.

---

[5] Cabe señalar que en las cifras de las exportaciones no se consideran las que se realizan en las zonas francas, dentro de las cuales se destacan las de tabaco y sus derivados. Según la autoridad de las zonas francas, las exportaciones anuales de tabaco y sus derivados ascienden allí a unos US$350 millones anuales, aunque una parte importante de los insumos utilizados en estas zonas provienen de importaciones directas de esta industria que se deberían descontar para obtener un monto neto. Por ejemplo, en 2006 el monto neto de divisas generado por el tabaco y sus derivados en las zonas francas ascendió a US$123 millones, cifra que podría aproximarse mejor a la exportación neta de estos productos en dichas zonas.

[6] Esta base de datos genera información de comercio aún para países que no reportan sus transacciones mediante el uso de estadísticas "de espejo" de los socios comerciales que sí las reportan. Se estima que con esta metodología se captura alrededor del 95% del comercio mundial (International Trade Center, 2007).

La evaluación presenta el valor de estas variables para el último año disponible (en este caso 2006) y luego se estima el cambio en el índice compuesto desde 2002. En el cuadro 8.2 se presentan los valores de las variables de evaluación para el sector de alimentos frescos no procesados en la República Dominicana y los países de Centroamérica.

Del análisis de esta información se desprenden las siguientes conclusiones:

- El valor exportado por la República Dominicana sólo supera al de El Salvador y la participación del sector en el total exportado es la menor dentro del grupo de referencia, con sólo un 6%, frente a un 71% para Panamá, un 69% para Nicaragua y un 49% para Honduras. Por otro lado, el peso en las importaciones (5%) es similar al del resto de los países, con la excepción de Panamá.
- El país se ubica en el puesto 126 en cuanto al crecimiento exportador del sector agropecuario, es decir: se encuentra en peor situación que todos los otros países de comparación.
- República Dominicana y El Salvador son los únicos que ostentan un balance comercial negativo en el sector agropecuario, con un valor de –10% y de –20%, respectivamente.

Cuadro 8.2 Indicadores de perfil y desempeño

Perfil del país	Desempeño
G1: Valor de exportaciones del sector	P1: Valor neto de exportaciones
G2: Tasa de crecimiento de exportaciones del sector desde 2001	P2: Exportaciones per cápita
G3: Participación del sector en exportaciones totales	P3: Participación en el mercado mundial
G4: Participación del sector en importaciones totales	P4: Diversificación y concentración en productos
G5: Crecimiento en exportaciones per cápita del sector desde 2001	P5: Diversificación y concentración en mercados
G6: Nivel en valor unitario relativo de exportación	
G7: Cambio en la participación de mercado mundial en puntos porcentuales desde 2001	
G8: Adecuación del sector a la dinámica de la demanda mundial desde 2001	

Fuente: Elaboración propia.

Cuadro 8.3 Indicadores de desempeño exportador en productos agropecuarios frescos (no procesados)

Var.		Costa Rica		Rep. Dominicana		El Salvador		Guatemala		Honduras		Nicaragua		Panamá	
	Perfil general														
G1	Valor de exportaciones (miles de US$)	1.839.931		401.581		238.210		1.077.636		682.598		480.548		765.296	
G2	Crecimiento del valor exportado, p.a. (%)	10%	107	7%	126	11%	103	10%	115	11%	102	10%	112	11%	97
G3	Participación en total exportado (%)	25%		6%		16%		33%		49%		69%		71%	
G4	Participación en total importado (%)	3%		5%		6%		4%		5%		4%		0%	
G5	Balance comercial relativo (%)	66%		-10%		-20%		45%		45%		64%		64%	
G6	Valor unitario relativo (prom. mundial = 1)	1,4		1,8		2,7		1,6		1		0,8		0	
G7	Cambio absoluto en participación (% puntos p.a.)	-0,01%	151	-0,00%	143	-0,00%	104	-0,00%	145	-0,00%	123	-0,00%	131	-0,00%	109
G8	Adecuación a la dinámica del mercado mundial		71		45		65		137		157		59		124
	Posición en 2006 para el índice corriente														
P1	Exportaciones netas (miles de US$)	1.458.235	22	-88.592	114	-122.800	119	672.043	33	422.221	41	373.542	43	599.250	36

(*continúa en la página siguiente*)

Cuadro 8.3 Indicadores de desempeño exportador en productos agropecuarios frescos (no procesados) *(continuación)*

Var.		Costa Rica	Rep. Dominicana	El Salvador	Guatemala	Honduras	Nicaragua	Panamá
P2	Exportaciones per cápita (US$/habitante)	419,3	41,8	34,1	83,5	92,8	91,5	233
		16	95	104	67	62	63	29
P3	Participación en mercado mundial (%)	0,45%	0,10%	0,06%	0,26%	0,17%	0,12%	0,19%
		39	81	96	57	70	78	66
P4a	Diversificación de productos (N° de prod. equiv.)	5	4	1	4	2	4	11
		94	110	169	117	141	99	44
P4b	Concentración de productos (Spread)	62	87	118	67	105	91	80
P5a	Diversificación de mercados (N° de mercados equiv.)	3	4	4	4	4	3	4
		144	114	113	119	118	134	116
P5b	Concentración de mercados (Spread)	82	96	113	75	103	110	99
	Indicador agregado							
P	Índice promedio: índice corriente	30	102	127	50	66	65	44
C	Índice promedio: cambio en el índice	82	62	59	152	163	69	129
N	Número de países en ránking	181	181	181	181	181	181	181

Fuente: ITC (2007).

- En cuanto al valor unitario relativo de exportación[7], el país tiene un valor de 1,8, sólo inferior al de El Salvador. Esto implica que las exportaciones agropecuarias de la República Dominicana tienen un precio favorable en los mercados internacionales en términos agregados.
- La evaluación del perfil considera el cambio de la participación en el mercado internacional (en el comercio mundial) y la capacidad de adaptación del sector a la demanda del mundo. En el primer rubro, tanto la República Dominicana como el resto de los países no han conseguido una mejora en su participación relativa en el comercio mundial. En el caso de Costa Rica ha habido una reducción en la participación del −0,01% y se trata del país que tiene mayor participación global en este rubro (0,45%, véase P3 más adelante). En cuanto al segundo rubro, la capacidad de adaptación a la demanda, la agricultura de la República Dominicana aparece como la mejor ubicada en el *ránking*, con el puesto 45, seguida por Nicaragua (59). Honduras tuvo la peor adecuación a la demanda mundial por este tipo de productos (157). Esto quiere decir que la agricultura de la República Dominicana se ha adaptado mejor que la de la mayor parte de los otros países del grupo de referencia a los cambios en la demanda mundial, lo cual debe haber favorecido los buenos precios recibidos por sus productos. No obstante, el menor crecimiento exportador le ha impedido al país mejorar su participación en el mercado mundial.

La evaluación general del desempeño exportador agropecuario indica que la República Dominicana ocupa el puesto 102 en el *ránking* general de 181 países, posición que sólo es mejor que la de El Salvador, que ocupa el puesto 127; el país mejor situado es Costa Rica (30), seguido por Panamá (44) y Guatemala (50). No obstante, el sector agrícola exportador dominicano sí parece haber tenido un mejor desempeño que el de la mayor parte de los otros países entre 2002 y 2006. Su cambio

---

[7] El valor unitario de exportación es una especie de variable sustitutiva de la calidad de los productos exportados que se comparan con el promedio mundial de precio, por la cual si el país tiene un valor de 1 quiere decir que exporta al mismo valor unitario que el promedio mundial.

relativo en el índice promedio general lo ubica en el puesto 62, mejor que todos los países con excepción de El Salvador (59). Esto quiere decir que aunque el puesto de la República Dominicana es aún bastante bajo en el índice general, este país ha mejorado más que la mayor parte de sus pares (lo mismo se puede decir para El Salvador). Estos resultados tienen que ver con el aún limitado tamaño relativo (estandarizado) del sector agropecuario exportador de la República Dominicana, que se refleja en el bajo valor exportado per cápita y la escasa participación en el mercado (estos son tres de los indicadores del índice general).

En los indicadores de diversificación en productos y mercados, la República Dominicana no parece estar mejor situada que los otros países, con pocos productos equivalentes (4) y pocos mercados equivalentes de destino (4). Por ello, el tamaño del sector es aún reducido, pero cuenta con flexibilidad y capacidad de adaptación a la demanda internacional. Las exportaciones han conseguido ubicarse en nichos de mercado relativamente favorables en términos de precios y han demostrado una buena capacidad de adaptación a las tendencias de la demanda mundial. En el cuadro 8.4 se observa que algunos de los productos que vienen teniendo

Cuadro 8.4 Exportaciones de productos agropecuarios no procesados en la República Dominicana, 2006

Producto	Expo. 2006 (miles de dólares)
0803 Plátano, banano	174.974
1801 Cacao	72.028
0804 Piña, aguacate, mango, guayaba y otras frutas de árbol	21.164
0901 Café	18.839
0709 Vegetales	17.601
0714 Mandioca, batata (yam), raíces	10.109
0801 Cocos y nueces	9.501
0807 Melón (y sandía) y papaya fresca	7.190
0702 Tomates	4.231
0707 Pepinillos y berenjenas, frescas o congeladas	4.078
0805 Cítricos, frescos o secos	2.928
Otros productos frescos o no procesados (aprox.)	58.357

Fuente: Comtrade (s/f).

mayor éxito exportador son: banano, cacao, aguacate y mango, lechosa (papaya) y tomate.

El comercio agropecuario y los precios de los alimentos

Una pregunta importante con respecto al comercio exterior y el desempeño del sector agropecuario de la República Dominicana se refiere al contexto de los últimos tres años con precios crecientes en los productos importados.

Como se puede ver en el gráfico 8.6, si bien las exportaciones agropecuarias han tenido una respuesta adecuada (lo cual también se ha visto reflejado en su desempeño relativo con respecto a otros países),[8] el conjunto de la producción agropecuaria, mayoritariamente orientada al mercado interno no ha respondido en una magnitud equivalente, con lo cual los precios locales de alimentos tuvieron un aumento significativo durante el inicio del período de crisis de precios de mediados de 2007 y esto afectó a los consumidores.

En síntesis

Para resumir lo analizado en esta sección, en las últimas cuatro décadas la agricultura de la República Dominicana ha tenido un desempeño de características mixtas. El mayor crecimiento se generó en las décadas de 1960 y 1970, impulsado por la expansión de los proyectos de irrigación financiados por el Estado, con tasas de crecimiento superiores a las de los países de comparación. Sin embargo, en las dos décadas siguientes el desempeño de la agricultura fue sustancialmente inferior al de los otros países, con un limitado incremento de los factores productivos, muy restringido por el factor tierra y con bajos niveles de cambio técnico ha sido el país de la región con la segunda tasa más baja de cambio técnico en el producto sectorial, del 0,3%. Esto implica que la República Dominicana ha tenido tanto problemas para desplazar su frontera de producción agropecuaria como para asignar más eficientemente sus recursos agrarios en el tiempo, frente a otros países comparables. El pobre

---

[8] Dado el fuerte crecimiento del valor exportado en 2007, es probable que el desempeño exportador de la agricultura de la República Dominicana haya mejorado en dicho año. El índice analizado en el acápite anterior sólo llega hasta 2006.

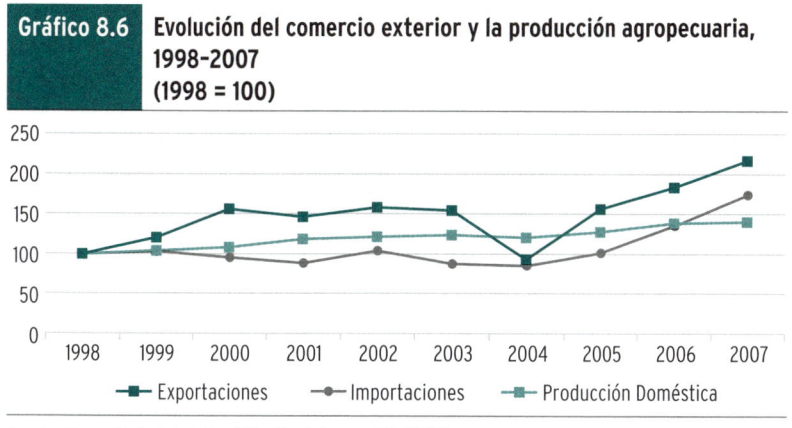

Gráfico 8.6 — Evolución del comercio exterior y la producción agropecuaria, 1998-2007 (1998 = 100)

Fuentes: Banco Central de la República Dominicana y SEA (2008).

cambio técnico y de innovaciones productivas, en el contexto del país, es la clave para entender el estancamiento productivo.

En cuanto al comercio exterior, el país es un importador neto de alimentos, pero tiene un sector agroexportador con demostrada capacidad de adaptación a la demanda mundial y acceso favorable a nichos de mercado con buenos precios para sus productos. Sin embargo, sigue siendo mayoritario el sector tradicional orientado al mercado interno y es también dicho sector el que enfrenta los mayores problemas estructurales que restringen el crecimiento de la agricultura en el país. En las siguientes dos secciones se analizan en mayor detalle los posibles factores que explicarían este desempeño.

Restricciones al crecimiento[9]

En el gráfico 8.7 se presenta una adaptación del árbol de decisiones que describe mejor las condiciones internas que limitan el crecimiento sectorial en la República Dominicana. El tema central del crecimiento es el restringido cambio técnico en el tiempo y también se destaca la

---

[9] En el caso de la República Dominicana, se cuenta con el reciente estudio de diagnóstico del crecimiento global de la economía dominicana de Fanelli y Guzmán (2008) en el que se utiliza dicha metodología. Igualmente, se ha tenido acceso a recientes estudios encargados por el BID sobre temas macroeconómicos y sectoriales de la República Dominicana.

Gráfico 8.7 Árbol de decisiones

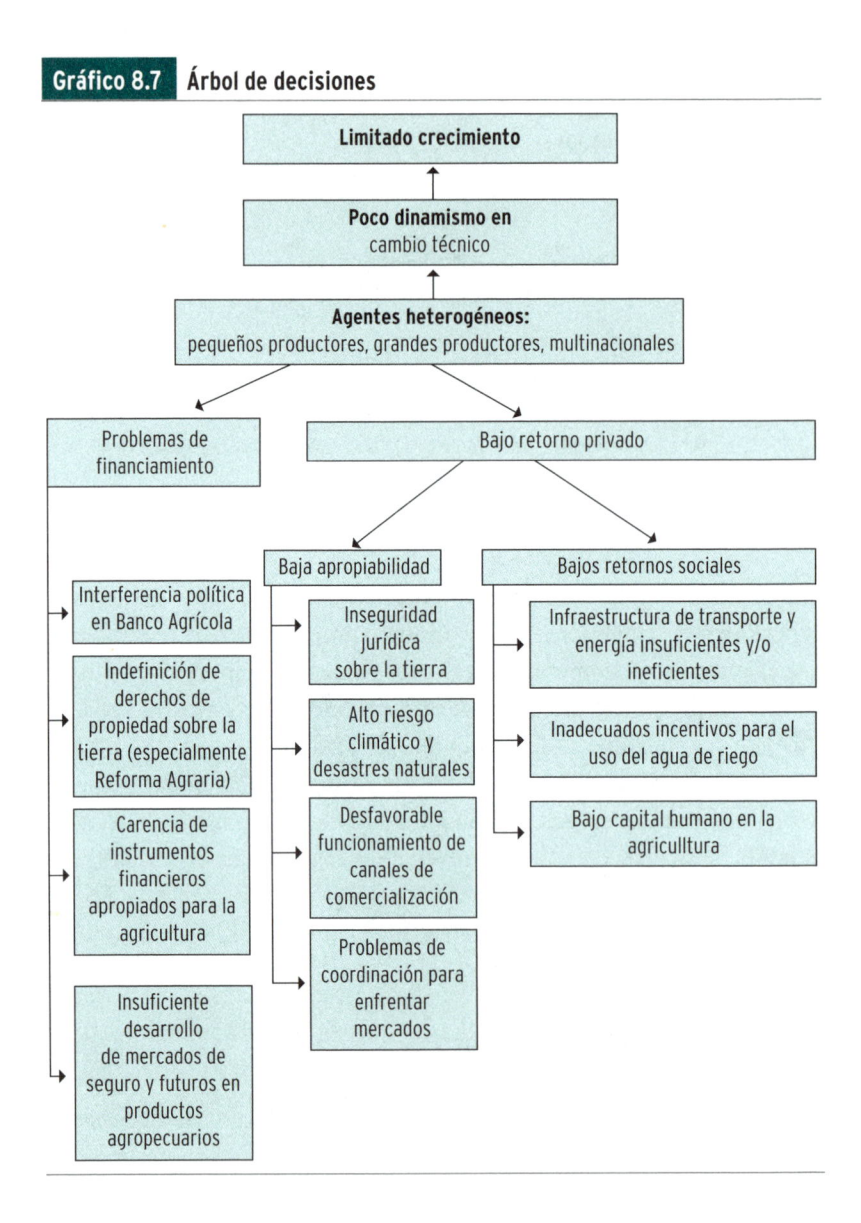

- **Limitado crecimiento**
  - **Poco dinamismo en** cambio técnico
    - **Agentes heterogéneos:** pequeños productores, grandes productores, multinacionales
      - **Problemas de financiamiento**
        - Interferencia política en Banco Agrícola
        - Indefinición de derechos de propiedad sobre la tierra (especialmente Reforma Agraria)
        - Carencia de instrumentos financieros apropiados para la agricultura
        - Insuficiente desarrollo de mercados de seguro y futuros en productos agropecuarios
      - **Bajo retorno privado**
        - **Baja apropiabilidad**
          - Inseguridad jurídica sobre la tierra
          - Alto riesgo climático y desastres naturales
          - Desfavorable funcionamiento de canales de comercialización
          - Problemas de coordinación para enfrentar mercados
        - **Bajos retornos sociales**
          - Infraestructura de transporte y energía insuficientes y/o ineficientes
          - Inadecuados incentivos para el uso del agua de riego
          - Bajo capital humano en la agricultura

heterogeneidad de los agentes en cuanto a la forma en que estos toman las decisiones que influyen en el crecimiento sectorial.

En la rama del financiamiento del sector, se consideran problemas tanto por el lado de la oferta (Banco Agrícola, instrumentos financieros) como por el de la demanda (indefinición de los derechos de propiedad, falta de mercados complementarios). En la rama de los retornos a la inversión, se han considerado como factores de la potencialmente baja capacidad de apropiación cuestiones como la inseguridad jurídica (riesgos de expropiación o invasiones a la propiedad), el alto riesgo climático y de desastres naturales, los problemas con los canales de comercialización que reducen los precios al productor y los problemas de coordinación para generar una adecuada apropiación de las ganancias de las inversiones. En la sub-rama de los retornos sociales de la inversión se han considerado temas que afectan directamente a la rentabilidad de la producción agropecuaria, como la provisión de infraestructura de transporte, energía y riego, y el bajo nivel de capital humano.

En esta sección se evaluará cada una de estas potenciales restricciones para ir identificando aquellas que estarían siendo más importantes en términos de su potencial impacto en el crecimiento si se lograse su eliminación o relajación. La siguiente sección sobre políticas sectoriales complementa este enfoque con un análisis de la lógica de algunas intervenciones públicas en el sector agropecuario.

Acceso al financiamiento

El crédito ocupa un espacio importante en la actividad agropecuaria dominicana, aunque ha venido declinando y ha pasado del 21% del PIB agropecuario en 2001 a sólo 9,5% en 2005. Esta caída en la última década ha estado asociada a dos factores: i) el retiro de la actividad agropecuaria de los llamados bancos de desarrollo y ii) la disminución de las colocaciones sectoriales de la banca comercial, especialmente desde 2002-2003 cuando ocurrió la crisis financiera. Por este motivo, el Banco Agrícola (estatal), que mantuvo su nivel de colocaciones, ha ido aumentando su participación en la cartera total y ha pasado del 33% en 2001 a cerca del 50% en 2007. Esto hace que la presencia estatal sea predominante en el crédito agropecuario del país, lo cual genera problemas de interferencia política y distorsiones para el desarrollo de un mercado financiero privado en el sector. La tasa de morosidad del Banco Agrícola, por ejemplo, ha sido bastante fluctuante: en 1998 llegó hasta el 48%, mientras que en 2002 y 2003 alcanzó un 9% y un 8%, respectivamente. En los últimos años la tasa de morosidad se ha ubicado en un promedio del 20%, proporción relativamente alta.

Gráfico 8.8 Acceso al financiamiento

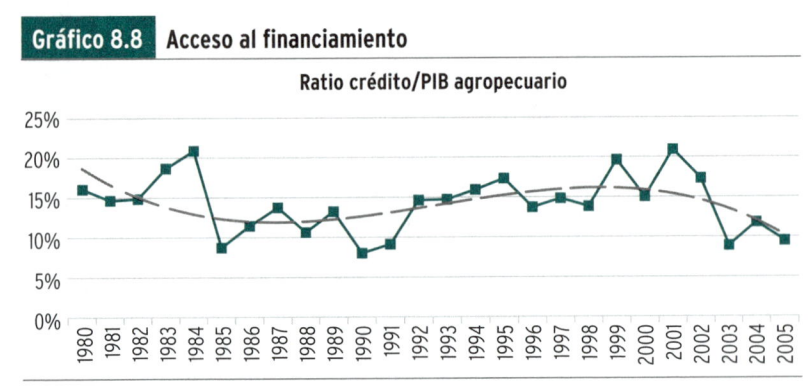

Ratio crédito/PIB agropecuario

Fuentes: CEPAL (2008) y FAOSTAT (s/f).

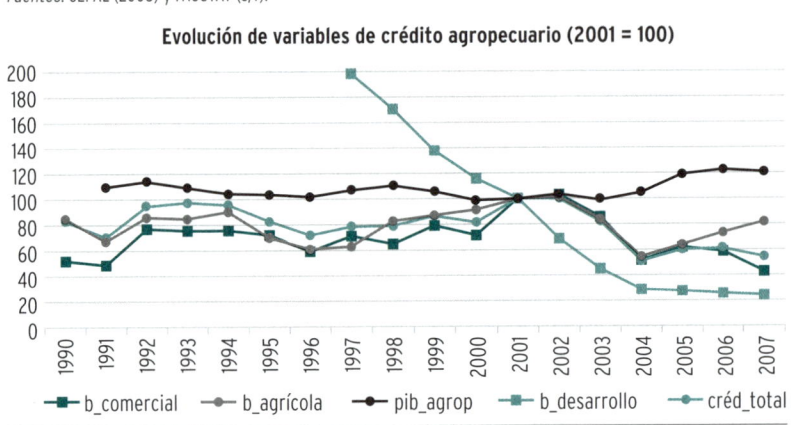

Evolución de variables de crédito agropecuario (2001 = 100)

— b_comercial — b_agrícola — pib_agrop — b_desarrollo — créd_total

Fuentes: Tejada (2007), SEA (2008) y Banco Central de Reserva de la República Dominicana.

Si se observa la evolución del crédito agropecuario por hectárea (en dólares constantes) de la República Dominicana frente otros países de comparación, se puede ver que, aunque el crédito se ha mantenido mucho más estable que en el resto de los países, este ha sido uno de los más bajos, solamente superior al de Nicaragua. Esto indicaría un cierto grado de restricción financiera para la agricultura de la República Dominicana, la cual se ha profundizado desde la crisis financiera de 2002-2003, cuando se encareció notablemente el crédito en el país para luego comenzar a bajar paulatinamente.

Sin embargo, la restricción crediticia no parece haber desempeñado un rol importante en términos del crecimiento del producto sectorial, como se observa en el gráfico 8.10. La correlación entre ambas variables ha sido negativa en el período 1980-2005, durante el cual más bien

Gráfico 8.9 Crédito y tasas de interés, 1980-2007

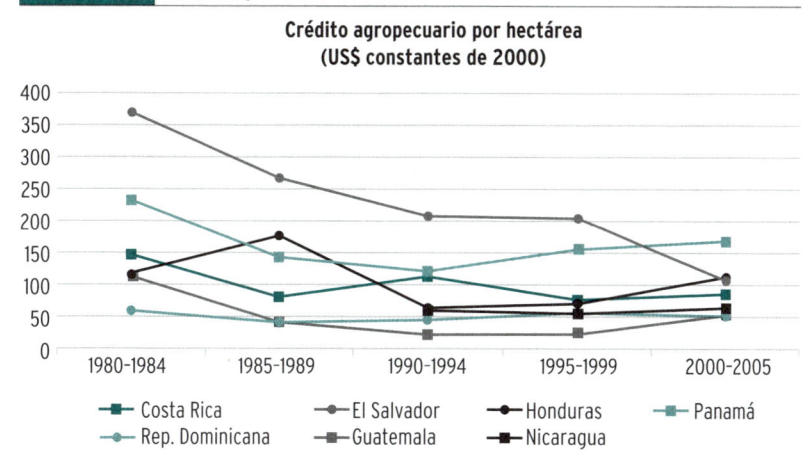

Crédito agropecuario por hectárea (US$ constantes de 2000)

Costa Rica — El Salvador — Honduras — Panamá — Rep. Dominicana — Guatemala — Nicaragua

Tasas de interés activa promedio del sistema financiero (Porcentaje anual)

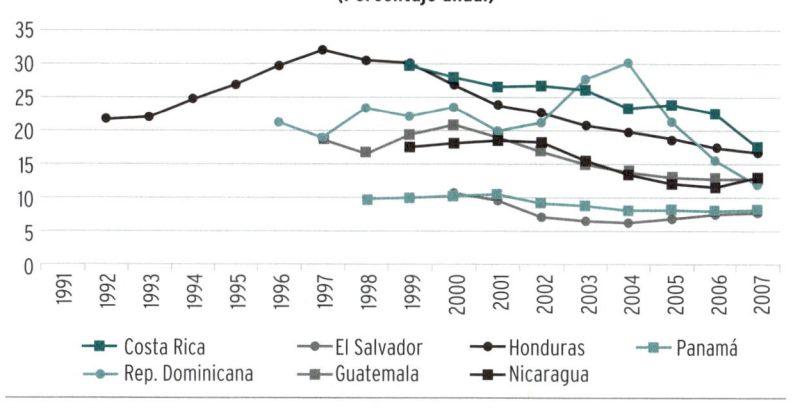

Costa Rica — El Salvador — Honduras — Panamá — Rep. Dominicana — Guatemala — Nicaragua

Fuente: Cepalstat (2008).

el crédito parece ser un efecto (y no la causa) del crecimiento. Desde la crisis de 2002–2003, la reactivación del sector agropecuario no parece haber requerido mayor crédito, como se observa en el mismo gráfico.

En cuanto a otros factores importantes relacionados a las restricciones de financiamiento al sector agrario, cabe decir que existe un serio problema de falta de derechos de propiedad bien definidos sobre la tierra, especialmente en el sector reformado. No obstante, este sector es atendido de manera preferencial por el Banco Agrícola, entidad que no considera el título de propiedad como requisito para sus desembolsos.

Gráfico 8.10 Evolución del PIB y del crédito agropecuario en precios constantes, 1980-2005 (en logaritmos, crédito en eje secundario)

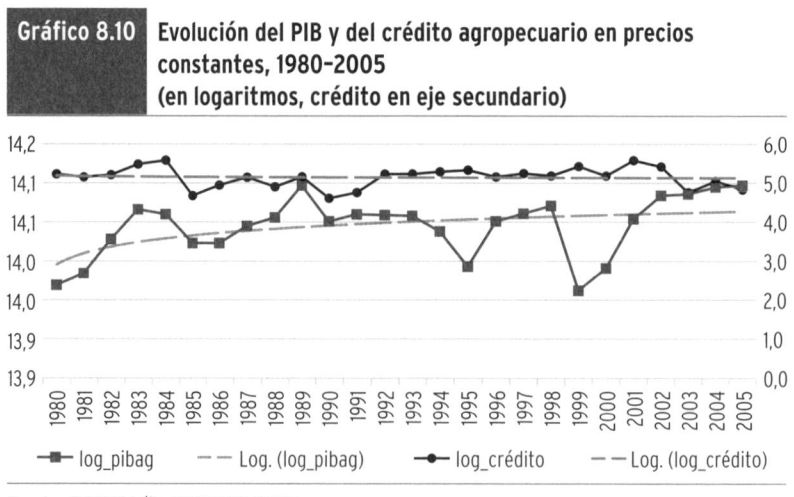

■— log_pibag   — — Log. (log_pibag)   ●— log_crédito   — — Log. (log_crédito)

Fuentes: FAOSTAT (s/f) y CEPALSTAT (2008).

También debe señalarse que no existen mercados a futuro para los productos agropecuarios, y que el mercado de aseguramiento agrario es muy pequeño y es básicamente impulsado por una entidad estatal, la Aseguradora Agropecuaria Dominicana S. A. (Agrodosa), que aún tiene escasa cobertura en la agricultura dominicana.

Conclusiones

En conjunto, se puede concluir que la agricultura de la República Dominicana está sometida a una alta restricción financiera, debido a diversos factores como la participación estatal (Banco Agrícola) en el mercado, el alto costo del crédito luego de la crisis financiera y los problemas para generar mercados complementarios de aseguramiento y futuros. No obstante, la restricción no parece ser particularmente importante en términos de impacto agregado en el crecimiento sectorial, o al menos no lo ha sido en los últimos años.

Retornos sociales a la inversión

La agricultura experimenta mayores dificultades que otras actividades para generar un adecuado retorno a la inversión debido a sus características específicas de alta dispersión espacial y a las complicaciones que se le presentan para atraer y retener capital humano. Aquí se evalúa la posible importancia de estos factores para explicar los problemas de crecimiento del agro dominicano.

Infraestructura de transporte y energía
La República Dominicana tiene una alta densidad de red de carreteras (longitud/superficie terrestre) en comparación con los países de la región y en los últimos años ha estado mejorando en este aspecto. Sin embargo, Costa Rica posee una densidad vial casi tres veces superior, lo cual en parte puede explicar su mejor desempeño en el crecimiento sectorial antes mencionado. No obstante, cabe señalar que hay otros países con menor densidad vial, como Panamá u Honduras, que de todos modos han demostrado un mejor desempeño sectorial que la República Dominicana.

En el caso de la energía, el país sufre distorsiones por políticas de subsidios y controles de precios, que han llevado a serios atrasos en el crecimiento de los sistemas energéticos (Fanelli y Guzmán, 2008). Esto genera un alto costo de la energía con baja cobertura y falta de abastecimiento en algunas zonas y sectores. En el caso de la agricultura, el problema energético afecta sobre todo la posibilidad de mejorar las cadenas de frío y el procesamiento de los productos agropecuarios. Tanto los vegetales y las frutas como la leche son productos particularmente afectados por la carencia de una buena infraestructura energética.

Infraestructura de riego
En cuanto a la infraestructura de riego, según el Instituto Nacional Dominicano de Recursos Hidráulicos (Indrhi), la superficie sembrada bajo riego llega a un 40% del total de la tierra agrícola del país.[10] A diferencia de otros países de Centroamérica, la República Dominicana se ha caracterizado por el desarrollo de grandes proyectos de presas para regular la irrigación, especialmente durante las décadas de 1970 y 1980,[11]

---

[10] Cabe señalar que la República Dominicana es el cuarto país en toda la región de América Latina con mayor inversión pública acumulada en irrigación después de México, Brasil y Perú (FAO, s/f).
[11] Durante el período 1965-1987 se construyeron la mayoría de las grandes presas que configuran la infraestructura hidráulica dominicana, entre ellas 19 de las 34 que hoy en día están en operación, las cuales representan un 45% del área actualmente bajo riego. Su capacidad total de almacenamiento es de 2.300 millones de m3, aunque se estima que se han perdido unos 300 millones de m3 debido a la sedimentación.

aunque luego hubo un declive en este tipo de obras en años más recientes (los grandes proyectos fueron diseñados e implementados por el Indrhi). El problema no parece estar en el stock, sino en los incentivos para el uso eficiente del agua de riego. Las tarifas que pagan los agricultores, por ejemplo, son bastante bajas y no cubren los costos de operación ni de mantenimiento a nivel de los sistemas de distribución; además, se define por área regada y no por el volumen de agua consumido. Esto indica que la costosa infraestructura de riego del país no es utilizada en la forma más eficiente, lo cual limita el crecimiento de la productividad del sector.

Capital humano
Del personal ocupado en la agricultura, un 64% sólo tiene estudios primarios y un 23% carece de toda educación. Esto contrasta con el resto de las personas ocupadas, de las cuales sólo un 5% no tiene estudios, aunque un significativo 43% sólo ha cursado la escuela primaria.

Para tener otra idea en términos de cantidad de las características de la población directamente relacionada con la agricultura en el país, a los efectos del presente trabajo se utilizaron los resultados de la Encuesta Nacional de Condiciones de Vida (Encovi) 2004, a partir de la cual es posible identificar hogares cuyo jefe se dedica principalmente a la agricultura como actividad independiente.[12] Algunos datos de la encuesta se muestran en la el cuadro 8.6.[13]

El análisis indica que si bien las familias del sector tienen diferencias en varios aspectos (el jefe de hogar es en mayor medida hombre, su edad promedio es mayor y los hogares son más numerosos), la mayor diferencia se presenta en los años de escolarización de los jefes de hogar. Por lo tanto, se puede concluir que existe un problema importante con la dotación de capital humano de la que dispone el país para promover un

---

[12] Esta cifra no incorpora a los hogares donde hay trabajadores agropecuarios que pueden o no ser jefes de hogar.
[13] Los resultados (expandidos) sugieren que un 12% de la población de la República Dominicana vive en hogares cuyo jefe se dedica a la agricultura como actividad independiente. En términos generales, estos son los pequeños productores agropecuarios del país. En promedio, unos 250.000 hogares tendrían como jefe de hogar a un agricultor independiente, dado el tamaño promedio de cuatro personas por familia para los hogares agropecuarios.

Cuadro 8.5 Nivel de escolarización de la población ocupada, 2006

	Área distinta de agricultura		Agricultura		Total
	Número de personas/ porcentaje		Número de personas/ porcentaje		Número de personas
Ninguna educación	143.283	(4,9)	120.059	(23,4)	263.342
Nivel primario	1.244.144	(42,6)	326.244	(63,6)	1.570.387
Nivel secundario	909.529	(31,1)	59.583	(11,6)	969.112
Nivel universitario	624.926	(21,4)	7.320	(1,4)	632.246
Total	2.921.881	(100)	513.205	(100)	3.435.086

Fuente: PNUD (2008).

Cuadro 8.6 Población agropecuaria y no agropecuaria

	Resto de hogares	Jefe de hogar agricultor	Total
Población (número de personas)	7.792.690	1.063.554	8.856.245
Porcentaje de la población	88,0	12,0	100
Tamaño del hogar (número de integrantes)	3,79	3,99	3,81
Edad del jefe de hogar (años)	45	50,3	45,6
Jefe de hogar es varón (porcentaje)	66	86	68
Años de estudios del jefe de hogar	6,68	3,09	6,27

Fuente: Elaboración propia a partir de Encovi 2004.

mayor crecimiento agropecuario, lo cual resulta clave —por ejemplo— para la adopción de nuevas técnicas y prácticas innovadoras.[14]

Capacidad de apropiación

Inseguridad jurídica

La tierra es el activo fundamental del sector agropecuario, por lo que la seguridad jurídica sobre esta desempeña un rol fundamental en la

---

[14] Cabe señalar que la República Dominicana ha venido recibiendo una fuerte migración de mano de obra de Haití, con bajísimos niveles educativos, lo cual ha generado crecientes conflictos con los trabajadores locales y problemas de adaptación dentro de la cultura del país.

generación de incentivos apropiados para la inversión, así como también para promover el funcionamiento de mercados de tierra más eficientes que ayuden a una mejor asignación del recurso. No obstante esta situación, en la República Dominicana existe un régimen jurídico frágil y fragmentado para las tierras, dentro del cual prevalecen un alto nivel de informalidad y altos costos de transacción.

Por un lado, existen muchos predios no registrados (se estima que abarcan un 40% del área total) cuyo régimen se rige por el Código Civil y tuvo origen en la Ley N° 2.914 de 1890 (modificada en 1933 y 1941), y que no pasan por las normas del registro público, sistema conocido con el nombre de "sistema ministerial". Por otro lado, existen predios registrados o en proceso de registro en cumplimiento de la Ley de Registro de Tierras Nro. 1.542 de 1947, que ocupan un 35% del territorio. El 25% restante está dentro del área afectada por la Reforma Agraria, de acuerdo con la cual los agricultores no reciben títulos de propiedad por parte del Instituto Agrario Dominicano (IAD) hasta que no terminen de cancelar el valor de la deuda sobre la propiedad adjudicada, y la mayor parte de estos predios no están registrados por el IAD, por lo que carecen de seguridad jurídica plena.[15]

La coexistencia de por lo menos tres grandes sistemas jurídicos para las tierras agrarias de la República Dominicana es un serio problema para el desarrollo de sector. Por un lado, los altos niveles de informalidad sobre la propiedad no generan incentivos para la inversión en los predios, y por otro, en estas condiciones es muy difícil que opere un mercado de tierras que promueva la eficiencia en el uso de un recurso crecientemente escaso. El sistema ministerial, por ejemplo, se establece en razón de las personas más que de los inmuebles, lo cual genera grandes confusiones y desorganización en lo que atañe a los derechos, con la consiguiente inseguridad jurídica. Igualmente, la mayoría de los beneficiarios de la Reforma Agraria no tiene propiedad plena sobre sus parcelas, y esto dificulta las inversiones y el funcionamiento del mercado de tierras.

Todo esto indica que existen serios problemas de seguridad jurídica en el país y altos costos de transacción en el mercado de tierra

---

[15] Actualmente existen unos 112.000 productores bajo el régimen de Reforma Agraria administrado por el IAD, los cuales habían recibido unas 820.000 has. hasta 2007 y representan el 25% del total de tierra agropecuaria del país. Estos beneficiarios han recibido la tierra bajo un mecanismo por el cual no tienen propiedad plena. Se les otorgan Certificados de Asignación Provisional.

agropecuario, los cuales constituyen restricciones relevantes que limitan el crecimiento.

El impacto de los desastres naturales
La ubicación geográfica de la República Dominicana en la cuenca del Caribe hace que el país sea particularmente vulnerable a tormentas tropicales, huracanes y tornados. Esto tiene efectos directos en la agricultura, uno de los sectores más afectados por este tipo de fenómenos, dada su dispersión territorial.

Desde 1961 se observa un aumento significativo en el número de eventos por año y en las pérdidas humanas relacionadas con dichos eventos. En estas condiciones, es posible plantear que la creciente ocurrencia de este tipo de fenómenos podría tener efectos significativos en los retornos esperados de la agricultura. No obstante, el nivel de variabilidad del producto agropecuario no ha mostrado una tendencia a aumentar en relación con el incremento de eventos adversos. Por eso, se puede decir que aunque la ocurrencia de estos últimos sí podría tener un efecto negativo en la rentabilidad esperada de la agricultura dominicana, la evidencia no señala un impacto directo e inmediato en la generación de mayor volatilidad en la producción agropecuaria a nivel agregado.

Fallas de comercialización
La eficiencia de los mercados de productos es parte central del funcionamiento del sector agropecuario, ya que este enfrenta altos costos de transporte y de transacción, que dificultan la obtención de mayores ingresos a partir de la producción y la venta de sus productos. Para el análisis de los canales de comercialización aquí se ha tenido en cuenta la evolución de variables de precio a nivel finca, mayorista y detallista.

En el gráfico 8.11 se presenta la evolución de la razón entre el precio detallista y los precios en finca, y entre los precios mayoristas y el precio en finca para algunos cultivos transitorios, a partir de lo cual se observan los siguientes comportamientos:

- Luego de un quiebre en las tendencias previas en 2004 para la razón detallista/finca, se ve que en el período más reciente los productos han tenido evoluciones distintas. Mientras que para productos más perecibles como el tomate y la cebolla se observa un aumento en la razón (mayores márgenes de

Gráfico 8.11 Capacidad de apropiación vía precios de los productores rurales, 2000-2007

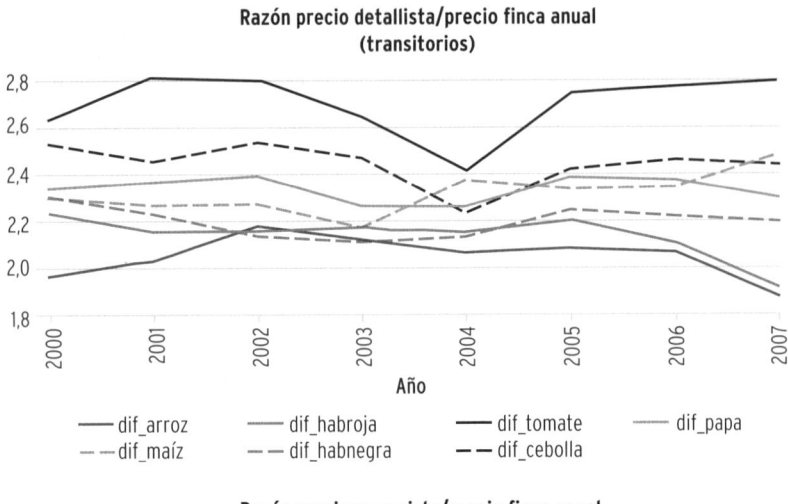

Razón precio detallista/precio finca anual (transitorios)

— dif_arroz — dif_habroja — dif_tomate — dif_papa
--- dif_maíz --- dif_habnegra --- dif_cebolla

Razón precio mayorista/precio finca anual (transitorios)

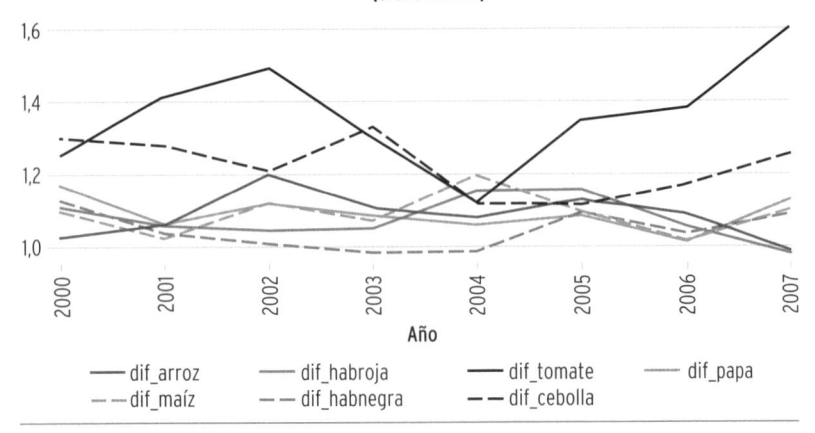

— dif_arroz — dif_habroja — dif_tomate — dif_papa
--- dif_maíz --- dif_habnegra --- dif_cebolla

Fuente: SEA (2008).

comercialización), para el arroz y las habichuelas rojas la tendencia es a la inversa, es decir, hay menores márgenes desde 2005.

- Los productos perecibles tienen mayores márgenes de comercialización, con razones superiores a 2 en la mayoría de los casos. Solamente en el caso del arroz y de las habichuelas rojas (que también se importan) los márgenes son inferiores a 2 para 2007.

- En el caso de los precios mayorista/finca, se observan tendencias similares a la evolución del margen global de comercialización, y se confirma que la evolución del margen general está fuertemente influida por la evolución del primer margen entre mayorista y finca.
- Al respecto, se observa un aumento significativo en el margen mayorista en el caso del tomate y en menor medida en el de la cebolla, dos productos perecibles. Los márgenes sólo han caído sistemáticamente desde 2004 para el arroz y las habichuelas rojas. Se aprecia un aumento en 2007 en las habichuelas negras, el maíz y la papa, productos que no influyen en el margen global como se ha visto previamente.

Estos resultados muestran que las mayores ineficiencias potenciales en los procesos de comercialización se encuentran en los productos perecibles como el tomate o la cebolla, y en menor medida en la papa. En el caso del arroz y de las habichuelas, no se observan tendencias negativas en los márgenes de comercialización, al menos no en los períodos anuales que se están analizando aquí. Esto sugiere que existe un problema de comercialización, pero que una buena parte de este está ligada a la naturaleza perecible de los productos y a la falta de mecanismos de almacenamiento y conservación dentro de la cadena agroalimentaria.

Evaluación del impacto de las restricciones en cadenas productivas específicas

Dada la alta heterogeneidad intrínseca de la agricultura dominicana, la evaluación de las restricciones en forma agregada realizada en los acápites anteriores puede esconder matices y condiciones específicas fundamentales para explicar el crecimiento sectorial. En esta sección se realiza una evaluación cualitativa de la importancia de las diversas restricciones analizadas previamente para seis cadenas productivas específicas: arroz, habichuelas, leche, carne de ave, banano (guineo) y aguacate. La selección de estas seis cadenas se hizo en función de tres criterios: i) dinamismo productivo (superficie y rendimientos); ii) tipo de producto con respecto al comercio exterior (sustitución de importaciones, bienes poco transables y exportables), y iii) heterogeneidad de productores y tecnología.

Del conjunto de los seis productos, dos son de alto dinamismo productivo: la carne de pollo y el banano (guineo). El arroz, la leche y el aguacate tienen un dinamismo medio, y las habichuelas un dinamismo bajo o nulo. El arroz, la leche y las habichuelas son los productos más destacados de la agricultura dominicana que tienen un régimen de "sustitución de importaciones" con altos niveles de protección comercial y apoyos estatales (arroz), protección que sin embargo será desmontada en los próximos años debido a tratados comerciales. Por su parte, la carne de ave tiene una protección natural en la medida en que su comercio (especialmente del ave fresca) tiende a ser marginal en el mundo.

Finalmente, el banano y el aguacate son dos productos "estrella" de exportación del país, que enfrentan una muy fuerte competencia de otros países exportadores, y en cuyo caso la República Dominicana ostenta ventajas comparativas y una participación significativa en los mercados internacionales (Europa en el primer caso, y Estados Unidos en el segundo). El banano y el aguacate también muestran una elevada heterogeneidad (en productores y en tecnología), con un marcado dualismo entre el sector exportador, con fuerte presencia trasnacional, y el orientado al mercado interno, mayoritariamente integrado por pequeños productores que emplean mano de obra familiar. Este marcado dualismo no existe en los otros cuatro productos. El caso de la leche muestra un nivel intermedio de heterogeneidad, el cual se basa más en las ventajas de ciertos factores para zonas específicas del territorio (disponibilidad de praderas), mientras que el arroz, las habichuelas y la carne de ave tienen baja heterogeneidad interna.

En el cuadro 8.7 se presenta la caracterización mencionada de los productos, así como también una calificación de la importancia relativa de cada restricción al crecimiento para cada producto. Básicamente se asignó un puntaje por restricción, según una escala en la cual 3 indica un nivel de importancia alto, 2 un nivel de importancia medio y 1 un nivel de importancia bajo. Los puntajes sólo son referenciales y en este caso no se han asignado pesos diferenciados a las tres grandes ramas del árbol.

De este análisis surge que hay diferencias notables en la forma en que operan las restricciones por productos. El banano y la carne de ave, que son los más dinámicos, tienen a su vez los puntajes de mayor (banano) y menor (carne de ave) incidencia de las restricciones al mismo tiempo. En el caso de esta última, las condiciones de producción de tipo casi manufacturera cercana a los grandes centros productivos, y la relativa protección natural y no arancelaria (sanitaria) a la competencia internacional, hacen que

Cuadro 8.7 Evaluación de la importancia de las restricciones en cadenas específicas

	Arroz	Habichuelas	Leche	Carne de ave	Banano	Aguacate	
Caracterización de productos							
Dinamismo productivo	3	2	3	6	6	4	
Crec. superf.	2	1	2	3	3	3	
Crec. rend.	1	1	1	3	3	1	
Tipo de producto	Sust. imp.	Sust. imp.	Sust. imp.	Poco transable	Exportable	Exportable	
Heterogeneidad	3	2	4	2	6	6	
Productores	2	1	2	1	3	3	
Tecnológica	1	1	2	1	3	3	
Evaluación de importancia de las Restricciones							Subtotal
1. Financiamiento	2	1	2	2	3	3	
2. Retornos sociales	7	7	7	6	11	11	
Problemas infraestructura	5	6	5	4	8	8	
• Transporte	2	2	3	1	3	3	14
• Energía	2	2	3	2	3	3	15
• Irrigación	1	2	1	1	2	2	9
Falta de capital humano	2	1	2	2	3	3	13
3. Apropiabilidad	9	8	8	4	9	8	
Inseguridad en DD.PP.	3	1	1	1	2	2	10
Impacto de desastres naturales	2	2	1	1	3	2	11
Problemas de coordinación	2	3	3	1	2	2	13
Fallas de comercialización	2	2	3	1	2	2	12
Total	18	16	17	12	23	22	

Fuente: Elaboración propia sobre la base de estudios de cadenas realizados para el documento de trabajo (anexo 1) en el cual se basa este capítulo.
1 = nivel de importancia bajo; 2 = nivel de importancia medio; 3 = nivel de importancia alto.

este sector enfrente mucho menos restricciones que todos los productos considerados. El dinamismo de la producción de carne de ave es un hecho generalizado en la mayor parte de los países de la región, y se asienta fuertemente en estas condiciones especiales de producción y mercado.

Por otro lado, el caso del banano demuestra que, pese a las restricciones, el país tiene realmente ventajas para la producción y la exportación de este producto. En este caso, la tasa de innovación ha sido alta, y la adaptación a las condiciones y a los requisitos del mercado externo, muy importante (exportación de banano orgánico a Europa). Asimismo, pese a enfrentar altos costos de transporte y energía, y el impacto de las tormentas tropicales, la producción bananera ha podido mantener un crecimiento notable. En este otro caso, cabe plantear que el sector del banano podría crecer más si se levantaran varias de las restricciones señaladas, especialmente las relacionadas con los retornos sociales (mejoras en infraestructura y capital humano, por ejemplo). Igualmente, dado el alto dualismo de esta cadena productiva, cabe pensar que mejores condiciones de retorno social y capacidad de apropiación podrían permitir una mayor participación de los pequeños productores en la cadena agroexportadora, mucho más rentable y dinámica que el mercado local.

El aguacate es un caso de dinamismo intermedio, el cual se ha basado más en la expansión de áreas que en el aumento de rendimientos. Aquí la tasa de innovación es menor que la del banano o la de la carne de ave, y las restricciones al retorno social del cultivo se encuentran entre las más altas. En particular, la cadena del aguacate es sensible a fallas en la infraestructura de transporte y energía, y requiere relativamente altos niveles de capital humano. Sin embargo, los problemas de capacidad de apropiación no son los más agudos, mientras que la falta de financiamiento sí podría desempeñar un rol clave en la limitación del dinamismo de este producto, debido a los altos requerimientos financieros que tiene. Al igual que el banano, la capacidad de crecimiento del aguacate podría aumentar significativamente si se relajaran las restricciones asociadas al restringido retorno social.

El caso del arroz, las habichuelas y la leche es muy distinto del de los productos presentados previamente. Tanto el arroz como la leche han tenido un dinamismo intermedio, el cual sin embargo se ha basado fuertemente en los beneficios del régimen de distorsión de precios y en el caso del primero, en el acceso privilegiado de este producto al crédito y el agua de riego. Por su parte, las habichuelas constituyen un cultivo con serios problemas de competitividad, incluso con protección comercial, y se estima que irán perdiendo importancia en la agricultura de la República Dominicana a medida que avance la apertura comercial pactada en el marco del DR-CAFTA (Isa-Contreras, 2006). No obstante, para el arroz y la leche el acuerdo comercial ha considerado períodos largos de desgravación (15 a 20 años), y el mantenimiento de cierta capacidad de protección específica, aunque el panorama de mediano plazo apunta hacia la liberalización comercial.

Ante esto, lo que se observa en el análisis es que la producción de leche está actualmente más afectada por el conjunto de restricciones analizadas. En particular, este producto se ve más afectado por la falta de infraestructura de transporte y energía, y también enfrenta más problemas de capacidad de apropiación por el alto riesgo de precios, fallas de coordinación y mayores costos de coordinación entre actores de la cadena. En conjunto, un trabajo de mejoramiento de estas restricciones puede ayudar a que el sector lechero dominicano enfrente con mayores posibilidades de éxito la mayor apertura comercial de las próximas dos décadas.

Finalmente, el caso del arroz es uno de los más problemáticos, ya que casi toda su ventaja parece estar centrada en la protección comercial y el otorgamiento de subsidios y ayudas directas por parte del Estado. Este es un cultivo de limitado dinamismo en la innovación, y que absorbe una cantidad desproporcionada de escasos recursos hídricos y fiscales. Una buena parte de los productores arroceros están en el sector reformado, y su gran cantidad de integrantes y la buena organización lo convierten en un grupo de presión bastante fuerte y eficaz en la política interna. Es por esto que el tema del arroz ocupa un lugar central en cuanto a las posibilidades de mejorar el desempeño del sector agropecuario dominicano, como se verá en la sección sobre recomendaciones de política.

En la sección siguiente se analiza el marco general y la lógica de algunas políticas públicas sectoriales específicas. La idea es evaluar los intentos y las capacidades del sector público agrario de la República Dominicana para enfrentar algunas de las restricciones identificadas en los párrafos precedentes.

Políticas públicas e instituciones

En esta sección se analizan las políticas sectoriales específicas y se busca relacionarlas con algunas de las restricciones identificadas anteriormente.

Este examen permitirá evaluar en cierta forma la capacidad del sector público para generar políticas favorables al crecimiento sectorial, tema que se trata con mayor detalle en la última sección de este capítulo.

Evolución reciente del sector público agrario y el gasto público agropecuario

La República Dominicana tiene un nivel significativo de gasto público orientado a la agricultura. En la base de datos GPRural sobre el gasto público agrario en América Latina y el Caribe, confeccionada por la FAOSTAT (s/f),[16] la República Dominicana aparece en el período 1997-2001 como el país bajo el DR-CAFTA con mayor gasto público por hectárea, gasto público por agricultor y participación en el gasto público total. Por su parte, la razón entre el gasto público agropecuario y el PIB sectorial ha fluctuado en torno al 10% y al 15% entre 1991 y 2006. Igualmente, durante la década de 1990 el gasto sectorial representaba un promedio no menor del 10% del gasto público nacional, aunque este porcentaje se redujo drásticamente en los últimos cinco años debido al fuerte crecimiento del gasto nominal total,[17] por lo que el sector tiene un peso importante dentro de las políticas de Estado.

El sector público agrario de la República Dominicana está compuesto actualmente por la SEA y entidades autónomas adscritas de este sector. Para establecer el peso que tienen las diversas entidades, los programas y los órganos de línea dentro del sector público agropecuario, se analizará su presupuesto de 2006 y 2007 (véase el cuadro 8.8). El rubro de programas nacionales de fomento ocupa la mayor parte del presupuesto del sector público agropecuario. El rubro de fomento agrícola es el más importante. Las acciones de la Subsecretaría de Producción se enmarcan dentro de estas actividades. Igualmente, se destaca el gasto

---

[16] Para un análisis de la evolución del gasto público agrario y rural en la República Dominicana en la década de 1990, véase Gómez (2001).

[17] Para los cálculos del gasto sectorial se ha tomado en cuenta también el que realiza el Indhri, que representó un 37% del gasto sectorial considerado entre 1985 y 2001 en la base GPRural de FAOSTAT (s/f). El Indhri básicamente ha venido construyendo gran infraestructura de riego y habilitando tierras agrícolas irrigadas en diversas partes del país. Actualmente la entidad ya no pertenece al sector de agricultura, pero sus inversiones se deben considerar dentro de este ámbito, dada su naturaleza mayoritariamente agraria.

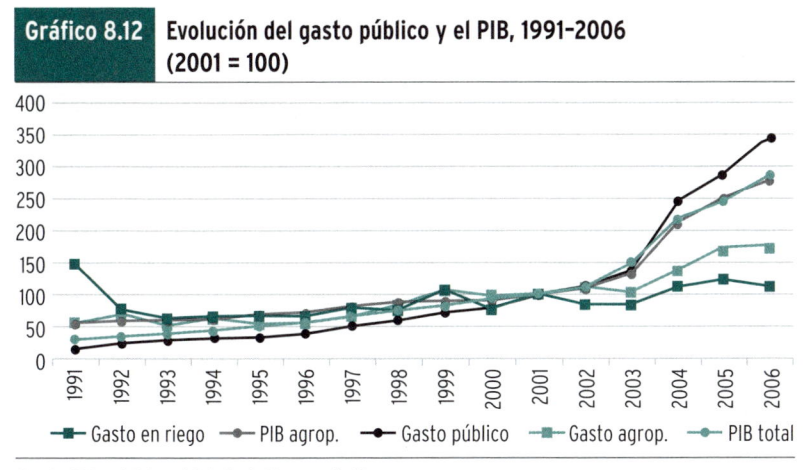

| Gráfico 8.12 | Evolución del gasto público y el PIB, 1991-2006 (2001 = 100) |

Fuente: GPRural-FAO y Ministerio de Finanzas de RD.

en el programa de pignoración de arroz, orientado a la compra del arroz a precios mínimos para sostener los precios al productor de este grano. Si se considera el gasto en actividades de fomento directo y el programa de pignoración como gastos orientados a "bienes privados" (frente a bienes públicos), se obtiene como resultado un gasto anual en bienes privados por parte del sector público agropecuario de US$59 millones para 2007, es decir, el 30% del presupuesto total del mencionado sector. Este porcentaje ascendía sólo al 22% en 2006.[18]

Finalmente, se destaca también el presupuesto de las instituciones autónomas que, en el caso del sector público dominicano, son muchas y muy variadas. Entre ellas cabe mencionar al Instituto Agrario Dominicano (IAD), que administra las tierras y las actividades del sector de Reforma Agraria (con un presupuesto de US$27,3 millones en 2007); al Consejo Dominicano del Café (Codocafé) (US$10,2 millones); y al Instituto de Estabilización de Precios (Inespre) (US$10,4 millones). Otras entidades importantes son el Instituto de Desarrollo Cooperativo (Idecoop), el Banco Agrícola, el Fondo de Desarrollo Agropecuario (Feda), el Instituto del Tabaco (Intabaco) y el Instituto Dominicano de

---

[18] Estudios recientes sobre el impacto del gasto público agrario en el crecimiento vienen demostrando que el gasto en bienes privados tiene incluso impactos negativos en el crecimiento, a diferencia del gasto en bienes públicos, que sí tiene efectos positivos en el crecimiento sectorial (Anson y Zegarra, 2007).

Cuadro 8.8 Presupuesto del sector público agropecuario, 2006-2007 (miles de dólares estadounidenses)

	2006	2007	Var. porcentual
Total sector agropecuario	152.578	194.175	27,3
Programa 1: actividades centrales	18.930	23.432	23,8
▪ Administración superior	14.982	19.658	31,2
▪ Planificación y política sectorial	2.084	2.277	9,2
▪ Servicios administrativos y financieros	1.864	1.497	-19,7
Total proyectos (programas) con recursos externos	8.297	16.273	96,1
▪ Programa de Mercado, Frigoríficos e Invernaderos (Promefrin)	4.530	1.439	-68,2
▪ Transición Competitiva Agroalimentaria (PATCA)	3.578	14.177	296,2
▪ Programa Especial de Seguridad Alimentaria (PESA)	68	261	283,3
▪ Otros programas	121	396	226,5
Programa 11 con recursos nacionales	25.998	46.810	80,1
▪ Fomento agrícola	18.329	40.886	123,1
▪ Fomento arrocero	2.111	2.055	-2,7
▪ Fomento y desarrollo de agroempresas	2.063	1.830	-11,3
▪ Fomento y distribución de semillas	1.326	658	-50,4
▪ Desarrollo cacaotalero	1.659	862	-48,1
▪ Mecanización agrícola	368	384	4,5
▪ Ventas de insumos y herramientas menores	131	135	3,1
▪ Pesca y acuicultura	11		
Programa 12: Asistencia y transferencia tecnológica	2.872	1.235	-57,0
Programa 98: Administraciones a contribuciones especiales	17.036	21.605	26,8
▪ Transferencia (pignoración de arroz)	9.091	12.328	35,6
▪ Conaleche	3.636	3.636	0,0
▪ Coniaf	1.500	1.500	0,0
▪ Otros	2.859	4.140	44,8
Subtotal de la SEA	73.134	109.355	49,5

(continúa en la página siguiente)

Cuadro 8.8 Presupuesto del sector público agropecuario, 2006-2007 (miles de dólares estadounidenses) (continuación)

	2006	2007	Var. porcentual
Programa 99: Resto de instituciones del sector agropecuario)	79.445	84.820	6,8
Instituto Agrario Dominicano (IAD)	23.889	27.349	14,5
Consejo Dominicano del Café (Codocafe)	7.769	10.296	32,5
Instituto de Estabilización de Precios (Inespre)	12.299	10.467	-14,9
Instituto de Desarrollo Cooperativo (Idecoop)	7.301	8.020	9,8
Banco Agrícola de la República Dominicana (Bagricola)	5.447	5.290	-2,9
Fondo de Desarrollo Agropecuario (Feda)	6.762	7.191	6,3
Instituto del Tabaco (Intabaco)	6.875	6.814	-0,9
Instituto de Investigaciones Agroforestales (IDIAF)	5.595	5.840	4,4
Consejo Estatal del Azúcar (CEA)	1.932	1.960	1,5
Instituto Azucarero Dominicano	455	238	-47,6
Instituto de la Uva	225	449	99,9
Proyecto La Cruz de Manzanillo	896	906	1,1

Fuente: SEA (2008).

Investigaciones Agroforestales (IDIAF). Todas estas entidades contaban con un presupuesto de entre US$5,8 y US$8 millones para 2007. Además, el gasto administrativo central ocupa el 10% del presupuesto sectorial, sin considerar los gastos administrativos de las entidades autónomas.

La posible reforma del sector público agropecuario ha estado en la agenda de políticas del gobierno durante los dos últimos períodos presidenciales. Sin embargo, aún no ha sido implementada y se está discutiendo alternativas. Desde hace dos años, por ejemplo, el IICA viene trabajando en una propuesta de modernización del sector agropecuario para la cual se convocaron 25 grupos de trabajo. Dicha iniciativa ya cuenta con documentos básicos de diagnóstico y propuesta en torno a dos grandes partes: i) un documento de visión de política (marco), visión de desarrollo productivo y desarrollo rural; ii) la modificación de la estructura organizativa del sector público agropecuario, con la propuesta de dos subsecretarías: una orientada al ámbito de los negocios o agrocomercial, y otra orientada al desarrollo rural o territorial.

También se proponen medidas de corto plazo para modificar algunas normas sobre temas críticos para la competitividad como las relativas a la sanidad, la inocuidad o el aseguramiento agrario. El documento recomienda aprobar una ley de desarrollo rural.

Políticas que distorsionan los precios al productor

Aun dentro del marco de amplia apertura comercial iniciado en la década de 1990, la República Dominicana mantuvo un importante nivel de protección comercial para algunos de sus productos agropecuarios en base a la llamada rectificación técnica (RT) ante la OMC, que le permitió establecer contingentes arancelarios para productos como la leche, el arroz, la carne de pollo, el azúcar, las cebollas, las habichuelas y el maíz (Isa-Contreras, 2006). Estos contingentes establecen una cuota con un arancel del 25%, y luego un arancel muy elevado para importaciones por encima de la cuota, que las vuelven prácticamente prohibitivas.

El sistema de RT implica que los productos mencionados tienen un amplio margen de protección comercial, con precios internos muy superiores a los de los mercados internacionales o los países con los cuales la República Dominicana comercia más intensamente (especialmente Estados Unidos). En un estudio sobre el apoyo agropecuario en los países de Centroamérica, Arias (2007) observó que el apoyo vía protección comercial para la República Dominicana en 2003 había ascendido al 52% de los ingresos de los productores de maíz, al 22% en el caso del arroz y al 16% para la leche.[19]

Otra evidencia al respecto es la presentada por Isa-Contreras (2006), quien estima para 2006 los siguientes diferenciales de precios locales para tres productos importantes (véase el cuadro 8.9). Además de la protección comercial, en el caso del arroz existe un elevado nivel de apoyo directo del Estado vía transferencias o gasto fiscal. En el estudio de Arias (2007) se estimó que el apoyo al arroz por la vía fiscal[20] era equivalente al de la

---

[19] Sin embargo, cabe señalar que 2003 fue un año de alta devaluación de la moneda local en la República Dominicana, lo cual redujo significativamente los estimados de apoyo vía precios con respecto al resto de los países de Centroamérica que no sufrieron este proceso.
[20] La SEA administra un sistema llamado "pignoración del arroz", que establece precios de garantía en la compra del producto a las factorías para que estas, a su vez, ofrezcan precios mínimos a los productores. Esta intervención implica una transferencia directa (subsidio) de recursos públicos para garantizar estos

Cuadro 8.9 Razón entre el precio interno en la República Dominicana y en otros países, 2006

	RD	CR	ELS	GUA	NI	EE.UU.
Arroz	1	0,85	0,68	0,65	0,73	n.d.
Habichuelas	1	0,80	n.d.	0,55	0,40	0,47
Leche	1	0,85	1,52	1,62	0,80	0,38

Fuente: Isa-Contreras (2006).
n. d. = no hay datos.

protección comercial, con lo cual el mayor ingreso debido a esta ayuda llegaría a un 44% del ingreso de los productores.

Datos tomados de la SEA (2007) señalan el desproporcionado peso que tiene el arroz en el uso de los recursos productivos agrarios de la República Dominicana. Por ejemplo, el 72% de las tierras bajo riego en 2007 estuvo destinado a este cultivo. Igualmente, el 51% del crédito del Banco Agrícola se dedicó al arroz, lo que representó un 35% del total de los préstamos de esta institución a todo el sector agropecuario. Cabe señalar que el sector arrocero es el principal consumidor de fertilizantes y otros insumos agrícolas en el país.

Como se puede apreciar, tanto el sistema de protección comercial (RT) como el apoyo directo por la vía fiscal para algunos cultivos (especialmente el arroz) generan importantes distorsiones en los precios locales al productor en la República Dominicana. Esto limita las posibilidades de desarrollar otros cultivos alternativos y con mayores ventajas comparativas en los mercados mundiales. Además, cabe mencionar que el grueso del sistema de protección comercial vía RT se irá desmontando en los próximos años, en virtud del DR-CAFTA.

La política de investigación e innovación agropecuarias

La creación de un sistema público-privado de investigación y de capacidad de innovación tecnológica en la agricultura ha mostrado algunos avances institucionales en los últimos años, aunque aún no se ha consolidado

---

precios a las factorías y los productores, y es la que habría permitido mantener el precio real del arroz con una tendencia estable o creciente en los últimos años respecto de otros cultivos.

totalmente como sistema. En 2000 se creó por ley el Consejo Nacional de Investigación Agro-Forestal (CONIAF), como parte del sistema nacional de investigación, y además se conformó un Fondo Nacional de Investigaciones Agropecuarias y Forestales (Foniaf). Cabe señalar que antes las actividades de investigación se realizaban en un departamento de la SEA. Además, se asignó al Instituto Dominicano de Investigación Agraria y Forestal (IDIAF) como la entidad pública encargada de realizar y promover la investigación en materia agraria y forestal, con los siguientes objetivos: i) mercados y competitividad; ii) seguridad alimentaria (disponibilidad); iii) manejo sostenible de los recursos naturales, y iv) participación de los productores organizados en cadenas productivas. El IDIAF no realiza transferencias de tecnología directamente, más bien usa "intermediarios", tanto del sector público como del privado, y actualmente quiere entablar una relación más directa con los conglomerados (*clusters*) y las cadenas productivas específicas.

Los temas de extensión y asistencia técnica desde el sector público están a cargo de la SEA, que dispone de extensionistas en todo el país para la prestación de este servicio a los pequeños productores. La percepción básica es que este servicio no está adecuadamente financiado y no cuenta con profesionales y técnicos bien preparados. En general, el servicio tiene serios problemas para responder adecuadamente a la demanda de los productores con el fin de mejorar su productividad y rentabilidad.

Un esfuerzo para mejorar los servicios de asistencia técnica y de adopción tecnológica es el primer componente del Proyecto de Apoyo a la Transición Competitiva Agroalimentaria (PATCA), que es el que tiene mayor financiamiento y se orienta a movilizar una oferta privada de tecnologías apropiadas para el agro dominicano. Este componente está dirigido a promover la adopción de nuevas tecnologías para pequeños y medianos agricultores. Su meta básica para el final del proyecto en 2009 era beneficiar a 14.000 productores. Los incentivos del programa se enfocan en tecnologías de riego hasta 2 hectáreas, en tecnologías para cultivos arbóreos/frutales hasta 4 hectáreas y en la renovación de pastos hasta un máximo de 15 hectáreas. El componente ofrece actualmente desde un total de siete tecnologías en adelante para brindar las cuales hay 76 empresas certificadas, y cuenta con 160 agentes de apoyo agropecuario (técnicos que están adscritos a las direcciones regionales de la SEA). El programa financia desde el 50% hasta el 90% de los costos de implementación de la tecnología ofrecida. El requisito central para poder recibir los beneficios es que el beneficiario trabaje en el predio y no tenga conflictos por la propiedad o la conducción de este. El Registro Nacional de Productores de 1998 fue la base para identificar a los beneficiarios.

La estrategia de conglomerados y los pequeños agricultores

El análisis de las cadenas agrícolas permite observar algunos problemas comunes para articular, en forma estable y beneficiosa, a los pequeños productores con los mercados más dinámicos. Este tema también surgió en forma recurrente en las entrevistas a los diversos actores del sector agrario dominicano: allí salieron a la luz las dificultades que atraviesan los productores para organizarse en el ámbito empresarial y enfrentar los altos costos fijos de participación en los mercados más competitivos.

Frente a este problema, el gobierno ha venido impulsando desde el Consejo Nacional de Competitividad (CNC) el trabajo en conglomerados, dentro de los cuales se destacan los de los sectores agropecuario y agroindustrial. El esquema de trabajo del CNC es interesante en el sentido de que no pretende favorecer o promover a priori determinados conglomerados, sino darles apoyo a aquellos que nazcan de la propia iniciativa de los productores. Sobresale la fuerte presencia del sector privado como eje del esfuerzo, mientras que el Estado busca resolver problemas o eliminar cuellos de botella que afectan la competitividad de los conglomerados (costos de transacción, transporte, energía, trabas burocráticas, falta de certificaciones, entre otros).

Actualmente se está evaluando esta experiencia y existen indicios de buenos resultados en algunos conglomerados, como el del banano, el del aguacate, el de la piña, el del mango y el del tabaco. Este éxito inicial está sirviendo de motivación para la conformación de conglomerados adicionales en el sector agropecuario.[21] Esta estrategia aparece como una vía promisoria para resolver el problema de la falta de articulación con los mercados de exportación más dinámicos de la agricultura dominicana.

---

[21] Véase Abreu Malla (2007:5): "De acuerdo al Consejo Nacional de Competitividad (CNC), la República Dominicana cuenta, a la fecha, con veintidós (22) clusters formalmente registrados. Estos van desde el cluster de confección y el cluster del mueble, de Santiago, hasta los clusters de mango, aguacate, piña, coco, café y otros agropecuarios, como los clusters turísticos de Puerto Plata, Samaná, etc.".

Políticas de gestión del agua de riego

El agua es otro recurso fundamental para el sector agrario. Las áreas bajo riego, por ejemplo, tienen niveles de productividad mucho más altos que las de secano, y en algunos casos el riego permite generar dos cosechas al año en lugar de sólo una. En la República Dominicana el régimen de agua es considerado como un recurso de la nación, de acuerdo con la vigente Ley de Aguas de 1965 sobre el manejo y la conservación de los recursos hídricos. Como tal, la administración del recurso se encuentra a cargo de autoridades públicas.

Durante las décadas de 1970 y 1980 el país se ha caracterizado por el desarrollo de grandes proyectos de presas para regular la irrigación, aunque luego hubo un claro declive en este tipo de obras en años más recientes. Estos proyectos fueron diseñados e implementados por el Indrhi, entidad autónoma que se encontraba adscrita a la SEA hasta la creación de la Secretaría de Ambiente y Recursos Naturales en 2004. Durante el período 1965-1987 se construyeron la mayoría de las grandes presas que configuran la infraestructura hidráulica dominicana (véase la nota a pie 11).

Durante la última década, el Indrhi se ha orientado a transferir la gestión del agua de riego a los usuarios en las áreas de los grandes proyectos de irrigación (el país se divide en 10 distritos de riego). Actualmente existen 30 juntas de riego que manejan sistemas que distribuyen los recursos hídricos a unas 300.000 hectáreas, con unos 90.000 usuarios. Estas juntas manejan el agua al nivel de los canales de distribución, mientras que el Indrhi sigue administrando las obras mayores de los sistemas.

Una iniciativa reciente del Indrhi es la que se orienta hacia la promoción de centros de gestión de agronegocios en las juntas de usuarios. Ya hay 10 centros de este tipo que están funcionando con el apoyo del organismo. Las tarifas que pagan los agricultores por el agua siguen siendo bastante limitadas y no cubren los costos de operación y mantenimiento a nivel del sistema de distribución. La tarifa se define por área regada, no por volumen de agua consumido.

La política de sanidad agropecuaria

Los servicios de sanidad e inocuidad agropecuaria son fundamentales para el desarrollo sectorial. La cantidad y la calidad de estos servicios tienen efectos tanto en la oferta como en la demanda de productos agropecuarios orientados al mercado interno y externo. Los procesos agrosanitarios permiten evitar, controlar o erradicar plagas y enfermedades que afectan a los procesos productivos agropecuarios, y al mismo tiempo contribuyen a garantizar la calidad y la inocuidad de los alimentos que llegan a los consumidores.

Las actividades agrosanitarias son amplias y diversas pero pueden agruparse en cuatro grandes tipos de intervención (Zegarra, 2008a): i) vigilancia y prevención; ii) control y erradicación de plagas y enfermedades; iii) promoción del manejo integrado y el control biológico de plagas; iv) inocuidad y certificación. Cada una de estas áreas tiene características específicas en términos de los posibles roles del sector público y del sector privado, o en su definición como bienes públicos o privados. La vigilancia y la prevención se encuentran más claramente dentro de los límites de lo que se conoce como un bien público, ya que sus beneficios son amplios y de baja exclusión. El control y la erradicación de plagas constituyen un área que tiene elementos mixtos: para el caso de ciertas plagas genéricas los beneficios son amplios y de baja exclusión, mientras que en otros casos los beneficios son más específicos y apropiables por grupos privados.

Por otro lado, la promoción de técnicas de manejo integrado y de control biológico se incluye más en el ámbito de las políticas de extensión y adopción tecnológica, aunque en muchos países este rol es asumido por la entidad agrosanitaria correspondiente, en la medida en que estas técnicas están asociadas a mejoras sanitarias y de manejo ambiental. Resulta claro que la promoción debe servir para que los productores asuman y mantengan las técnicas una vez adoptadas. Finalmente, las acciones en inocuidad y certificación contienen elementos propios de los bienes tanto públicos como privados, ya que existen problemas de información imperfecta y asimétrica en cuanto a la calidad y a la inocuidad de los alimentos, lo que se resuelve con una combinación de autoridad pública y proveedores privados de reconocido prestigio.

En la República Dominicana el servicio de sanidad agropecuaria es provisto por la SEA desde dos direcciones separadas y con escasa coordinación entre ellas: el Departamento de Sanidad Vegetal y la Dirección General de Ganadería. La inocuidad alimentaria es responsabilidad de la Secretaría de Salud Pública y Asistencia Social. Los servicios de sanidad agropecuaria en el país presentan problemas de debilidad institucional, dispersión de funciones, falta de coordinación y dificultades para financiar acciones sanitarias de envergadura. Se reconoce que aún hay diversos cuellos de botella sanitarios a los que no se ha atendido, así como un déficit en la capacidad de certificación y en el análisis de residuos en los alimentos. El mayor problema es la ausencia de una sola autoridad nacional con funciones claras en la materia y suficiente autonomía técnica y financiera para ejercerlas. Esto limita la capacidad de exportación del país en la medida en que este servicio resulta clave para acceder a mercados de nichos muy competitivos como el europeo o el de Estados Unidos.

Un esfuerzo reciente para mejorar el servicio agrosanitario dominicano es el componente 2 del PATCA (de US$8 millones, equivalentes al 13% del total), que se halla orientado a fortalecer las capacidades técnicas de los departamentos existentes. En la parte vegetal, el componente promueve diagnósticos de plagas importantes para definir estrategias, mientras que en la parte animal el énfasis está en el control y la erradicación de algunas enfermedades, las mejoras en la infraestructura cuarentenaria y la capacitación. En sanidad vegetal el componente ha priorizado algunos cultivos y ha generado manuales para 21 de ellos, además de brindar capacitación a técnicos y productores. También se ha apoyado la consolidación de una red nacional de laboratorios.

Cabe señalar que también existen iniciativas en el área agrosanitaria en el sector privado. Por ejemplo, en la Junta Agroempresarial Dominicana (JAD) hay un programa de manejo integrado de plagas con el Departamento de Sanidad Vegetal de la SEA, para el que se trabaja con diferentes tipos de productores y cultivos, y que ha tenido impactos importantes en tres regiones. En la JAD tienen también casos exitosos de control biológico, como el de los vegetales orientales (asiáticos), donde se abrieron nuevos mercados.

Conclusiones

Como se ha ido demostrando en las secciones anteriores, la agricultura dominicana enfrenta una serie de restricciones en los factores, en el cambio técnico, y en el funcionamiento de los mercados y de las instituciones. Dichas restricciones moldean y limitan en forma específica sus posibilidades de crecimiento sostenido y sostenible en los próximos años. En esta última sección, se presenta una visión sintética de las restricciones identificadas y se plantea un conjunto de desafíos y recomendaciones para mejorar la efectividad de las políticas públicas en cada uno de ellos.

Síntesis de las principales restricciones al desarrollo agropecuario en la República Dominicana

Las principales limitaciones o restricciones para el desarrollo de la agricultura dominicana identificadas en el curso del presente estudio son:

i. Ineficiente política de apoyo al cultivo de arroz, lo que ha llevado a que en esta actividad se utilice más del 70% de las tierras bajo riego y el 50% del crédito del Banco Agrícola al sector.
ii. Muy bajo nivel de innovación y cambio técnico en la agricultura.
iii. Problemas de coordinación para una mayor participación de los pequeños productores en las cadenas de agroexportación o de abastecimiento del sector turístico nacional.
iv. Excesiva intervención estatal en el financiamiento agrario, lo que inhibe el desarrollo de mercados financieros sanos en el sector agrario y rural.
v. Alta informalidad e inseguridad jurídica sobre las tierras agropecuarias.
vi. Carencia de incentivos para el uso eficiente del agua de riego.
vii. Ineficiencias en los canales de comercialización, problema al que no hacen frente las políticas públicas.
viii. Precaria institucionalidad pública y un gasto sectorial relativamente alto pero ineficaz para generar una plataforma eficiente de servicios agropecuarios, que promueva un mayor dinamismo e inversiones en las actividades agropecuarias.

A este conjunto de restricciones hay que agregarle un contexto externo que está cambiando rápidamente en torno a dos tendencias centrales. Por un lado, en los mercados internacionales se han generado fuertes aumentos en los precios de los alimentos básicos como cereales, grasas, aceites y lácteos, los cuales —aunque han venido bajando particularmente en los últimos meses— tienen una alta probabilidad de no retornar a los niveles previos a la crisis de precios. Por otro lado, la entrada en vigencia del DR-CAFTA impone limitaciones a la posibilidad de proteger vía aranceles o por medio del sistema de rectificación técnica (RT) a los productores dominicanos de estos productos frente al ingreso de alimentos subsidiados por parte de Estados Unidos en el mediano plazo.

En este contexto, es crucial tener una clara definición de la política sectorial agraria, que oriente los incentivos a los productores durante esta etapa de cambios y adaptaciones al nuevo contexto interno y externo. Sobre la base de las restricciones encontradas en el presente estudio y el análisis del contexto emergente se plantea que la política agraria en la República Dominicana debe partir de una serie de definiciones importantes en torno a los siguientes desafíos:

i. Cómo redefinir la política de apoyo masivo y subsidios al arroz y orientarla con un enfoque más selectivo y que promueva mejoras en la productividad, en lugar de impulsar el crecimiento extensivo de un cultivo que usa en forma desproporcionada los escasos recursos agrarios de tierras, agua y crédito.
ii. Cómo articular mejor a los pequeños productores en las cadenas de agroexportación.
iii. Cómo ampliar la cobertura y la calidad de los servicios financieros y de aseguramiento para los productores agrarios.
iv. Cómo establecer un único sistema de derechos de propiedad sobre la tierra, que permita una formalización rápida y eficaz de los mencionados derechos y logre el funcionamiento eficiente de un mercado de tierras.
v. Cómo introducir incentivos más claros y efectivos para el uso eficiente del agua de riego.
vi. Cómo lograr mejoras en la eficiencia de los canales de comercialización de productos perecibles como hortalizas y frutas.
vii. Cómo optimizar en forma sustancial la calidad y la cobertura de los servicios públicos agropecuarios más importantes (sanidad, extensión, investigación e información agraria) dentro de una reforma del sector público agrario.

Principales recomendaciones de política sectorial

Sobre la base de los hallazgos, el contexto y los desafíos vigentes, a continuación se plantean las prioridades y las recomendaciones para mejorar la política de crecimiento agropecuario en la República Dominicana.

A. Una redefinición de la política de apoyo y subsidios al arroz

La actual política de amplio apoyo y subsidios a los productores de arroz ha llevado a que este cultivo absorba una cantidad desproporcionada de los recursos agrarios, tanto públicos como privados: el 72% de las tierras de cultivo bajo riego está dedicado al arroz, y el 51% del crédito del Banco Agrícola se ha orientado a este cultivo, lo cual comprende el 35% del total de los préstamos de esta institución a todo el sector agropecuario. La política de apoyo al precio del arroz vía el esquema de pignoración tiene un peso significativo en el presupuesto sectorial y nada garantiza que la mayor parte de estos recursos llegue a los propios productores arroceros.

El arroz es un producto de gran importancia en la dieta alimentaria de los dominicanos y por ende es entendible el interés del país por autoabastecerse (más aún en un contexto de elevados precios internacionales por el grano), lo que se ha logrado en los últimos años. No obstante, este objetivo parece haberse alcanzado a un costo bastante elevado y con instrumentos de política poco eficientes para el desarrollo agrario nacional. Con tantos recursos orientados a la producción de arroz es muy difícil conseguir el crecimiento de otros productos también destacados en la demanda interna y de exportación. Por eso, es preciso evaluar alternativas para una mejor asignación de los recursos, sin descuidar la necesidad del autoabastecimiento del grano por razones de seguridad alimentaria.

Al respecto, si se mantiene el objetivo de autoabastecimiento por las razones mencionadas, es posible plantear algunas modificaciones a la política de apoyo al arroz con mejores incentivos e instrumentos. Dicha política debería orientarse a incrementar la productividad e ir desplazando paulatinamente hacia otros cultivos alternativos a aquellos productores con bajos rendimientos. La única forma de enfrentar esta situación consiste en hacer migrar los instrumentos basados en subsidios generales vía precios de garantía (pignoración) y apoyo en materia de créditos e insumos hacia un apoyo ligado a la optimización de la productividad (financiar el uso de semillas mejoradas o la capacitación de productores para el uso de nuevos métodos de producción, u ofrecer mejoras en el procesamiento y en la comercialización del grano). Asimismo, se deben incrementar los pagos por el uso del agua para producir arroz, que es el insumo que más utiliza el grano, a un precio muy bajo.

B. Conglomerados, pequeños productores y cadenas de agroexportación
Otra de las constantes de las entrevistas a diversos actores del sector agrario dominicano fue el tema de las dificultades que enfrentan los productores para organizarse a nivel empresarial a fin de enfrentar los altos costos fijos de participación en mercados más competitivos. Frente a este problema, el gobierno ha venido impulsando desde el CNC el trabajo en conglomerados (Abreu Malla, 2007), dentro de los cuales se destacan los de los sectores agropecuario y agroindustrial. El esquema de trabajo del CNC ha sido el correcto en el sentido de que no se pretendió favorecer o promover determinados conglomerados a priori, sino que se propuso darles apoyo a aquellos surgidos de la propia iniciativa de los productores. Cabe destacar la fuerte presencia del sector privado como eje del esfuerzo, mientras que el Estado busca resolver problemas o eliminar cuellos de botella que afectan la competitividad de los conglomerados (costos de transacción, transporte, energía, trabas burocráticas, falta de certificaciones, etc.).

Este enfoque nos parece apropiado y debe ser asumido por la SEA y el sector público agrario como metodología básica para trabajar con los pequeños productores, orientados tanto al mercado externo (por ejemplo en productos orgánicos) como al interno o al sector turístico. El mayor reto en este caso es poder identificar apropiadamente el rol del Estado en la resolución de los problemas o los cuellos de botella de los conglomerados, y evitar el paternalismo o la promoción de organizaciones ficticias en las cuales, en lugar de primar la propia iniciativa de los agricultores, se impone finalmente la de los funcionarios públicos. Actualmente es un buen momento para sistematizar la experiencia ganada con este enfoque de conglomerados desde el CNC, a fin de buscar una mejor articulación y complementación con el trabajo sectorial de la SEA y de otras secretarías.

C. Hacia la formalización de los derechos de propiedad sobre la tierra agropecuaria
Uno de los cuellos de botella más evidentes de la agricultura dominicana es el de la precaria definición de los derechos de propiedad sobre la tierra. La coexistencia de por lo menos tres sistemas de derechos genera un serio problema para otorgar seguridad jurídica y promover el desarrollo de inversiones y de mercados de tierra a nivel nacional. En este ámbito es urgente que se avance con una reforma legal e institucional que unifique

los tres esquemas en un solo sistema de formalización de derechos de la propiedad. Lo más recomendable es unificar el sistema en torno al modelo de titulación y registro basado en los predios (sistema registral), el cual tiene mayor estabilidad y predictibilidad.

Como parte de esta reforma, es necesario que se reconozca la plena propiedad de la tierra de los adjudicatarios de la Reforma Agraria, en la medida en que estos han estado trabajando pacíficamente sus tierras, y que se evite aplicarles un costo por el posible acceso a la propiedad de un recurso que en la práctica ya vienen explotando directamente. Dentro de este esfuerzo, es altamente recomendable que el gobierno de la República Dominicana impulse un amplio programa de formalización de la propiedad agraria de tal forma que en los próximos años se logre aumentar significativamente el ahora bajo nivel de formalización.

D. Promover incentivos para el uso más eficiente del agua de riego
Crear las condiciones para la operación de un mercado por los derechos del agua es una tarea bastante compleja y difícil en un contexto de altos costos de transacción y dadas las particularidades del recurso. No obstante, es posible avanzar en la generación de incentivos más claros y directos para el uso más eficiente del agua de riego en la agricultura.

Una de las formas directas para lograr esto es mediante incentivos a las organizaciones de regantes para que cambien sus esquemas de fijación de tarifas. El Estado puede establecer metas de actualización y aumentos en las tarifas de agua para riego en el tiempo, a cambio de inversiones públicas en rehabilitación y mejoramiento de los sistemas de riego. Sólo aquellas organizaciones de usuarios que presentasen y cumpliesen con un plan serio de aumentos en sus tarifas de agua para cubrir plenamente los costos de operación y mantenimiento podrían acceder a fondos de apoyo para acciones de rehabilitación y mejoramiento, los que generalmente tienen rasgos de bien público que hacen difícil su obtención por parte de los propios regantes.

Los cambios sustanciales en el esquema de fijación de tarifas de agua para riego son aquellos que se orientan a ligar el mayor consumo volumétrico a un mayor pago. Un paso previo en esta dirección, cuando no es posible pasar a un esquema de pago por volumen, consiste en establecer tarifas diferenciadas por cultivos, de acuerdo con su consumo de agua. Cultivos como el arroz y la caña de azúcar, que consumen gran cantidad de este recurso, deberían pagar más por hectárea en un esquema de este tipo.

Finalmente, también es recomendable que las tarifas de agua para riego tengan un componente orientado al manejo de las cuencas, que son recursos críticos para un adecuado manejo del agua en el largo plazo. La introducción de estos elementos en los sistemas de fijación de tarifas a nivel agrario generaría señales más claras sobre la escasez del recurso, sin la necesidad inicial de introducir el mercado de aguas, que generalmente requiere un desarrollo institucional y regulatorio muy demandante en el país.

E. Intervenciones en comercialización y mercado interno

En este estudio se ha observado que los márgenes de comercialización se habrían estado reduciendo hasta 2005, pero que en los últimos dos años se han empezado a incrementar nuevamente. Esto viene ocurriendo especialmente en los productos perecibles, los cuales son más sensibles a los problemas en infraestructura de transporte y conservación de alimentos.

En el tema de la comercialización interna de alimentos en la última década ha habido una tendencia del Estado a retirarse de las intervenciones directas, por ejemplo, a través del Inespre, que ha venido perdiendo importancia en la política sectorial, sin desaparecer completamente. Esta tendencia nos parece adecuada y debe profundizarse para dar lugar a una nueva forma de intervención del Estado en los procesos de comercialización interna a fin de optimizar la eficiencia. Al respecto, es importante que se genere un diagnóstico más específico sobre los principales cuellos de botella que impactan negativamente en la comercialización de los alimentos, especialmente de los perecibles.

La forma más recomendable para intervenir en este tema consiste en la promoción de una mayor inversión privada en los procesos de transporte, almacenamiento y procesamiento de alimentos, tanto para el mercado interno como externo. En algunos casos, debe evaluarse si no se requieren algunas inversiones en puntos críticos de la cadena de comercio que por su magnitud o carácter de bien público no son atractivas para el sector privado. Una posibilidad a evaluar es la viabilidad de ofrecer financiamiento público para una red de centros de acopio, enfriamiento y comercialización de leche y sus derivados a fin de mejorar la capacidad de negociación de los pequeños productores lecheros organizados frente a los intermediarios o los compradores industriales.

Además, es recomendable retomar la construcción y la puesta en marcha de un solo mercado mayorista en la capital del país el cual, bien diseñado, permitiría obtener grandes ganancias de eficiencia en el manejo de los alimentos perecibles, por ejemplo. La mejora de los canales de comercialización es también crucial para articular la producción local de hortalizas y frutas con la importante y creciente demanda del sector turístico, que requiere altos niveles de homogeneidad y calidad en los productos.

F. Las reformas institucionales del sector público agrario dominicano: hacia una plataforma de investigación y servicios públicos agropecuarios

El problema relacionado con la falta de investigación e innovación, y la baja calidad y cobertura de los servicios públicos agropecuarios es uno de los más destacados que se han encontrado en este estudio. En diversas entrevistas tanto a personas del sector público como privado se mencionaron las limitaciones que tienen la SEA y el sector público agrario dominicano en general para proveer investigación, sanidad, extensión y asistencia técnica, e información agraria a los productores, especialmente a los de pequeña escala, que son los que más requieren dichos servicios para ser competitivos.

Es importante que el gobierno de la República Dominicana discuta y considere la opción de darle prioridad a una reforma institucional de esta envergadura en el sector público agrario. Uno de los ejes centrales de la reforma debería abarcar el fortalecimiento y la adecuada organización de los servicios públicos básicos de sanidad, extensión y asistencia técnica, investigación e información agraria, los cuales deberían estar articulados en una sola plataforma de servicios con amplia cobertura y capacidad para atender demandas diversas de los productores a nivel nacional, regional y local.

Esta plataforma requiere personal profesional adecuadamente formado y actualizado, y recursos oportunos y suficientes para asegurar la cobertura y la calidad de los servicios. Asimismo, es importante que se evalúe la participación del sector privado en la provisión de la parte de los servicios que tiene mayores retornos privados, mientras que el sector público debe orientarse a atender servicios de alto retorno social. La plataforma debe plantearse metas concretas de calidad y cobertura, así como también contar con un sistema de evaluación de sus impactos y retornos en el mediano plazo.

Este tema está directamente relacionado con una posible segunda etapa del programa PATCA, que ha venido trabajando en los ámbitos de sanidad y extensión, y en parte también en información agraria (registro nacional de productores). Es importante que una posible nueva etapa de este programa esté ligada al fortalecimiento de esta plataforma de servicios agrarios, ya sea mediante incentivos en materia de contratación y capacitación de nuevo personal para la SEA o en atención a las necesidades de mayor equipamiento y ampliación de la capacidad operativa para llegar a los pequeños productores. Es altamente recomendable que una nueva etapa del programa tenga una línea de base y un sistema de evaluación y monitoreo que permita aprender y reproducir el proceso de mejoras en los servicios en el futuro. También es central que se plantee la sostenibilidad de la iniciativa para que se produzca la plena apropiación de esta por parte del sector público cuando el programa termine.

La necesaria modernización agraria de un país no puede ni debe estar desvinculada de procesos de desarrollo rural de carácter más amplio. Actualmente, las actividades no agropecuarias constituyen una fuente de empleo e ingresos incluso más importante que la de las actividades agropecuarias en muchas zonas rurales, y por lo tanto se convierten en el eje central del dinamismo económico de las localidades. Al respecto, la reforma institucional del sector público agrario en la que se encuentra trabajando el IICA considera la creación de una Subsecretaría de Desarrollo Rural y la aprobación de una ley de desarrollo rural de carácter amplio. Este es el camino que han seguido otros países de la región, especialmente los más grandes, como México, Colombia o Brasil.[22]

---

[22] En el caso de la República Dominicana, cabe preguntarse si la SEA puede efectivamente encargarse de la política de desarrollo rural, que requiere una gran capacidad de coordinación con otros sectores. Un modelo alternativo buscaría fortalecer la SEA como órgano sectorial agropecuario que vea los temas regulatorios, productivos y de inversión, y crear un espacio multisectorial para los temas de desarrollo rural con amplia capacidad para articular políticas y dar incentivos para planes coordinados de desarrollo de los sectores. Este modelo está siendo adoptado por otros países de la región y puede ser una buena alternativa para la República Dominicana, dado su actual nivel de desarrollo institucional.

Referencias

Abreu Malla, M.V. 2007. "Clusters de agronegocios en la República Dominicana de acuerdo al Plan Nacional de Competitividad Sistémica". Documento mimeografiado.

Anson, Richard y Eduardo Zegarra. 2007. "Honduras: Estrategia para mayor eficiencia y equidad del gasto público en el sector agroalimentario". Documento mimeografiado. San José: RUTA.

Arias, Diego. 2007. "Las políticas y programas de apoyo agropecuario en América Central y República Dominicana frente a la liberalización comercial". Documento de discusión RE2-07-001. Washington, D.C.: BID.

BID (Banco Interamericano de Desarrollo). 2007. "República Dominicana: opciones de intervenciones en la economía rural frente a la transición del RD-CAFTA". Documento de discusión. Washington, D.C.: BID.

CEPALSTAT. 2008. *CEPALSTAT. Estadísticas de América Latina y el Caribe*. Santiago de Chile: CEPAL. Disponible: www.eclac.cl.

Cumpa, M. 2005. "Estimaciones de la pobreza en República Dominicana con la Encuesta de Condiciones de Vida (Encovi 2004)". Documento mimeografiado.

Fanelli J.M y R. Guzmán. 2008. "Diagnóstico para el crecimiento de la República Dominicana". Documento de Trabajo CSI 118. Washington, D.C.: BID.

FAOSTAT. 2008. *Faostat: base de datos de la FAO*. Washington, D.C.: FAO. Disponible: www.faostat.fao.org.

———. s/f. *GPRural: Base de datos de estadísticas e indicadores de gastos públicos agrícola y rural*. Oficina Regional de la FAO para América Latina y el Caribe (FAORLC). Washington, D.C.: FAO.

Gómez, T. 2001. "Gasto público para el desarrollo agrícola rural en la República Dominicana (1991–2000)". Informe de consultoría. Santiago de Chile: FAO.

Hausmann, R., D. Rodrik y A. Velasco. 2005. "Growth Diagnostics." Cambridge, MA: John F. Kennedy School of Government, Harvard University.

IICA (Instituto Interamericano de Cooperación para la Agricultura). s/f. "Propuesta de reforma institucional sector agro en República Dominicana". Documento mimeografiado. Kingston: IICA.

———. s/f. "Estudios sobre cadenas agroalimentarias de República Dominicana". Kingston: IICA.

Indrhi (Instituto Nacional de Recursos Hidráulicos). 2006. "El INDRHI en el desarrollo nacional". Documento mimeografiado. Santo Domingo: Indrhi.

ITC (Centro Internacional de Comercio). 2007. "The Trade Performance Index. Technical Notes." Market Analysis Section. Documento mimeografiado. Ginebra: ITC.

Isa-Contreras, Pável. 2006. "Implicaciones del DR-CAFTA para sectores seleccionados de la actividad agropecuaria en la República Dominicana con especial atención a pequeñas unidades productivas". Documento de trabajo. Santo Domingo: CIECA.

Isa-Contreras, P. y A. Wagner. 2004. "RD-CAFTA: resultados para la agricultura de la República Dominicana". Santo Domingo: CIECA.

Kuznets, Simon. 1970. "Crecimiento económico y contribución de la agricultura al crecimiento económico". En: *Crecimiento económico y estructura económica*. Barcelona: G. Gilli.

PNUD (Programa de las Naciones Unidas para el Desarrollo). 2008. *Informe sobre el Desarrollo Humano: República Dominicana 2008*. Nueva York: PNUD.

SEA (Secretaría de Estado de Agricultura). 2006. *Anuario estadístico agropecuario de la República Dominicana*. Santo Domingo: SEA.

———. 2008. *Informaciones estadísticas del sector agropecuario de República Dominicana 1998-2007*. Santo Domingo: SEA.

Taylor, E., A. Yunez-Naude y N. Jesurum-Clements. 2008. "República Dominicana: posibles efectos de la liberalización comercial en los hogares rurales, a partir de un modelo desagregado para la economía rural, con énfasis en la pobreza, el género y la migración". Documento de discusión. Washington, D.C.: BID.

Tejada, A. y S. Peralta. 2000. *Mercados de tierras rurales en la República Dominicana*. Serie Desarrollo Productivo N° 76. Santiago de Chile: CEPAL.

Tejada, F. 2007. *Economía agrícola*. Santo Domingo: CEDAD.

Timmer, Peter.1988. "The Agricultural Transformation." En: Chenery y Srinivasan (eds.). *Handbook of Development Economics*. Cambridge, MA: Elsevier Science Publishers.

Vargas del Valle, R. 2001. "República Dominicana: estrategia para la modernización y reforma de los servicios públicos agropecuarios". Documento mimeografiado.

Zegarra, E. 2004. "El mercado y la reforma del agua en el Perú". En: *Revista de la CEPAL*, N° 83:107–120. Santiago de Chile: CEPAL.

———. 2008a. "Evaluación de impactos del Programa de Desarrollo Agrosanitario (Prodesa) en Perú". Washington, D.C.: OVE-BID. GRADE

———. 2008b. "Restricciones, desafíos y oportunidades para la agricultura de la República Dominicana". Washington, D.C.: BID.